U0378316

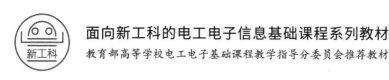

面向新工科的电工电子信息基础课程系列教材

教育部高等学校电工电子基础课程教学指导分委员会推荐教材

实验电子学

冯长江　郎　宾　主　编

黄天辰　濮　霞　副主编

段荣霞　李　楠　刘美全　陶炳坤　马　南　编著

清华大学出版社

北京

内 容 简 介

本书为高等学校电工电子实验教材,结合长期从事电工电子实验教学人员的丰富经验编写而成。以电子测量为主线,详细阐述了电工电子测量的基本理论、基本方法以及在实验中的基本应用。分为上下两篇:上篇为电子测量基础,下篇为电工电子实验。上篇分为5章,第1章介绍测量误差的基本理论和实验数据处理的基本方法;第2章介绍实验室中常用电子仪器的原理和使用方法;第3章介绍分立电子元器件的基础知识和简易测试方法;第4章介绍常用电信号及电参量的测量方法;第5章介绍电子电路设计与综合装配调试的基础知识。下篇分为4章,第6章介绍电路电工实验的方法、步骤、内容及要求;第7章介绍模拟电子技术实验的方法、步骤、内容及要求;第8章介绍数字电子技术实验的方法、步骤、内容及要求;第9章为综合性实验,并布置几个电子系统的设计和制作任务。

本书遵循学生实践能力的形成规律,难度适中、可读性强,可作为高等学校电子信息类、自动化类等专业本专科学生电子技术实验课的教材,也可供从事电子测试和设计工作的工程技术人员参考。

图书在版编目(CIP)数据

实验电子学/冯长江,郎宾主编.—北京:清华大学出版社,2022.7
面向新工科的电工电子信息基础课程系列教材
ISBN 978-7-302-60598-0

Ⅰ. ①实… Ⅱ. ①冯… ②郎… Ⅲ. ①电工技术-实验-高等学校-教材 ②电子技术-实验-高等学校-教材 Ⅳ. ①TM-33 ②TN-33

中国版本图书馆 CIP 数据核字(2022)第 064741 号

责任编辑:文　怡
封面设计:王昭红
责任校对:郝美丽
责任印制:刘海龙

出版发行:清华大学出版社
　　　　　网　　　址:http://www.tup.com.cn,http://www.wqbook.com
　　　　　地　　　址:北京清华大学学研大厦 A 座　　邮　　编:100084
　　　　　社 总 机:010-83470000　　　　　邮　　购:010-62786544
　　　　　投稿与读者服务:010-62776969,c-service@tup.tsinghua.edu.cn
　　　　　质量反馈:010-62772015,zhiliang@tup.tsinghua.edu.cn
　　　　　课件下载:http://www.tup.com.cn,010-83470236
印 装 者:北京同文印刷有限责任公司
经　　销:全国新华书店
开　　本:185mm×260mm　　印　张:25　　　　　字　　数:581 千字
版　　次:2022 年 9 月第 1 版　　　　　　　　　　印　　次:2022 年 9 月第 1 次印刷
印　　数:1~1500
定　　价:75.00 元

产品编号:089266-01

1985年，我们率先把"电路分析基础""模拟电子技术""数字电子技术"课程中的实验分离出来，设置了一门电工电子实验课程——"实验电子学"，之后又为了充分体现以学生为中心的理念，以及最大限度地提高实验室的利用效率，我们采用了全开放实验教学模式，该教学模式在1992年获国家教学成果二等奖。为了配合该课程教学的实施以及支持全开放实验教学模式，我们编写了大量相应的教案、指导书和讲义，后经归纳整理，形成了较为系统的电工电子实验教学资料。经过三十多年实验教学的检验，通过几代教师不断完善和建设，形成了较为科学、系统、实用性和针对性强的《实验电子学》教材。

本书是高等学校电工电子实验教材，分为上下两篇，上篇为电子测量基础，下篇为电工电子实验。上篇分为5章：第1章为测量误差及数据处理，主要介绍电子测量的基础概念，电子测量误差的产生和分析方法及有效数字的处理；第2章为常用电子测量仪器的使用，主要介绍电子测量仪器的基础知识，并介绍电子实验室中常用电子测量仪器的工作原理、使用方法及注意事项，在仪器的选择上以数字仪器为主；第3章为常用电子元器件的基础知识与简易测试，主要介绍电阻、电容、电感、半导体分立器件和集成电路的基础知识以及最基本的测试和识别方法；第4章为常用电信号的测量，主要介绍电子电路测量的内容，测量的一般步骤和基本方法，重点介绍电压、电流和频率的测量技术；第5章为电子电路设计与装配，主要介绍电子电路设计的一般程序、基本原则和注意事项，以及电子工艺的相关知识。下篇分为4章：第6章为电路电工实验，依托电路电工实验台设计了9个实验项目；第7章为模拟电子技术实验，设计了10个实验项目；第8章为数字电子技术实验，设计了7个实验项目；第9章为综合性实验，设计了3个实验项目。另有3个附录。

本书特点如下：一是重视各类实验的方法和步骤的撰写，并力求详细、准确，使学习者能方便地运用本书开展实验，增强了可读性、可操作性；二是实验任务、实验内容详细、明确，使学习者运用本书开展实验时，能做到有的放矢，很快上手。书中所提供的实验电路均为实用电路，对书中出现的元器件及电路参数，我们在理论计算的基础上均做了大量的实验和测试。

本书由冯长江拟订编写大纲和目录，具体编写分工：上篇由冯长江和郎宾编写，第6章由濮霞编写，第7章由黄天辰和马南编写，第8章由李楠和陶炳坤编写，第9章由段荣霞和刘美全编写，附录由冯长江编写。全书由冯长江统稿。

前言

由于书中的仪器设备要求和实验电路是根据我们的实验条件而定的,在使用本书时,实验条件不同,实验参数出现一些偏差是正常现象。如果差距很大,或者发现书中有错误,恳请读者给予批评指正。

编　者

2022 年 7 月

教学大纲＋PPT 课件＋思考题答案

目录

目录

目录

下篇　电工电子实验

目录

上篇

电子测量基础

第 1 章

测量误差及数据处理

1.1 电子测量概述

1.1.1 测量和电子测量

测量是人类认识自然和改造自然的重要手段,是为了确定被测对象的量或量值的依从关系而进行的实验过程。科学家门捷列夫说过:"没有测量就没有科学。"

电子测量通常是指以电子技术理论为依据,以电子测量仪器和设备为手段,以电量和非电量(通过传感器转变为电量)为测量对象的测量过程。电子测量已成为一门与现代科学技术密切相关、发展迅速、应用广泛、对现代科学技术的发展起着重大推动作用的独立学科。

与其他一些测量相比,电子测量具有以下几个明显的特点:

(1)测量频率范围极宽。除测量直流电量外,还可以测量交流电量。其测量频率范围为 $10^{-6} \sim 10^{12}$ Hz,这种范围可满足各种频率信号的测量要求。如果采用传感器技术,几乎可以测量全部电磁频谱的物理量。

(2)测量量程很广。量程是指测量范围的上限值与下限值之差。先进的电子测量仪器的量程变换范围很大,其目的是满足不同大小信号的测量要求。

(3)测量准确度高。电子测量仪器的准确度一般比其他测量仪器高很多。特别是对时间和频率的测量,由于采用原子秒和原子频标作为基准,使误差减小到 $10^{-14} \sim 10^{-13}$ 量级。由此,通常把对其他量的测量转化成频率再进行测量,以提高测量准确度。

(4)测量速度快。电子测量是通过电子运动和电磁波的传播来进行工作的,所以测量速度极快。电子测量速度快的特点又能对测量方法本身加以改进,从而获得高精密度。

(5)易于实现遥测。电子测量可以通过各种传感器实现遥测、遥控。例如,对于遥远距离或环境恶劣,人类不便到达或无法企及的区域(如人造卫星、深海、地下、核反应堆等)可以通过传感器或电磁波、光等方式进行测量。

(6)易于实现智能化。电子测量仪器和计算机相结合,实现了电子测量过程的智能化。智能化仪器具有多功能、高性能、高准确度、高速度及使用灵活、方便等特点。在测量中能够实现程控、遥控、自动调节、自动校准、自动诊断故障甚至自动修复,对测量结果可以进行自动记录,自动完成数据的运算、分析和处理。

目前,电子测量正朝着高性能、高速度、小型化、系统化、数字化、自动化、智能化的方向发展。

1.1.2 电子测量的内容

电子测量的内容包括下面几方面:

(1)电能量的测量,如电流、电压、功率、电场强度、磁场强度等。

（2）电信号特征的测量,如信号的周期、频率、相位差、波形、逻辑状态等。

（3）电路元器件参数的测量,它包括电路元件的测量（如电阻、电感、电容）、电子器件的测量（如晶体管、场效应管、集成电路等）,以及电路复数阻抗、品质因数、电路分布参数等测量。

（4）网络特性的测量,如频率特性、传输系数、反射系数、电压驻波比及各种网络参数。

（5）电子设备性能的测量,如灵敏度、信噪比、选择性、工作频率、响应时间等。

（6）各种非电量通过传感器转化为电量后的测量,如温度、位移、压力、速度、重量等。

电子测量的内容除了对电参数进行稳态测量外,还包括对过渡过程的动态测量。

电子测量的内容尽管繁杂,但整个测量过程大致分为两种情况：一种是对主动量（表征电信号各种特性参数的量）的测量；另一种是对被动量（表征各种电子元器件及各种网络电特性的量）的测量。

图 1-1 表明了主动量的测量过程。图 1-2 表明了被动量的测量过程。

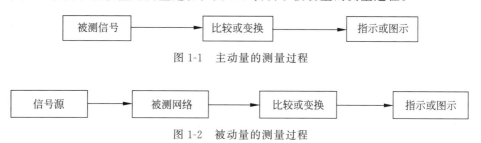

图 1-1　主动量的测量过程

图 1-2　被动量的测量过程

由图 1-1 和图 1-2 可以看出,主动量的测量不需要外加信号源,而被动量的测量必须外加信号源。另外,在电子测量中经常用到变频、分频、检波、斩波,以及电压频率、电压时间、数/模转换、模/数转换等转换技术。

1.1.3　电子测量的方法

从广义上来说,凡是利用电子技术手段进行的测量都属于电子测量。电子测量的方法很多,在此主要对按测量方式分类、按读测方法分类和按测量性质分类作简要的说明。

1. 按测量方式分类

1）直接测量

直接测量是指直接得到被测量值的测量方法,如用电压表测电压、用频率计测频率等。直接测量的优点是测量过程简单迅速,在工程技术中采用得比较广泛。

2）间接测量

间接测量是指利用直接测量得到的量与被测的量之间的函数关系,得到被测量值的测量方法。例如,测量电压放大器的电压放大倍数采用的方法是放大器输入端加入合适的输入信号 U_i,用毫伏表分别直接测量输入电压 U_i 和输出电压 U_o,然后通过公式 $A_V =$

U_o/U_i 计算得到。

间接测量多用于科学实验，在生产及工程技术中应用较少，只有当被测量不便于直接测量时才采用，比如测量电流 I，多采用测量已知电阻 R 两端电压 U_R，计算得到($I=U_R/R$)。

3）组合测量

组合测量是指当某项测量结果需用多个未知量表达时，可通过改变测量条件进行多次测量，按被测量与未知量之间的函数关系组成联立方程，求解有关未知量。一个典型的例子是测量电阻器电阻温度系统。已知电阻器阻值 R_t 与温度 t 的关系式为

$$R_t = R_{20} + \alpha(t-20) + \beta(t-20)^2 \tag{1-1}$$

式中：R_{20} 为 $t=20℃$ 时的电阻值，一般为已知量；α、β 为电阻温度系数；t 为环境温度。

为了获得值，可以选择两个不同温度 t_1、t_2(t_1、t_2 可由温度计直接测得)，测出相应的两电阻值 R_{t1}、R_{t2} 代入式(1-1)中，得到联立方程

$$\begin{cases} R_{t1} = R_{20} + \alpha(t_1-20) + \beta(t_1-20)^2 \\ R_{t2} = R_{20} + \alpha(t_2-20) + \beta(t_2-20)^2 \end{cases} \tag{1-2}$$

求解联立方程，就可以得到 α、β 值。

组合测量比较复杂，且测量时间长，但精度高，适用于科学实验及特殊场合的精密测量。

2. 按读测方法分类

1）直读法

直读法是指直接从仪器仪表刻度线上读出测量结果的方法。但直读测量并不一定就是直接测量，如用瓦特计测量功率是直读法，但属于间接测量。

2）比较法

比较法是指在测量过程中被测量和已知量(标准量)进行比较而得到读数的方法。其种类较多，通常有：

(1)替代法：在按某种测量方法配置的测量设备组成的装置上，用已知量的标准元件代替未知的被测元件时，如果测量仪器的读数相同，则未知量等于已知量。如用 Q 表测量电容器的电容。

(2)差值法：该法测量的读数是未知量 X 和标准已知量 A 的差值 C。

$$C = X - A$$

所以

$$X = A + C$$

(3)零值法：该法是差值法的特例，其标准已知量的元件必须是可调节的。在测量时可调节该标准已知元件数值直到差值 $C=0$，这时 $X=A$。

(4)重合法：在测量过程中，将未知量变为一系列均匀出现的记号或信号和对应已知量的一系列均匀出现的记号或信号做比较，观察它们重合的情况，确定被测量的值。

实际测量中，比较法能获得较精确的结果。比较法也并不一定就是间接测量。例

如，用电桥测电阻属于直接测量，但采用的是比较法。

3．按测量性质分类

1）时域测量

时域测量是指以时间为函数的量（如随时间变化的电压、电流等）的测量。这些量的稳态值、有效值多用仪器仪表直接读出；它们的瞬态值可通过示波器等显示其波形，以便观察其随时间变化的规律。

2）频域测量

频域测量是指以频率为函数的量（如随频率变化的电路的增益、相位移等）的测量。这些量可通过分析电路的频率特性或频谱特性等方法进行测量。

3）数据域测量

数据域测量是指对数字量进行的测量。例如，用具有多个输入通道的逻辑分析仪可以同时观察许多单次并行的数据。对于微处理器的地址线、数据线上的信号，既可显示时序波形，也可用"1""0"显示逻辑状态。

4）随机测量

随机测量主要是对各种噪声信号进行动态测量和统计分析，如对各类噪声、干扰信号等的测量。

1.1.4　选择电子测量方法的原则

电子测量的方法很多，具体选择时应注意以下几点：

1．被测量本身的特征

对于不同的被测量要采用不同的电子仪器和不同的测量方法。对线性模拟电路（如放大器等）的测试中，频域测量（正弦测试）技术占主导地位；在脉冲、数字电路的测试中，时域测量（脉冲测试）技术用得较多。

2．测量所需要的精度

对精密测量，则要求测量结果严格按照误差理论的要求进行数据处理；对一般性测量，则要求测量仪器仪表的准确度等级必须满足实际需要，另外还要选择测量误差尽可能小的测量技术。

3．测量环境及测量设备的技术情况

测量时，必须综合考虑以上几点，才会选择正确的测量技术和测量仪器，才能得到精确的测量结果。否则，就会出现以下问题：

（1）得出的测量数据是错误的。例如，用低内阻电压表测高等效电阻电路的两端电压，将造成不能容许的测量误差。

（2）损坏元器件或被测设备。例如，用模拟万用表的 R×1 挡测试小功率晶体管发射结电阻，将烧坏晶体管。

（3）损坏测量仪器、仪表。例如，用电子电压表的低量程去测量高电压将烧毁表头。

1.2　测量误差的基本知识

人类认识自然、改造自然，需要不断地对自然界的各种现象进行测量和研究。受科学技术发展的限制，所有测量结果都是存在误差的，因此测量误差的控制水平是衡量测量技术水平乃至科学技术水平的一个重要方面。研究误差理论的目的就是要了解误差产生的原因，寻找和使用减小测量误差的方法，使测量数据准确可靠。

1.2.1　误差的基本概念

1. 真值

一个物理量在测量进行的时间和空间条件下所呈现的客观大小或真实数值称为真值，用 A_0 表示。真值是一个理想的概念，一般来说无法得到，只是一个理论值。例如，理念上三角形的内角和为 $180°$，就是说三角形的内角和的真值为 $180°$。

2. 约定真值

由于绝对真值是不能确切获知的，所以一般由国家设立各种尽可能维持不变的实物标准或基准，以法定的形式指定其所体现的量值作为计量单位的约定真值，用 A_S 表示。例如水的三相点热力学温度为 273.16K。国际上通过互相比对来保持一定程度的一致，约定真值也称为指定值，一般用来代替真值。

3. 实际值

实际测量中，不可能每个测量量均直接与国家基准相比对，所以国家通过一系列各级实物计量标准构成量值传递网，把国家基准所体现出的计量单位逐级比较并传递到普通工作仪器或量具上。在每一级的比较中，均以上一级标准所体现的值当作准确无误的值，称为实际值，也称为相对真值，用 A 表示。例如，用实验室中某型数字万用表测量某电阻为 0.986kΩ，若用更精确方法或仪器测得为 0.995kΩ，则后者为实际值。

4. 标称值

测量器具上标定的数值称为标称值。例如，标准电容上标出的 $10\mu F$，标准电池上标出的电动势 1.0186V 等。由于制造或测量精度不够以及环境等因素的影响，标称值并不一定等于它的真值或实际值。通常在标出测量器具标称值的同时，还要标出它的误差范围和准确度等级。

5．示值

由测量器具指示的被测量量值为测量器具的示值，也称为测量值，用 X 表示。严格地说，测量器具的示值与读数不一定是一回事。例如某指针式毫伏表，刻度的分度为 100，表示 $30\mathrm{mV}$，当指针指到 50 时，示值为 $15\mathrm{mV}$。为了便于核查测量结果，在记录测量数据时，除记录测量方法，测量电路和测量条件等信息外，还要记录仪表量程、读数和示值。对于数字显示仪表，读数和示值是一致的。

1.2.2　测量误差的表示方法

测量误差通常有绝对误差和相对误差两种表示方法。

1．绝对误差

1）定义

被测量的给出值与其真值之差称为绝对误差。其可表示为

$$\Delta X = X - A_0 \tag{1-3}$$

式中，X 为被测量的给出值；A_0 为被测量的真值。

给出值在测量中通常就是被测量的测得值，但给出值包括的范围更广泛，它可以是仪器的示值、量具的标称值、近似计算值等。

由于被测量的真值无法确切求得，因此在实际测量中通常用实际值 A 替代，这时的绝对误差写成

$$\Delta X = X - A \tag{1-4}$$

2）修正值

通常把与绝对误差 ΔX 大小相等、符号相反的量值定义为修正值 C，即

$$C = -\Delta X = A - X \tag{1-5}$$

在测量时，利用测得值与已知的修正值相加，就可以算出被测量的实际值，即

$$A = X + C \tag{1-6}$$

根据不同仪器的特点，修正值可用表格、曲线或公式的形式给出。在某些自动测量仪器中，可以预先把修正值储存起来，在测量过程中自动进行修正。

修正值通常是在校准仪器时给出。当测量时得到测得值 X 及修正值 C 以后，由式(1-6)就可以求出被测量的实际值。

例 1.1　用电流表测电流，电流表的示值为 $10\mathrm{mA}$，该表在 $10\mathrm{mA}$ 刻度处的修正值是 $+0.04\mathrm{mA}$，求被测电流的实际值。

解：$A = X + C = 10 + 0.04 = 10.04(\mathrm{mA})$

绝对误差及修正值都是具有量纲、大小和符号三要素的量值。绝对误差及修正值是与给出值具有相同量纲的量。绝对误差的大小和符号分别表示了给出值偏离真值的程度和方向。

2. 相对误差

绝对误差虽然能反映误差的大小和方向,但不能确切地反映测量的精确度。例如,测量两个信号的频率:一个信号的频率 $f_1 = 1000\text{Hz}$,其绝对误差 $\Delta f_1 = 1\text{Hz}$;另一个信号的频率 $f_2 = 1\text{MHz}$,其绝对误差 $\Delta f_2 = 10\text{Hz}$。从绝对误差来说,尽管 $\Delta f_2 > \Delta f_1$,但并不能因此得出 f_1 的测量较 f_2 精确的结论。恰恰相反,f_1 的测量误差对 f_1 来讲,占 0.1%,而 f_2 的测量误差仅占 f_2 的 0.001%。由此可见,仅用绝对误差描述测量的精确程度是不够的,还要引入相对误差的概念。

1)相对误差

相对误差又称为相对真误差,它是绝对误差与真值的百分比值,即

$$\gamma_0 = \frac{\Delta X}{A_0} \times 100\% \tag{1-7}$$

例如,上述 f_1 的测量相对误差为 0.1%,而 f_2 的测量相对误差为 0.001%。

因为真值不易获得,通常用绝对误差与实际值的百分比值来表示相对误差,称为实际相对误差,即

$$\gamma_A = \frac{\Delta X}{A} \times 100\% \tag{1-8}$$

在要求不太严格、误差较小的场合,往往用仪器的测得值代替实际值。这时的相对误差称为示值相对误差(或标称相对误差),即

$$\gamma_X = \frac{\Delta X}{X} \times 100\% \tag{1-9}$$

式中:ΔX 由所用仪器的准确度等级定出;X 为示值。由于 X 本身是一个有误差的值,所以示值相对误差只适用于一般工程测量。

在误差不大时,A 与 X 相差很小,故 γ_A 与 γ_X 十分相近。因而实际相对误差与示值相对误差常常都称为相对误差,用 γ 表示。

相对误差是一个只有大小和符号而没有量纲的数值,用来表示测量的准确度。

2)分贝误差

在电子学和声学中常用分贝来表示相对误差,称为分贝误差。它实质上是相对误差的另一种表示形式。

例如,测量一个有源或无源网络,它的电压或电流传递函数为 K,把这个传递函数用分贝表示为

$$G = 20\lg K \, (\text{dB}) \tag{1-10}$$

如果 K 产生了一个误差为 ΔK,则对应 G 也产生一个误差 ΔG,故有

$$G + \Delta G = 20\lg(K + \Delta K) \, (\text{dB}) \tag{1-11}$$

式(1-10)与式(1-11)之差,即得

$$\Delta G = 20\lg(1 + \Delta K/K) \, (\text{dB}) \tag{1-12}$$

ΔG 就是分贝误差,记为 γ_{dB}。

传递函数 K 的相对误差 $\gamma_A = \Delta K/K$,式(1-12)可写成

$$\gamma_{dB} = 20\lg(1 + \gamma_A)(dB) \tag{1-13}$$

当误差本身不大时,有

$$\gamma_{dB} \approx 8.69\gamma_A \approx 8.69\gamma_X(dB) \tag{1-14}$$

对于功率传输函数,有

$$\gamma_{dB} = 10\lg(1 + \gamma_A)(dB) \tag{1-15}$$

当误差本身不大时,有

$$\gamma_{dB} \approx 4.34\gamma_A \approx 4.34\gamma_X(dB) \tag{1-16}$$

由式(1-13)和式(1-14)可见,分贝误差是一个只与相对误差 γ_A(或 γ_X)有关的量。由于 γ_A(或 γ_X)带有正、负符号,因而 γ_{dB} 也是有符号的。

例 1.2 某单级放大器电压增益的真值 $A_{v0} = 100$,某次测量时测得的电压增益 $A_v = 95$,求测量的相对误差和分贝误差。

解:由式(1-3)可得增益的绝对误差为

$$\Delta A = A_v - A_{v0} = 95 - 100 = -5$$

由式(1-7)可得增益的实际相对误差为

$$\gamma_A = \frac{\Delta A}{A_v} \times 100\% = \frac{-5}{95} = -5.26\%$$

由式(1-13)可得增益的分贝误差为

$$\begin{aligned}\gamma_{dB} &= 20\lg(1 + \gamma_A) \\ &= 20\lg(1 - 0.0526) \\ &= -0.469(dB)\end{aligned}$$

3. 基准误差(引用误差)

相对误差虽然可以评价测量结果的准确度,但不能用以评价指示仪表的准确度。这是因为电工测量指示仪表本身构造和制造质量等产生的误差在同一量程的不同标度处变化不大,而仪表的示值则变化较大。如量限为 $0 \sim 250V$ 的电压表中,若标度为 $200V$ 处的绝对误差为 $2V$,而标度为 $20V$ 处的绝对误差可能接近 $2V$(如为 $1.8V$),则二者的相对误差各自为

$$\gamma_1 = (2/200) \times 100\% = 1\%, \quad \gamma_2 = (1.8/20) \times 100\% = 9\%$$

故 γ_1、γ_2 在数值上相差很大,且随着被测量(仪表示值)的减小,γ 不断增大,就使得在仪表标度尺的各个部位 γ 不是一个常数,反映不了仪表的准确度。所以通常采用仪表的基准值(可以是测量范围的上限、标度尺的总长或其他明确规定值)作分母来估计仪表的相对误差,这就是基准误差。它是仪表基本误差和准确度的通用表示方法。

绝对误差与基准值之比称为基准误差,通常用百分数表示。若用 γ_n 表示基准误差,则有

$$\gamma_n = \frac{\Delta X}{X_m} \times 100\% \tag{1-17}$$

式中,X_m 为基准值。

因为仪表各标度的绝对误差不相等,如将式(1-17)中分子 ΔX_m 取仪表整个标度尺工作部分所出现的最大绝对误差 ΔX_m,则所得到的基准误差称为最大基准误差,即

$$\gamma_{nm} = \frac{\Delta X_m}{X_m} \times 100\% \tag{1-18}$$

4. 电工测量指示仪表的准确度等级

当仪表在规定条件下工作时,其最大基准误差的百分数值称为仪表的准确度等级(α 的百分数),即

$$|\pm \alpha\%| \geqslant |\gamma_{nm}| = \left|\frac{\Delta X_m}{X_m}\right| \times 100\% \tag{1-19}$$

根据 GB/T 7676—2017《直接作用模拟指示电测量仪表及其附件》的规定,电压表和电流表的准确度等级分为 0.05、0.1、0.2、0.3、0.5、1.0、1.5、2.0、2.5、3.0、5.0,共 11 个等级;功率表和无功功率表的准确度等级分为 0.05、0.1、0.2、0.3、0.5、1.0、1.5、2.0、2.5、3.5,共 10 个等级;频率表的准确度等级分为 0.05、0.1、0.15、0.2、0.3、0.5、1.0、1.5、2.0、2.5、5.0,共 11 个等级;相位表和功率因数表的准确度等级分为 0.1、0.2、0.3、0.5、1.0、1.5、2.0、2.5、3.0、5.0,共 10 个等级。式(1-19)中的不等号表明,用基准值的百分数表示的基本误差不得超过相对应的准确度等级的极限。例如 $\alpha = 0.5$,则仪表的基本误差不得超过 $\pm 0.5\%$。

5. 应用仪表的准确度估计测量误差

由式(1-19)可知,应用仪表的准确表可以计算测量结果的误差。首先,测量结果中可能出现的最大误差为

$$\Delta X_m = (\pm \alpha\%) \times X_m \tag{1-20}$$

所以,当仪表的测得值为 X 时,则示值相对误差为

$$\gamma_X = \left(\frac{\Delta X_m}{X}\right) \times 100\% = (\pm \alpha\%) \times \frac{X_m}{X} \tag{1-21}$$

使用式(1-21)时应注意:

(1) 仪表的准确度并非测量结果的准确度。只有仪表运用在满刻度偏转时,二者才相等。

(2) 欲提高测量结果的准确度,应从两方面来考虑:一是应选择准确度较高的仪表;二是使仪表尽可能运用在满刻度偏转状态,即合理选择仪表的量程。当仪表运用在满偏状态时,其示值相对误差才为仪表的准确度。一般要求测量时使仪表指针尽量指在满刻度值 2/3 以上区域。

(3) 对于反向非线性刻度仪表,其示值相对误差的计算不能用式(1-19)。如万用表欧姆挡的示值相对误差为

$$\gamma_X = \alpha\% + \frac{(R_X - R_o)^2}{4R_X R_o} \times \alpha\% \tag{1-22}$$

式中：R_X 为测量示值；$R_。$ 为欧姆表的欧姆中心值；α 为欧姆表的准确度。

由式(1-22)可知，只有当 $R_X = R_。$ 时，欧姆表的测量误差才最小。因此，为减小测量误差，一般要求指针在欧姆中心值的 $0.2 \sim 5$ 倍之间为宜。

例 1.3 测量 10V 左右的电压，现有两块电压表，其中一块是量程为 150V 的 1.5 级电压表，另一块是量程为 15V 的 2.5 级电压表，问选用哪一块电压表较好？

解： 若使用量程为 150V 的 1.5 级电压表，由式(1-20)和式(1-21)可以计算出测量产生的绝对误差，即

$$\Delta U = U_m \times \alpha \%$$
$$= 150 \times (\pm 1.5\%)$$
$$= \pm 2.25(V)$$

相对误差为

$$\gamma_X = \frac{150}{10} \times (\pm 1.5\%) = \pm 22.5\%$$

若使用另一块量程为 15V 的 2.5 级电压表，用同样方法可计算出测量产生的绝对误差：

$$\Delta U = U_m \times \alpha \%$$
$$= 15 \times (\pm 2.5\%)$$
$$= \pm 0.375(V)$$

相对误差为

$$\gamma_X = \frac{15}{10} \times (\pm 2.5\%) = \pm 3.75\%$$

由此可见，后者误差比前者小得多，所以应选用量程为 15V 的 2.5 级电压表。此例说明，如果量程选得恰当，用 2.5 级仪表进行测量也会比用 1.5 级仪表准确。因此，在测量中不能片面追求仪表的级别"越高越好"，而应该根据被测量的大小，兼顾仪表的级别和测量的上限，合理地选择仪表。

6. 数字式仪表的测量误差

数字式仪表的误差通常有两种基本表示方法：
$$\Delta X = \pm (读数的 a\% \pm 满量程的 b\%)$$
$$\Delta X = \pm (读数的 a\% \pm 几个字)$$

其中：a 是由仪表中的内附基准源和测量线路的传递系数的不稳定所决定的，"读数的 $a\%$"表示的是读数误差；b 是由仪表内放大器的零点漂移、热电势和量化误差所引起的，"读数的 $b\%$"表示的是满度误差，满度误差与被测量的大小无关，而与所取量程有关，常用正负几个字来表示。

数字式仪表也有选择合适量程的问题，使被测量显示的位数尽量多。

例 1.4 用一块四位数字电压表的 10V 量程分别测量 10V 和 0.5V，已知该仪表的准确表为 $\pm 0.01\% U_X \pm 1$ 个字，求由仪表引起的测量绝对误差和相对误差。

解：(1) 测量 10V 电压时的误差。

因为该仪表是四位的,用 10V 量程时,±1 个字相当于±00.01V,所以绝对误差为

$$\Delta U = \pm 0.01\% \times 10 \pm 1 \text{ 个字} = \pm 0.001 \pm 0.01 = \pm 0.011(\text{V})$$

示值相对误差为

$$\gamma_X = \frac{\Delta U}{U_X} \times 100\% = \frac{\pm 0.011}{10} \times 100\% = 0.11\%$$

(2) 测量 0.5V 电压时的误差。

绝对误差为

$$\Delta U = \pm 0.01\% \times 0.5 \pm 1 \text{ 个字} = \pm 0.00005 \pm 0.01 \approx \pm 0.01(\text{V})$$

示值相对误差为

$$\gamma_X = \frac{\Delta U}{U_X} \times 100\% = \frac{\pm 0.01}{0.5} \times 100\% = 2\%$$

从该例中可反映出,测量小电压时,应选用小量程,否则"±1 个字"对测量结果的影响是很大的。

1.2.3　测量误差的来源

在测量过程中产生误差的原因很多,主要有如下几种。

1. 仪器误差

仪器(仪表)本身引起的误差称为仪器误差。这是测量误差的主要来源之一。主要测量仪器及其附件在设计、制造、装配、检定等环节不完善或有局限,以及仪器在使用过程中元器件老化,机械部件磨损、疲劳等而带来的误差。例如,指针式仪器(仪表)的零点漂移、刻度误差以及非线性引起的误差,数字式仪表的量化误差,比较式仪器中标准量本身的误差均属此类误差。

为了减小仪器误差的影响,应根据测量要求、测量环境,正确地选择测量仪器和测量方法,并在额定的工作条件下按照使用要求进行操作使用等。

2. 方法误差

由于测量方法不合理造成的误差称为方法误差。例如,用普通万用表测量高内阻回路的电压,这是不允许的。如果采用了这种测量方法,则万用表的输入电阻较低而引起的误差就属于此类误差。

选择正确的测量方法减小或消除方法误差。

3. 理论误差

测量方法建立在近似公式或不完整的理论基础上以及用近似值计算测量结果时所引起的误差称为理论误差。例如,测量圆柱体的直径,选用卷尺先测出圆柱体的周长,再

通过公式计算出直径,由于圆周率 π 只能取近似值,因此将引入理论误差。

减小或消除理论误差的方法可以通过修正,特别是内部带有微处理器的智能仪表,做到这一点非常方便。

4. 环境误差

外界环境不良和变化所引起的误差称为环境误差。这也是产生测量误差的主要原因之一。例如,环境温度、湿度、振动、电源电压等与仪器仪表要求的条件不一致产生的误差。

通过对环境条件的改善可减小环境误差,但要付出一定的经济代价。

5. 人身误差

测量者的分辨能力、疲劳程度、固有习惯等引起的误差称为人身误差。例如,对最后一位的估计能力、念错读数或习惯性斜视等引起的误差均属此类误差。

减小人身误差的主要方法有:提高测量者的操作技能和工作责任心;采用更合适的测量方法;采用数字式显示的客观读数以避免指针式仪表的主观读数引起的视觉误差等。

1.2.4 测量误差的分类

根据测量误差的性质和特点,可将它们分为系统误差、随机误差和粗大误差三大类。

1. 系统误差

在确定的测试条件下,多次测量同一量时,误差的绝对值和符号保持恒定,或在条件改变时按一定规律变化的误差称为系统误差,简称系差。

根据系统误差特征不同可以分为恒值系统误差和变值系统误差。恒值系统误差是指在整个测量过程中误差的大小和方向始终不变,如仪器固有误差引起的测量误差就属于这种情况。变值系统误差指在整个测量过程中误差的大小和方向会随测试的某一个或几个因素按确定的函数规律变化,如测量值随温度变化而产生的误差属于变值系统误差。

系统误差产生的原因主要有工具误差、装置误差、人身误差、外界误差、理论误差和方法误差等。系统误差具有一定的规律性,可根据一定的方法找出系统误差产生的原因。常用来判别是否存在系统误差的方法有预检法、剩余误差观察法、马利科夫判据法等。

在实际工作中,根据系统误差产生的原因,采取一定的技术措施,如零示法、代替法(又称转换法)、交换法和微差法,设法消除或减弱它。

2. 随机误差

通常把在所有测量条件都相同的条件下对某物理量进行多次重复的测量称为等精度测量。

当对某被测量进行等精度测量时,若误差的绝对值和符号都在变化,即绝对值时大时小,符号时正时负,且任何一次测量误差都不能预先确定,但总的误差服从统计规律,这种误差称为随机误差或偶然误差。

随机误差主要是对测量值影响较小,又互不相关的多种因素共同造成的。例如:仪器内部器件和零部件产生的噪声;温度及电源电压的不稳定;电磁干扰;测量人员感官的无规律变化等。

随机误差的特点是:在多次测量中,随机误差绝对值的波动有一定的界限,即具有有界性;绝对值相等的正负误差出现的机会相同,即具有对称性;随机误差的算术平均值随着测量次数的无限增加而趋近于零,也就是说在多次测量中随机误差有相互抵消的特性,即具有抵偿性。抵偿性是随机误差的重要特性,一般通过对多次测量取算术平均值的方法来削弱随机误差对测量结果的影响。

3. 粗大误差

粗大误差是指在一定条件下测量结果显著地偏离其实际值所对应的误差,又称粗差或错差。

粗大误差是读数错误、记录错误、仪器故障、测量方法不合理、操作方法不正确、计算错误及不能允许的干扰等原因造成的。就数值大小而言,粗大误差一般明显地超过正常条件下的系统误差和随机误差。

凡确认含有粗大误差的测量数据称为坏值。测量数据中的坏值应予以剔除。

上述三种误差同时存在的情况下,可用图 1-3 来表示。图中 A_0 表示真值,小黑点表示各次测量值 x_i,E_x 表示测量值的数学期望。

由图可知:

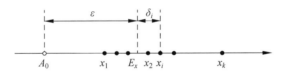

图 1-3 三种误差同时存在的情况

(1) x_k 严重偏离真值 A_0,使测量值的平均值失去意义,故 x_k 可以称作坏值。因此首先应该将 x_k 剔除。如没有及时剔除,则测量结果出现的误差即为粗大误差。

(2) 随机误差:$\delta_i = x_i - E_x$。

(3) 系统误差:$\varepsilon = E_x - A_0$,当 $\varepsilon = 0$ 时,期望值 E_x 应等于真值 A_0,即 ε 越小,表示测量越准确。

1.2.5 各类误差的关系及其对测量结果的影响

1. 准确度

系统误差反映了测量结果偏离真值的程度,通常用准确度来表征其大小。系统误差越大,准确度越低;反之越高。两者互为倒数关系。

2. 精密度

随机误差反映了测量结果的离散性。通常用精密度来表征其大小。随机误差越小，精密度则越高。两者互为倒数关系。

3. 精确度

测量结果往往同时包含系统误差和随机误差。如果某测量结果的系统误差和随机误差均小，则表明该测量既准确又精密，通常用精确度来表示测量结果中系统误差和随机误差两者综合的影响程度。

由上可见，在测量中精密度高的，不一定准确度高；同样，准确度高的，不一定精密度高。这一点正如在射击中，若弹着点很分散，相当于精密度很差；若弹着点虽然集中，但偏离靶心，相当于精密度高但准确度差；如果弹着点集中靶心，相当于既精密又准确。所以一切测量都应力求实现既精密而又准确，即精确度高。

系统误差、随机误差和粗大误差的划分并不是绝对的，它们在一定条件下可以相互转化。例如，一块指针式电流表，它的刻度误差在制造时可能是随机的，而如果用这块表来校准一批其他电流表，则这块表的随机误差就会造成被校准的这一批表的系统误差。又如，由于电压表刻度不准，用它来测量某电源电压时必然带来系统误差。但是如果用很多块电压表来测量这个电源电压，由于每块电压表的刻度误差有大有小，有正有负，这就使这些误差带有随机性。可以利用这种随机性，在必要时多用几块表测量，然后用对测量值求平均值的办法来减弱测量误差。另外，在对三种误差进行判别时，也会发现它们之间的划分是相对的。例如，较大的系统误差或随机误差都可以当成粗大误差来处理。即使同一种因素对测量结果的影响，视其影响程度的不同和影响规律的差异，也可能当成不同的误差来处理。例如，周围电磁场对测量的影响：当这种影响较小时，可视为随机误差；当这种影响比较明显时，可视为系统误差；当这种影响较大时，可视为粗大误差。

尽管三种误差的划分具有一定的相对性，但这种划分还是很有必要的。因为这三种误差的性质和特点不同，对它们的处理方法也不同。对于系统误差，主要依靠在测量中采取一定技术措施或者对测量结果进行必要的修正来减小或消除它的影响；对于随机误差，采用数理统计方法来消除或减弱；对于含有粗大误差的测量值则要予以剔除。

1.3 测量数据的处理

通过实际测量取得数据后，通常还要对这些数据进行计算、分析、整理，有时还要把数据用曲线、函数等表示，这就要对数据进行处理。

1.3.1 测量结果的数字表示及处理

测量结果的数字表示及处理的目的，就是要从测量所得到的原始数据中求出被测量的最佳估计值,并计算其精确程度。

1. 有效数字位数的确定

有效数字是指它的绝对误差不超过末位数字单位的一半时,从它左边第一个不为零的数字算起,到最末一位数为止(包括零)。而最右边的一位有效数字又称为存疑(欠准数),其他的有效数字则称为准确数。因此,有效数字包括准确数加上一个存疑数。

对于存疑数,在指针式仪表中,是根据仪表的允许误差估读出来的;在数字式仪表中,一般为所显示数字的最后一位;在数据运算中,是根据要求(有效数字的位数及最后一位有效数字的取舍规则)估计而得的,所以是不准确的,但在测量和运算中又是必然存在的。

数据尾部"0"的意义,写成 20.80 表示测量结果精确到百分位,写成 20.8 则表示精确到十分位。例如,被测电流记为 1000mA,是四位有效数字,表示精确到 mA 级,这时不能写成 1A,否则只有一位有效数字,但是可以写成 1.000A,仍为四位有效数字。

有效数字位数与测量误差的关系。与小数点的位置无关,与使用的单位无关,处理原则是根据测量的准确度来确定有效数字的位数,有效数字的末位与绝对误差取齐,再根据舍入规则将有效位以后的数字舍去,如 0.13 ± 0.01、4.32 ± 0.05。带有单位的测量值也应和绝对误差取齐,例如 $6500\text{kHz}\pm1\text{kHz}$ 或 $6.500\text{MHz}\pm1\text{kHz}$,但不能写成 $6.5\text{MHz}\pm1\text{kHz}$,也不能写成 $6500\text{kHz}\pm1000\text{Hz}$。

2. 有效数字的舍入规则

为减小测量误差的积累,在测量技术中通常采用近似规则保留有效数字的位数。其规定为"小于 5 舍,大于 5 入,等于 5 时采用偶数法则"。即当要求某一数值保留 n 位有效数字时:

(1) 若第 $n+1$ 位以下的数不到第 n 位的一个单位的 0.5,则舍去。

(2) 若第 $n+1$ 位以下的数超过第 n 位的一个单位的 0.5,则第 n 位增加 1 个单位。

(3) 若第 $n+1$ 位以下的数恰好是第 n 位的一个单位的 0.5,则第 n 位如为偶数或零时就舍掉 $n+1$ 位以及后面的数字;如为奇数就在第 n 位增加 1 个单位。由于第 n 位数字偶数和奇数的概率相同,因而 5 的舍和入的概率也相同,这样当舍入次数足够多时,舍入误差就会抵消。这就是"偶数法则"。

例 1.5 对数据 45.77、36.251、43.035、47.15、38050 保留三位有效数字。

解:取舍后的数字:45.77 → 45.8(因为 0.07>0.05,所以末位进 1)

36.251→ 36.3(因为 0.051>0.05,所以末位进 1)

43.035→ 43.0(因为 0.035<0.05,所以舍去)

47.15 → 47.2(因为第 4 位为 5,第 3 位为奇数,所以第 3 位进 1)

38050 → 380×10^2(因为第 4 位为 5,第 3 位为 0,所以舍去)

由上例可见,每个数据舍入后,末位都是欠准数字。其舍入误差不大于末尾单位的一半,这个"一半"即为该数据的最大舍入误差。所以通常认为,当测量结果未注明误差时，最后一位数字有"0.5"误差，这就是数据处理中的"0.5误差原则"。

例如，某电压测量的指示值为 85.35V，该量程的最大绝对误差为 ±0.5V。根据"0.5误差原则"此数据的末位应是整数，所以测量结果应写成两位有效数字。根据舍入规则，示值末尾的 0.35<0.5，所以不标注误差的报告值应为 85V。但若记录数据时要求标注误差，本着记录数据值的末位与绝对误差对齐的原则，应写成 85.4V±0.5V。

可见，测量结果有效数字反映了测量数据的准确程度。例如，123V，末位是个位，表明其绝对误差在 ±0.5V 以内；而 1.23V，末位是百分位，表明其绝对误差在 ±0.005V 以内。

3. 有效数字的运算法则

1）加减法运算

（1）加法运算。由于参加运算的各项必为相同单位的同一物理量，故精度最差的也就是小数点后面有效数字位数最少的。因此，运算前应将各位数据所保留的小数点后面的位数处理成与精度最差的数据相同，然后再进行运算。但如果计算项目较多，或测量比较重要时，为了慎重起见，可比上述原则多保留 1～2 位。

例 1.6 $13.435+20.382+5.63+4.6=13.44+20.38+5.63+4.6=40.5$

（2）减法运算。当相减的数差得较远时，有效数字的删节原则与加法相同。但如果相减的数非常接近，由于将失去若干有效数字，故除了应多保留有效数字外，应从测量方法上加以改进，使之不出现两个相接近的数彼此相减的情况。

2）乘除法运算

有效数字位数的删节取决于其中位数最少的一项而与小数点无关，因位数最少的一项精度最差（百分误差最大）。

3）乘方及开方运算

运算结果应比原数据多保留一位有效数字。

4）对数运算

运算前后数据的有效数字位数应相等。

5）计算平均值

若为 4 个以上的数字相平均时，则结果可增加一位有效数字。

6）无限循环（或不循环）小数的计算

对为无限循环（或不循环）小数的数值，其有效数字位数可以为无限制，在所有的运算中，需要几位就可根据前述法则选取几位。

1.3.2 测量结果的曲线表示及图解处理

测量结果除了用数字表示外，还经常用各种曲线来形象、直观地反映待测物理量的性质、特点及测量数据的变化情况或变化趋势。

图解处理就是研究如何根据测量结果绘制一条尽可能反映真实情况的曲线，并对该曲线进行定量的分析。

1. 测量数据曲线的绘制

测量曲线的绘制是指将测量的离散数据绘制成一条连续光滑的曲线并使其误差最小。其通常采用曲线平滑法和分组平均法,无论采用哪种方法,在绘制曲线前都要将整理好的测量数据按照坐标关系列表,适当选择横坐标与纵坐标的比例关系与分度,使得曲线的变化规律比较明显。

1) 曲线平滑法

如图 1-4 所示,先将实验数据(x_i, y_i)标在直角坐标系中,再将各点(x_i, y_i)先用折线相连,然后作一条平滑线,使其满足以下等量关系:

$$\sum s_i = \sum s_i'$$

式中,$\sum s_i$ 为曲线以下的面积和;$\sum s_i'$ 为曲线以上的面积和。

2) 分组平均法

如图 1-5 所示,将数据(x_i, y_i)标在坐标系中,先取相邻两个数据点连线的中点(或 3 个数据点连线的重心点),再将所有中点连成一条光滑的曲线。由于取中点(或重心点)的过程就是取平均值的过程,所以能有效减小随机误差的影响。

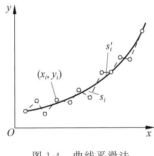 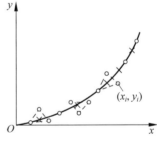

图 1-4　曲线平滑法　　　　　　　　图 1-5　分组平均法

2. 测量数据的回归分析

用函数关系式来描述被测量的各物理量之间的相互关系称为测量数据的函数表示或回归分析。

1) 最小二乘法

设对某量 x 进行了 m 次等精度的测量,第 i 次测量的随机误差为 δ_i,且 δ_i 服从正态分布。由概率论与数理统计中参数的最大似然估计原则,满足关系式

$$\sum_{i=1}^{m} \delta_i^2 = \min \tag{1-23}$$

的估计值就是最佳估计值。式(1-23)称为最小二乘式。

在实际测量中,常用残差 v_i 来代替随机误差,则式(1-23)可以表示为

$$\sum_{i=1}^{m} v_i^2 = \min \tag{1-24}$$

式中,v_i 为第 i 次测量的残差,$v_i = x_i - \bar{x}$。

若被测量为间接测量量,则残差可以表示为

$$v_i = y - f(x_i; \alpha, \beta) \tag{1-25}$$

式中,α、β 为函数关系式 $f(x_i; \alpha, \beta)$ 中待估计的参数。

2) 回归分析法

先将测量数据标在坐标上,根据经验观察该列测量数据的变化规律符合哪种类型的函数的变化规律,从而确定函数的类型,再通过测量数据求函数式中的常系数及常量的方法称为回归分析法。

设有 m 组实验数据 (x_i, y_i),选定的函数式为 $y = f(x_i; \alpha, \beta)$,其中 α 为待定系数,β 为常量。根据最小二乘法,由式(1-24)求出的值就是 $\hat{\alpha}$ 及 $\hat{\beta}$ 值,即 α 及 β 的最佳估计值

$$\sum_{i=1}^{m} \left[y_i - f(x_i; \alpha, \beta) \right]^2 = \min \tag{1-26}$$

若待定系数 α 及常量 β,…共有 n 个,则应建立起 n 个联立方程组:

$$\begin{cases} \dfrac{\partial \sum\limits_{i=1}^{m} \left[y_i - f(x_i; \alpha, \beta, \cdots) \right]^2}{\partial \alpha} = 0 \\[4mm] \dfrac{\partial \sum\limits_{i=1}^{m} \left[y_i - f(x_i; \alpha, \beta, \cdots) \right]^2}{\partial \beta} = 0 \\[4mm] \cdots\cdots \end{cases} \tag{1-27}$$

式(1-27)称为回归方程组。解式(1-27),可以求出 $\alpha, \beta, \cdots$ 的估计值 $\hat{\alpha}, \hat{\beta}, \cdots$。

如果函数 $f(x_i; \alpha, \beta)$ 为直线方程,如 $y = ax + b$,则 a 与 b 的估计值 $\hat{a}$、$\hat{b}$ 可由下式求解:

$$\begin{cases} \dfrac{\partial \sum\limits_{i=1}^{m} \left[y_i - (ax_i + b) \right]^2}{\partial a} = 0 \\[4mm] \dfrac{\partial \sum\limits_{i=1}^{m} \left[y_i - (ax_i + b) \right]^2}{\partial b} = 0 \end{cases} \tag{1-28}$$

可得

$$\begin{cases} \hat{a} = \dfrac{m \sum\limits_{i=1}^{m} x_i y_i - \sum\limits_{i=1}^{m} x_i \sum\limits_{i=1}^{m} y_i}{m \sum\limits_{i=1}^{m} x_i^2 - (\sum\limits_{i=1}^{m} x_i)^2} \\[6mm] \hat{b} = \sum\limits_{i=1}^{m} \dfrac{y_i}{m} - \hat{a} \sum\limits_{i=1}^{m} \dfrac{x_i}{m} = \bar{y} - \bar{x}\hat{a} \end{cases} \tag{1-29}$$

例 1.7 在不同温度 t 下,测量三极管 3DG130 的电流放大系数 β,测量数据如下:

$t/℃$	0	30	60	90	120
β	20.0	28.0	37.5	51.0	68.0

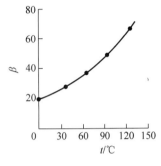

图 1-6 回归分析法

用回归分析法求 β 与 t 的函数关系式。

解:将实验数据标于坐标上,如图 1-6 所示。由图可见,β 与 t 近似于指数关系,故选指数型函数式,即

$$\beta = b\,e^{at}$$

式中 a、b 为待定系数。

将上式两边取自然对数可得

$$\ln\beta = \ln b + at$$

令 $\ln\beta = y$,$\ln b = B$,从而将上式转换为直线方程,即

$$y = at + B$$

由式(1-29)可得

$$
\begin{cases}
\hat{a} = \dfrac{m\displaystyle\sum_{i=1}^{m} t_i y_i - \displaystyle\sum_{i=1}^{m} t_i \displaystyle\sum_{i=1}^{m} y_i}{m\displaystyle\sum_{i=1}^{m} t_i^2 - \left(\displaystyle\sum_{i=1}^{m} t_i\right)^2} = 0.01 \\[4mm]
\hat{B} = \displaystyle\sum_{i=1}^{m} \dfrac{y_i}{m} - \hat{a}\displaystyle\sum_{i=1}^{m} \dfrac{t_i}{m} = \bar{y} - \bar{t}\hat{a} = 3.02
\end{cases}
$$

又因为 $\ln\hat{b} = B$,则 $\hat{b} = 20.5$。故 β 与 t 的近似关系式为

$$\beta = \hat{b}\,e^{\hat{a}t} = 20.5\,e^{0.01t}$$

复习思考题

1. 解释下列名词:

测量;电子测量;误差;修正值;真值;示值;绝对误差;相对误差;实际相对误差;示值相对误差;基准误差;准确度;有效数字。

2. 电子测量的方法分哪几类? 直接测量法与间接测量法的区别是什么?

3. 根据误差的来源分类,测量误差有哪几种? 如何消除或减小这些误差?

4. 如何估计一次直接测量时的最大误差? 试分别说明。

5. 若测量 10V 左右的电压,有 3 块电压表,量程和准确度分别是 0.5 级 150V,2.5 级 15V,1.0 级 10V,试问选用哪一块电压表测量既安全又准确?

6. 用 0.2 级 100mA 的电流表 A 与 2.5 级 100mA 的电流表 B 串联测电流,电流表 A 的指示值为 80mA,电流表 B 的指示值为 77.8mA。

(1) 如果把表 A 作为标准校准校验后者,那么被校验表测量的绝对误差是多少? 应

当引入的修正值是多少？测得的实际相对误差是多少？

（2）如果认为上述结果是最大误差，则被校表的准确度等级应定为几级？

（3）如果考虑到表 A 的测量误差，再求(1)、(2)中提出的问题。

7. 用量程为 300V、准确度等级为 0.1 级的电压表分别测量实际值为 75V、150V 和 300V 的电压时，测量的绝对误差和相对误差各为多少？

8. 有一块 2.5 级的电压表，刻度均匀且分为 1V、3V、10V、30V 四挡，指针指在面板靠近零值端的 1/3 处的绝对误差和相对误差各为多少？

9. 要检定一块量程为 3mA、准确度等级为 2.5 级的电流表的满度值误差，按要求，引入修正值后所使用的标准仪器产生的误差应小于受检仪器允许误差的 1/3，现有下列 4 块标准电流表，选用哪只最合适？

（1）0.5 级 10mA；（2）0.2 级 10mA；（3）0.2 级 15mA；（4）0.5 级 5mA。

10. 某仪表单刻度为 0～10mV，满度值误差为 $\pm 0.1\%$，测量值为 8.52mV 时的绝对误差与相对误差各为多少？

11. 用适当单位表示下列各测量数据，以消除原始数据中非有效数字：

（1）27500mA；（2）0.271A；（3）0.02A；（4）0.00064H；（5）17000Ω；（6）0.00000500F；（7）25780Hz；（8）0.08439μs。

12. 在下列数据中取三位有效数字的结果各为多少？

（1）1.08501；（2）0.86549；（3）27.2521；（4）3.15500；（5）8.995；（6）3.877$\times$ 10^{-1}；（7）2585000；（8）0.23；（9）0.86651$\times 10^2$。

13. 改正下列数据的写法：

22.3840kHz$\pm$2.6Hz；318.4300$\pm$0.425V；250052$\pm$346Ω。

14. 根据误差定义及仪表测量原理说明：

（1）为什么欧姆表指针在中心值附近处相对误差较小？

（2）为什么线性刻度仪表指针指在 2/3 以上区域时相对误差较小？

15. 指针式毫伏表某量程的满度值 $U_o=100$mV，用此挡测量某电压信号时毫伏表示值 $U_1=50$mV，而同时用标准毫伏计测得的实际值 $U_2=50.1$mV。试计算此毫伏表在 50mV 刻度上的绝对误差、修正值、示值相对误差、满度相对误差和此时的实际相对误差各为多少？

16. 实验室所用指针式毫伏表测量交流电压的量程范围为 100μV～300V，共 11 个挡级，测量精度（允许误差）为 $\pm 3\%$，如果用 100mV 挡测量两个不同电压信号后所得的示值相对误差各为 $\pm 3.75\%$ 和 $\pm 30\%$。试问此时毫伏表的示值各为多少？由此结果可得出什么结论？

17. 根据下表所给实验数据，用回归分析法求 x 与 y 之间的近似关系式。

x	1	3	8	10	13	15	17	20
y	3	4	6	7	8	9	10	11

第 2 章

常用电子测量仪器的使用

2.1 电子测量仪器的基础知识

测量仪器是指用于检测或测量一个量,或为达到测量目的而提供的测量器具。利用电子技术构成的测量仪器称为电子测量仪器。常用的有万用表、电子电压表、电子示波器、频率计、电桥、频率特性测试仪、信号发生器、频谱分析仪、晶体管特性图示仪和稳压电源等。随着电子测量技术的发展和电子工业水平的提高,电子仪器的品种不断增多,类型日新月异,并朝着合成化、集成化、数字化、智能化、虚拟化和网络化方向迅速发展。

电子测量仪器对电子科学技术理论和应用的发展有着重大意义,其应用范围几乎覆盖所有的科学技术领域和国民经济部门,成为教学、科研、生产、通信、医疗和国防等方面不可缺少的测量工具。

电子测量仪器是电子科学理论和实践相联系的桥梁,是认识电子元器件和电路性能的媒介。电子电路实验的实质是利用电子测量仪器、仪表,学习和研究电子电路的性能、指标测量和调整的方法和技术。所以,对被测电路性能的判断正确与否,对各项参数的测量准确、熟练与否,很大程度上取决于对仪器、仪表的选择和使用是否正确与熟练。可以毫不夸张地说,能否正确、熟练地使用仪器、仪表是实验能否成功的关键之一。

2.1.1 电子测量仪器的分类

电子测量仪器品种繁多,目前已达几千种。为了便于管理、研制、生产、学习和选用,必须对它们进行适当分类。

电子测量仪器可分为专用仪器和通用仪器两大类。专用仪器是为特定目的而设计的。它只适用于特定的测试对象和测试条件。而通用仪器则适用范围宽,应用范围广。在此只介绍通用仪器的最基本、最常用的分类方法——按功能分类:

(1)电平测量仪器,主要有电流表、电压表、多用表、毫伏计、微伏计、有效值电压表、数字电压表、功率计等。

(2)元件参数测量仪器,主要有 RLC 电桥、绝缘电阻测试仪、阻抗图示仪、电子管参数测试仪、晶体管综合参数测试仪、集成电路参数测试仪等。

(3)频率时间测量仪器,主要有波长仪、电子计数器、相位计、各种时间和频率标准等。

(4)信号波形测量仪器,主要有各种示波器、调制度测试仪、频偏仪等。

(5)信号发生器,主要有低频、高频、微波、函数、合成、扫频、脉冲和噪声信号发生器等。

(6)模拟电路特性测试仪器,主要有频率特性测试仪、网络分析仪、相位特性测试仪、噪声系数测试仪等。

(7)数字电路特性测试仪器,主要有逻辑状态分析仪、逻辑时间关系分析仪、图像分析仪、逻辑脉冲发生器、数字集成电路测试仪等。

（8）信号频谱分析仪器,主要有谐波分析仪、失真度测量仪、频谱分析仪、傅里叶分析仪、相关器等。

此外,还有电信测试仪器、场强测量仪器、相位测试仪器、材料电磁特性测试仪器、测试系统、附属仪器等。

除按功能分类外,还有按频段分类、按精度分类、按仪器工作原理分类、按使用条件分类、按结构方式和操作方式分类等。

从总的发展趋势看,常规的由晶体管和集成电路为主体的电子测量仪器,正在朝数字化方向转变,带微处理器的电子测量仪器层出不穷。目前,以虚拟仪器和智能（程控）仪器为核心的自动测试技术在各个领域得到了广泛应用,促使现代电子测量技术朝自动化、智能化、网络化和标准化方向发展。

视频

2.1.2　电子测量仪器与被测电路的连接原则

1. 基本连接原则

实验和测量中电子测量仪器、仪表与被测电路的连接一般如图 2-1 所示。它通常包括被测电路、激励信号源（有些电路,如振荡器的测试,不需加接信号源）、电子电压表、示波器和直流电源等部分。

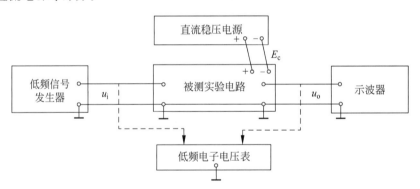

图 2-1　电子测量仪器、仪表与被测电路连接示意图

它们的连接应遵循下列原则:

（1）"共地"连接的原则。"共地"即是将所用仪器、仪表的接地端（与仪器机壳连接的一端）与被测电路的接地端（电路的公共参考点,通常以"⊥"标示）相连接。"共地"的目的:一是防止干扰,保证测量精度;二是防止仪器或电路短路,从而造成损坏。

（2）按信号流程方向顺序放置的原则。这样做是避免接线间的相互交叉而引起输入/输出信号的交链和反馈,从而造成新的干扰和自激。同时,按信号流程方向放置也可方便测试和检查。

（3）直流稳压电源按电路对极性的要求正确接入的原则。电子电路通常由直流电源供电。由于电路所用器件的不同,对电源极性的要求也不同。使用时,要判明被测电路对直流电源极性、电压大小的要求正确接入。一般情况下，直流稳压电源都是"浮地"接入被测电路的，即直流稳压电源的接地端(标以"⊥"符号，它与机壳连接)通常不与被测电路的地端连接。但在高频测量时，为了防止通过电源馈线引入干扰，要求将直流稳压电源的接地端与被测电路的接地端连接。

2. 连接方法

正确的连接能给测量带来方便，获得准确的测量结果；反之，会造成测量结果不正确或误差增大，甚至会造成仪器或被测电路的损坏。

1) 强调的问题

(1) 根据"共地"连接要求，在测量由 PNP 型三极管组成的电路时，尽管三极管的发射极支路与直流稳压电源的正极连接，集电极支路与电源的负极连接，但其他测量仪器与被测电路连接时，仪器的接地端仍然应与电路的交流零电位参考端连接，而不能以电源电压的正与负来决定。

(2) 为了防止通过地线电阻产生寄生耦合，电源的接入端应尽量靠近输出端。因为在进行电路实验时，往往要求各仪器与实验装置(实验板)有公共接地点。如果实验装置由印制电路板焊接而成，由于焊片的氧化、虚焊，与地线之间会形成较大的接触电阻，此外地线本身也有一定的电阻值，这些电阻统称为接地电阻(R_d)，如图 2-2 所示。由图中所标信号电压的瞬时极性可以看出，BG_2 流出的电流流过地线电阻 R_d 所产生的电压串联接入 BG_1 的输入电路且与信号源电压 U_S 的极性相同，形成正反馈。地线电阻虽然很小，对图中放大器来说，可能不会构成严重问题；但是，当级数增多而且每级的放大倍数很大时，即使 R_d 很小，反馈信号也会很强，使放大器指标降低，严重时还会造成自激。另外，如果实验环境存在外电磁干扰(特别是强大的 50Hz 工频干扰)，会在 R_d 上产生一个明显的干扰电动势，从而使测量误差增大。

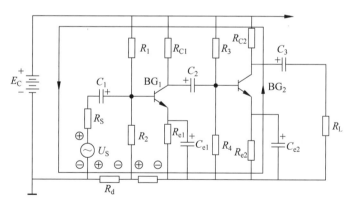

图 2-2 接地电阻产生寄生耦合的多级放大电路

将直流电源的接入端安排在靠近电路输出端，上述情况就会得到较好的改善。

2) 测试系统的接地问题

讨论测试系统的接地问题主要包括两方面内容：一是保证试验者人身安全的安全接

地；二是保证正常实验,减少噪声的技术接地。

(1) 安全接地。绝大多数实验室所用的仪器及设备都由 220V 交流电网供电。变压器的铁芯以及一次、二次绕组之间的屏蔽层均直接与机壳(电路的公共连接点)连接,变压器二次绕组的一端或中心抽头也与此点连接。于是变压器的一次、二次绕组与机壳,机壳与大地间的等效分布参数如图 2-3 所示。

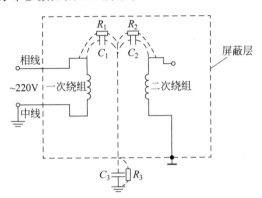

图 2-3　变压器、机壳及大地之间的等效分布参数

图 2-3 中,C_1 是火线对屏蔽层(外壳)的分布电容;R_1 是火线对屏蔽层(外壳)的漏电阻;C_2 是变压器次级对屏蔽层(外壳)的分布电容;R_2 是变压器次级对屏蔽层(外壳)的漏电阻;C_3 是零线对屏蔽层(外壳)的分布电容;R_3 是零线对屏蔽层(外壳)的漏电阻。

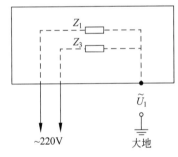

图 2-4　寄生参数的等效阻抗

将 C_1、R_1 用电阻抗 Z_1 表示,C_3、R_3 用 Z_3 表示,这样便可用图 2-4 来等效。由图 2-4 可求机壳对地的电位为(视零线与大地为同电位)

$$\widetilde{U}_1 = \frac{Z_3}{Z_1 + Z_3} \times 220 \text{(V)} \qquad (2\text{-}1)$$

这时人体若触及机壳就有电压 $\widetilde{U}_1$ 加压在人体与大地之间,使用者会有触电感觉,但是因为 Z_1、Z_3 的值都很大,故触电不严重。然而当仪器或设备经常处于温度较高的环境中使用或长期受潮未烘烤,变压器质量低劣等原因,变压器绝缘电阻就会明显下降,通电后人体接触机壳就可能发生触电事故。

为了避免触电事故的发生,可在通电后用试电笔检查机壳是否带电。由于一般情况下电源变压器一次绕组两端漏电阻不相等,因此往往把单相电源插头换个方向插入电源插座中即可削弱甚至消除漏电现象。

比较安全的方法是采用三芯插座,如图 2-5 所示。图中,三芯插座中间较粗的插孔应与本实验室的地线相接。另外两个较细的插孔,一个接 220V 相线(火线),另一个接电网的中线(零线)。由于实验室地线与电网中线实际接地点不同,因此二者之间存在一定的等效电阻(这个电阻的阻值随地区、距离、季节等而变化,一般是不稳定的),如图 2-6

所示。

三芯插头中心较粗的一端应与仪器或设备的外壳相连。利用图 2-6 的电源插接方式,就可以保证仪器或设备的外壳始终处于大地电位,从而避免触电事故。

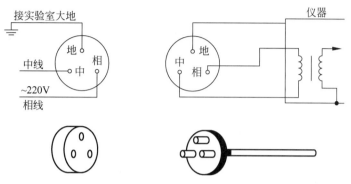

图 2-5 三芯插座与插头

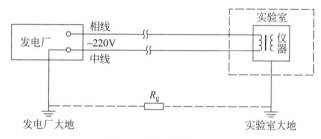

图 2-6 接地等效电阻

如果电子仪器或设备无三芯插头,也可用导线将机壳与实验室大地相连。

(2) 技术接地。

技术接地是指为保证电子仪器及设备能正常工作所采取的一种必要措施。接地是否正确,应以对外界噪声干扰的抑制作为衡量的准绳,下面举几个操作者在做实验时应注意的例子。

① 接地不良可能引入干扰并使仪表过负荷。

图 2-7(a)是用晶体管毫伏表测量信号发生器的电压,因未接地(或接地不良)引起仪表过负荷的示意图。图 2-7(b)是其等效电路。信号发生器和毫伏表(或示波器)一般有两根连接线,一根是地线(一般与机壳连接在一起),另一根是输出(或输入)信号线,一般是接在仪器内部电路的某一点上。图 2-7(a)中两地线不连接。

图 2-7 中:C_1 是信号发生器的电源火线对机壳呈现的分布电容;C_2 是毫伏表的电源火线对机壳呈现的分布电容;C_3 是信号发生器的电源零线对机壳呈现的分布电容;C_4 是毫伏表的电源零线对机壳呈现的分布电容;e 是 220V 电源电压;e_1 是 C_3 得到的电源干扰电压;e_2 是 C_4 得到的电源干扰电压。

因此,实际到达电压表输入端的电压是被测电压 U_X 与 50Hz 电源干扰电压 e_1 及 e_2 之和。由于毫伏表输入阻抗很高,故加到它输入端的总电压可能很大而使仪表过负荷。

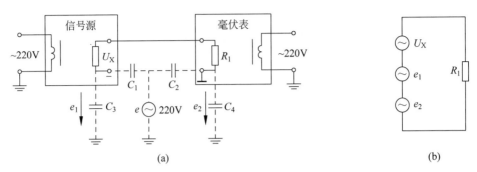

图 2-7 两台仪器接地不良时寄生参数等效电路分析

当两机壳相连(仪器地线相连)干扰就消失了。如果两机壳分别接大地,干扰也消失。

如果用手触摸晶体管毫伏表输入端,就会发现毫伏表过负荷现象(尤其毫伏表小量程挡),请读者自行分析。

如果把图 2-7 中的毫伏表改为示波器,就会更清楚地看到受干扰电压的波形,并能很容易地测出其频率是 50Hz。图 2-8 画出了干扰电压的波形。

图 2-8 中 50Hz 的干扰电压上叠加的是有用信号(被测信号)U_X。

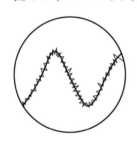

图 2-8 接地不良的干扰波形

实验过程中,如果测量方法正确,被测电路及测量仪器的工作状态也正常,但发现仪器的读数比预计值大得多,这种现象很可能是地线接触不良造成的。

② 接线顺序不对可能会损坏仪器。

对于高灵敏度、高输入阻抗的电子测量仪器,必须养成先接地线再接信号线的测量习惯,否则可能造成过负荷,甚至烧毁电表。如果图 2-7 中的毫伏表是高输入阻抗的场效应管作输入级的实验装置,就很容易将它烧毁,因此要特别注意。

③ 仪器的信号线与地线接反不共地会引入干扰。

用示波器观察信号发生器的输出波形,接线的方法如图 2-9 所示,就会引入干扰。有的实验者认为,信号发生器输出交流信号,而交流可以不分正负,因此信号线与地线接反没有关系,实际则不然。

从图 2-7 中看出,两个仪器机壳(地线)可以用一个等效电容 C_0 来等效,那么图 2-9 就可用图 2-10 来表示。

从信号发生器输出端看,电容 C_0 经过输出信号的长导线并联在输出端。从示波器的输入端看,电容 C_0 通过输入信号的长导线并联在输入端。信号发生器的输出线和示波器的输入线都是 1m 左右长的引线式电缆,可折合成两个电感 L_1 和 L_2,这样在信号发生器输出回路及示波器的输入回路上,并联了如图 2-11 所示的两个 LC 回路。

按图 2-9 的方法观察信号发生器的输出信号时,由分布参数组成的 LC 回路上的衰减振荡电压波形就叠加在正常的输出信号上,称为噪声干扰,如图 2-12 所示。

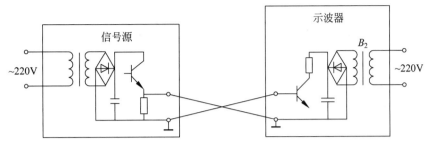

图 2-9　仪器之间不共地连接

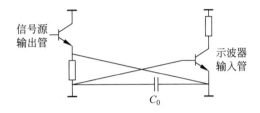

图 2-10　仪器之间不共地引入 C_0

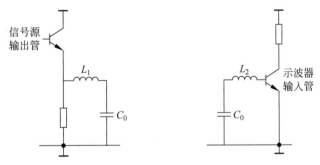

图 2-11　仪器之间不共地引入干扰的等效电路

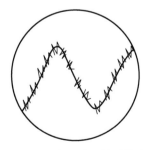

图 2-12　不共地引入的干扰波形

如果信号发生器与示波器的机壳(地线)都与实验室大地连接,输出就没有信号,同时信号发生器的输出端处于交流短路状态。由于信号发生器的输出电阻很小,此时输出级的电流很大,会烧毁信号发生器。

④ 高输入阻抗的仪表输入端开路会引入干扰。

示波器、晶体管毫伏表都属于高输入阻抗的电子仪器,这里以示波器为例说明这个问题。干扰的引入如图 2-13 所示,图 2-13(a)中 C_1 为 220V 交流市电火线对输入端的分布电容,C_3 为其对机壳的分布电容,C_2 为 220V 交流市电零线对输入端的分布电容,C_4 为其对机壳的分布电容。

图 2-13(b)是图 2-13(a)的等效电路,显然它们构成一个桥路,当 $C_1C_4 = C_2C_3$ 时,示波器输入端无电流流过。实际上这些电容均为分布电容,所以一般来说 $C_1C_4 \neq C_2C_3$,所以示波器输入电流中有市电 50Hz 的电流,这样示波器就会有叠加的波形显示,干扰为 50Hz 的交流信号。毫伏表同此机理。

所以,在做实验时,当示波器输入端不接任何测试端,接通示波器的电源后,就会发现示波器荧光屏上有波形显示,其道理就在于此。

了解了这一点也使我们懂得了一再强调毫伏表使用完毕后必须将量程选择开关置于最大挡位的缘由了。如果置于小量程挡位,当接通电源开关时,由于毫伏表输入端开路而引入的干扰电压会超出毫伏表的量程,造成表针会迅速偏转,严重时会将表针打弯。

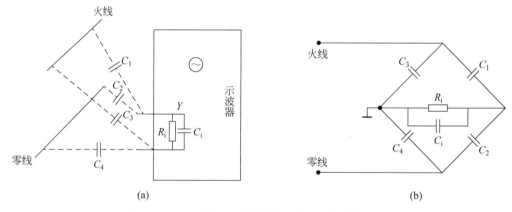

图 2-13　示波器输入端开路时分布参数的等效分析

2.1.3　电子仪器的使用注意事项

如果电子仪器使用不当,就容易发生人为损坏事故。这里讲的注意事项是在电子仪器的使用中公共遵循的,一些特殊的注意事项将在各类仪器中介绍。

1. 开机前的注意事项

(1) 应检查仪器设备的工作电压与供电交流电压是否相符,特别是对国外进口的仪器更应注意。

（2）检查开关、旋钮、度盘、插孔、接线柱等部件是否有松动、滑脱等现象，以防造成开路或短路现象以及读数差错。

（3）仪器面板上的"增益""输出""辉度"等旋钮应左旋到底，即旋到最小部位。"衰减""量程"选择开关应旋至最大挡级，以防止可能出现的信号冲击和仪器的过载。

2．开机时的注意事项

（1）开机预热。有"低压""高压"开关的应先开"低压"，待预热 5～10min 后，再开"高压"。只有单一电源开关的仪器，也应按仪器说明书要求预热，待仪器工作稳定后使用。

（2）开机通电时应特别注意观察。眼看指示灯的亮、暗，指示电表的指示等是否正常；耳听是否有异常声响，风扇转动是否正常；鼻闻是否有异常臭味等。一旦有异常，立刻断电。

3．使用时的注意事项

（1）仪器的放置，特别是指针式仪器、仪表的放置应符合要求，以免引入误差。

（2）调整旋钮、开关、度盘等用力要适当，缓慢调整，不可用力过猛。尽量避免不必要的旋动，以免影响仪器的使用寿命。

（3）消耗功率较大的仪器，应避免使用过程中切断电源。必须切断时，需待仪器冷却后再接通电源。

（4）对信号源、电源应严禁输出端短路。

（5）信号源的输出端不可直接连接到有直流电压的电路部位上。必须接时，应选用适当电容器隔离。

（6）使用电子测量仪器进行测量时，应先连接"低电位"端（地线），后连接"高电位"端（如示波器探头）；测试完毕则应先拆除"高电位"端，后拆除"低电位"端。

4．使用后的注意事项

（1）为避免开机前准备工作中的疏忽，测试完毕后，应将"增益""辉度""输出"等旋钮旋至最小位置，将"衰减"或"量程"等旋钮旋至最大挡级。

（2）关闭电源开关，取下电源插头。有"高压""低压"开关的仪器，应先关"高压"后关"低压"。

（3）零、配件，附件应整理归位，加盖仪器罩等。

（4）在仪器使用登记册上，认真填写所用仪器的工作状况。

2.2 电子电压表

在电信号的测量领域，电压、电流、功率是表征电信号能量的三个基本参数，常用于各种电路与系统的工作状态和特性的分析与测量中。在这三种参数中电压量尤为重要，其原因是电压的获得通常采用直接测量法,而电流、功率的获得采用间接测量法。电子电路测量中,直流电压一般用万用表测量,然而电子电路中的信号有频率范围宽、波形种类多的特点,因此交流电压的测量往往要使用电子电压表。

2.2.1　电子电压表的分类及工作原理

被测电压的幅值、频率以及波形的差异很大,因此电压测量仪表的种类也很多,通常有以下三种分类方法:

(1) 按频率范围,分为直流电压测量和交流电压测量两种。而交流电压测量按频段范围又分为超低频电压表、低频电压表、视频电压表、高频或射频电压表和超高频电压表。

(2) 按被测信号的特点,分为峰值测量、有效值测量和平均值测量。通常,如没有作特殊说明,均指以有效值表示被测电压。

(3) 按测量技术,分为模拟式和数字式电压测量。

模拟式电压表以磁电系仪表为基础,增加了检波、放大和电源三个环节,其结构可分为检波-放大式和放大-检波式。模拟式电压表具有电路简单、成本低、测量和使用方便等特点。但测量精度较差、输入阻抗不高,尤其是测量高内阻源时精度明显下降,因此,它的应用和发展受到了一定的限制。下面重点介绍数字式电压表。

1. 数字式电压表的特点

(1) 数字显示。测量结果以数字形式直接显示,读数清晰方便,从而消除了指针式仪表的视觉误差。

(2) 准确度高。数字式电压表的位数越多,准确度越高。当显示数字位数为 4～6 位时,相对误差可小到 $\pm 0.01\%$,高端的数字式电压表显示位数为 7～8 位,相对误差可小到 $\pm 0.0001\%$。

(3) 分辨力高。数字式电压表能够显示被测电压的最小变化值,称为分辨力(或称最高灵敏度),即最小量程时显示器末位跳一个字所需要的最小输入电压值。例如,某型号的数字式电压表最小量程为 0.2V,最大显示数 19999,所以其分辨力为 $10\mu V$。

(4) 测量速度高。对被测电压每秒进行测量的次数,称为测量速度。它取决于 A/D 转换器的转换速度。数字式电压表完成一次测量的时间(从信号输入至数字显示)仅需几至几十毫秒,有的更快,适于自动化测量。数字式电压表具有自动判断极性、自动转换量程、自动校准、自动调零及自动处理数据等功能。

(5) 输入阻抗高。一般的数字式电压表输入阻抗约为 $10M\Omega$,最高可达 $10^{10}\Omega$,对被测电路的影响极小。除输入电阻 R_i 外,还有输入电容 C_i,一般为几十到几百皮法,其限制了数字式电压表的上限频率,所以在测量时应使用仪表专配的测量电缆,才能满足仪表输入电容的指标。

2. 数字式电压表的工作原理

图 2-14 为多用型数字电压表的原理框图。其基本工作原理：利用交流-直流（AC/DC）转换器、电流-电压转换器、电阻-电压转换器将被测电量转换成直流电压信号，再送入 A/D 转换器转换成数字量，数字量通过计数器进行计数，最后由译码显示数字量的个数，而被显示的个数与输入的模拟量成对应关系。

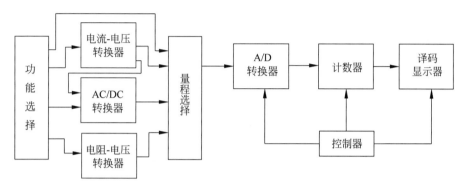

图 2-14　多用型数字电压表的组成框图

2.2.2　数字式电压表的使用方法

数字式电压表的由于功能单一，因此使用非常简单。

（1）开启电源开关，预热约 10min。

（2）在量程选择上，一般有自动量程和手动量程两种方式。默认方式通常为自动量程，即电压表在测量时，自动切换量程（通常是输入信号小于当前量程的 1/10 时，自动减小量程；输入信号大于当前量程的 3/10 时，自动增大量程）。若切换到手动量程，要注意仪器面板上"过压"和"欠压"指示灯的提示，手动改变量程。

（3）测量电缆线接入被测电路时，应先将测试电缆线中的地线与被测电路的零电位线（地线）连接，再将测试信号线连接到被测电压的相应位置上；拆线时，应先拆信号线，后拆地线。

2.2.3　数字式电压表的使用注意事项

除 2.1 节介绍的电子仪器使用注意事项外，数字式电压表的使用还应注意：

1. 仪器校准

数字式电压表一般开机后会自检和自动校准。高档次的电压表有校准键，在进行准确性要求比较高的测量时，可以进行手动校准。

2. 使用专用测试电缆

测试线应采用仪器所配专用电缆,特别是高频测量时,电缆的特性阻抗对测量准确度的影响很大,更应注意。

2.2.4 电压测量仪表的选择原则

对电压测量仪表主要根据其技术性能进行选择,除前述灵敏度、频率范围、输入阻抗等以外,还应考虑:

(1) 波形:除一些特殊仪表外,电压测量仪表通常是测量正弦波有效值。如要测量其他的非正弦波形的幅度,还要进行复杂的换算,使用时应特别注意。

(2) 精度等级:选择测量仪表的精度等级,是根据被测电路的精度要求进行的。工程测量中既要考虑到精度要求,又要照顾经济成本。仪表相差一个等级,其价格差别很大。所以,在达到精度要求的前提下,应尽量选择价格低的仪表,不应盲目选用高精度仪表。

2.3 信号发生器

测量用信号发生器是为进行电子测量而提供符合一定要求的电信号的设备,它是电子测量中最基本、使用最广泛的电子测量仪器之一。

在电子测量领域中,几乎所有的电参量都需要或可以借助于信号发生器进行测量。例如晶体管参数的测量,电容 C、电感 L、品质因数 Q 的测量,网络传输特性的测量,接收机的测量等。

2.3.1 信号发生器的分类

信号发生器的应用广泛,种类繁多,分类方法也不同,主要有如下四种方法:

1. 按照频段分类

(1) 超低频信号发生器,频率为 $0.0001 \sim 1000\,\mathrm{Hz}$。

(2) 低频信号发生器,频率为 $1\,\mathrm{Hz} \sim 20\,\mathrm{kHz}$ 或 $1\,\mathrm{MHz}$ 范围内,用得最多的是音频范围 $20\,\mathrm{Hz} \sim 20\,\mathrm{kHz}$。

(3) 视频信号发生器,频率为 $20\,\mathrm{Hz} \sim 10\,\mathrm{MHz}$,大致相当于长、中、短波段。

(4) 高频信号发生器,频率为 $100\,\mathrm{kHz} \sim 30\,\mathrm{MHz}$,大致相当于中、短波段。

(5) 甚高频信号发生器,频率为 $30 \sim 300\,\mathrm{MHz}$,相当于米波波段。

(6) 超高频信号发生器,一般频率在 $300\,\mathrm{MHz}$ 以上,相当于分米波波段、厘米波波段。工作在厘米波波段或更短波长的信号发生器称为微波信号发生器。

应该指出,上述频段的划分并非十分严格,划分方法也不尽相同,同时各生产厂家也并非完全按频段进行生产。了解频段划分的目的只是根据被测电路的要求正确选用合适频段的信号发生器。

2. 按照调制类型分类

按照调制类型信号发生器可分为调幅信号发生器、调频信号发生器、调相信号发生器、脉冲调制信号发生器及组合调制信号发生器等。超低频和低频信号发生器一般是无调制的,高频信号发生器一般是调幅的,甚高频信号发生器应有调幅和调频,超高频信号发生器应有脉冲调制。

3. 按照产生频率的方法分类

按照产生频率的方法可分为谐振法和合成法。一般的正弦信号发生器采用谐振法,即用具有频率选择性的回路来产生正弦振荡。也可以通过频率的加、减、乘、除,从一个或几个基准频率得到一系列所需的频率,这种产生频率的方法称为合成法。例如,低频信号发生器采用 RC 选频电路,高频信号发生器采用 LC 选频电路等。函数信号发生器采用直接数字信号合成(DDS)技术。

4. 按照输出波形分类

按照输出波形可将信号发生器分为正弦波信号发生器、脉冲信号发生器和函数信号发生器等。函数信号发生器可输出正弦波、矩形波、三角波、锯齿波、阶跃波、阶梯波等。

2.3.2 信号发生器的基本组成和主要指标

1. 基本组成

信号发生器的种类很多,信号产生方法各不相同,但其基本结构是一致的,如图 2-15 所示,它主要包括主振级、缓冲级、调制级、输出级及相关的外部环节。

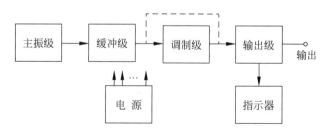

图 2-15 信号发生器的一般结构

(1) 主振级:信号源的核心,由它产生不同频率、不同波形的信号。由于要产生的信号频率、波形不同,其原理、结构差异很大。

(2) 缓冲级:对主振级产生的信号进行放大、整形等。

（3）调制级：需要输出调制波形时，对原始信号按照调幅、调频等要求进行调制。

（4）输出级：调节输出信号的电平和输出阻抗，可以由衰减器、匹配变压器以及射极跟随器等构成。

（5）指示器：用来监视输出信号，可以是电子电压表、功率计、频率计、调制度表等。有些函数信号发生器还附带有简易示波器。使用时可通过指示器来调节输出信号的频率、幅度及其他特征。通常情况下指示器接于衰减器之前，并且由于指示仪表本身准确度不高，其示值仅供参考，从输出端输出信号的实际特性需要其他更准确的测量仪表来测量。

（6）电源：提供信号发生器各部分的工作电源电压。通常是将 50Hz 交流市电整流成直流，并加有良好的稳压措施。

2. 主要指标

（1）带宽（输出频率范围）：仪器的带宽是指模拟带宽，与采样速率无关；信号源的带宽是指信号的输出频率的范围，并且一般来讲，信号源输出的正弦波和方波的频率范围不一致。

（2）频率分辨率：最小可调频率分辨率，这是创建波形时可以使用的最小时间增量。

（3）频率准确度：信号源显示的频率值与真值之间的偏差，通常用相对误差表示。低挡信号源的频率准确度只有 1%，而采用内部高稳定晶体振荡器的频率准确度可以达到 10^{-8}，甚至 10^{-10}。

（4）输出阻抗：信号发生器的输出阻抗因其类型的不同而不同。低频信号发生器的电压输出挡为提高负载特性常为低阻输出。功率输出挡为使输出功率最大，常设置有匹配输出变压器，有 50Ω、75Ω、600Ω、5000Ω 等输出阻抗。

（5）输出电平范围：输出幅度一般由伏或者分贝表示，指输出信号幅度的有效范围。另外，信号发生器的输出幅度读数定义为输出阻抗匹配条件下的输出值，所以必须注意输出阻抗匹配的问题。

以上各项技术指标主要是对普通函数信号发生器而言，至于其他种类的信号发生器还有其相应的技术指标。

2.3.3 信号发生器的使用方法

信号发生器的型号很多，输出方式、功能各异，但使用方法大同小异。这里提出一些共同的使用方法及步骤，供使用时参考。对具体的型号应根据其使用说明书学习使用。

1. 使用前的准备

（1）检查三芯电源插头的地线脚与机壳、大地是否妥善连接，以免引入干扰。

（2）接入规定的电源电压，打开电源开关，如有过载指示灯，应待其熄灭后再使用。

（3）若想得到足够的频率稳定度，须预热 30min 后再使用。

2. 使用过程

对信号发生器基本的使用主要体现为频率选择、输出电压调整和输出信号类型选择三个内容。现在的信号发生器的操作已非常的方便和直观,通过面板上的各类按键,结合显示器上的显示提示,便可完成基本的操作使用。对于其特殊功能,可参照用户操作手册学习使用。

信号电缆线接入被测电路输入端时,应先将电缆线的地线与被测电路的零电位线(地线)相连,再将信号线接到被测电路输入端的相应位置上;拆线时应先拆信号线,后拆地线。

2.3.4 信号发生器的使用注意事项

除 2.1 节所述电子仪器使用注意事项外,信号发生器的使用时还应注意以下事项:

(1) 由于信号发生器的输出阻抗不为零(不是恒压输出),当被测电路的阻抗发生变化时,信号发生器的输出幅值也将发生变化,而信号发生器本身的监测电压表是反映不出这个变化的。所以,要用外接的电子电压表监测信号发生器的输出,使之输出值恒定或达到要求。

(2) 输出线应尽量采用仪器配备的专用电缆,特别是高频输出时,输出电缆特性阻抗的改变将对输出信号有较大的影响。

2.3.5 信号发生器的选择原则

信号发生器的选择主要根据被测电路对信号的要求,按照信号发生器的工作特性和指标进行选择。其基本原则如下:

(1) 频率范围应宽于被测电路的通频带。

(2) 输出幅度调节范围应宽于被测电路对输入信号电压幅值的要求。

(3) 平衡、不平衡输出(或称为对称、不对称输出)根据被测电路对输入信号共地要求来选择。

(4) 被测电路要求输入一定功率时,信号发生器应具有功率输出和使负载获得最大功率的匹配阻抗选择。

2.4 示波器

示波器是以短暂扫掠的形式显示一个量的瞬时值的仪器,是一种综合性的电信号测试仪器。它不仅可以用来观察电压、电流的波形,测定电压、电流、功率,而且可以用来定量地测量信号的频率、幅度、相位、宽度、调制度,以及估测非线性失真等。在测试脉冲信号时,示波器具有不可替代的地位。不仅如此,通过变换器还可以将各种非电量,如温度、压力、应力、速度、振动、声、光、磁等变换为电压信号,通过示波器进行显示和测量。所以,示波器是一种用途极其广泛的电子测量仪器。

示波器的主要特点如下:

(1) 由于电子束的惯性小,因而速度快,工作频率范围宽,适应于测试快速脉冲信号。

(2) 灵敏度高。因为配有高增益放大器,所以能够观测微弱信号的变化。

(3) 输入阻抗高,对被测电路影响很小。

(4) 随着微处理器(MPU)、嵌入式技术和计算机技术在示波器领域得到越来越广泛应用,使示波器的测量功能越来越强大,测量电参量的数量(包括通过传感器将非电量转换成的电参量)越来越多。

2.4.1 示波器的分类

1. 模拟示波器

模拟示波器(通用示波器)是最早发展起来的示波器。模拟示波器显示部分采用的是阴极射线电子束(CRT)管。CRT 管主要缺点是体积大、电压高、功耗大等。目前,由于大量新型电子元器件和特定功能的算法不断涌现,模拟示波器已经逐渐被数字示波器所取代。

2. 数字存储示波器

数字存储示波器(DSO)是一种数字化的示波器,对输入待测信号的整个测试过程包括采样、量化、存储、显示等环节。

它是随着数字电路的发展而发展起来的一种具有存储功能的示波器。其基本的工作过程:输入信号经过 A/D 转换将模拟波形转换成数字信息,并存入存储器中。待需读数时,再通过 D/A 转换将数字信息转换成模拟波形显示在示波管上。因此,它具有存储时间长、能捕捉触发前的信号、可通过接口与计算机相连接等特点。

数字存储示波器按信号输入通道的频带宽度可分为:500MHz 以下的低档示波器、500MHz～2GHz 的中档示波器和 2GHz 以上的高档示波器。

3. 数字荧光示波器

数字荧光示波器(DPO)为示波器系列增加了一种新类型的示波器,能实时显示、存储和分析复杂信号的三维信号信息,包括幅度、时间和整个时间的幅度分布。能够捕捉到当今复杂的动态信号中的全部细节和异常情况,还能够显示复杂波形中的微细差别,以及出现的频繁程度。例如,观察电视信号,既有行扫描、帧扫描、视频信号和伴音信号,还要记录电视信号中的异常现象等。

4. 逻辑分析仪

逻辑分析仪(逻辑示波器)是随着数字技术及计算机技术的发展而产生的一种崭新

的测量仪器,主要用来检查、调试、维修数字计算机的软件和硬件。它在数字领域里的重要地位和示波器在模拟领域里的重要地位相当。示波器与逻辑分析仪的基本区别:前者所显示与测量的是信号的参量值,而后者显示的则为电路信号的状态,特别是电路之间的状态和时序关系。

5. 数字化、智能化示波器

微处理器的诞生并广泛应用于电子测量仪器领域,必然影响到示波器的发展。这种带有微处理器的示波器称为数字化、智能化示波器,是继集成化示波器之后的又一个新阶段,是示波器的发展方向。

在示波器中增加微处理器及其附属电路,通过进行逻辑设计、编制程序,替代操作者的部分计算与重复测量工作,从而增加测试功能,简化重复操作,减少测试时间,提高测试准确度。在信号的处理和显示都增加了许多功能,可根据不同要求进行不同数字化处理,如快速傅里叶变换(FFT)、信号平均等,使示波器的测量向高度准确、高度可靠、高度自动化的方向迈进。

2.4.2 数字存储示波器的基本工作原理和主要性能指标

当前,不论是科研工作还是大专院校的实验室使用较为普遍的示波器是数字存储示波器,因此主要针对数字存储示波器进行介绍。

1. 基本工作原理

图 2-16 示出了数字存储示波器的基本工作原理框图。

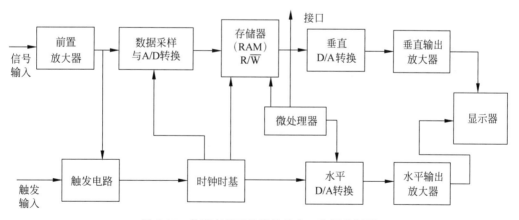

图 2-16 数字存储示波器的基本工作原理框图

在数字存储示波器中,Y 轴输入的被测模拟信号经前置放大器放大和衰减后,送到 A/D 转换器进行取样,量化和编码,成为数字"0"和"1"码,量化成所需要的一串数据流,存入随机存储器(RAM)中,这个过程称为存储器的"写过程"。RAM 的读/写操作受时

钟时基的 $R/\overline{W}$ 控制。时钟时基一旦接收来自触发电路的触发脉冲,就启动一次写操作使 $R/\overline{W}=0$,同时写地址计数器计数。顺序递增的写地址送到 RAM 中,使来自 A/D 的量化数据流的每组数据写入到相应的存储单元里。当 $R/\overline{W}=1$ 时,RAM 地址线上的数据为读地址,读地址一方面送到 RAM 中,使其对应单元里的量化数据输入到垂直 D/A 转换器的数据线上,并将这些"0"和"1"码从 RAM 中依次取出排列起来,经 D/A 转换后把包络恢复成输入的模拟信号,这就是"读过程"。重现的模拟信号由垂直输出放大器放大,去驱动显示器的垂直偏转系统。另外,读地址作为水平 D/A 转换器的数据,由水平 D/A 转换成水平时基脉冲,经水平输出放大器放大后,去驱动显示器的水平偏转系统,从而在显示器上再现被测信号波形。若在显示器上显示出稳定的被测波形,需要控制垂直通道的被测信号与水平通道的扫描信号要同步,而实现同步的工作,主要由触发电路完成,通过控制触发时间来保证实现同步。根据触发信号和启动的时间差,分为以下三种同步方式:

(1)触发方式:当被测信号越过触发电平时,产生触发信号启动 A/D 转换器,同时 RAM 从 0 地址开始写入新数据,将原来的内容冲掉,当写满 2^n 个单元后停止写操作,转为读出显示,对应显示器屏幕上显示的触发点后的十分格波形。

(2)正延迟触发方式:触发信号到来后,存储器不立即写入数据,要延迟 P 次 A/D 转换后,才开始从零地址写入新数据,这样显示器屏幕上显示的是距离触发点 P 个点开始的十分格波形。所以正延迟就像拍摄波形的镜头向右移 P 个点拍到波形。

(3)负延迟触发方式:首先使存储器一直处于写状态,新写入的数据不断将以前的内容冲掉,触发信号一到马上停止写入,这时对应显示器屏幕上显示的是触发点以前的十分格。若触发信号到来后再延迟 Q 次 A/D 转换后,才使显示器停止写入,则对应显示器屏幕上显示的是在 2^n-Q 个点开始的十分格波形。2^n-Q 即为屏幕上设置的触发点位置的标称值,就像拍摄波形的镜头向左移 Q 个点拍到的波形。当 $Q=2^n-1$ 时,则触发点在屏幕中间。所以数字存储示波器在负延迟触发时能够看到触发以前的波形。

当信号频率很低时,数字时基产生的采样频率也低,存储器进入边写边读状态,若无触发信号,数字存储示波器将进入"滚动"状态。

数字时基由高稳定的晶体振荡器、分频器和计数器等组成。晶体振荡器产生的时钟信号由分频器分频出与面板上时基开关设置相对应的取样脉冲,去控制 A/D 转换器和存储器的写入,时基分频器产生的读脉冲,供读地址计数器计数,并经水平 D/A 产生稳定的阶梯扫描电压,作为数字存储示波器的时基。

2. 主要性能指标

(1)最高采样速率:采样速率又称数字化速率,是批每秒在不连续的时间点上获取模拟输入量并进行量化处理的次数,最高采样速率由 A/D 转换器的速率决定,不同类型的 A/D 转换器,其最高采样速率也不同。如果是任意一个扫描时间因数,则采样速率 f_s 由下式给出:

$$f_s=N/t \tag{2-2}$$

式中，N 为每格(div)采样点数；t 为每格的扫描时间，被记为 t/div。

(2) 存储容量：存储容量又称为存储深度，通常定义为获取波形的采样点的数目。用直接存放 A/D 转换后数据的存储器单元数来表示。

(3) 分辨率：在数字存储示波器中，屏幕上的点不是连续的而是"量化"的。分辨率是指"量化"的最小单元，可用 1/2 或百分比来表示，更简单的方法也可用 n 位表示。分辨率也可定义为数字存储示波器所能分辨的最小电压增量。

分辨率分为垂直分辨率和水平分辨率。垂直分辨率取决于 A/D 转换器对量化进行二进制编码的位数。若 A/D 转换器是 8 位，则分辨率为 $1/2^8$，即 0.391%；若 A/D 转换器是 10 位，则分辨率为 $1/2^{10}$，即 0.0976%。若屏幕上满幅度显示为 10V，则分辨率也用电压表示，分别为 39.1mV 和 9.76mV。大多数数字存储示波器均有多次叠加取平均的功能，可消除随机噪声，使垂直分辨率得到提高。水平分辨率由存储容量决定。若水平分辨率为 10 位，则存储器有 $2^{10}=1024$ 个单元，将水平扫描长度调到 10.24 格，则平均每格有 100 个采格点。

(4) 准确度：数字存储示波器测量值和实际值的符合程度。分辨率不是准确度，而是在理想情况下测量准确度的上限。由于显示和人为观测误差，一般数字存储示波器的垂直准确度为 $1\%\sim3\%$，水平准确度为 1%。在大多数数字存储示波器中，具备游标测量功能，可极大地减少显示错误和人为误差，使测量准确度优于 1%。

(5) 扫描时间因数：扫描时间因数是数字存储示波器水平方向时间的度量，以每格(div)代表的时间来表示。扫描时间因数取决于来自 A/D 转换器数据写入存储器的速度(等于采样速度)及存储器的容量。它是两个相邻采样点的时间间隔与每格采样点数之比，即

$$t/\text{div} = N/f_s \tag{2-3}$$

由上式得出，在 A/D 转换速率相同的条件下，存储容量越大，扫描时间因数越大。

(6) 频率宽度：在数字存储示波器中，频带宽度分为模拟带宽和存储带宽，存储带宽按采样方式不同又分为实时带宽和等效带宽，其概念和指标各不相同。

① 模拟带宽：一般是指构成示波器输入通道电路所决定的带宽。

② 实时带宽：又称为单次带宽或有效存储带宽，是数字存储示波器采用实时采样方式时所具有的带宽。在实时采样方式中，示波器用单一触发脉冲通过一次采集过程完成整个对输入波形的采样。"实时"是指采集和显示波形发生在同一时帧内的波形。对于单次信号和低重复的信号，数字存储示波器应采用实时采样方式。在实时采样方式时，其带宽取决于 A/D 转换器的最高采样速率和所采用的显示恢复技术(内插)。

对一个周期的正弦波来说，若采样点数为 K，则其实时带宽为

$$f_B = f_V/K \tag{2-4}$$

式中，f_V 为最高采样速率；K 在用采样点显示时为 25。在用矢量显示时约为 10，用正弦内插约为 2.5。由此可见，实时带宽要达到模拟带宽水平，其 A/D 转换器的采样速率至少为上限频率的 2.5 倍。

在双踪数字存储示波器中若两个通道合用一个 A/D 转换器，由于采样是连续的，所

以采样速率降低 50%,实时带宽也降低 50%。

③ 等效带宽:又称重复带宽,数字存储示波器用等效时间(顺序或随机)采样方式时具有的带宽。在这种采样方式时,输入信号必须是重复信号,以产生等效时间采样所需的多次触发脉冲。等效带宽可以达到模拟带宽,而其所使用的 A/D 转换器采样速率要比上限频率低得多。

2.4.3　示波器的使用方法

1. 示波器的基本使用

(1) 开机。接通电源,示波器要进行启动和上电自检,当示波器显示稳定后再进行操作使用。

(2) 接入被测信号。将示波器的探头正确接到被测点上,即探头上带夹子的线接到被测电路的地端。

(3) 调节相关旋钮,在显示屏上显示出稳定且适中的波形。

1) 自动设置

按示波器面板上"自动设置"(AUTOSET)按钮,示波器将会自动设置相关参数,在显示屏上显示被测波形。

2) 手动设置

(1) 调节垂直灵敏度(V/div)旋钮,改变被测波形在垂直方向上的大小。

(2) 调节时基(t/div)旋钮,改变在水平方向上的疏密。

(3) 调节电平(LEVEL)旋钮,改变触发点的位置,保证被测波形的稳定。

2. 示波器的测量功能

1) 直流电压的测量

直流电压可按以下方法进行测量:

(1) 将触发方式选择开关置于"自动"或"高频",使荧光屏上显示出时基线。

(2) 将 Y 轴输入耦合方式置于"GND"位置,调"Y 位移",使时基线与坐标轴上的某一横格重合,此时显示的时基线为零电平的参考基准线。

(3) 将 Y 轴输入耦合方式置于"DC"位并按要求接入被测信号。此时时基线在 Y 轴方向产生位移。如果时基线由零电平参考位向上移动,那么被测电压极性为正;反之,则为负。

(4) 调节 V/div 于适当挡级使所显示的波形高度适中,读取 V/div 在面板上所指示的数值及时基线在 Y 轴方向上位移的格数 H,便可计算所测直流电压的测量值,即

$$U = (V/div) \times H(div) \tag{2-5}$$

如果使用了探头,上述值应增大探头的衰减倍数才为实际测量值。

2）交流电压测量

示波器测量交流电压既可测瞬时值也可测峰值或峰-峰值。正弦波电压的峰-峰值 U_{p-p} 可按以下方法进行测量：

（1）将 Y 轴输入耦合方式置于"AC"位置，这样仅把输入波形的交流成分在荧光屏上显示出来。当输入波形的交流成分的频率很低时，应将输入耦合开关置于"DC"位置。

（2）将波形移至荧光屏的中心位置，使波形有适当的高度。

（3）调节 V/div 开关，将被测波形控制在荧光屏有效工作面范围内。

（4）按照坐标刻度上的分度读取所测波形的波峰与波谷间在 Y 轴方向上所占格数（如 $H(\text{div})$），并记录 V/div 所在挡级，则被测正弦波的峰-峰值为

$$U_{p-p} = (V/\text{div}) \times H(\text{div}) \tag{2-6}$$

（5）使用探头测量时，应将探头的衰减量计算在内。

3）频率的测量

用示波器测量周期性信号的频率目前多采用测周期换算法（也称为扫速定度法）和李萨如图形测频法两种，李萨如图形测频法可参见相关参考文献。

测周期换算法的步骤如下：

（1）调节相关旋钮，显示稳定清晰的被测波形。

（2）调节 t/div 开关，使荧光屏上显示一个多周期的波形，按坐标尺刻度的分度读取波形一个周期在 X 轴方向上所占的格数（假定为 $D(\text{div})$），并记录 t/div 开关所在挡级，计算波形一个周期的时间，然后按频率为周期的倒数的关系求得被测波形的频率，即

$$f = \frac{1}{T} = \frac{1}{(t/\text{div}) \times D(\text{div})} \tag{2-7}$$

以上方法称为单周期测频法。单周期测频法误差较大。为此，可采用多周期法来测量频率，以便相应地减小测量误差。

（3）多周期测频法。改变 t/div 使荧光屏上显示 N 个周期的波形，读取 N 个周期波形在 X 轴方向上所占格数（假定为 $D(\text{div})$），并记录 t/div 开关所在的位置，在没有使用"扩展拉×10"开关时，则被测信号的频率为

$$f = \frac{1}{T} = \frac{N}{(t/\text{div}) \times D(\text{div})} \tag{2-8}$$

大多数的数字存储示波器具有强大的测量功能，包括自动测量（Measure）功能和光标测量（Cursor）功能，具体的使用方法参考仪器使用手册。

3. 示波器使用技术要点

1）探头的使用

示波器的探头是对输入信号进行测量或分析时，避免示波器对输入信号的负载效应而设置的。使用探头可以使被测信号与示波器隔离。因为探头本身是一个高输入阻抗的部件，使用探头时要注意以下三方面：

（1）探头要专用。一般不要用其他线来代替。有些低频示波器的输入线可使用屏蔽

电缆线,但当被测信号频率较高时($f>50\text{kHz}$),示波器必须经过探头与被测系统连接,否则会导致被测信号高频失真。对脉冲信号进行观察和测量时必须使用探头。

(2)探头要进行校正。使用前将探头接至示波器校准信号的输出端,在屏幕上应显示标准的方波,且探头衰减倍数应符合要求。若方波波形不好,调节探头上的补偿电容进行校正。

(3)当探头使用于测量电压快速变化的波形时,其接地点应选择在被测点附近。

2)示波器的校准

示波器用于观察波形时,可以不进行V/div、t/div、直流平衡校准。如果用于测量或分析波形,尤其是测量脉冲波形参数时,校准工作不可忽视。

3)要善于使用垂直灵敏度选择开关

要适时调节垂直灵敏度选择开关V/div,使观测的信号波形高度适中,并通过Y轴位移旋钮使其位于屏幕中心区域便于进行观测,以减小测量误差。

4)旋钮的配合调节

注意触发源的选择、触发电平及触发极性等旋钮的配合调节,以获得稳定的显示效果。

2.4.4　示波器的使用注意事项

(1)通电后需预热几分钟,示波器稳定后再调节各旋钮。注意:各旋钮不要旋到极限位置,先大致旋在中间位置,以便找到被测信号波形。

(2)注意示波器荧光屏的保护。避免阳光直射示波器荧光屏,使用时辉度要适中,且不应使光点长时间停留在同一点上,以免损坏荧光屏。

(3)输入信号电压的幅度应控制在示波器的最大允许输入电压范围内。

2.4.5　示波器的选择原则

1. 根据被观测信号的特点选择

对被测信号的幅度或时间进行定量测量,且信号为脉冲波或频率较高的正弦波时,应选用宽频带示波器。

2. 按示波器性能、适用范围选择

选择时应主要考虑三项指标:

(1)频带宽度:它决定示波器可以观察周期性连续信号的最高频率或脉冲信号的最小宽度。示波器的频带宽度等于被测信号中最高频率的3倍以上,才能使高频端的幅度基本上不衰减地显示。

(2)垂直灵敏度:反映在Y轴方向上对被测信号展开的能力。对于一般电子电路中信号的观测,其最高灵敏度应在每厘米(或每格)几至几十毫伏的数量级。

(3)扫描速度:反映在 X 轴方向上对被测信号展开的能力。对一台示波器来说,扫描速度越高,能够展开高频信号或窄脉冲信号波形的能力越强;而对观测缓慢变化信号时,又要求它有较低的扫描速度。所以示波器的扫速范围宽一些好。

2.5 直流稳压电源

电子电路通常需要在稳定的直流电源下工作,以保证电路正常运行和具有良好的性能。干电池或蓄电池虽然也能提供稳定的直流电源,但受成本、功率、体积、重量等条件的限制,且其电压也会随时间的增加而下降,所以大多数需要直流电的场合和设备采用直流稳压电源供电。直流稳压电源是由交流电网供电,经过整流和滤波后将交流电压变换为直流电压,且在电网电压波动和输出电流变化的情况下,仍能保持电源输出的直流电压不变的电子设备。

2.5.1 直流稳压电源的基本工作原理

直流稳压电源分为串联型直流稳压电源、开关型直流稳压电源等几种,最常用的是串联型直流稳压电源。

串联型直流稳压电源一般包括电源变压器、整流器、滤波器、调整管、比较放大器、基准电源和取样电路等部分,其原理框图如图 2-17 所示。

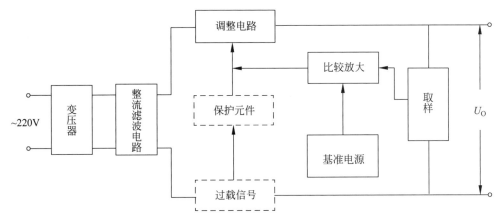

图 2-17　串联型直流稳压电源框图

从图 2-17 中可以看出,串联型直流稳压电源的稳压原理是首先由电源变压器将交流电网电压转换为符合整流电路需要的交流电压,然后经整流电路,利用二极管的单向导电特性将交流电压转换为单向脉动电压;再由滤波电路利用电容、电感元件的储能作用,将单向脉动电压转换为平滑的直流电压;当输入电压或负载变化而使输出电压偏离稳定值时,由取样电路提取取样电压信号与基准电压比较后将变化电压经比较放大器放大去控制调整电路,使调整电路的压降产生一个相反的变化,从而使输出电压基本稳定。保护电路一般为过流保护,即负载电流在额定值以内保护电路不起作用,当输出过载或短路时,保护电路改换工作状态,控制调整电路使输出电压为零,从而对电源和负载均起到了保护作用。

2.5.2　直流稳压电源的使用方法

直流稳压电源的使用十分简单,但使用不当也会造成损坏。

(1)稳压电源的输入电压一般为交流 220V,使用时要注意供电电网的电压应符合要求。

(2)调节输出电压时,先用电压粗调开关进行粗调,再用电位器(稳压调节)进行细调,即可得到所需电压。通常,电压粗调开关分几个挡位,每挡之间的电压有一定的覆盖率,可以在稳压电源的输出电压范围内连续可调。若所需的电压值为两挡之间的临界值,应该采用低一挡的上限,因为在这种情况下电路的稳定性较好。面板上电压表的精度为 2.5 级,若要求测出精确值,应外接合适的测量仪表。

电源输出两路共用一块电压表和一块电流表。"电压监视""电流监视"开关起转换作用,分别监视各路电压输出或电流输出的情况。

(3)用电负载一般接在面板上的"+""－"接线柱之间。如需公共接地点,可用接地簧片(或短路线)将稳压电源的机壳与"+"或"－"端相短接。所接负载不应超过电源输出电流的额定值范围。

(4)直流稳压电源内通常设有过载截流保护。当负载电流超过稳压电源输出电流的额定值,或者外电路有短路故障时,输出电压会迅速降低至接近 0V,即稳压电源开始保护,这时应将负载断开。在去掉负载后,有的稳压电源即可恢复正常输出,有的则应按"启动"按钮,电源才有输出。应该指出,只有在排除了负载电路的过载故障后,才能将负载重新接上进行供电。

(5)将同型号的几台稳压电源串接使用,可以提高输出电压。但在串接时,每一台的输出电压最大值有一个限制,串接的台数也有规定,具体使用时要注意。此外,负载电流也不应超过额定输出电流值。在串接使用时,应注意电源的正、负极性,且与负载共用一个接地点,这时每台单机不要单独使用接地簧片接地。

(6)将同型号的稳压电源并联相接,可以提高输出功率。此时,应使各台稳压电源的输出电压相等。具体做法是,先将一台调到所需的电压值,再用另一个电源去平衡它(平衡时可用外接滑线电阻来调节)。

2.5.3　直流稳压电源的使用注意事项

(1)要严防输出端短路或过载而损坏稳压电源。

(2)不是所有的直流稳压电源都可以串、并联使用的,具体应用时应注意所用仪器的使用说明。

（3）使用完毕，需关闭电源开关，且将输出粗调开关置于最小挡位，输出线也要防止短路以免开机时不慎损坏仪器。

复习思考题

1. 电子测量仪器仪表与被测电路连接时，应遵循哪些原则？为什么？

2. 如果电子仪器仪表在测试中不遵循共地连接的原则，会产生什么后果？为什么？

3. 为什么在测量电子电路中的交流电压时不采用万用表的交流电压挡，而必须采用电子电压表来进行测量？

4. 使用电子电压表测量交流电压时，通常应注意哪些问题？

5. 简述选择信号发生器、电子电压表、示波器的基本原则。

6. 使用低频信号发生器时应注意哪些问题？为什么？

7. 使用电子电压表、示波器监视信号发生器的输出电压的目的是什么？

8. 简述数字存储示波器的基本组成和工作原理。

9. 简述用示波器观察信号波形的方法步骤。

10. 一台正常的示波器经预热后仍无亮点或扫描线，试分析可能是哪些开关旋钮调节不当所致？

11. 某种示波器 X 通道的工作特性如下：扫描速度范围为 $0.2\mu s/div$，荧光屏 X 轴方向可用长度为 10div。试估算该示波器能观察正弦波的上限频率值（以观察到一个完整周期波形计算）。如果要在荧光屏上观察到 2 个完整周期的波形，那么，示波器的最高和最低工作频率是多少？

12. 某种示波器最高灵敏度为 1mV/div，最低灵敏度为 2V/div，荧光屏 Y 轴方向上可用高度为 8div，探头衰减为原来的 1/10。试估算该示波器能观测的正弦波信号电压有效值范围是多少？

13. 使用直流稳压电源应注意些什么问题？

14. 简述迅速检查信号发生器、电子电压表、示波器、直流稳压电源、万用表等仪器仪表能否正常工作的常用方法和步骤。

15. 简述常用电子仪器使用后规定的恢复位置及理由。

第3章

常用电子元器件的基础知识与简易测试

电子元器件是电子电路的基本组成单元,在电路中工作时能够表现出不同的电气特性,正确地选择和使用元器件是保证电子电路正常工作的前提条件。本章主要介绍电阻器、电容器、电感器、半导体二极管、半导体三极管以及集成电路的基本知识和测试方法。

3.1 电阻器

电阻器是电子设备中应用最广泛的元件之一,是一种耗能元件,在电路中的主要作用是限流、分流、分压、阻抗匹配,也可以作为负载或者与其他元件共同组成滤波器、移相器等单元电路。

3.1.1 电阻器的分类及符号

电阻器的种类繁多,根据电阻器在电路中工作时电阻值的变化规律,可分为固定电阻器、可变电阻器(电位器)和敏感电阻器三大类,它们的电路符号如图 3-1 所示。

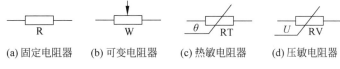

(a) 固定电阻器　　(b) 可变电阻器　　(c) 热敏电阻器　　(d) 压敏电阻器

图 3-1　电阻器的电路符号

1. 固定电阻器

固定电阻器简称电阻,用符号 R 表示,其基本单位为欧姆,简称欧(Ω)。固定电阻器按电阻体的构成材料可分为线绕电阻器和非线绕电阻器两大类。非线绕电阻器又分为薄膜电阻器、有机(或无机)实心型电阻器以及玻璃釉膜电阻器,其中薄膜电阻器最常用。薄膜电阻器又可分为碳膜电阻器和金属膜电阻器等,不同材料的电阻器其工作特性也有差异,表 3-1 对常用电阻器进行了归纳和比较。

表 3-1　常用电阻器的分类

材料类型	名称及符号	特　　　点
薄膜型	碳膜电阻器(RT)	工作稳定、耐高温、高频特性好、价格便宜、应用广泛
	金属膜电阻器(RJ)	耐高温、稳定性及温度系数均优于碳膜电阻器,体积小、精度高
	金属氧化物电阻器(RY)	抗氧化性和热稳定性优于金属膜电阻器、阻值范围小,补充金属膜电阻大功率及低阻部分
	玻璃釉膜电阻器(RI)	耐高温、阻值范围宽、温度系数小、耐湿性好,常用于制作贴片电阻
线绕型	线绕电阻器(RX)	耐高温、精度高、功率大,但高频性能差

在单片机系统、数字仪器仪表以及 A/D、D/A 转换单元电路中,经常用到以集成电路形式封装的多个具有相同参数和性能的电阻,它们制作在同一块基片上,这样的元件称为电阻排,也称为集成电阻。常见的电阻排有单列直插式和双列直插式两种类型,其内部结构如图 3-2 所示。单列直插式电阻排的内部电阻都有一个公共端,外部封装标有色点的位置所对应的引脚即为公共端。

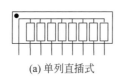
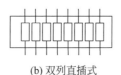

(a) 单列直插式　　　　　　　　　　　(b) 双列直插式

图 3-2　常用电阻排的两种封装类型

碳膜电阻器是在陶瓷管架上,在真空和高温下沉积一层碳膜作为导电膜,通过厚度和刻槽控制阻值,在瓷管两端装上金属帽盖和引线,并外涂保护漆制作而成。碳膜电阻器的特点是稳定性好(指电压、温度的变化对阻值的影响较小)、噪声低、价格便宜、阻值范围宽($1\Omega \sim 10M\Omega$),适用于高频电路。

金属膜电阻器的结构与碳膜电阻器相似,只是导电膜是由合金粉蒸发而成的金属膜。金属膜电阻器各方面的性能均优于碳膜电阻,且体积小于同功率的碳膜电阻,阻值范围为 $1\Omega \sim 620M\Omega$,广泛应用在稳定性及可靠性要求较高的电路中。

2. 可变电阻器

可变电阻器即电阻值可变的电阻器,在电路中经常作为调整电位的元件使用,所以又称为电位器,符号为 W。常用的电位器类型包括合成碳膜电位器(WTH)、线绕电位器(WX)、金属陶瓷微调电位器等。

电位器是一个三端元件,有两个固定接线端和一个滑动端,滑动端通过金属动片(又称为电刷)与电阻体相连,通过调整与电刷相连的机械转动装置可改变电刷在电阻体上的位置。两个固定端之间的电阻值是电位器的标称电阻值,连续调整电刷在电阻体上的位置,在任意固定端与滑动端之间可获得标称值范围内连续变化的电阻值。

目前,应用逐渐增多的电位器类型是电子电位器(又称为数字电位器),实际上是利用数控模拟开关加一组电阻器构成的功能电路,已有多种型号的数字电位器集成电路,其特性和应用与一般的集成电路相同。

3.1.2　电阻器型号的命名规则

固定电阻器和电位器的型号命名由四部分组成,表 3-2 说明了各部分的含义以及所用的字母代号。

表 3-2　固定电阻器、电位器型号的命名方法

第一部分			第二部分	第三部分	第四部分
主称	材料	类别	额定功率/W	阻值	允许误差
R：电阻器 W：电位器	T：碳膜 H：合成膜 J：金属膜 Y：氧化膜 X：线绕 S：有机实芯 N：无机实芯 C：沉积膜 I：玻璃釉膜 …	1、2：普通 3：超高频 4：高阻 5：高温 7：精密 8R—高压 W—特殊函数 9：特殊 G：高功率 T：可调 X：小型 W：微调 D：多圈 L：测量用 …	1/16 1/8 1/4 （前三种常用） 1/2 1 2 … 10	E24 E12 E6 其他： E48 E96 …	Ⅰ（J）：±5% Ⅱ（K）：±10% Ⅲ（M）：±20% 02(G)：±2% 01(F)：±1% 005(D)：±0.5% (C)：±0.25% (B)：±0.1%

例如，某电阻的型号为 RJ71-0.125-100-Ⅱ，表示它是金属膜材料的电阻，额定功率为 1/8W，标称阻值为 100Ω，允许误差为±10%。

敏感电阻器的型号命名由四部分构成：第一部分是主称，用 M 表示敏感电阻器；第二部分用字母表示是其材料或类别；第三部分用数字表示其特性、用途；第四部分为产品序号。敏感电阻的材料及其代码见表 3-3。敏感电阻的特性、用途及其代码见表 3-4。

例如，某热敏电阻的型号为 MF41，表示该电阻器是一种负温度系数的热敏电阻，其工作特性为旁热式，产品序号为 1。

表 3-3　敏感电阻的材料及其代码

字　母	材　料	字　母	材　料	字　母	材　料	字　母	材　料
Z	正温度系数热敏材料	S	湿敏材料	G	光敏材料	Y	压敏材料
F	负温度系数热敏材料	Q	气敏材料	C	磁敏材料		

表 3-4　敏感电阻器的特性、用途及其代码

热敏电阻		光敏电阻		压敏电阻		湿敏电阻	
代码	用途及特性	代码	用途及特性	代码	用途及特性	代码	用　途
1	普通用	1、2、3	紫外光	W	稳压	C	测湿
2	稳压	4、5、6	可见光	G	高压保护	K	控温
3	微波测量	7、8、9	红外光	P	高频	气敏电阻	
4	旁热式	0	特殊	N	高能	代码	用　途
5	测量	力敏电阻		K	高可靠	Y	气敏

热敏电阻		光敏电阻		压敏电阻		湿敏电阻	
代码	用途及特性	代码	用途及特性	代码	用途及特性	代码	用　途
6	控温	代码	用　途	L	防雷	K	可燃性
7	消磁用	1	硅应变片	H	灭弧	磁敏电阻	
8	线性用	2	硅应变梁	Z	消噪	代码	用　途
9	恒温用	3	硅柱	B	补偿	Z	电阻器
0	特殊			C	消磁	W	电位器

3.1.3　电阻器标称值和允许误差的标注方法

标注在电阻器上的电阻值称为标称值。电阻器的实际阻值与标称阻值有一定的偏差,最大偏差与标称阻值的百分比称为电阻器的允许误差(简称允差),它表示产品的精度。由于工厂商品化生产的需要,电阻的标称值是按特定的数值序列确定的。目前主要采用的是 E 系列数值,当 E 取不同数值时,按通项公式

$$a_n = (\sqrt[E]{10})^{n-1} \quad (n=1,2,3,\cdots) \tag{3-1}$$

计算所得数值四舍五入取近似值,形成系列数值。常用的 E 系列为 E_6、E_{12}、E_{24} 等,其包含的系列值与相应的允许误差见表 3-5。

表 3-5　电阻器的标称系列值及允许误差

系　　列	允许误差	标称系列值
E_{24}	±5%(Ⅰ)	1.0　1.1　1.2　1.3　1.5　1.6　1.8　2.0　2.2　2.4　2.7　3.0　3.3 3.6　3.9　4.3　4.7　5.1　5.6　6.2　6.8　7.5　8.2　9.1
E_{12}	±10%(Ⅱ)	1.0　1.2　1.5　1.8　2.2　2.7　3.3　3.9　4.7　5.6　6.8　8.2
E_6	±20%(Ⅲ)	1.0　1.5　2.2　3.3　4.7　6.8

电阻值的单位为欧姆(Ω),常用单位还有千欧(kΩ)、兆欧(MΩ)等,它们之间的关系是 $1M\Omega = 10^3 k\Omega = 10^6 \Omega$。电阻器的标称值应为表 3-5 所列数值乘以 $10^n\Omega$,其中 n 为整数。

电阻器的阻值和允许误差的标注方法有直标法、数码法和色标法。

1. 直标法

直标法又分为全标法、位符法和简标法。

全标法是在电阻体的表面直接印制标称电阻值和允许误差以及其他信息,如图 3-3 所示。

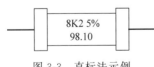

8K2 5%
98.10

图 3-3　直标法示例

位符法主要用于电阻值的标注,采用单位符号代替小数点,可使标称值的标注进一步简化而且易于辨识。

例如,0.22Ω 可标注为 Ω22,8.2Ω 可标注为 8Ω2,

4.7kΩ 可标注为 4K7。

简标法能够进一步简化电阻值的标注，但应遵循以下规则：

(1) 阻值在 1Ω 以下，标注格式为 <数值>＋Ω，如 0.1Ω。

(2) 阻值为 1～1kΩ，直接标注数值，如 560，即表示 560Ω。

(3) 阻值大于 1kΩ，标注格式为 <数值>＋单位符号，例如 24K，即表示 24kΩ。

直标法一目了然，但只适用于体积较大的电阻器。

2. 数码法

数码法是用三位数字表示电阻器的标称值，用一个字母或罗马数字表示允许误差。如图 3-4 所示，a、b 表示标称值的前两位数字，n 为标称值前两位数字后零的个数，即标称值等于 $ab \times 10^n$，单位为 Ω。

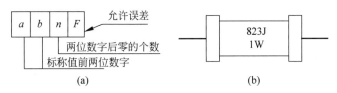

图 3-4　数码法及实例

图 3-4 中的标注实例表示电阻值为 $82 \times 10^3 \, \Omega$，即 82kΩ，功率为 1W，允许误差为 ±5％。

3. 色标法

为了使电阻值与允许误差的标注更为简便和易于辨识，采用不同颜色的色带或色点来代替数字，用不同颜色的组合值来表示电阻的标称值和允许误差，这就是色标法。对于电阻器，颜色经常以色环的形式印刷在电阻体上，所以也称为色环表示法。各种颜色所代表的数字及其含义见表 3-6。该表也适用于色标法表示电容、电感的标称值和允许误差，用于电阻时为 Ω，用于电容时为 pF，用于电感时为 μH。

表 3-6　色标法所用颜色代表的数字及含义

含义	颜色												
	棕	红	橙	黄	绿	蓝	紫	灰	白	黑	金	银	无色
有效数字	1	2	3	4	5	6	7	8	9	0	—	—	—
倍率(10^n)	1	2	3	4	5	6	7	8	9	0	−1	−2	—
误差(±x％)	1	2	—	—	0.5	0.25	0.1	—	—	—	5	10	20
表示误差时相应的字母代号	F	G	—	—	D	C	B	—	—	—	J	K	M

用色标法表示电阻的标称值和允许误差时，其数值是用色环表示的。常见的是用四种色环或五种色环进行标注，相应的电阻称为四环电阻（普通电阻）和五环电阻（精密电阻）。图 3-5 说明了通过色环确定电阻标称值和允许误差的方法。

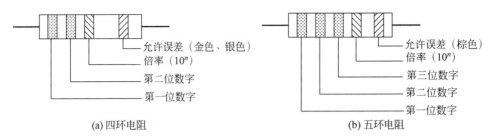

(a) 四环电阻   (b) 五环电阻

图 3-5　电阻体上色环的含义

以四环电阻为例,前两个色环表示电阻值的前两位数字(五环电阻,前三个色环表示电阻值的前三位数字),第三个色环表示前两位数字后零的个数,即 10 的幂次数(如果第三环表示的数字为 n,则称 10^n 为倍率),阻值的单位是 Ω,最后一环表示允许误差。为了正确读取色环表示的电阻值和允许误差,读取时首先需要确定电阻体两端哪一个色环表示电阻值的第一位数字,通常按以下原则确定:

(1) 表示电阻值第一位数字的色环距邻近引脚的距离比误差环距其邻近引脚的距离要近一些。

(2) 误差环与倍率环之间的距离要大于其他相邻色环之间的距离,据此可先判定误差环的位置,则电阻体另一端的色环即为表示电阻值第一位数字的色环。

(3) 如果电阻体两端的色环颜色相同,则表示允许误差的色环更宽一些。

(4) 金色、银色不能用于表示电阻值的数字,只能用于表示倍率和允许误差。

(5) 橙色、黄色、灰色、白色、黑色等不能用于表示误差环。

确定了色环的读取顺序,就可以读出电阻的标称值和允许误差。如果应用上述规则仍无法准确地确定电阻的标称值和允许误差,则应使用仪器进行测量。

例如:红色黑色红色银色,表示该电阻的标称值为 $20 \times 10^2 \Omega$,即 2kΩ,允许误差为 ±10%;橙色橙色黑色棕色棕色,表示该电阻标称值为 $330 \times 10^1 \Omega$,即 3.3kΩ,允许误差为 ±1%。

3.1.4　电阻器的测试方法

1. 欧姆表法

测量电阻器阻值最常用的方法是欧姆表法,即使用指针式万用表的欧姆挡或数字多用表进行测量。使用数字多用表测量电阻值时,只要选择合适的量程(有的数字多用表会自动切换合适的量程)就可以获得精度较高的测量值。如果使用模拟万用表测量电阻值,则需要注意以下几点:

(1) 指针式万用表的欧姆挡是反向刻度仪表,当测量值位于刻度尺的中央时,测量误差最小。因此,在测量时要选择合适的欧姆倍率挡,使测量值尽可能位于表盘刻度尺的中央附近,即刻度尺中心值的 0.2～5 倍为宜,以提高测量精度。

（2）每变换一次倍率挡，都要对欧姆挡重新调零。

（3）在路测量电阻值时，首先要保证电路处于断电状态，防止损坏仪表和得到错误的测量值；其次被测电阻应从回路中断开，即从电路板上焊下电阻或者电阻的一个引脚，再进行测量，以消除其他元器件的并联效应。

（4）测量电阻值时，应用一只手捏住电阻体的一端进行测量，而不应用两只手捏住电阻的两个引脚，以避免将人体电阻并联在内，尤其在测量阻值很高的电阻时更应注意。

（5）在测量电位器时，除了测量其两个固定端之间的阻值以外，还要测试在调节与滑动端相连的机械转动机构时，滑动端与固定端之间的电阻变化情况，均匀转动相应的机械机构，观察电阻值的变化是否连续。

2．电桥法

准确测量电阻器的电阻值通常需要使用模拟或数字电桥，其测量原理如图 3-6 所示。当电桥平衡时，待测电阻的阻值为

$$R_X = \frac{R_2 R_3}{R_1} \qquad (3-2)$$

图 3-6 中 R_X 为待测电阻，通过调整已知电阻 R_1、R_2 和 R_3 的电阻值，使电桥平衡，即检流计 G 指示为零，通过式(3-2)得到待测电阻 R_X 的值。数字电桥实际上是将电桥 A、B 点之间的电压差进行 A/D 转换，通过计算自动调节桥臂电阻值，使电桥达到平衡，其测量原理与模拟电桥相似。

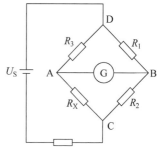

图 3-6　电桥法测电阻

3．伏安法测量电阻

伏安法是一种间接测量法，理论依据是欧姆定律 $R = U/I$，给被测电阻两端施加一定的电压，然后用电压表和电流表分别测出电阻两端的电压和流过它的电流，即可计算出被测电阻的阻值。注意：在测试电压的作用下，电阻消耗的功率不能超过其额定功率。伏安法测量电阻值时的电路连接如图 3-7 所示。

图 3-7(a)所示电路称为电压表前接法。由图可见，电压表测得的电压为被测电阻 R_X 与电流表内阻 R_A 上的压降之和。因此，根据欧姆定律求得的测量值：

$$R_M = U/I_X = (U_A + U_X)/I_X = R_X + R_A > R_X \qquad (3-3)$$

图 3-7(b)所示电路称为电压表后接法。由图可见，电流表测得的电流为流过被测电阻 R_X 的电流和流过电压表内阻 R_V 的电流之和，因此，根据欧姆定律求得的测量值：

$$R_M = U_X/I = U_X/(I_V + I_X) = R_X \,/\!/\, R_V < R_X \qquad (3-4)$$

在使用伏安法时，应根据被测电阻的大小选择合适的测量电路，如果预先无法估计被测电阻的大小，可先分别用上述两种电路进行测试，观察用两种电路测量时电压表和电流表读数的差别情况，若两种电路电压表的读数差别比电流表的读数差别小，则可选择电压表前接法；反之，则可选择电压表后接法。

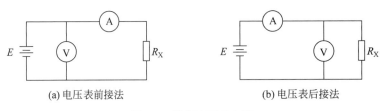

(a) 电压表前接法　　　　　　　　(b) 电压表后接法

图 3-7　伏安法测量电阻

3.2　电容器

电容器是组成电子电路的基本元件之一,由两个相互靠近的金属电极与中间所夹的一层绝缘介质构成。电容器是一种储能元件,常用于谐振、耦合、隔直、滤波以及交流旁路等单元电路中。

3.2.1　电容器的分类及符号

电容器的种类很多,按结构可分为固定电容器、半可变电容器、可变电容器等,其电路符号如图 3-8 所示。

(a) 一般电容　　(b) 电解电容　　(c) 可变电容　　(d) 半可变电容

图 3-8　电容器的电路符号

电容器按介质可分为纸介电容器、聚丙烯电容器、云母电容器、铝电解电容器等。表 3-7 列出了常见电容器的名称、代号及其性能的简要说明。

表 3-7　常见电容器的名称、代号及其性能

名称及代号	稳定性	性　　能
纸介电容器(CZ)	中	容量范围宽、绝缘电阻小、损耗大、体积大,只适用于直流或低频电路
云母电容器(CY)	极好	容量小、成本高、体积大,适用于对稳定性和可靠性要求高的高频电路中
陶瓷电容器(CC、CT)	好	高频瓷介(CC)适用于高频电路;低频瓷介(CT)适用于低频电路
聚苯乙烯电容器(CB)	极好	低损耗、体积大,适用于对稳定性和损耗要求高的电路
涤纶电容器(CL)	中	小体积,大容量,适用于一般的低频电路
聚丙烯电容器(CBB)	中	体积小,用于要求较高的电路
铝电解电容器(CD)	中	绝缘性差、损耗大,适用于低频电路
钽电解电容器(CA)	好	绝缘性好、体积小、稳定,但耐压值低,适用于要求高的电路

3.2.2 电容器型号的命名规则

电容器型号的描述主要由四部分组成：第一部分说明电容器的主称、材料、特性分类以及产品序号，电容器的主称用字母 C 表示；第二部分说明电容器的耐压值，单位是 V；第三部分描述电容器的容量，单位是 μF；第四部分描述电容器的允许误差。其中第三部分、第四部分的描述方法与电阻器是相同的，可参考表 3-2。

电容器的材料代码及含义见表 3-8。电容器特性用数字或字母来表示，其代码及含义见表 3-9。

表 3-8　电容器材料代码及其含义

符　号	含　义	符　号	含　义	符　号	含　义	符　号	含　义
C	高频瓷介	B	聚苯乙烯	Q	漆膜	A	钽电解质
T	低频瓷介	BB	聚丙烯	Z	纸介	N	铌电解质
Y	云母	F	聚四氟乙烯	J	金属化纸介	C	合金电解质
I	玻璃釉	L	涤纶	H	复合介质		
O	玻璃膜	S	聚碳酸酯	D	铝电解质		

表 3-9　电容器特性分类中的数字、字母及其含义

数　字	1	2	3	4	5	6	7	8	9
瓷介	圆片	管形	叠片	独石	穿心	支柱		高压	
云母	非密封	密封	密封					高压	
有机	非密封	密封	密封	穿心				高压	特殊
电解	圆柱形	烧结粉液体	烧结粉固体			无极性			特殊
字　母	D	X	Y	M	W	J	C	S	
含　义	低压	小型	高压	密封	微调	金属化	穿心	独石	

注：以上规定对可变电容和真空电容不适用。

电容器的额定电压又称为耐压，是指在允许的环境温度范围内，电容器上可连续长期施加的最大电压有效值。使用时绝不允许电路的工作电压超过电容器的耐压，否则电容器会被击穿。电容器的额定电压也有规定的系列值，见表 3-10。

表 3-10　电容器额定电压系列值　　　　　　　　　　　　单位：V

1.6	4	6.3	10	16	25	(32)	40	(50)	63
100	(125)	160	250	(300)	400	(450)	500	630	1000
1600	2k	2500	3k	4k	5k	63k	8k	10k	15k
20k	25k	30k	35k	40k	45k	50k	60k	80k	100k

注：带括号的系列值仅用于电解电容。

一般电解电容器和体积较大的电容器都将电压直接标在电容器上，较小体积的电容器则只能依靠型号判断。

例：电容器的型号为 CCX-250-0.022±5%，表示该电容为小型高频瓷介电容，耐压值为 250V，容量为 0.022μF，电容量的允许误差为±5%。

电容器的型号为 CT12，则表示该电容为圆片低频瓷介电容器，其中"2"表示产品序号。

3.2.3 电容器标称值和允许误差的标注方法

电容器在标注时，一般要标示出容量、耐压值和允许误差三部分。电容量的单位是法拉（F）、微法（μF）、纳法（nF）和皮法（pF），它们之间的关系为 $1F = 10^6 \mu F = 10^9 nF = 10^{12} pF$。电容器的标注方法主要有直标法、数码法和色标法三种。

1. 直标法

与电阻器的标注方法类似，直标法也分为全标法、位符法和简标法。全标法是将电容器的容量、耐压及允许误差直接标注在电容器的外壳上，允许误差一般用字母表示。

例如，电容器的型号为 100V-4.7μF-I，表示电容器的容量是 4.7μF，耐压值为 100V，允许误差为±5%。

位符法用于标注电容器的容量，用字母表示允许误差，如果单位符号位于数字之前或数字之间，则它既表示读数单位又表示小数点的位置。

例如：47nJ 表示电容的容量是 47nF，允许误差为±5%；p22F 表示电容的容量是 0.22pF，允许误差为±1%；2n2K 表示电容的容量是 2.2nF，允许误差为±10%。

简标法一般只用于标注电容量，标注时遵循以下规则：

（1）电容量小于 10pF，标注数值后加单位"pF"，如 2.2pF。

（2）电容量在 10～10000pF 范围内，一般只标注数值，单位"pF"可省略，如 1000，表示电容量为 1000pF。

（3）电容量在 10000～1000000pF 范围内，默认单位是"μF"，只标数值，省略单位，如 0.033 表示为 0.033μF。

（4）电容量大于 1μF，容量和单位均应标出，如 6.8μF、100μF 等。

2. 数码法

其标注形式为<耐压值>+<电容量>+<允许误差>。

耐压值用一位数字与单个字母表示，每个字母所代表的数值见表 3-11，数字表示 10 的幂次数。若字母代表的数值为 $a.b$，数字为 n，则耐压值的计算公式为 $a.b \times 10^n$，单位为 V。

表 3-11 耐压值代码中字母所代表的数值

字　母	A	B	C	D	E	F	G	H
数　值	1.0	1.25	1.6	2.0	2.5	3.5	4.0	5.0

例如,耐压值标识为 2A,先查表 3-11,得到 A 所代表的数值为 1.0,则耐压值为 $1.0 \times 10^2 = 100(\mathrm{V})$。

电容量用三位数字表示,前两位数字表示电容量的第 1、2 位数字,第三位数字表示电容量第 1、2 位数字后零的个数,单位是 pF。

注意:如果第三位数字是 9,则表示倍率为 10^{-1},而不是 10^9。该标注规则只适用于电容器,对于电阻器和电感器型号的数码标注法无效。

例如:473,表示电容量为 47000pF,即 $0.047\mu F$;479 表示电容量为 4.7pF。

允许误差用单个字母表示,字母所代表的误差值,可参考表 3-2。

例如,电容的型号为 2A473J,表示电容的容量为 $0.047\mu F$,耐压值为 100V,允许误差为 $\pm 5\%$。

3. 色标法

色标法是使用色环或色点标注电容器的容量和允许误差,读数方法可参考电阻器标注方法中的色标法一节中的相关内容。读数时电容的引脚向下,有标识的一面正对观察者,由上至下顺序读取。如果电容器的参数用色点标注,色点一般标注在电容器外壳的边沿,按前述方法摆放好电容器后,按顺时针方向依次读取。

3.2.4 电容器的测试方法

1. 谐振法

将交流信号源、交流电压表、标准电感 L 和被测电容 C_X 连成如图 3-9 所示的并联电路,其中 C_0 为标准电感的分布电容。

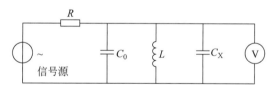

图 3-9 并联谐振法测量电容量

测量时,调节信号源的频率,使并联电路谐振,即交流电压表读数达到最大值,反复调节几次,确定电压表读数最大时所对应的信号源的频率 f,则被测电容值为

$$C_X = \frac{1}{(2\pi f)^2 L} - C_0 \tag{3-5}$$

2. 交流电桥法测量电容量和损耗因数

交流电桥的测量电容参数的原理如图 3-10 所示。

对于图 3-10(a) 所示的串联电桥,C_X 为被测电容,R_X 为其等效串联损耗电阻,由电

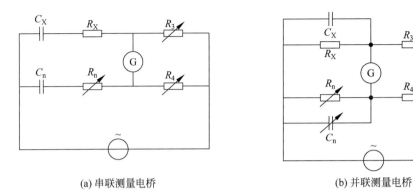

(a) 串联测量电桥　　　　　　　　(b) 并联测量电桥

图 3-10　交流电桥测量电容参数的原理

桥平衡条件可得

$$C_X = \frac{R_4}{R_3} C_n \tag{3-6}$$

$$R_X = \frac{R_3}{R_4} R_n \tag{3-7}$$

$$D_X = \frac{1}{Q} = \tan d = 2\pi f R_n C_n \tag{3-8}$$

测量时,先根据被测电容的范围,通过改变 R_3 来选取合适的量程,然后反复调节 R_4 和 R_n 使电桥平衡,即检流计读数最小,从 R_4、R_n 刻度读 C_X 和 D_X 的值,这种电桥适合测量损耗较小的电容器。

对于图 3-10(b)所示的并联电桥,C_X 为被测电容,R_X 为其等效并联损耗电阻,测量时,调节 R_n 和 C_n 使电桥平衡,此时

$$C_X = \frac{R_4}{R_3} C_n \tag{3-9}$$

$$R_X = \frac{R_3}{R_4} R_n \tag{3-10}$$

$$D_X = \frac{1}{Q} = \tan d = \frac{1}{2\pi f R_n C_n} \tag{3-11}$$

该电桥适用于测量损耗较大的电容器。

3.2.5　电解电容器的简易判别

电解电容在使用时必须要注意极性,工作时正极的直流电位要高于负极。如果正、负极安装错误,漏电会明显增大。此外,将高耐压值电容用于低电压电路时,电容量也会减少。电容器引脚的极性可以使用以下方法确定。

1. 从封装判别

电解电容的圆柱形外壳上都印有一条不同于电容体颜色的色带,色带上印有矩形负极标志,邻近该色带的引脚是电解电容的负极。此外,新购买的电解电容,其两个引脚的长度不同,长引脚对应的是电解电容的正极。

2. 使用欧姆表判别

电解电容在反向使用时漏电会增大,根据这一特性可以选择万用表欧姆挡合适的倍率挡测量两个引脚之间的电阻值,然后保持引脚的顺序不变,交换表笔再测一次。阻值较大的那次测量,与黑表笔相连的引脚是电解电容的正极。注意:每次测量之前都要将电解电容的两个引脚先短路放电,要等电容充电完成后再读数,该方法只适用于测量容量较大的电容。

此外,使用指针式万用表的欧姆挡可以粗略地判断电解电容容量的大小以及性能。这种方法一般只适用于测试容量较大的电解电容(大于 $1\mu F$),测量时要先选择一个合适的欧姆挡(小容量选大倍率挡,大容量选小倍率挡)。万用表的黑表笔应与电解电容的正极相连接,红表笔与电解电容的负极相连接。测量之前也要先将电容的两个引脚短路放电,根据表针的摆情况可以得出一些近似结论,如表 3-12 所列。

表 3-12   用欧姆表简易判别电容电解的现象及结论

表针摆动情况	结　论	说　明
表针首先出现较大幅度右摆,然后向左退回"∞"	好电容	表针摆动幅度大,且返回慢,说明容量大
表针不动(停在"∞"上)	坏电容	内部开路,电解液干涸
表针指示阻值很小(右摆停至 0 位)	坏电容	内部短路,被击穿
表针首先大幅度右摆,然后向左退,但退不回"∞"处	漏电	表针返回时,指示的示值越小,表明漏电越严重

3.3　电感器

电感器又称电感线圈,是根据电磁感应原理制成的。其主要用于谐振、耦合、阻抗匹配、滤波、阻波、调谐、延迟、补偿等单元电路。

3.3.1　电感器的分类及符号

电感器通常分为两大类:一类是基于自感作用的电感线圈;另一类是基于互感作用的变压器。

1. 电感线圈的分类及符号

电感线圈的用途极为广泛,如 LC 滤波器、调谐放大器或振荡器中的谐振回路、均衡电路、去耦电路等。电感线圈用符号 L 表示。按电感线圈圈芯性质分为空心线圈和带磁芯的线圈,按绕制的方式分为单层线圈、多层线圈、蜂房线圈等,按电感量变化情况分为固定电感和微调电感等。

电感线圈的电路符号如图 3-11 所示。

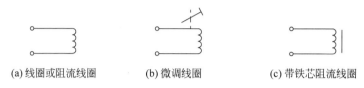

(a)线圈或阻流线圈　　　(b)微调线圈　　　(c)带铁芯阻流线圈

图 3-11　电感线圈的电路符号

2. 变压器的分类

变压器是利用两个绕组的互感原理来传递交流电信号和电能,同时能起变换前后级阻抗的作用。按变压器的结构分为芯式变压器和壳式变压器等,大功率变压器以芯式结构居多,小功率变压器常用壳式结构。按变压器的工作频率分为高频变压器、中频变压器和低频变压器。

3.3.2　电感器的主要参数

1. 电感量

线圈电感量的大小主要取决于线圈的圈数(匝数)、绕制方式及磁芯材料。电感的单位是亨利(H),简称亨,常用单位还有 mH、μH 和 nH,单位之间的换算关系是 $1H = 10^3\,mH = 10^6\,\mu H = 10^9\,nH$。

2. 品质因数

品质因数通常称为电感器的 Q 值,是指电感器在某一频率的交流电压作用下,所呈现的感抗和直流电阻的比值,即

$$Q = \frac{2\pi f L}{R} \tag{3-12}$$

式中,f 为电路工作频率;R 为电感器的总损耗电阻。Q 值反映电感损耗的大小,Q 值越高,损耗功率越小,选择性就越好。

3. 分布电容

线圈绕组的匝与匝之间存在着分布电容,多层绕组的层与层之间也都存在着分布电

容,为了减小线圈的分布电容,可以减少线圈骨架的直径,用细导线绕制线圈或采用间绕法。

4. 额定电流

额定电流主要是对高频扼流圈和大功率的谐振电路而言。对于在电源滤波电路中常用的低频阻流圈,额定电流也是一个重要的参数,它是指电感器正常工作时允许通过的最大电流。若工作电流大于额定电流,电感器会因发热而改变参数,严重时会烧毁。

5. 直流电阻

所有电感器都有一定的直流电阻,阻值越小,回路损耗越小。该阻值是用万用表判断电感好坏的一个重要依据。

3.3.3 电感器型号的标识

为了表明各种电感器的不同参数,便于在生产、维修时识别、使用,常在小型固定电感器的外壳上涂上标识,其标注方法有直标法、色标法和数码表示法。

1. 直标法

直标法是指在小型固定电感器的外壳上直接用文字标出电感器的主要参数,如电感量、允许误差、最大工作直流电流等,其中最大直流工作电流用字母表示,字母与其所代表的电流值见表 3-13。

表 3-13 小型固定电感器的工作电流与字母代号

字 母	A	B	C	D	E
最大工作直流电流/mA	50	150	300	700	1600

例如,电感器外壳上标有 3.9mH-A-Ⅱ,则表示其电感量为 3.9mH,允许误差为 ±10%,最大工作直流电流为 50mA。

2. 色标法

色标法是指在电感器的外壳上涂上不同颜色的色环,用于表示电感量和允许误差。其读取方法、计算方法与电阻的色标法相同,单位是 μH。

例如,某电感器的色环标志:红色红色银色金色,表示其电感量及允许误差为 0.22± 5%(μH);棕色红色红色银色,表示其电感量及允许误差为 1.2±10%(mH);黄色紫色金色银色,表示其电感量及允许误差为 4.7±10%(μH)。

3. 数码法

标称电感值采用 3 位数字表示,前两位表示电感量的第 1、2 位数字,第 3 位数字表示第 2 位数字后零的个数,小数点用 R 表示,单位是 μH。

例如:222 表示电感量为 $2.2mH$,151 表示电感量为 $150\mu H$;100 表示电感量为 $10\mu H$,R68 表示电感量为 $0.68\mu H$。

3.3.4 电感器的测试方法

1. 谐振法

图 3-12 给出了并联谐振法测量电感的电路,其中 C 为标准电容,L 为被测电感,C_0 为被测电感的分布电容。

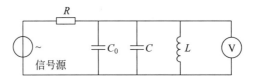

图 3-12 谐振法测量电感

测量时,调节信号源频率,使电路产生谐振,此时电压表的示值最大,记下此时的信号源频率 f,则

$$L = \frac{1}{(2\pi f)^2 (C + C_0)} \tag{3-13}$$

由此可见,还需要测出分布电容 C_0,测量电路仍如图 3-9 所示,只是不接标准电容 C,调节信号源的频率,使电路产生谐振,设此时频率为 f_1,则

$$C_0 = \frac{f^2}{f_1^2 - f^2} C \tag{3-14}$$

由式(3-13)、式(3-14)可得

$$L = \frac{1}{(2\pi f_1)^2 C_0} \tag{3-15}$$

将 C_0 代入 L 的表达式,即可得到被测电感的电感量。

2. 交流电桥法

交流电桥法测量电感的原理如图 3-13 所示。

如图 3-13(a)所示的马氏电桥适用于测量 $Q < 10$ 的电感,L_X 为被测电感,R_X 为被测电感的损耗电阻,由电桥平衡条件可得

$$L_X = R_2 R_3 C_n \tag{3-16}$$

$$R_X = \frac{R_2 R_3}{R_n} \tag{3-17}$$

$$Q_X = \omega R_n C_n = Q_n \tag{3-18}$$

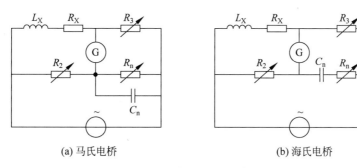

(a) 马氏电桥   (b) 海氏电桥

图 3-13 交流电桥法测量电感的原理图

马氏电桥中，R_3 通过开关转换不同阻值作为量程选择，R_2 和 R_n 为可调元件，由 R_2 的刻度可直接读取 L_X，由 R_n 的刻度可直接读取电感的 Q 值。

如图 3-13(b)所示的海氏电桥适用于测量 $Q>10$ 的电感，图中 L_X 为被测电感，R_X 为被测电感的损耗电阻，由电桥平衡条件可得：

$$L_X = R_2 R_3 C_n \tag{3-19}$$

$$R_X = \frac{R_2 R_3}{R_n} \tag{3-20}$$

$$Q_X = \frac{1}{\omega R_n C_n} \tag{3-21}$$

海氏电桥和马氏电桥一样，通过 R_3 选择量程，从 R_2 的刻度可直接读取 L_X 的值，根据 R_n 的示值直接读取 Q 值。

用电桥测量电感时，首先应估计被测量电感的 Q 值，以确定电桥的类型，再根据被测电感的电感量的范围选择量程(R_3)，然后反复调节 R_2 和 R_n，使检流计 G 的读数达到最小，即可从 R_2 和 R_n 的刻度上读出被测电感的 L_X 和 Q_X 值。

3.3.5 电感器的简易测试与选用

1. 利用万用表的欧姆挡可粗略地检测电感是否能正常工作

具体方法如下：

(1) 选择合适的欧姆倍率挡，一般使用万用表的 R×1Ω 挡。

(2) 欧姆挡调零。

(3) 测量电感两引脚之间的电阻，根据测量值可得到一些初步结论，见表 3-14。

表 3-14 根据电感器线圈的电阻值判断电感是否能正常工作

现　象	可　能　原　因	结　论
表针指示电阻值为零点几至几欧	直流电阻值的大小与绕制电感器线圈所用的漆包线直径、绕制圈数有直接关系，只要能测出电阻值，则可认为被测电感器是正常的	好电感

续表

现　象	可　能　原　因	结　论
表针不动(停在"∞"位置)	电感线圈开路	坏电感
表针指示电阻值为零	电感线圈严重短路	坏电感
表针指示电阻很大	电感线圈多股线中有几股断线	坏电感

2. 电源变压器的简易测试

(1)绝缘性能测试：使用万用表欧姆挡,选择 R×10K 倍率挡,分别测量铁芯与一次绕组、一次绕组与二次绕组、铁芯与二次绕组、静电屏蔽层与一次和二次绕组间的电阻值,应均为无穷大；否则,说明变压器绝缘性能不良。

(2)测量绕组的通断：用欧姆挡的 R×1Ω 倍率挡,分别测量变压器的一次、二次绕组接线端之间的电阻值,一般一次绕组的电阻值应为几十至几百欧,变压器的功率越小,电阻值越小；二次绕组的电阻值一般为几至几十欧,如果某一绕组的电阻值为无穷大,则该绕组有断路故障。

(3)测量空载电流：将二次绕组开路,测量一次绕组通过的电流,变压器一次绕组的空载电流约为 100mA,如果超过太多,则说明变压器有局部短路故障。

其他变压器,如中频变压器、阻抗匹配器等,一般只能判断是否有开路或短路故障。

3. 电感器的选用

要根据实际电路的工作频率选用不同频率特性的电感线圈,此外还要考虑采用不同材料的磁芯。

用于音频段的电感器一般要用铁芯(硅铁片或坡莫合金)或低频铁氧体芯。

工作频率在几百千赫兹到几百兆赫兹之间的线圈最好用铁氧体磁芯,并用多股绝缘线绕制。

工作频率在几到几十兆赫兹,宜选用单股镀银粗铜线绕制,磁芯要采用短波高频铁氧体,也可采用空心线圈。

工作频率在 100MHz 以上时,只能用空心线圈。

3.4 半导体分立器件

半导体分立器件包括二极管、三极管及半导体特殊器件。尽管由于集成电路的发展使半导体分立器件的应用范围越来越小,但受频率、功率等因素制约,分立器件仍然是电子电路中不可缺少的组成部分。下面以半导体二极管和三极管为主介绍相关的基本知识和测试方法。

3.4.1 半导体分立器件的分类和符号

半导体分立器件按材料可分为锗管和硅管。半导体二极管按结构可分为点接触型和面接触型。双极型晶体管(三极管)按类型可分为 NPN 型和 PNP 型。通常情况下,二极管以应用领域分类,三极管以功率、频率分类,见表 3-15。

表 3-15　二极管、三极管的分类

二极管	普通二极管	整流二极管、检波二极管、稳压二极管、开关二极管等
	特殊二极管	微波二极管、变容二极管、雪崩二极管、TVP 管等
	敏感二极管	光敏二极管、温敏二极管、压敏二极管等
	发光二极管	
三极管	锗管	高频小功率管、低频大功率管
	硅管	低频大功率管、大功率高压管、高频小功率管、超高频小功率管、高速开关管、低噪声管、高频大功率管、微波功率管、超 β 管

常用二极管和三极管的电路符号如图 3-14 所示。

(a) 普通二极管　(b) 稳压二极管　(c) 发光二极管　(d) NPN型三极管　(e) PNP型三极管

图 3-14　常用二极管和三极管的电路符号

3.4.2 半导体分立器件型号的命名

1. 中国半导体分立器件的型号命名

我国半导体器件的型号是按照它们的极性、材料、类型来命名的。根据国家标准 GB/T 249—2017《半导体分立器件型号命名方法》,一般半导体器件型号的命名由五部分组成:第一部分,用阿拉伯数字表示器件的电极数目;第二部分,用汉语拼音字母表示器件的材料和极性;第三部分,用汉语拼音字母表示器件的类型;第四部分,用阿拉伯数字表示产品序号;第五部分,用汉语拼音字母表示规格。

说明:场效应器件、半导体特殊器件、复合管、PIN 管和激光器件的命名只有第三、四和五部分。

各部分所使用的符号及含义见表 3-16。

表 3-16　国产半导体分立器件型号命名所使用的符号及含义

第一部分		第二部分		第三部分		第四部分	第五部分
符号	含义	符号	含义	符号	含义	含义	含义
2	二极管	A	N 型、锗	P	普通	反映了极限参数、直流参数和交流参数等性能参数之间的差别	表示同一型号的半导体器件按某一个参数的分挡标志
		B	P 型、锗	W	稳压管		
		C	N 型、硅	Z	整流管		
		D	P 型、硅	L	整流堆		
3	三极管	A	PNP 型、锗	CS	场效应管		
		B	NPN 型、锗	T	可控整流器		
		C	PNP 型、硅	U	光电器件		
		D	NPN 型、硅	K	开关管		
		E	化合物材料	X	低频小功率管		
				G	高频小功率管		
				D	低频大功率管		
				A	高频大功率管		

例如,2AP7,N 型锗材料普通二极管;3DG120E,NPN 型硅材料高频小功率三极管; 3AX31C,PNP 型锗材料低频小功率三极管。

2. 部分国外半导体分立器件的命名

1) 日本半导体分立器件型号的命名方法

日本半导体分立器件型号的命名方法、所用符号及含义见表 3-17。

表 3-17　日本半导体分立器件型号的命名方法

第一部分		第二部分		第三部分		第四部分		第五部分	
用数字表示类型、PN 结数量或有效电极数		日本电子工业协会(JEIA)注册标志		用字母表示器件使用的材料、极性及类型		表示器件在日本电子工业协会的登记号		用字母表示对原有型号的改进品	
符号	含义	符号	含义	符号	含义	符号	含义	符号	含义
0	光电管及组合管	S	表示在日本工业协会注册登记过的半导体分立器件	A	PNP 型高频管	两位以上整数	从 11 开始,表示在日本电子工业协会的注册登记号,产于不同公司但性能相同的器件可使用同一顺序号,数字编号越大,表示产品的设计生产日期越晚	A	表示这一器件是原型号产品的改进型
1	二极管			B	PNP 型低频管			B	
2	三极管及其他两个 PN 结的晶体管			C	NPN 型高频管			C	
				D	NPN 型低频管			D	
				F	P 控制极晶闸管			E	
3	具有四个电极或三个 PN 结的晶体管			G	N 控制极晶闸管			F	
				H	N 沟道场效应管			G	
…	…			J	P 沟道场效应管			…	
n−1	n 个有效电极或 n−1 个 PN 结的晶体管			K	双向晶闸管				

例如,型号为2SC945A的晶体管,所表示的含义如下:

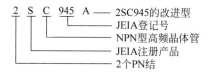

2）美国半导体分立器件型号的命名方法

美国半导体分立器件型号的命名规则、所用符号及含义见表3-18。

表 3-18　美国半导体分立器件型号的命名方法

第一部分		第二部分		第三部分		第四部分		第五部分	
用符号表示器件类别		用数字表示 PN 结的数目		美国电子工业协会（EIA）注册标记		美国电子工业协会登记号		用字母表示器件分挡	
符号	含义	符号	含义	符号	含义	符号	含义	符号	含义
JAN 或 J	军用品	1	二极管	N	该器件已在美国电子工业协会（EIA）注册登记	多位数字	注册登记号	A	根据某个参数划分的同一型号产品的型号细分
—	非军用品	2	三极管					B	
		3	三个 PN 结器件					C	
		⋮	⋮					⋯	
		n	n 个 PN 结器件						

例如,某晶体管的型号为2N2222,所表示的含义如下:

3）欧洲半导体分立器件型号的命名方法

欧洲半导体分立器件型号的命名规则、所用符号及含义见表3-19。

表 3-19　欧洲半导体分立器件型号的命名方法

第一部分		第二部分				第三部分		第四部分	
用字母表示器件使用的材料		用字母表示器件的类型及主要特性				用数字或字母加数字表示登记号		用字母对同一型号器件进行分挡	
符号	含义	符号	含义	符号	含义	符号	含义	符号	含义
A	锗材料	A	检波二极管、开关二极管、混频二极管	P	光敏器件	三位数字	代表通用半导体器件的登记序号		
B	硅材料			Q	发光器件				
			变容二极管	R	小功率晶闸管				
C	砷化镓材料	B	低频小功率三极管	S	小功率开关管				

续表

第一部分		第二部分				第三部分		第四部分	
用字母表示器件使用的材料		用字母表示器件的类型及主要特性				用数字或字母加数字表示登记号		用字母对同一型号器件进行分挡	
符号	含义	符号	含义	符号	含义	符号	含义	符号	含义
D R	锑化铟材料 复合材料	D E F G H L	低频大功率三极管 隧道二极管 高频小功率管 复合器件及其他器件 磁敏二极管 高频大功率三极管	T U X Y Z	大功率晶闸管 大功率开关管 倍增二极管 整流二极管 稳压二极管	一个字母两个数字	代表专用半导体器件的登记序号	A B C D E …	表示同一型号的半导体器件按某一参数进行分挡的标志

例如,某晶体管的型号为 BU208,所表示的含义如下:

3. 常用的通用型小功率晶体管

9000 系列和 8050、8550 系列三极管是小型电子产品设计和生产中常用的晶体管,它们的特性与特征参数见表 3-20。

表 3-20 常用晶体管的特性及主要特征参数

型 号	类 型	特性及用途	P_{CM}/mW	f_T/MHz
9011	NPN	高、中频放大	150	150
9012	PNP	线性好	500	150
9013	NPN	与 9012 配对作推挽	500	150
9014	NPN	线性好,h_{fe} 高	300	100
9015	PNP	与 9014 配对使用	300	150
9018	NPN	宽带高增益、放大	200	700
8050	NPN	低频功率放大	1000	190
8550	PNP	与 8050 配对使用	1000	200

4. 三极管共射电流放大系数的标识

共射电流放大系数是三极管的一个重要参数,一般情况下根据晶体管管壳上标出的色点颜色或某一种晶体管型号命名的最后一位字母可判断出三极管共射电流放大系数的范围。不同颜色的色点所表示的共射电流放大系数的范围见表 3-21。

表 3-21　色点所表示的电流放大系数的范围

颜色	棕色	红色	橙色	黄色	绿色	蓝色
β	5～15	15～25	25～40	40～55	55～80	80～120
颜色	紫色	灰色	白色	黑色(或无色)		
β	120～180	180～270	270～400	400 以上		

许多国外生产的晶体管,用型号标识的最后一个字母划分同一类型晶体管共射电流放大系数的范围。不同类型的晶体管,其型号标识的最后一位字母所表示的数值范围并不相同,在器件手册中有详细说明,使用之前注意查阅。例如,型号为 S9013H 晶体管的共射电流放大倍数为 144～220,S9013F 的共射电流放大系数为 96～135。对于 9013 型号的晶体管,其他字母所表示的数值范围还有：D,64～91；E,78～112；G,112～166；I,190～300。

3.4.3　依据封装形式识别半导体分立器件

如图 3-15 所示,根据半导体二极管的封装形式可以区分其正负极。

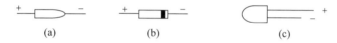

图 3-15　根据半导体二极管的封装识别其正负极

如图 3-16 所示,根据半导体三极管的封装形式可以区分晶体管的三个电极。

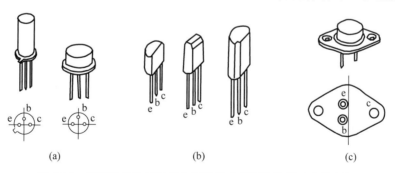

图 3-16　根据半导体三极管的封装形式判断引脚所对应的电极

图 3-16(a)为金属外壳封装的三极管各电极的排列情况；图 3-16(b)为部分塑料封装三极管电极的排列情况(9000 系列三极管的电极排列符合该顺序)；图 3-16(c)为大功率金属外壳封装三极管电极的排列情况。

视频

3.4.4　半导体分立器件的测试

　　根据应用需求的不同,对半导体分立器件可进行精确参数测量和简易识别与测试。精确参数测量一般通过晶体管特性图示仪完成,本书附录详细介绍了 XJ4810 半导体管特性图示仪的使用方法,其中包括常用参数的含义及详细测试方法,本节不再重复介绍。下面主要介绍通过指针式万用表欧姆挡对二极管和三极管进行简易测试的方法。

1. 指针式万用表欧姆挡的内部电路结构

　　图 3-17 为 MF-10 型万用表欧姆挡内部电路结构示意图(万用表的型号不同,其内部结构有一定区别)。

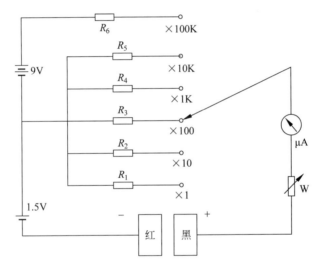

图 3-17　MF-10 型万用表欧姆挡内部电路结构示意图

　　需要说明以下几点:

　　(1)万用表的测试表笔及测试线一般用两种颜色区分,分别为红色和黑色,对应的表笔称为红表笔和黑表笔。黑表笔一般与标有"＊""⊥""COM"等符号的测试线连接插孔相连。红表笔一般与标有"Ω"或"＋"等符号的测试线连接插孔相连。从图 3-17 可以看出,用万用表的欧姆挡测量电阻值时,黑、红表笔之间的电压差为正值。

　　(2)MF-10 型万用表欧姆挡的×1、×10、×100、×1K 和×10K 等倍率挡由额定电压为 1.5V 的干电池提供电源;×100K 倍率挡使用的是 9V 叠层电池。

　　(3)万用表欧姆挡的每个特定倍率挡的内阻在调零后是定值,等于倍率与欧姆挡刻度线的中心值的乘积。例如 MF10 万用表,其欧姆挡刻度线的中心值是 10,使用×1K 倍率挡时,内阻等于 $10 \times 1\mathrm{k}\Omega = 10(\mathrm{k}\Omega)$,即倍率挡由小到大变换,内阻值也会随之由小到大变化,测量电阻值时,能够为外电路提供的电流则会由大到小变化。

2．二极管、三极管电极之间的电阻值

二极管由一个 PN 结构成，具有单向导电特性。当正、负电极之间加正向电压时，二极管导通，加反向电压时，二极管截止。利用这一特性，将万用表置于欧姆挡合适的倍率挡，黑表笔与二极管的正极相连，红表笔与二极管负极相连，测得的电阻值称为二极管的正向电阻值($R_\text{正}$)；相应地，黑表笔接负极，红表笔接正极，测得的电阻值称为反向电阻值($R_\text{反}$)。一般来说，正向电阻会远小于反向电阻。

用万用表欧姆挡对三极管进行简易测试时，可以将三极管视为两个二极管背向连接而成，如图 3-18 所示。

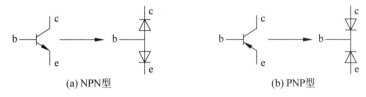

(a) NPN型   (b) PNP型

图 3-18　三极管的简化结构示意图

三极管的 be 结、bc 结可视为二极管。极间电阻有 $R_\text{be正}$、$R_\text{be反}$、$R_\text{bc正}$ 和 $R_\text{bc反}$。对于 NPN 型三极管，如果用万用表的欧姆挡测量，黑表笔应接集电极，红表笔接发射极，ce 极之间电压差为正时，测得的阻值称为正向电阻($R_\text{ce正}$)，ce 极之间的电压差为负时，测得的电阻值称为反向电阻($R_\text{ce反}$)。对于 PNP 型三极管，如果用万用表的欧姆挡测量，红表笔接集电极，黑表笔接发射极，ce 极之间的电压差为负时，测得的电阻值称为正向电阻，ce 极之间的电压差为正时，测得的电阻值称为反向电阻。

3．二极管的测试方法

用欧姆挡测试二极管时，首先将二极管的两个电极分别与红、黑表笔相连接，测量两个电极之间的电阻值；其次固定二极管两个电极的顺序不变，交换红、黑表笔的顺序再测一次电阻值。测得两个阻值为正向电阻和反向电阻，根据二极管正向电阻小、反向电阻大的特点，测得正向电阻值时，与黑表笔相连的引脚为二极管的正极，另一引脚为二极管的负极。结合正向电阻的具体数值还可以判断二极管的材料，相关结论与测试注意事项如下：

(1) 用×1K 挡测量二极管的正、反向电阻，若 $R_\text{正} \leqslant 2\text{k}\Omega$，$R_\text{反}$ 在几十至几百千欧之间，则二极管为锗(Ge)材料二极管；若 $R_\text{正}$ 为 $4\sim10\text{k}\Omega$，$R_\text{反}$ 接近 ∞，则为硅(Si)材料二极管。

(2) 测量普通小功率二极管时，选用万用表欧姆挡的×100 或×1K 挡。不允许用高倍率挡(内置额定电压较高的电池)和×1、×10 低倍率挡测试 PN 结正向电阻值，以免损坏二极管。

(3) 判别二极管的好坏除了能测出正反向电阻外，其正、反向电阻还应有一定的差距，一般 $R_\text{反}$ 应大于 $R_\text{正}$ 的 30 倍。

4. 三极管的测试

用万用表的欧姆挡对三极管进行测试,主要用于判断三极管的三个引脚与三个电极(b、c、e)之间的对应关系、三极管的类型、材料以及粗略判断其是否能正常工作。

测试时,一般选用×1K 倍率挡,先找出三极管的基极,再判断其类型与材料,最后区分集电极、发射极对应的引脚并根据测量数据粗略判断其是否能正常工作。

1)基极的判定

结合图 3-18,先假设未知三极管的一个引脚为基极,并与任一表笔相连接,测量该电极与另外两个电极之间的电阻,如果两个电阻值都比较大($R_{反}$)或比较小($R_{正}$)且阻值接近,则将另一表笔与此电极相连接,再测与另外两个电极之间的电阻值,若两个电阻值都比较小($R_{正}$)或比较大($R_{反}$)且阻值接近,则此假设的电极是三极管的基极。此判断规则可简单地归纳为"两大两小且相近判基极"。如果测得电阻值的变化规律与上述情况不符,则假设的基极是错误的,再对另外两个电极重复上述测量过程直至找到基极。

2)判断三极管的类型与材料

找出被测三极管的基极后,将黑表笔与基极相连接,测量它与另外任一引脚间的电阻值,若与二极管的正向电阻值范围相近,则该三极管为 NPN 型,反之为 PNP 型。如果用红表笔与基极相连接,在测量的阻值范围相同的情况下,三极管的类型正好与上述结论相反。知道了三极管的类型后,再测 $R_{be正}$ 或 $R_{bc正}$,根据所测正向电阻值的大小,结合判断二极管材料的方法,确定三极管的材料。

3)区分集电极(c)和发射极(e)

判断出三极管基极、类型和材料后,就可以判别出其他两个引脚与集电极和发射极的对应关系。主要有以下三种方法:

(1)锗材料的三极管其穿透电流 I_{ceo} 较大,可根据三极管 $R_{ce正}<R_{ce反}$ 的特性来区分发射极和集电极。具体操作是通过测量两次 c、e 极之间的电阻值来实现的,首先直接测量剩余两个引脚之间的电阻值,然后保持两个引脚的顺序不变,交换表笔顺序再反向测一次引脚间的电阻值。两次测量值中数值较小的为 $R_{ce正}$,数值较大的 $R_{ce反}$。若三极管为 NPN 型,对于测得 $R_{ce正}$ 的那次测量过程,黑表笔接的是集电极。若三极管为 PNP 型,对于测得 $R_{ce正}$ 的那次测量过程,红表笔连接的是集电极,另一个电极为发射极。

(2)三极管发射结的面积小于集电结的面积,因此发射结的正向电阻略大于集电结的正向电阻。利用这一特性也可以区分发射极和集电极。在基极、三极管的类型已知的情况下,分别测量基极与另外两个电极之间的正向电阻,即 $R_{be正}$ 和 $R_{bc正}$,阻值略大的那次测量,测的是基极与发射极之间的正向电阻,即可确定发射极,另一个电极为集电极。对于硅材料的三极管 $R_{be正}$ 和 $R_{bc正}$ 之间的差别很小,难以分辨,一般不采用这种方法。

(3)三极管具有电流放大能力,如果将三极管接成共射放大器,为放大器提供一定的基极电流,并且偏压满足条件 $U_{be}>0$,$U_{bc}<0$,晶体管就会进入放大状态。如果将 c、e 极顺序交换,则三极管将会失去放大作用。将万用表的欧姆挡与 NPN 型三极管按图 3-19(a)

连接,则表头中流过的电流等于 $I_e \approx I_c = \beta I_b$,呈现的电阻值较小。如果将 c、e 极交换,按图 3-19(b)连接,则三极没有放大作用,表头中流过的电流较小,呈现的电阻值较大。根据这一原理,可区分三极管的发射极和集电极,一般称为估 β 法。

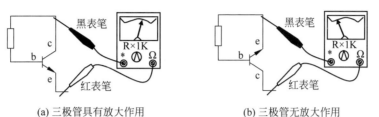

图 3-19 估 β 法区分三极管 c、e 极的原理

测试操作如图 3-20 所示。以 NPN 型三极管为例,第一次测量用左手的拇指中部轻压住基极,假定其他两只引脚中的一只引脚为集电极,则按照放大电路的要求,用左手的拇指的前端压住假设的集电极,即拇指同时跨过 b、c 极相当于在它们之间接入了偏置电阻,然后将黑表笔与假设的集电极相连,红表笔与假设的发射极相连,读取欧姆挡所示的电阻值。第二次测量时要假定其他两只引脚中的另外一只引脚为集电极,同样用拇指跨接基极与假设的集电极,按照三极管放大电路的要求,要将黑表笔与假设的集电极相连接,即要交换表笔的顺序,如图 3-20(b)所示,读取欧姆挡所示的电阻值。对于阻值小的那次测量,三极管有放大作用,因此黑表笔接的是三极管的集电极,剩下的一只引脚是发射极。

对于 PNP 型三极管,处于放大状态时集电极的电位要低于发射极的电位,因此在测量过程中红表笔要与被假设为集电极的引脚相连接,对于电阻值小的那次测量过程,红表笔接的是三极管的集电极。

这种方法实质上利用了三极管的电流放大作用,而三极管要处于放大状态,必须满足其工作条件。因此该方法具有普遍适用性,对于硅材料和锗材料的三极管都能方便地区分发射极和集电极。

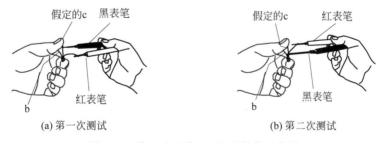

图 3-20 估 β 法区分 c、e 极的操作示意图

如果三极管的两个 PN 结正常,并且具有一定的电流能力,就可以粗略地判断该三极管是可以正常工作的;否则,三极管可能已经损坏。

4）注意事项

（1）测试小功率三极管时，用万用表欧姆挡的×100挡和×1K挡；测试大功率三极管时，方可用×1挡或×10挡。

（2）在选择万用表欧姆挡合适的倍率挡后，必须对该挡位进行调零。

（3）恰当使用人体电阻。在采用估β值法时，要用到人体电阻；但在测量PN结正、反向电阻时，绝对不能把人体电阻并联在测试点两端，测试时，手必须握在万用表表笔的绝缘部分。

3.5 集成电路

集成电路是利用半导体工艺和薄膜工艺，将晶体管以及少量的电阻、电容、电感等元器件制作在同一片半导体或绝缘基片上，形成具有特定功能的单元电路，并按特定的封装形式制作而成。在计算机、通信系统、电子仪器仪表、工业自动化控制系统等领域有着广泛的应用，是最能体现电子产业日新月异，飞速发展的电子器件，它不仅产品种类多，而且新产品层出不穷。

集成电路与分立元器件组成的电路相比，具有体积小、重量轻、引线短、可靠性高、功耗低、使用方便以及成本低等优点，本节主要介绍常用集成电路的分类、封装、引脚识别等基础应用知识。

3.5.1 集成电路的分类

集成电路按结构和工艺方法的不同，可以分为半导体集成电路、薄膜集成电路、厚膜集成电路和混合集成电路。其中发展最快、品种最多、产量最大、应用最广的是半导体集成电路。集成电路一般按功能进行分类，表3-22列出了常用集成电路类型。

表 3-22 常用集成电路类型

数字集成电路	门电路	与门、或门、与非门、或非门、与或非门、异或门
	触发器	R-S触发器、J-K触发器、D触发器
	存储器	ROM、PROM、EPROM、E^2PROM、RAM、移位寄存器
	可编程逻辑电路	PAL、GAL、FPGA、ISP
	微处理器	微处理器、单片机、DSP
	其他	计数器、加法器、延时器、锁存器、编码/译码器
模拟集成电路	线性电路	直流运算放大器、通用运算放大器、音频放大器、高频放大器、宽频放大器
	非线性集成电路	电压比较器、模拟乘法器
接口电路	转换器	A/D、D/A、电平转换器
	开关与保持电路	模拟开关、模拟多路器、数字多路/选择器、取样/保持电路
光电电路	光电通信/传送器件、发光器件、光接收器件、光电耦合器、光电开关器件	

3.5.2 集成电路的型号命名

我国集成电路型号命名由五部分组成:第一部分用字母 C 表示国产器件;第二部分用字母表示器件的类型;第三部分用三位阿拉伯数字和字符表示器件的系列和品种代号,这一部分的编号与国际接轨;第四部分用字母表示器件的工作温度范围;第五部分用字母表示器件的封装形式。

表 3-23 列出了第二、第四、第五部分所用的表示符号及含义。

表 3-23　国产半导体集成电路型号命名中的符号及含义

第二部分				第四部分		第五部分	
符号	含义	符号	含义	符号	含义	符号	含义
T	TTL 电路	M	存储器	C	0～70℃	F	多层陶瓷扁平
H	HTL 电路	μ	微型机电路	G	−25～70℃	B	塑料扁平
E	ECL 电路	AD	A/D 转换器	L	−25～85℃	D	陶瓷双列直插
C	CMOS 电路	DA	D/A 转换器	E	−40～85℃	P	塑料双列直插
F	线性放大器	SC	通信专用电路	R	−55～85℃	J	黑瓷双列直插
W	稳压器	SS	敏感电路	M	−55～125℃	T	金属圆形
J	接口电路	B	非线性元件			SOI	小引线封装

表 3-24 列出了第三部分所用符号及含义,即器件的系列和品种代号。表 3-24 中的 CMOS 集成电路,数字系列代号后用三个字母表示器件的类型,如果没有第三个字母,则表示该器件带缓冲器。如果第三个字母为 U,则表示无缓冲器;如果第三个字母为 T,则表示输入端使用 TTL 电平。

表 3-24　国产半导体集成电路系列和品种代号

TTL 集成电路		CMOS 集成电路	
代号与编码	含义	代号与编码	含义
54/74XXX	国际通用系列	54/74HCXXX	高速 CMOS,有缓冲输出级,输入与输出为 CMOS 电平
54/74HXXX	高速系列	54/74HCTXXX	高速 CMOS,有缓冲输出级,输入 TTL 电平,输出 CMOS 电平
54/74LXXX	低功耗系列		
54/74SXXX	肖特基系列	54/74HCUXXX	高速 CMOS,不带输出缓冲级
54/74LSXXX	低功耗肖特基系列	4/74ACXXX	改进型高速 CMOS
54/74ASXXX	先进肖特基系列	4/74ACTXXX	改进型高速 CMOS,输入 TTL 电平,输出 CMOS 电平
54/74ALSXXX	先进低功耗肖特基系列		
54/74FXXX	高速系列	4000 系列	

例如,某集成电路的型号为 CT54S20MD,所表示的含义如下:

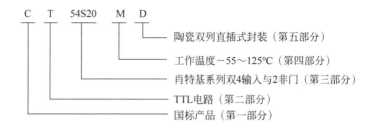

集成电路的命名与分立元器件相比规律性较强,绝大部分国内外厂商生产的同一种集成电路,采用基本相同的数字标号,数字标号前一般用字母表示不同的厂商,常见的集成电路厂商及代号见表 3-25。数字标号相同的集成电路一般来说可以互换,例如 CA555 与 NE555 是由不同厂商生产的定时器电路,但它们的功能、性能和封装、引脚排列都是一致的,可以相互代换。

表 3-25　常见集成电路生产厂商及代号

代　号	厂　商	代　号	厂　商	代　号	厂　商
AD	美国模拟器件公司	LM	美国国家半导体公司	AN	日本松下电器公司
CXA	日本索尼公司	HA	日本日立公司	KA	韩国三星公司
LA	日本三洋公司	MC	美国摩托罗拉	TA(TB)	日本东芝公司
TDA	荷兰飞利浦公司	μPC	日本电器公司		

3.5.3　集成电路的封装及引脚识别

1. 集成电路的封装

为了方便印制电路板的设计以及安装焊接的方便,集成电路的外部尺寸、引脚尺寸、引脚形状及引脚排顺序等必须符合相应的工业标准,一般统称为集成电路的封装形式。常见的集成电路封装形式有圆形金属外壳封装、扁平形陶瓷封装、塑料外壳封装、双列直插式陶瓷和塑料封装、单列直插式封装等,如图 3-21 所示。

2. 集成电路引脚顺序的识别

集成电路引脚的功能多数情况各不相同,因此在安装和使用时引脚编号必须与引脚一一对应,即在使用前必须确定引脚的编号顺序。集成电路引脚的排列顺序标志一般使用凹槽、色点、管键或封装时压出的圆形凹点等标记。对于双列直插封装的集成电路,将其水平放置,有文字标识的一面向上,凹槽或色点置于观察者的左侧,则左下角对应的引脚为第 1 引脚,沿着逆时针方向,依次编号为 $2,3,\cdots,n$,如图 3-21(a)所示。对于单列直插封装的集成电路,集成电路的引脚向下,有标识文字的一面正对观察者,由左至右,引脚顺序编号为 $1,2,\cdots,n$,如图 3-21(b)所示。对于金属圆形的封装的集成电路,引脚向下,管键或色点位于第 1 脚和最后一个引脚之间,一般靠近第 1 脚,沿着逆时针方向顺序

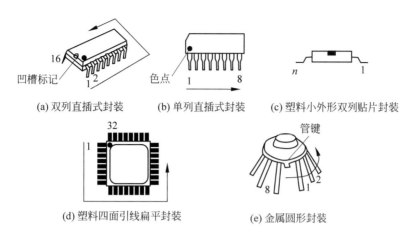

(a) 双列直插式封装　　(b) 单列直插式封装　　(c) 塑料小外形双列贴片封装

(d) 塑料四面引线扁平封装　　(e) 金属圆形封装

图 3-21　常见集成电路的封装与引脚识别

编号为 $1,2,\cdots,n$，如图 3-21(c)所示。对于其他封装形式的集成电路，一般紧靠色点等标记的引脚为第 1 脚，集成电路引脚向下，水平放置的情况下，逆时针方向读取引脚的编号，如图 3-21(d)所示。

3.5.4　集成电路使用的基本知识

1. 数字集成电路

数字集成电路广泛应用于计算机、自动测试与控制系统以及各种电子产品与设备中。一般来说，数字系统的信号幅度变化是离散的，电路状态的变化主要靠严格的时序关系控制。数字集成电路一般可分为组合逻辑器件和时序逻辑器件两大类，从半导体工艺来分，常用的有 TTL 和 CMOS 结构的数字集成电路。

1) TTL 数字集成电路

双极型晶体管—晶体管逻辑（TTL）电路是一种性能优良的数字集成电路。TTL 集成电路结构简单、开关速度快、抗干扰能力强、带负载能力强、功耗适中，使用比较广泛。

TTL 集成电路以 54/74 系列为代表，其中 54 系列为军品，其电源电压为 $4.5\sim 5.5V$，即 $5(1\pm10\%)V$，工作温度为 $-55\sim125℃$。74 系列为民品，其电源电压为 $4.75\sim 5.25V$ 即 $5(1\pm5\%)V$，工作温度为 $0\sim75℃$。目前，世界上大多数国家的集成电路产品都以 54/74 系列为标准，产品名称、性能、封装形式及参数都与 54/74 系列相容。国内外数字集成电路系列对照见表 3-26。

表 3-26　国内外数字集成电路系列对照

名　　称	国 产 系 列	对应国际系列
通用标准系列	CT1000(CT54/74)	54/74
高速系列	CT2000(CT54/74H)	54/74H
肖特基系列	CT3000(CT54/74S)	54/74S
低功耗肖特基系列	CT4000	54/74LS

各类 TTL 电路若尾数相同,如 74LS20 和 7420,则其逻辑功能完全相同。

2) CMOS 数字集成电路

互补金属氧化物半导体(CMOS)集成电路的特点是功耗低($25\sim100\mu W$)、电源电压范围宽($3\sim18V$)、抗干扰能力强、输入阻抗高(大于 $100M\Omega$)、扇出能力强、逻辑摆幅大、成本低等。CMOS 集成电路应用范围极广,发展速度很快,标准的 TTL 电路、HTL 电路、PMOS 电路正逐渐被 CMOS 集成电路所取代。

目前,国产 CMOS 集成电路主要有三大系列:早期的 C000 系列(现已趋淘汰),近年主要产品是 CC4000 系列和高速产品 CC74HC/HCT 系列。

3) 数字集成电路的使用注意事项

(1) CMOS 集成电路要防止静电感应击穿,焊接时要保证电烙铁外壳可靠接地,若无接地线,可将电烙铁加热后,断开电源,利用余热进行焊接。

(2) 数字集成路的电源电压应尽量保持在芯片的最大极限电压范围内,一般的 TTL 集成电路为 $4.75V < V_{CC} < 5.25V$,而对于 CMOS 集成电路推荐为 $4\sim15V$,条件允许的情况下,尽量降低 CMOS 集成电路的电源电压,此外还要避免使用高阻值的电阻串入 V_{DD} 或 V_{SS} 端。

在使用时,电源要加反接保护电路,如果电源极性接错,可能会因电流过大而损坏器件,不可带电移动、插拔或焊接集成电路,否则会造成永久性损坏。对于 H-CMOS 集成电路,其电源引脚要加高、低频交流退耦电路,至少要并联一个容量为 $0.01\sim0.1\mu F$ 的退耦电容。

(3) 对于 TTL 数字集成电路,多余的输入端最好不要悬空,根据逻辑关系接入固定电平信号。触发器的闲置端不允许悬空,应按逻辑功能接入相应的电平。而对于 CMOS 集成电路多余的输入端绝对不允许悬空,应根据逻辑关系接入固定电平信号,而且在作振荡器或单稳态电路时,输入端必须串入电阻以起到限流作用。

(4) 数字集成电路的输出端不允许与电源或地短路,输出端不允许"线与",即不允许输出端并联使用。只有 TTL 集成电路中的三态门或集电极开路输出结构的电路可以并联使用。TTL 集电极开路的集成电路"线与"时,应在其公共输出端加接一个预先算好的上拉电阻到 V_{CC}。

(5) 在测试数字集成电路组成的电路系统时,开机时应先接通电路板电源,后开信号源;关机时先关信号源,后关电路板电源。尤其是 CMOS 电路未接通电源时,不允许有输入信号加入。

2. 模拟集成电路

模拟集成电路是对模拟电压或电流进行放大、运算、变换等处理的集成电路。

1) 集成运算放大器

集成运算放大器通常分为通用型和特殊型。通用型运放按增益的高低分为通用 I 型、通用 II 型和通用 III 型。

通用 I 型的特点是增益较低,但具有较高的带宽,共模信号范围小,正、负电源电压不对称,是集成运放的早期产品。其可用作高频放大器、窄带放大器、积分器、微分器、加法器和减法器等,产品有 μA702、5G922、F001、F002。

通用Ⅱ型的特点是增益较高,输入阻抗适中,输入幅度较大等。其可作交直流放大器、电压比较器、滤波器等,产品有 μA709、5G23、F003、F004。

通用Ⅲ型的特点是增益高,共模和差模电压范围宽,无阻塞,工作稳定等。其可作为测量放大器、伺服放大器、变换电路、各种模拟运算电路等,产品有 μA741 等。

特殊型运放有低功耗、高阻型、高精度型、高速型、宽带型、高压型等。对于高精度型,其开环增益高达 120dB 以上,共模抑制比也可高达 120dB,其他性能指标都优于普通运放,因而在运算时有很高的精度。在测量放大器、传感器、交直流放大器和仪表中的积分器电路中有广泛应用。高速型的特点是增益高、频带宽、转换速率快等。其可用作直流放大器、低频放大器、中频放大器、高频放大器、方波发生器、高频有源滤波器等。

2) 集成稳压电源

集成稳压电源是将稳压电路中的各种元器件(晶体管、二极管、电阻、电容等)集成化,或者把不同芯片组装成单一器件。产品的种类很多,按电压调整方式分为可调式和固定式两种,按输出电压极性可分为正电源和负电源两种,按集成电路的接线端分为三端式和多端式。

常用的集成稳压电源集成电路有固定式三端稳压器和可调式三端稳压器,固定式三端稳压器有 CW78XX 系列稳压器和 CW79XX 系列稳压器,其中 78 系列输出固定的正电源,如 7805 输出为 +5V,79 系列输出固定的负电压,如 7905 输出为 −5V。一般需要在稳压电源芯片的输入端接 0.1μF 的电容进一步滤除纹波,输出端接 1μF 左右的电容能改善负载的瞬态影响,使电路稳定工作。

可调式三端稳压器能输出连续可调的直流电压,如 CW317 系列稳压器能输出连续可调的正电压,而 CW337 能输出连续可调的负电压。

3. 混合集成电路

555 集成电路是一种应用极为广泛的模拟−数字混合集成电路,开始时仅作为定时器使用,然而人们在实际应用中发现它有许多独特的功能,可以组成各种波形的振荡器、定时延时电路、双稳态触发电路、检测电路、电源变换电路、频率变换电路等,可应用于自动控制、测量、通信等多个领域。

555 集成电路有 TTL 和 CMOS 两种结构类型。采用 CMOS 工艺的时基电路除了驱动能力和最高工作频率外,其余性能均优于双极型时基电路,因此在大多数场合都能直接取代双极型时基电路。国产 555 时基电路的双极型型号有 CB555(5G1555、FD555、FX555),国外型号有 NE555、CA555、LM555、SL555;国产 CMOS 结构的型号有 CB7555(5G7555、CH7555),国外型号有 ICM7555、Mpd555。

国产双时基电路(两个时基电路制作在同一芯片上,并封装在一起)的产品类型有 CB556(5G1556、FD1556、FX1556)、CB7556(5G7556、CH7556)等,国外型号有 NE556、LM556 等。

复习思考题

1．使用不同材料生产的电阻器性能和参数也有所不同,常见的电阻器由哪些材料构成? 各有什么特点?

2．电阻器型号的标注方法有哪几种? 各适用于什么场合? 各举一例说明。

3．在用伏安法测量电阻值时,如果被测电阻的阻值在测量前无法估计,在选择测量方法时,一般可将两种电路各连接一次,观察电压表示数的变化情况,假如两次连接电压表的示数变化不大,则应选择哪种测量方法? 为什么?

4．在印制电路板上怎样判断电阻器的故障?

5．常见的电容器有哪些? 各有什么特点?

6．如何判断电解电容引脚的极性? 在电路中使用电解电容时要注意哪些问题? 如果引脚的极性接反,会出现什么现象?

7．常见的电感器有哪些? 怎样判断其好坏?

8．如何利用指针式万用表的欧姆挡判断二极管引脚的极性、材料?

9．如何利用指针式万用表的欧姆挡判别未知型号三极管的哪一只引脚是基极?

10．简述用估 β 法区分三极管 c、e 极的方法。

11．在印制电路板上如何判断三极管的 be 极、bc 极、ce 极之间击穿?

12．可以相互代换的集成电路,一般情况下它们的型号命名具有什么样的规律?

13．TTL 和 CMOS 数字集成电路在使用时应该注意哪些问题?

第4章

常用电信号的测量

4.1　电子电路测量的内容与基本程序

4.1.1　电子电路的基本电参量

电子电路的种类很多,总体上可分为模拟电路和数字电路;依据电路所使用元器件的类型可分为分立元件电路和集成电路;依据电路的作用和组成结构可分为单元电路和电子系统。电子系统是由若干相互联系、相互作用的基本单元电路组成的具有特定功能的电路整体。放大电路、信号产生电路、直流稳压电路、脉冲数字电路等是构成电子系统的基础。

放大电路是电子系统中最常见的单元电路。放大电路种类繁多,特性各异,常用的有电压放大器、功率放大器、运算放大器等。

电压放大器的主要参数有电压放大倍数(也称为电压增益)、输入电阻、输出电阻、频率响应等。

功率放大器的主要参数有输出功率、效率、失真度等。

运算放大器的主要参数有电源电压、输入电阻、输出电阻、共模抑制比、大信号和小信号时的增益带宽积、输出特性等。

信号产生电路的种类也很多,本章主要讨论正弦波信号产生电路,其主要参数有振荡频率、非线性失真度、频率和幅度的稳定度等。

直流稳压电路是电子电路中的重要组成部分,是电子电路正常工作的基础。其主要参数有输出电压、输出功率、电压稳定度、输出电阻、波纹系数等。

脉冲电路包括脉冲波形产生电路、脉冲波形变换电路等。其主要参数是脉冲电平、周期(频率)、时间、相位等。

数字电路是传递、加工、处理数字逻辑信号的电路,它分为组合逻辑电路和时序逻辑电路两大类。其主要参数有电源电压、静态功耗、扇出系数、平均传输延迟时间、直流噪声容限等。

4.1.2　基本测量技术

尽管电路的性能指标与电参量的种类很多,但它们都具有电子学特征,有的表现为时间的函数,有的表现为频率的函数等,所以常用的电参量测量技术主要有时域测量技术和频域测量技术。此外,一些性能指标的测量还需要使用服从统计规律的随机信号,相应的测试技术称为随机测量技术。

不论采用哪种基本测量技术,测量过程都必须在一定的信号作用下才能进行,这个信号称为测试信号。有时测试信号是为了测量而从电路外部输入的,有时它就是电路本身所产生的。频域测量技术采用的典型测量信号是正弦信号,所以频域测量技术又称为正弦测试技术;时域测量技术经常用脉冲波(或方波)作为测试信号,因而时域测量技术也称为脉冲测试技术；随机测量技术常用噪声（白噪声）作为随机信号源进行测量，因而称为噪声测试技术。在电工、电子实验中主要使用正弦测试技术和脉冲测试技术对电路进行测试。正弦测试技术和脉冲测试技术是从不同角度（频域和时域）来分析研究电子技术工程实践中所出现的问题的，其间有着必然的联系。但全面衡量这两种测试技术，普遍认为正弦测试技术在模拟电路的测试中占主导地位，例如在线性电路的测试中，正弦信号只有幅度和相位的变化而没有新的频率成分产生，因此测试分析都比较简单；相反，在脉冲、数字电路的测试中，脉冲测试技术用得较多。所以正弦测试技术和脉冲测试技术是互为补充的，对于这两种测试技术我们都应该认真地学习和掌握。

4.1.3 电子电路测量的基本程序

对电子电路进行测试时，应遵循一定的基本程序，才能确保测试工作顺利进行。其基本程序：一是外观检查；二是进行电源端口及电路端口的电阻测试；三是进行静点调整；四是进行动态测试。在测试或调整过程中若发现干扰或自激，应加以排除。这是确保测试工作正常进行的前提和基础性工作，也是电子技术人员应该养成的科学实验作风。

外观检查，就是用人的感觉器官观察被测电路的元器件、连线等有无松脱、霉断、短路相碰以及损坏（如电阻烧焦、变色）等，一旦发现就要及时处理，不留隐患。

电源端口及电路端口的电阻测试也称为静态测试，就是利用万用表的电阻挡对电路的主要部位进行测试检查，以发现电路的输入端、输出端以及电源的接线端之间有无短路和断路现象，绝不可不经检查就贸然接入电源进行测试，否则将会损坏被测电路。

静态调整与测试和动态测试问题将在后面的各个实验中针对不同的实验电路进行讨论，接下来重点讨论排除干扰和自激的问题。

4.1.4 电子测量系统中的噪声（干扰）及其抑制

1. 噪声的来源及传播途径

从总体上来看，噪声可分为内部噪声和外部干扰。

1) 内部噪声

内部噪声产生的原因很多，例如：电阻在热能作用下，电子骚动会产生热骚动噪声；半导体器件中载流子的不规则运动会产生散粒噪声；直流电源的滤波效果不好，交流成分产生的交流噪声；电路或开关触点接触不良引起的"咔哒"噪声；电路中电流突变在电感中引起冲击，形成衰减振荡而产生的尖峰或振铃噪声；电路工作条件不合适，波形产生畸变，高次谐波分量增加而产生的噪声；放大电路寄生耦合引起的自激振荡等。

2) 外部干扰

外部干扰主要包括天电噪声、电磁噪声、天体噪声等。

3）噪声及干扰的传播方式

（1）静电耦合：又称为分布电容的寄生耦合。测量系统中的仪器、实验装置、元器件、参考地、大地、人体等之间及实验装置中级与级之间，都存在着极为复杂的分布电容，这些电容在电路设计时无法定量计算，而在实际电路工作时会因此而产生寄生耦合现象。

当工作频率较高时，这种耦合尤为严重，会因此而产生极大的测量误差。下面举例说明这种现象。图 4-1(a) 中，分布电容的影响将造成输出波形失真；图 4-1(b) 中，人体分布电容的影响将造成振荡频率的漂移；图 4-1(c) 中，放大器级间分布电容的影响将会引起自激振荡。

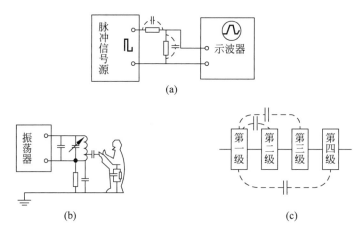

图 4-1　分布电容引起的寄生耦合

（2）公共阻抗寄生耦合：实验与测量装置中最常见的公共阻抗是地线电阻和电源内阻。

① 通过地线内阻产生的寄生耦合。通过地线电阻产生寄生耦合的原理已在 2.1 节作过详细讨论，这里不再赘述。

② 通过电源内阻产生的寄生耦合。当几个单元电路或实验装置共用一组直流电源时，如果电源内阻不够小，就会通过该内阻形成耦合，如图 4-2 所示，它可以造成信号干扰。尤其当级数多时，考虑到滤波电容在频率较低时容抗增大，从而反馈到输入端的电压也会增大，在频率很低时，也可能引起自激振荡，这时的自激振荡频率只有几赫兹或几十赫兹，通常称为"汽船声"；如果电路的工作频率很高，由于电源内阻的存在，这时滤波电容呈现较大的感抗（由制造工艺决定），有可能造成高频信号的串扰。

（3）电磁辐射耦合：当实验装置的工作频率较高时（一般在几千赫兹以上），过长的信号传输线、控制线、输入级及输出级均会呈现一定的天线效应，它们不仅会将测试信号辐射出去引发干扰，而且会吸收其他电磁辐射源辐射来的测试信号及各种干扰信号。处于电磁波空间的导体由于电磁波的作用，会感应出相应的电动势。如果这种电动势不是有用信号，就称为电磁波噪声。例如，在实验室内做高频振荡电路实验时，曾发现有一组同学的实验电路由于故障而并没有起振，但在其振荡电路的输出端用示波器观察到高频

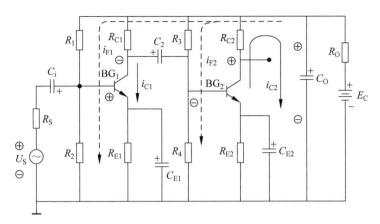

图 4-2　电源内阻引起的寄生耦合

振荡信号。后来将其电源关闭,信号仍存在,原来是由旁边的实验装置辐射出来的高频振荡信号。

印制电路板上的导线,除有电阻外还存在分布电感,工作频率越高,其感抗越大。

如果输入线与输出线比较靠近,那么将会通过寄生电磁耦合,构成非正常耦合通道。尤其对于实验装置中的电感线圈、各类变压器、扼流圈,更要防止其通过互感及电磁耦合形成非正常信号通道。

(4) 漏电流耦合:指由于绝缘不良,流经绝缘电阻的电流信号耦合到电路中而形成干扰。

2. 噪声与干扰的判别

要抑制或消除噪声及干扰对测量系统的影响,必须正确区分内部噪声和外部干扰,然后才能根据具体情况采取相应措施。

判别噪声和干扰通常采用示波器观察法,即在被测系统或装置的输出端接示波器,并将示波器 Y 轴衰减开关置于灵敏度较高的挡位,根据示波器荧光屏上显示的信号波形的特点进行区分。

在被测系统或装置加上正常工作电压后,将其输入端交流短路或将整个系统屏蔽后,观察示波器荧光屏上有无波形显示。如果荧光屏上显示有规律的波形,则表明内部存在自激现象;如果显示的波形杂乱无章,则表明内部有其他噪声存在,视情况加以消除或抑制。

抑制或消除了内部噪声和自激的被测系统,如果将其输入端开路或不加屏蔽,而示波器上显示波形,则表明被测电路或系统存在干扰,同样应加以抑制。

上述方法可归纳为"短路输入或屏蔽电路判内部自激和干扰,开路输入判外部干扰"。

3. 噪声的抑制方法

一般来说,噪声的来源和传播途径都很复杂,在实验过程中应根据具体情况采取相应的措施对噪声加以抑制。下面介绍几种常用方法。

1）减小公共阻抗耦合

（1）采用退耦电路，减小电源内阻的影响。

退耦电路的作用是防止负载端的交流成分返回电源端，从而对电路其他部分产生干扰。也就是说，当把负载端电路看成噪声源时，退耦电容器的作用就与滤波电容的作用一样，如图 4-3 所示。

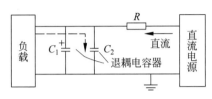

图 4-3　退耦电路的连接方法

图中大容量电容 C_1（电解电容）上面并联一个小容量电容 C_2 是为了中和电解电容的高频寄生电感的效应。

如图 4-4 所示，当一个整流电源供给几个电路的时候，必须在接近各电路的直流输入处分别接上退耦电路。如不加这种退耦电路而直接汇接，某一负载两端的交流信号变化量将会通过电源影响其他负载。

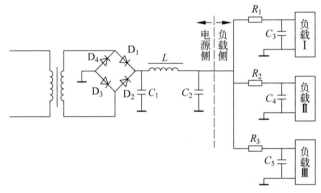

图 4-4　单一电源为多单元电路供电时退耦电路的连接

（2）采用一点接地，减小接地电阻的影响。

图 2-2 中，由于接地电阻将产生寄生耦合，若将图 2-2 的接地改为图 4-5 所示的一点接地，将减小接地电阻的影响。

2）减小分布参数的影响

为了减小分布参数的影响，要合理布线。例如：高增益及高频电路的输入与输出端要彼此远离，最好加以屏蔽；操作时，人体不应太靠近实验装置中的高频部分；高频信号的传输要采用金属屏蔽线等。

为了减小分布电容的影响，实验中的接线应尽量短，交流、直流、强信号、弱信号等连线应分开。

3）减小干扰电平或避免干扰源的影响

减小干扰电平最有效的措施是对干扰源进行电磁屏蔽。

两个相互绝缘的导体相对放置时，一方的电荷必然会通过电场力的作用影响到另一方，但若在中间放置一块接地的金属导体，就有了静电屏蔽作用，起静电屏蔽作用的金属

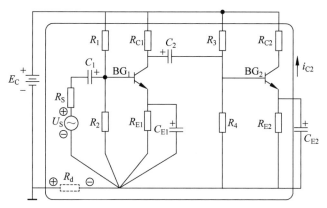

图 4-5 一点接地的多级放大电路

导体可以是薄铝箔或铜箔。

磁屏蔽与静电屏蔽的作用一样,其主要目的是避免对电路的其他部分产生噪声影响,也可以保护电路的特定部分不受外部电磁干扰信号的影响。为了达到较好的磁屏蔽效果,应该选用磁导率高的硅钢片或坡莫合金。

4）合理接地

选择正确的接地点,按安全接地和技术接地要求进行操作。

有关接地的相关理论和技术在 2.2 节中已作过详细讨论,这里不再赘述。

4.1.5 最佳测量条件确定与测量方案设计

1. 最佳测量条件确定

当测量结果与多个测量因素有关时,欲得到较高准确度的测量结果,就必须确定最佳测量条件。

从误差角度出发,应该选择合适的测量状态,使测量误差减小到最低程度。例如,对放大器的性能指标进行测试时,输入信号的选择应适当,以利于观察和测量又不造成失真为限。

一般情况下,分项误差数目越少,合成误差也越小,所以在间接测量中应选择测量值数目最少,函数关系最简单的公式。例如,测电阻最好使用欧姆表法或电桥法,而尽量不使用电压表、电流表法等。

当然,在确定最佳测量条件时,还要考虑到客观的限制,力争根据现有条件制定测量方案,同时,还要兼顾经济、简便等因素。

2. 测量方案设计

在设计测量方案时,可以从下述几方面考虑:

（1）测量方法的选择。直接测量法的直读法由于方便直观,所以常被采用,但往往准确度较低,而比较法准确度高;当直接测量不方便时,或者缺乏直接测量仪器时,可以用间接测量法。两个直读量相近的情况下不能用相减的方法来求被测量。

(2)了解被测量的特点。按被测量的特点确定测量方法、选择测量仪器等。

(3)明确准确度的要求,合理选择仪器类型。

(4)根据测试原理制订测量方案。同一个被测量可能有多个测量方案,要权衡利弊加以选择。对于复杂的测量任务,要按照其函数关系绘制测量方框图,拟定测量步骤。

(5)测量环境和条件符合测量要求。例如,测量现场的温度、湿度、电磁干扰、仪器设备的放置、安全设施等均符合测量任务的要求。

总之,具体测量任务中的情况是错综复杂的,测量者一定要充分考虑各种因素的影响,制订最佳测量方案,以保证测量的顺利进行。

具体落实到电路性能、电参量的测量,其重点是对电信号的测量,绝大多数电参量都是以电压、电流、频率等电信号表示出来的,因此要学习电路性能的测试,必须掌握常用的电信号的测量方法。

4.2 电子电路中电压的测量

视频

在电子电路的测量中,电压量是基本参数之一。增益、频率特性、失真度、灵敏度等电参数都可视为电压的派生量。饱和、截止及动态范围等电路的工作状态通常以电压的形式反映出来。而电子设备中的各种控制信号、反馈信号等信息也主要是用电压来表现的。不少测量仪器,例如信号发生器、各种电子电压表都是用电压来指示的。所以电压测量是许多电参数测量的基础。

4.2.1 电子电路中电压测量的特点

1. 频率范围宽

电子电路中电压的频率可以在直流到数十吉赫兹内变化,而单纯50Hz的电压是很少的,因此,测量电压所涉及的电压表可能是能测量直流到数百千赫兹的低频电压表,也可能是测量几百千赫兹到数百兆赫兹的高频或超高频电压表。

2. 电压范围广

微伏或微伏以下的直流或交流电压必须用很高灵敏度的电压表来测量,千伏以上的高压应当用较高绝缘强度的电压表来测量。在电子电路中,微伏或毫伏电压是很多的,为了测量它的数值,必须使用具有高放大倍数和高稳定度放大器的电子电压表或多位数字电压表。

3. 等效电阻高

在电子电路中,被测电压点的等效电路的等效电阻有时达几百千欧甚至兆欧,为了使仪器的接入对被测电路的影响足够小,要求测量仪器具有较高的输入电阻;在测量较高频率的电压时,还应当考虑输入电容等的影响及阻抗匹配的问题。

4. 波形种类多

电子电路中除了正弦波电压外,还有大量的非正弦波(包括脉冲电压等)。这就要求正确选择相应的测量仪表,以获得测量误差小的测量结果。

5. 影响因素多

被测的电压中往往是交流和直流并存,甚至还串入一些噪声干扰等不需要测量的成分,这就需要在测量中加以区分。

4.2.2 电压测量的方法

目前广泛采用的电压测量方法主要有电压表测量法和示波器测量法两种。直流电压、低频交流电压和一般高频电压通常采用电压表测量,有时也采用示波器测量;脉冲电压主要采用示波器测量。下面就电压测量的问题分别进行讨论。

1. 电压表测量电压

电压表测量电压的方法主要是直接法,在直流电压测量中有时还用到差值法。

1) 直接法

直接法是指将电压表直接并接到电路中某两点以测定电压的方法,如图 4-6 所示。接入电压表时,不必断开电路的连接。由于被测电压的量值是由电压表(模拟式或数字式)的读数直接反映出来的,所以这种方法又称为电压表的直读测量法。直接测量法简便直观、易于掌握。

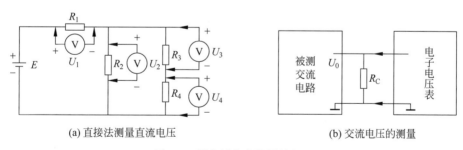

(a) 直接法测量直流电压   (b) 交流电压的测量

图 4-6　用电压表直接测量电压

2) 差值法

在电路的测量实践中,经常需要测量直流电压的微小变化量。例如,直流稳压电源的电压调整率 S_V 及内阻 R_0 就是通过测量输出直流电压的微小变量求得的。在一般情况下,直流电压微变量是采用高精度的数字式直流电压表来进行测量的。

在不具备数字式直流电压表的情况下,如果用指针式仪表(如万用表、直流电子电压表等)来直接测量直流电压的微小变量是难以实施的。因为被测直流电压值本身比较大,而变化量又相对比较小,所以若直接用指针式仪表的高量程进行测量,由于高量程挡的读数分辨率低,因此很难读出这个微小的变量;若直接用指针仪表的低量程挡进行测量,由于被测值远远超过低量程挡的上限,会造成仪表严重过载以致损坏。如果借助指针式仪表,运用差值法对直流电压的微小变量进行测量,则能清楚地读出微小的电压变化量。

差值法的测量电路如图 4-7 所示。这也是测量直流稳压电源主要性能指标的电原理图。图中采用一个直流电源作辅助电源,辅助电源与直流电压表串联后一起并到被测直流电源的输出端负载电阻 R_L 上,若直流电压表的内阻远大于负载电阻 R_L,则测量电路的分流作用可以忽略不计。

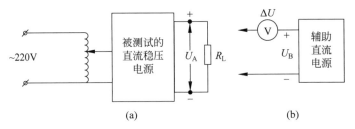

图 4-7　差值法测量原理图

对于辅助电源,要求其电压值能调节到等于被测电压的规定值。当调节辅助电源电压使 $U_B = U_A$ 时,则电压表无读数。若被测电源有微小变化,而 U_B 保持原值不变,则串接电压表的读数便是微小变量的值,故差值法又称为对消法。

另外,当差值电压 ΔU 等于零时,辅助电源的电压值 U_B 即是被测电路的输出电压 U_A,这是差值法的特例,称为零示法。零示法主要用于测量内阻较大的被测电路的输出电压(本节后面将详细讲述零示法的操作步骤)。

根据误差计算可知,差值法对被测电路电压值测量的精确度主要取决于辅助电源和电压表的精确度,这种方法本身不会提高电压测量的精确度,它只是使微变的小电压易于读出。

2. 示波器测量电压

以电子示波器为工具来测量电压的方法称为示波器测量法(简称示波法)。

利用示波器可以测量直流电压、正弦交流电压的峰值及瞬时值,更多地还用于测量脉冲电压的幅值,它可以测量一个脉冲的各部分电压值,如脉冲幅度、上冲量、顶部降落量等。

利用示波器测量电压的基本原理是屏幕上亮点的位移高度正比于该时刻被测电压的大小,当被测电压为脉冲电压时,亮点位移的最大高度正比于被测电压的幅值。

利用示波器测量电压的方法可以归纳为四种,即灵敏度换算法、比较测量法、移位测量法和字符显示法。灵敏度换算法也称为标尺法或直接读测法,具体操作步骤在 2.4 节作过详细讲述,其他三种方法测量电压的具体步骤在各自的示波器的使用说明书中都有介绍,可参阅有关资料。

4.2.3 电压测量中的几个具体问题

1. 交直流混合电路中电压的测量

交直流混合电路中电压的测量一般分两种情况:

(1) 只测交流分量(如整流电路中的纹波电压)。使用电压表测量,则要用隔直电容与交流电压表串联,将直流分量隔断。也可以用交流毫伏表(如 SM1030)直接进行测量。使用示波法时,则输入耦合方式选择开关(AC、GND、DC)置于"AC"位,这样所测结果只与交流分量有关。

(2) 只测直流分量。使用电压法测量时,要用一只容量适合的电容与直流电压表并联,以便旁路交流分量保留直流分量。采用示波法测量时,则置"AC、GND、DC"于"DC"位,然后从波形的时基线位移来读测直流分量。

2. 高内阻电路中的电压测量

不论是在电工还是电子电路的测量中,都经常遇到对等效内阻很大的电路进行电压测量的问题。对这种电路采用电压表直接测量电压将引入较大误差,因为模拟式电压表的内阻一般是有限的,接入电路时的并联效应不可低估,为此有必要对此问题进行讨论。

1) 电压表输入阻抗引起的测量误差

任何一个被测电路都可以等效成一个电源 E_V 和一个阻抗 Z_o 串联,如图 4-8(a)所示。当接入电压表测量时相当于将仪表的输入阻抗 Z_i 并联在被测电路上,即电压表给电路"加负载",必然带来测量误差。

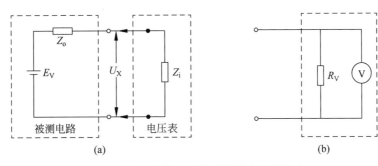

图 4-8 电压表输入阻抗对被测电路的影响

从图 4-8(b)中可以看出,一个电压表可以等效为一个电阻 R_V 与一个理想的电压表并联。R_V 即为电压表的输入阻抗。而 R_V 可以通过电压表表盘上的电压灵敏度(Ω/V) 和量程求得。即

$$R_V = 电压灵敏度 \times 电压量程 \qquad (4\text{-}1)$$

以 MF10 型万用表测量图 4-9 所示电路的电压为例来说明电压表内阻对测量结果的影响。图中 E_o 为被测电路的等效电源,R_o 为等效电阻,U_o 为等效电源电压。

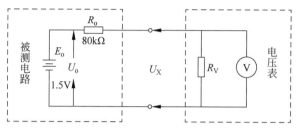

图 4-9　电压表接入的影响示例

从 MF10 型万用表的表盘上可知,$1 \sim 100V$ 的直流电压挡的电压灵敏度为 $100000\Omega/V$,应选 2.5V 量程测量,则

$$R_V = 电压灵敏度 \times 电压量程 = 100000 \times 2.5 = 250(\text{k}\Omega)$$

由图 4-9 可得

$$U_X = \frac{R_V}{R_o + R_V} U_o \qquad (4\text{-}2)$$

则绝对误差为

$$\Delta U = U_X - U_o$$

相对误差为

$$r = \frac{\Delta U}{U_o} = \frac{U_X - U_o}{U_o} = \frac{\dfrac{R_V}{R_o + R_V} U_o - U_o}{U_o} = \frac{R_V}{R_o + R_V} - 1$$
$$= -\frac{R_o}{R_o + R_V} \qquad (4\text{-}3)$$

负号"$-$"表示电压表输入电阻造成的误差均为负误差(指示值比实际值小)。由式(4-3)可计算出图 4-9 所示电路中电压测量的相对误差:

$$r = -\frac{80}{80 + 250} = -24.2\%$$

若选择电压表的输入电阻 R_V 等于被测电路等效内阻 R_o 的 100 倍时,则

$$r = -\frac{R_o}{R_o + R_V} = -\frac{R_o}{R_o + 100R_o} = -\frac{1}{101} \approx -1\%$$

此结果说明,欲得到相对误差约为 1% 的测量准确度,应选用电压表的输入电阻是被测电路等效内阻的 100 倍左右。例中应选内阻 $100 \times 80\text{k}\Omega = 8\text{M}\Omega$ 以上(如 $10\text{M}\Omega$)的电压表。工程上,选用电压表的输入电阻一般是被测电路等效内阻的 10 倍左右。

2）高内阻电路中测量电压的方法

（1）采用高内阻电压表测量。采用数字电压表进行电压测量是比较理想的方法之一。数字电压表的输入电阻一般在 $10\mathrm{M\Omega}$ 以上，高的可超过 $1000\mathrm{M\Omega}$，其负载效应几乎可以忽略。

（2）采用示波器测量高内阻电路中的电压。以电子示波器为测量工具的示波测量法也是高内阻电路中测量电压的方法之一。因为它的输入阻抗也较高，使用探极时可达 $10\mathrm{M\Omega}$。

（3）电位器法。如果电压表只有一个量限，且电压表的内阻较小时，可用同一量限进行两次测量来减小测量误差。第一次测量采用直接法测量，进行第二次测量时在电路中串入一个电位器或一个已知阻值的电阻。故又可以分为电位器法和串联电阻法，也称为同一量程两次测量计算法。

用电位器法测量高内阻电路中的电压原理如图 4-10 所示。

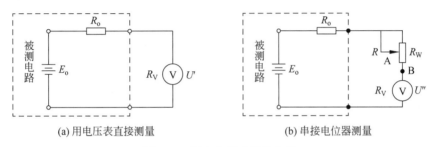

(a) 用电压表直接测量　　　　(b) 串接电位器测量

图 4-10　用电位器法测量电压

具体步骤如下：

① 用内阻已知的电压表直接测量，如图 4-10(a) 所示，则

$$U' = \frac{R_\mathrm{V}}{R_\mathrm{o} + R_\mathrm{V}} E_\mathrm{o} \tag{4-4}$$

式中：R_o 为被测电压点的等效内阻；R_V 为电压表的内阻。

② 串联电位器 W，调节其阻值到 R，使电压表的读数 U'' 为第一次读数 U' 的 $1/2$，即

$$U'' = \frac{1}{2} U' = E_\mathrm{o} \frac{R_\mathrm{V}}{R_\mathrm{o} + R + R_\mathrm{V}}$$

从而解出 $R_\mathrm{o} = R - R_\mathrm{V}$，将 R_o 值代入式 (4-4) 可得

$$E_\mathrm{o} = U' \frac{R}{R_\mathrm{V}} \tag{4-5}$$

可见，被测电压等于第一次读数值再乘以电位器电阻（用欧姆表测出）与电压表内阻的比值。

也可以用一个已知阻值 R 的电阻与电压表串接后接到被测电压点测得 U''_2，经推导可得

$$E_\mathrm{o} = \frac{R U' U''}{R_\mathrm{V}(U' - U'')} \tag{4-6}$$

③ 如果采用电位器法,则要断开电位器和电压表与电路的连线,用欧姆表测出电位器图 4-10(b)中 A、B 两点之间的电阻即为式(4-5)中的 R,再由所用电压表所用量程和电压灵敏度(Ω/V)计算出 R_V,分别代入式(4-5)即可得到所要测量的电压值。

(4)公式法。利用公式法求出高内阻电路中接近实际值的电压数值也是电压测量技术中常用的方法。如图 4-11 所示,利用两块具有不同内阻的电压表(或同一块电压表有两个不同量程)对同一被测量进行两次测量。这两次测量值均有较大误差,再用公式对这两个有误差的指示值进行计算,得出接近实际值的数据。因为这种方法采用了不同量限进行两次测量所得读数经计算后得到准确的测量结果,所以又称为不同量限两次测量计算法。

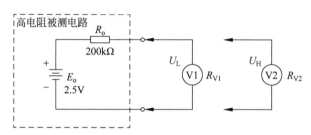

图 4-11　用公式法测量高内阻电路中的电压

设第一次测量时,电压表的内阻较低,电压表指示值为 U_L;第二次测量时,电压表的内阻较高,电压表读数为 U_H。通过推导可得

$$E_o = \frac{(k-1)U_H}{k - (U_H/U_L)} \tag{4-7}$$

式中:k 为两次所用电压表中(或两次所用量程中)高量程内阻和低量程内阻的比值。

由式(4-7)可知,不论被测电路内阻 R_o 相对于电压表内阻 R_V 有多大,通过上述方法可较准确地测出 U_X 的大小,故用这种方法可减小电压表内阻引起的测量误差。

对于图 4-11 所示电路,若用 MF10 型万用表的 2.5V 挡和 10V 挡两次测量,可以分别测出 $U_L = 1.4V$,$U_H = 2.1V$,通过万用表的电压灵敏度计算出

$$k = R_{V2}/R_{V1} = 100 \times 10/100 \times 2.5 = 4$$

则代入式(4-7)可得

$$U_X = \frac{(4-1) \times 2.1}{4 - 2.1/1.4} = 2.52(V)$$

可见,此值比较接近 2.5V。若用 2.5V 挡和 10V 挡直接测量,则其误差都相当大。

(5)零示法。零示法是差值法测电压的具体应用实例。具体操作步骤如下:

① 按图 4-12 所示连接测试电路。图中直流稳压电源是辅助电源(其内阻很小),输入电压可调,但应高于被测电压。电压表接在被测电路输出电压的正极和直流稳压电源的正极之间,电压表先置于高量程挡位。

② 在被测电路和直流稳压电源都正常工作后,调节直流稳压电源的输出,使电压表指示渐渐接近于 0,再将电压表量程换小,继续调节直流稳压电源的输出,直至最小量程时电压表指示为零时为止。此时可知,$U_X = U$(直流稳压电源的输出电压值)。

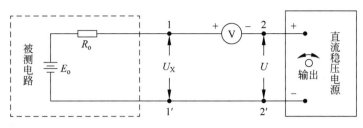

图 4-12 用零示法测量高内阻电路中的电压

③ 断开电压表和稳压电源的连线,用合适量程的电压表测量直流稳压电源的输出电压,即可得到被测电压 U_X 值,也就是 E_o 值。

可见,当没有高内阻的电压表而要测量高内阻电路中的电压值时,采用后三种方法来进行较准确的测量是可取的。以上方法既是高内阻电路中测量电压的方法,也是减小因电压表内阻引起测量误差的方法。

3. 电压测量时测试点的选择

在电子电路测量或实验中,测试点的选择是否合适将直接影响测量误差和影响被测电路的工作状态。

1) 测试点选择不当引起的误差造成错误结论

例如,用一块内阻较高的万用表 MF10(其电压灵敏度为 100kΩ/V)的 1V 挡去测试图 4-13 所示放大器中晶体管 BG_1 的基极电压 U_{B1} 时,当 $V_{CC}=-12V$,U_{E1} 为 $-0.5V$ 时,直接测得 $U_{B1}=-0.48V$,根据该测量结果,U_{E1} 的电位低于 U_{B1},放大器处于截止状态,但接入正弦信号后,放大器能不失真地放大,说明该结论是错误的。

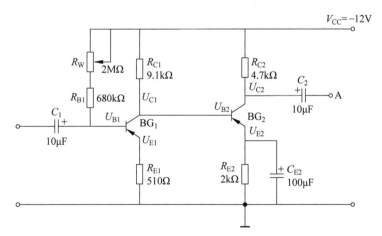

图 4-13 直接耦合的两级交流放大器

造成这个错误结论是由于这样的操作相对于将万用表 1V 挡的内阻 R_V($R_V=100kΩ$)并联在基极与地之间,减小了下偏电阻,所以测出的 U_{B1} 值就比实际小得多。同理,图 4-13 中 U_{C1}(U_{B2})和 U_{C2} 的电压值也不能直接测量。

正确的方法是直接测量 U_{E1}、U_{BE1}，按 $U_{B1} = U_{E1} + U_{BE1}$ 计算 U_{B1}；直接测量 U_{E2}、U_{BE2}，按 $U_{C1} = U_{B2} = U_{BE2} + U_{E2}$ 计算 U_{C1} 和 U_{B2}；直接测量 U_{RC2}，用 $U_{C2} = V_{CC} - U_{RC2}$ 计算 U_{C2}。这种方法称为分段测量法。在测量晶体管电路的静态工作点时应采用这种方法，才能获得较准确的测量结果。

2）测试点选择不当引起工作状态变化造成误差

如图 4-13 所示，两管直接耦合的放大器中，第一级 BG_1 的集电极电压 U_{C1} 也不能按 U_{C2} 的方法进行测量，即不能用通过测量 U_{RC1} 再通过 $U_{C1} = V_{CC} - U_{RC1}$ 得到 U_{C1}，只能用 $U_{C1} = U_{B2} = U_{BE2} + U_{E2}$ 得到。这是因为万用表内阻不高时，并联在 R_{C1} 上测量 U_{RC1} 时，会使 U_{B2} 基极电位发生变化，从而改变了 BG_2 的工作状态。

4. 电源电压和信号源电压的正确测试

在进行电子电路实验时，多数情况下需要外加直流电源电压；在进行放大器实验时，需要加交流信号源电压作为测试信号。

实验室用的直流电源均为直流稳压电源，其内阻很小，接入电路测试其电压与未接入时测其电压值误差很小，考虑到电路的安全应按"先测后接"的原则进行，以防由于直流稳压电源的输出电压挡放错，电压过高而损害被测电路。

实验室用的交流信号源输出电阻大小不一，如 XD1、XD2 等，不同衰减挡位其输出电阻大小不同，如 TFG2030，其输出电阻均为 50Ω。因此，信号源开路或接入电路时测其电压值，由于电路的负载作用，有时误差是相当大的。考虑测试的准确性，应按"先接后测"的原则进行。

4.2.4 电压测量时应注意的问题

为了保证电压测量的准确性，确保测试中测试仪表的安全，再强调测量电压时的注意事项。

1. 仪表量程的选择

任何一块电压测量仪表（包括示波器），其测量电压范围都是有限的。选用适当量程的电表进行测量，既可以提高测量数据的准确度，又有利于仪表使用的安全。用大量程的仪表测小量值电压，会因指示太小而降低测量准确度。通常，读数越接近仪表的满刻度（指针式仪表），测量误差越小。用小量程去测大量值电压，非但得不到测量结果，而且会损坏仪表，特别是高灵敏度的仪表更容易损坏。所以，在对被测电压的量值范围未知的情况下，首先用仪表的大量程测量，然后逐步改换小量程，使之容易读取数据为止。

2. 被测电压的频率范围

不同频率范围的电压，其测量方法是不同的，选用的仪器也不同。例如，一般的电工仪表（如万用表）只能适用于直流（包括单向脉动直流）或工频（50Hz）电流或电压的测量，晶体管毫伏表可用于几赫至数兆赫范围内的正弦电压的测量,超高频毫伏表的使用频率范围可以从几千赫到数百兆赫。不同频段的电压测量仪表对测量线(或输入电缆)的要求也不同:直流电压或工频电压测量仪表对测量线没有要求,一般的导线即可(只要绝缘满足要求);低频交流毫伏表必须采用 75Ω 的同轴电缆线作为测量线;超高频电压表除用同轴电缆外,还配有专用的测试探头,不仅如此,对电缆的长度也有严格要求。

3. 根据被测电压的波形性质选择合适的电压测量仪器

被测电压的波形有正弦波(包括近似的正弦波)或非正弦波之分,最常见的被测信号波形是正弦波,而正弦波的有效值具有实际意义。所以大多数交流电压表都是按正弦波有效值定度的,即电压表的读数表示正弦电压的有效值,这样的电压表不能直接用来测量各种非正弦电流或电压。如果用正弦电压表来测量非正弦信号,需通过波形系统进行换算(可参阅相关资料),而且将带来误差。波形偏离正弦波越大,其误差也就越大。

各种非正弦波最好使用示波器进行测量。

4. 测量仪表的内阻对被测电路工作状态的影响

由于实际使用电压表输入阻抗(频率低时呈现为电阻)不可能很大,因此电压表接入电路时的分流作用将使测量产生较大误差,甚至会得出错误结论。

因此,用电压表测电压时,使用输入电阻大的电压表对被测电路的影响较小。理想情况电压表并接于被测电压点时不产生任何分流作用,实际上是办不到的。在一般工程测量中,只要电压表的内阻大于被测电路等效电阻的 10 倍左右,其影响就可忽略不计。所以使用电压表测电压时,一定要并接在电阻小的支路上进行测量,才能获得较准确的结果(主要指直流电压表测电压)。在频率较高的情况下测电压,不但要求电压表的输入电阻大,输入电容小,而且尽可能采用高频探头测量高频电压。

此外,对功率放大或传输的电路进行电压测量时还需考虑阻抗匹配问题。

5. 电压表接到被测电路上时的极性

直流电压测量时,电压表的正极接到电位高的测试点,负极接低电位点;对于工频电压测量,电压表的接入没有极性要求;对于其他交流电压,电压表的接入要严格遵循"共地"原则。

4.3　电子电路中电流的测量

电路中的电流也和电压一样,频率从直流到高频甚至超高频,波形也多种多样,测量时应区别对待。

4.3.1 直流电流的测量

1. 直接法测电流

直接法测量直流电流的操作步骤如下：

（1）断开要测电流的支路，按极性把电流表串接到电路中，如图 4-14 所示。电流表的"＋"端接高电位端，"－"端接低电位端。

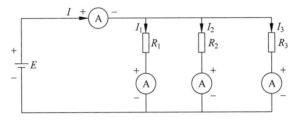

图 4-14　直接法测量电路中的电流

（2）选择合适的电流测量量程，进行测量。需要指出的是：

① 电流不同于电压和电阻，它不能靠它本身存在，闭合电路才能有电流。

② 电流表不得跨接（也就是并联）在任何元件上，必须与元件串联以测量流经该支路的电流。

③ 不准把电流表直接与电压源相连接。

④ 当把电流表接进电路开始测量电流的时候，要把电流量程置于最高挡位，然后根据表针指示情况再变换量程。

⑤ 一般来说，对小电流回路中电流的测量应采用直接法，但测量时要求电流表的内阻足够小，否则会影响原电路工作。

直接法测电流时，电流表的内阻不等于零或很小，电流表的串入会改变电路的工作状态。为了减小电流表内阻引起的测量误差，可采用以下方法：

（1）同一量程两次测量计算法。测量电路如图 4-15 所示。

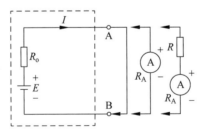

图 4-15　用串联电阻法减小测量误差

测量电路中电流 I 具体操作步骤如下：

① 断开 A、B 连线，选择合适量程将电流表串入电路，测得电流读数为 I_1。

② 用一已知阻值为 R 的小电阻与电流表串接后再串接到 A、B 间测得电流读数为 I_2。由图 4-15 可知：

$$I_1 = \frac{E}{R_o + R_A}, \quad I_2 = \frac{E}{R_o + R_A + R} \tag{4-8}$$

式中：R_A 为电流表内阻。

则

$$E = I_1(R_o + R_A) \tag{4-9}$$

$$E = I_2(R_o + R_A + R_2) \tag{4-10}$$

式（4-9）除以式（4-10）可得

$$R_o = \frac{I_2 R_A + I_2 R - I_1 R_A}{I_1 - I_2} \tag{4-11}$$

式（4-11）代入式（4-9）可得

$$E = I_1(R_o + R_A)$$

$$= I_1\left(\frac{I_2 R_A + I_2 R - I_1 R_A}{I_1 - I_2} + R_A\right)$$

$$= \frac{I_1 I_2 R}{I_1 - I_2}$$

所以

$$I = \frac{E}{R_o} = \frac{I_1 I_2 R/(I_1 - I_2)}{I_2(R_A + R) - I_1 R_A/(I_1 - I_2)}$$

$$= \frac{I_1 I_2 R}{I_2(R_A + R) - I_1 R_A} \tag{4-12}$$

式中：R_A 可以从仪器使用说明书或仪器面板的标识中得到；R 为已知电阻。

注意，此方法中串入电阻 R 的阻值不要太大，以 $0.1 \sim 1\Omega$ 为宜。

（2）不同量限两次测量计算法。电流表内阻较大时，要想获得准确的结果，可按图 4-16 所示电路进行测量。电路中的实际电流为

$$I = \frac{E}{R_o}$$

接入内阻为 R_A 的电流表 A 时，电路中的电流变为

$$I' = \frac{E}{R_o + R_A}$$

如果 $R_A = R_o$，则 $I' = \frac{I}{2}$，出现很大的误差。

如果用不同内阻 R_{A1}、R_{A2} 的两挡量限的电流表做两次测量并经简单的计算，就可得到较准确的电流值。

按图 4-16 所示电路，两次测量得到的电流 I_1 和 I_2 分别为

$$I_1 = \frac{E}{R_o + R_{A1}} \tag{4-13}$$

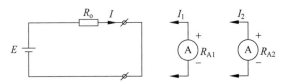

图 4-16　减小电流表内阻影响的测量电流的方法

$$I_2 = \frac{E}{R_o + R_{A2}} \tag{4-14}$$

解得

$$I = \frac{E}{R_o} = \frac{I_1 I_2 (R_{A1} - R_{A2})}{I_1 R_{A1} - I_2 R_{A2}} \tag{4-15}$$

2. 间接法测量电流

测量被测电流支路中已知阻值的电阻 R 上的压降 U，然后根据 $I = \dfrac{U}{R}$ 来计算被测电流 I 的方法称为间接测量法，如图 4-17 所示。

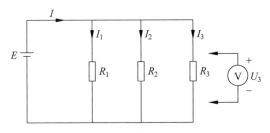

图 4-17　间接法测量电流

测量图 4-17 中的 I_3，只要用电压表测出 R_3 上的压降 U_3，则

$$I_3 = \frac{U_3}{R_3} \tag{4-16}$$

同理，可得到 I_1、I_2。

由于采用间接法测量电流不需要断开电路串入电流表，有利于保护印制电路板，操作也方便，所以在电路测量中被广泛采用。

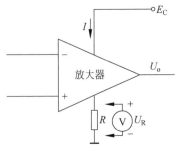

图 4-18　采样法测量电流

3. 采样法测量电流

如果在回路中找不到可以测量回路电流的电阻，那么还可以采用采样测量法（又称取样法），即选一个适当功率的取样电阻（其阻值应尽可能小且方便计算，一般取 $0.1 \sim 1\Omega$），串联在只流过被测电流的支路中，测量取样电阻上的压降就能求得被测电流。

图 4-18 所示电路中串接的 R 就是采样电阻，通过

它可以测出流过电源回路的总电流 I。

4.3.2 工频交流电流的测量

工频(50Hz)交流电流的测量多数情况下采用直接测量法,即用交流电流表串入需要测电流的支路中直接进行测量。在工频实验电路中一般预留有测电流的插孔,然后用专用的两芯插头测试线插入测试孔,即串入电流表进行测试,如图4-19所示。

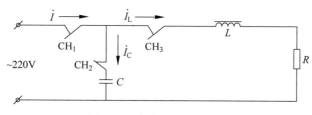

图 4-19 直接测量交流电流

4.3.3 其他交流电流的测量

除直流、工频电流以外的其他交流电流,即通常所说的信号电流,如低频电流、高频电流及超高频电流等,测量这些电流,极个别场合(如高频段以上的发射机内)需要直接测量电流,大多数情况下不采用直接测量法,而通常采用间接测量法和采样测量法,如图4-20所示。

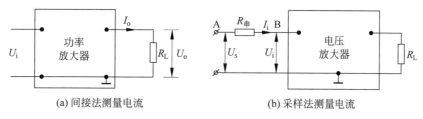

(a) 间接法测量电流   (b) 采样法测量电流

图 4-20 低频交流电流的测量方法

图4-20(a)为间接测量交流电流的原理框图,图中要测量 I_o,则先用电子电压表测出 R_L 上的压降 U_o,然后用 $I_o = \dfrac{U_o}{R_L}$ 计算 I_o。

图4-20(b)为用采样法测量交流电流的原理框图。图中要测量 I_i,则可用电子电压表分别测出图中 A、B 点对地的电压 U_s 和 U_i,然后用下式计算 I_i:

$$I_i = \frac{U_s - U_i}{R_{串}} \tag{4-17}$$

既然多采用测交流电压的方法来间接测量电流,那么前面测电压所强调的注意事项,在此同样适用,务必注意。

4.4 频率的测量

在电子技术领域中,周期现象是经常出现的,如正弦波信号、方波信号经过一段相同的时间间隔以后又出现相同的状态。通常将电信号在单位时间(s)内重复变化的次数称为频率,其基本单位是 Hz,常用的单位还有 kHz、MHz 和 GHz 等。

在电子测试技术中,频率也是一个经常要测量的基本参量。许多电路的性能、电参量的测试方法和测量结果与频率密切相关。因此,在测量技术中频率的测量十分重要。

随着电子技术的迅速发展,应用的频段不断扩大,故频率测量的范围十分广泛,现在已达到 10^{-6} Hz~150GHz。频率越高,测量精度越难保证,提高频率测量的精度主要依靠三条途径:①建立高精度和高稳定度的频率标准;②正确的测量方法;③精细的数据处理。

由于发明了原子频标,使频率测量的精度大大提高。

频率可以测量到很高的精度,但这并不是说在所有场合都需要测量到这样高的精度,它要根据不同频段的用途来决定。例如,对于一般音频设备,测量精度达到 $\pm1\%$ 或稍高一点就可以。普通调幅广播要求达到 10^{-5} 量级,彩色电视发射设备则要求达到 10^{-7} 量级以上。

频率测量方法基本上可以分为直接法、比较法和计数法三大类。

直接法是利用电路的频响特性测量频率的,它可以分为谐振法和电桥法两种。电桥法测量频率的误差为 $0.5\%\sim1\%$,而且也不是很方便,实际上极少使用。谐振法常用在射频和超高频段的频率测量,本书中不做介绍。

下面着重讨论比较法和计数法测量频率。

4.4.1 比较法测量频率

比较法又称为有源比较法,它是建立在将被测频率和已知频率相比较的原理上的,通过对比较结果的观测和分析求出被测频率。比较法又分为拍频法、差频法和示波器法。拍频法用于测量音频频率,差频法常用来测量射频和超高频率,示波器法可用来测量音频和射频频率。在此只讨论示波器法测量频率的有关问题。

示波器法测量频率通常有两种方法:一种是扫速定度法,又称为测量周期法或标尺法,即先测量周期,再取其倒数,便可以求得被测频率。这种方法本质上是测量时间;另一种方法是采用李萨如图形测频率。这两种方法都与示波器的使用有关。强调两点:

(1) 在用示波器测量频率的方法中,以李萨如图形法测量的准确度较高,而且还可以测量相位,所以应用相当广泛。

李萨如图形测量频率的精度主要取决于标准频率的精确度。因此,只要标准频率 f_x 的精确度很高,李萨如图形测频率的精确度就高。但是,频率比大于 10:1 时,在荧光屏上数交点已有困难,再用李萨如图形测量频率就很不方便。所以,用李萨如图形测量频率时,在条件允许的情况下,应尽可能使显示的图形为最简单的图形($f_x : f_y = 1 : 1$),以便能从标准信号源的频率刻度上直接读取被测频率 f_x 而不必经过计算。

此外,使用这种方法还必须在 f_x 和 f_y 都比较稳定的前提下测定。事实上,频率高时,不易于稳定,故这种方法通常只用于音频、低于几十兆赫和射频频率的测量。

(2) 扫速定度法测量频率的方法在 2.4 节中作过详细介绍,要熟练掌握。

4.4.2 计数法测量频率

计数法测量频率有电容充放电式和电子计数式两种。电容充放电式是利用电子电路控制电容充放电的次数,再用磁电式仪表测量充电(或放电)电流的大小,从而指示出被测信号频率的大小。这是一种直读式仪表,误差较大,只适用于低频率的测量。电子计数式是用电子计数器显示单位时间内通过被测信号周期个数来实现频率测量的,这是目前测量频率最好的方法。

有关电子计数器测量频率的原理在相关仪器使用手册或说明书中都有详细讨论,这里只强调一点,即电子计数器测频法本质上也是利用比较法来测频率的,不过它是通过脉冲和数字电路来实现被测频率和标准频率(标准时间)两者之间的比较。因此,它测量频率的精确度基本上取决于本机内附的或外接的标准频率(标准时间)的精确度。此外,为了保证获得较高的测量准确度,在测量高低不同的频率时,在选择计数时间(闸门时间)长度上,应使计数结果尽可能用上电子计数器的全部十进位。例如,假若有 6 个十进位,当测量几百千赫的频率时,计数时间应选取 1s,而不应取 1/10s 或更短。

复习思考题

1. 解释下列名词术语的含义:直接法、差值法、间接法、采样法、零示法、扫速定度法。

2. 分别叙述采用电位器法、公式法和零示法测量交流高内阻电路中的电压以消除电表内阻影响的具体操作步骤。

3. 用示波器测交直流混合电路中的交流电压值时,示波器的输入耦合方式应置于什么位置,为什么?

4. 为什么信号源接入电路对其输出电压遵循"先接后测"的原则,而直流稳压电源遵循"先测后接"原则?

5. 当用 500 型万用表直流电压挡测量图 4-21 所示电路 b 点和 c 点对地电压 U_b 和 U_c 时,应如何测量才能获得较准确的测量结果?为什么?

6. 若用直流电流表直接测量图 4-21 所示电路中的 I_c,电流表应接在何处合适?为什么?(假设电流表上的压降为 0.3V)

7. 用指针式万用表测直流电压时,万用表的正、负极按什么原则接在被测对象两端?

8. 测量直流电流常用哪几种方法?简述各种方法的操作步骤。

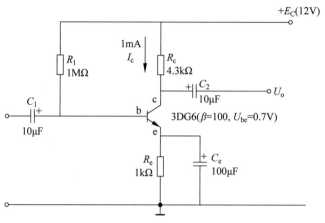

图 4-21　单管阻容耦合放大器

第 5 章

电子电路设计与装配

电子工程技术工作中最重要和最值得注意的是电路的创新工作,而不只是限于分析研究前人已设计出来的电路。本章主要介绍电子电路设计的基本知识和基本方法,以提高学生在电子技术方面的实践技能,培养学生初步掌握工程设计的方法和科学作风,使他们学会运用所学理论知识分析和解决实际问题,真正达到增长知识与增强能力的统一。

5.1　电子电路设计基础

5.1.1　电子电路设计的指导思想

任何一个设计者都想使自己的设计成为一个好的设计,但不是每一个设计都是好的设计,即使一个较好的设计也常存在许多不足。这除了各种技术原因外,很多时候都是设计者的指导思想存在某些问题所致。指导思想不单纯是一个技术问题,它影响整个设计的好坏或成败,设计者不可不重视正确的设计指导思想。设计指导思想的内容很多,现仅将几个要点提出来,供设计时参考:

(1) 设计具有明确目的性。设计者要根据设计的指标要求,认真调查研究,实事求是地制定可行的设计方案。

(2) 设计具有先进性。设计者要敢于打破常规,积极采用新技术,但又要根据实际情况的可能性,考虑技术上的继承性,争取时间,完成设计。

(3) 设计贯彻少花钱、多办事、办好事的原则,在保证技术指标条件下力求降低成本。也就是说,设计必须在技术上是先进的,在经济上又是合理的,在生产上也是可行的。真正做到技术指标和经济指标的统一,先进性和可能性的统一。

(4) 设计必须树立全局的观点。进行设计时要从全局出发,根据其应用场合,分清主次矛盾,合理分配指标。要处理好电路设计和结构设计之间的关系:既要结构紧凑、体积小、重量轻,又要方便调试和维修。

(5) 设计注意标准化、系列化、通用化。选择元器件时要尽可能压缩品种,扩大通用性,减少重复,形成系列。

(6) 设计者树立质量第一的思想。在电路设计、材料和元器件的选用、结构布局和加工工艺等方面下功夫,努力提高设计的稳定性和可靠性。

5.1.2　电子电路设计的一般方法

在电子电路(无论是模拟电路、数字电路,还是模数混合电路)设计时,首先必须明确设计任务,根据设计任务按图 5-1 所示的一般电子电路设计步骤示意图进行设计。但电子电路的种类很多,器件选择的灵活性很大。因此,设计方法和步骤也会因不同情况而有所区别。有些步骤需要交叉进行,甚至反复多次,设计者应根据具体情况,灵活掌握。下面就设计步骤的一些环节作具体说明。

1. 整体方案的选择

1）选择整体方案的一般过程

设计原理电路的第一步是选择整体方案。整体方案是指针对所提出的任务、要求和条件，从全局着眼，用具有一定功能的若干单元电路构成一个整体，来实现各项性能。显然，符合要求的整体方案通常不止一个，应当针对任务、要求和条件，查阅有关资料，广开思路，提出若干种不同的方案，然后逐一分析每个方案的可行性和优缺点，再加以比较，择优选用。上述过程如图 5-2 所示。此外，在选择过程中，常用框图表示各方案的基本原理。框图一般不必画得太详细，只要能说明方案的基本原理即可。但关系到方案是否可行的关键部分一定要画清楚，必要时要画出具体电路。

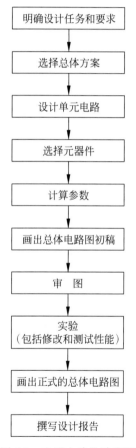

图 5-1　电子电路设计步骤

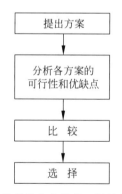

图 5-2　选择整体方案的一般过程示意图

2）选择整体方案的注意事项

选择整体方案时，有以下几点值得注意：

（1）应当针对关系到电路全局的主要问题，多提些不同方案，进行深入分析和比较，以便做出合理的选择。

（2）既要考虑数字电路,也要考虑模拟电路,不要盲目地热衷于数字化方案。数字电路确实有不少优点,但对于一台输入和输出都是模拟量的小型装置,如果采用数字化方案,则需要先用 A/D 转换器将模拟输入量转换成数字量,经过数字电路处理后,再在输出级用 D/A 转换器将数字量转换成模拟量,这样难免出现成本高和电路复杂等缺点。因此,不经仔细分析而一概认定数字化方案比模拟电路方案好的观点是不明智的。反过来也是如此。一般说来,要设计能处理具有多个输入量、范围很宽的电量的电路,用数字电路实现较好。远距离传输时,数字电路比较可靠,而且可以达到较高的精度。在只有模拟输入、输出的简单系统中采用数字电路会使设计复杂化。因此,设计人员要根据设计任务要求,选择合适的电路形式,使所设计的电路性能满足要求,且成本较低。

（3）既要考虑方案是否可行,还要考虑怎样保证性能可靠,降低成本,减少功耗和减小体积等实际问题。

（4）提出和选择一个令人满意的方案并不容易,常需在分析论证和设计过程中不断改进和完善,出现一些反复也是难免的。例如,最初提出的方案可能有缺陷或者后来想出了更好的新方案。但应当尽量避免方案上的大反复,以免浪费经费和精力。

2. 单元电路的设计

在选定整体方案后,便可画出详细框图,设计单元电路。

设计单元电路的一般方法和步骤如下:

（1）根据设计要求和已选定的整体方案的原理框图,明确对各单元电路的要求,必要时应详细拟定出主要单元电路的性能指标。虽然不一定都要写成正规的文字形式,但一定要心中有数,并用简略的文字标出主要技术指标,关键问题要做必要的文字说明。此外,要特别注意各单元电路之间的相互配合,尽量少用或不用电平转换之类的接口电路,以免造成电路复杂或成本高等缺点。

（2）拟定出对各单元电路的要求后,应全面检查一遍,确认无误后方可按照一定的顺序分别设计各单元电路的结构形式,选择元器件和计算参数等。下面先着重说明如何设计单元电路结构形式,选择元器件和计算参数将在元器件的选择和参数计算中说明。

应当选择哪种形式的电路作为所要设计的单元电路呢? 最简单的办法是从过去学过的和所了解的各种电路中选择一个合适的电路,这也许能找到一个在性能上完全满足要求的电路,但不要轻易满足于此。在条件许可时,应去查阅各种资料,这样既可以丰富知识,开阔眼界,又可能会找到更好的电路(如电路更简单,成本更低等)。但也会遇到这样的情况,即花了很多时间,仍然没有找到满意的电路,如某些性能不能满足要求或电路太复杂等。这时可在与设计要求比较接近的某电路基础上适当改进,或进行创造性设计。

3. 整体电路图的画法

设计好各单元电路后,应画出整体电路图。整体电路图不仅是进行实验和印制电路板等工艺设计的主要依据,而且在生产调试和维修时也离不开它,因此整体电路图具有重要作用。

整体电路图画得好,不仅自己看起来方便,而且别人容易看懂,也便于进行技术交流。画好总体电路图应注意以下几点:

(1) 画图时应注意信号的流向,通常从输入端或信号源画起,由左至右由上至下按信号的流向依次画出各单元电路。但一般不要把电路图画成很长的窄条,必要时可以按信号流向的主通道依次把各单元电路排成类似字母"U"的形状,它的开口可以朝左,也可以朝其他方向。

(2) 尽量把总体电路图画在同一张图纸上。如果电路比较复杂,一张图纸画不下,应把主电路画在同一张图纸上,而把一些比较独立或次要的部分(如直流稳压电源)画在另一张或几张图纸上。应当用恰当的方式,说明各图纸上电路连线的来龙去脉。

(3) 电路图中所有的连线都要表示清楚,各元器件之间的绝大多数连线应在图上直接画出。连线通常画成水平线或竖线,一般不画斜线。互相连通的交叉线,应在交叉处用圆点标出。还应当注意尽量使连线短些,少拐弯。"七拐八弯、东拉西扯"的连线多了,使人眼花缭乱,不易看懂。因此,在图上把各元器件的每一根连线都画出来,效果不一定好。有的可用符号表示,例如地线常用"⊥"表示,集成电路器件的电源一般只要标出电源电压的数值(如+5V、+15V 和−15V)就可以了。有的可采用简便画法。总之,以"清晰明了,容易看懂"为原则。但也要注意电路图的紧凑和协调,疏密恰当,避免出现有的地方画得很密,有的地方却很疏。

(4) 电路图中的中大规模集成电路器件通常用方框表示,在方框中标出其型号,在方框的边线两侧标出每根连线的功能名称和引脚号。除中大规模器件外,其余元器件的符号应当标准化。

(5) 如果电路比较复杂,设计者经验不足,有些问题在画出整体电路之前难以解决。遇到这种情况,可先画出整体电路草图。其目的主要是解决以下问题:

① 有些单元电路的形式,从单元电路局部考虑它是最好的,但从整个电路的全局考虑不一定是最好的。显然,应当从全局着眼选择合适的元器件,并把它们组合得最好。这类问题,有时只有画出整体电路的草图才能解决。

② 各单元电路之间的相互连线和配合等,有时需要画出整体电路草图,才能知道有无问题。

③ 整体电路图中各单元电路分别画在什么位置最好,有时需要通过画整体电路草图,经过比较,才能确定。

为了解决以上问题,有时需要画出若干不同的整体电路草图,以便进行比较。

(6) 可利用专用的印制板设计软件(如 Altium Designer)绘制电路图。

以上所述只是整体电路图的一般画法,实际情况千差万别,应根据具体情况灵活掌握。

4. 元器件的选择

1) 元器件选择的一般原则

元器件的品种规格繁多,性能、价格和体积各异,而且新产品不断涌现,这就需要我们经常关心元器件信息和新动向,多查阅器件手册和有关的科技资料,尤其要熟悉一些常用的元器件型号、性能和价格,这对单元电路和整体电路设计极为有利。选择什么样的元器件最合适,需要进行分析比较。毫无疑问,首先应考虑满足单元电路对元器件性能指标的要求,其次是考虑价格、货源和元器件体积等方面的要求。元器件的选择不仅在单元电路设计中十分重要,而且在总体方案设计与选择中是要考虑的问题。

当然,作为实验教学,实验室不可能配备多种多样的元器件,只能配备一些常用的、品种规格有限的元器件。因此,应当尽量选用实验室已有的元器件,除非必要才到市场上去购买。

2) 集成电路与分立元件电路的选择问题

随着微电子技术的飞速发展,各种集成电路大量涌现,集成电路的应用越来越广泛,优先选用集成电路已是大家一致的认识。一块集成电路就是一个具有一定功能的单元电路,它的性能、体积、成本、安装调试和维修等方面都优于由分立元件构成的单元电路。因此,单元电路的设计就如同"点菜谱"那样(尤其是数字系统),再也没有必要花大量的时间和精力去设计由分立元件构成的单元电路。这将大大简化单元电路的设计,大大提高电子电路设计的效率。例如,设计与制作一个直流稳压电路,采用分立元件电路至少得花几天时间,而采用集成三端稳压器就是轻而易举的事,而且后者的性能、体积、成本均比前者优越。

优先选用集成电路不等于什么场合都一定要用集成电路。在某些特殊情况下,如在高频、宽频带、高电压、大电流等场合,往往只需一只三极管或一只二极管就能解决问题,就不必选用集成电路,因为采用集成电路反而使电路复杂化,而且导致成本增加。

(1) 集成电路产品。集成电路的品种很多,总的可分为模拟集成电路、数字集成电路和模数混合集成电路三大类。关于集成电路的内容在 3.5 节已有相关介绍。在设计过程中采用哪一种,由单元电路所要求的性能指标决定。

(2) 如何选择集成电路。选择的原则是在满足性能指标的前提下,考虑价格等其他因素。一般可按图 5-3 所示程序从粗到细地进行。

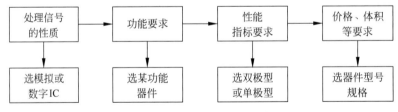

图 5-3　集成电路选择的程序

例如,要求设计一个十进制计数器,其工作频率为 2000Hz,希望其输出高、低电平值一致性好、功耗低。

显然,应选数字集成电路,功能为十进制计数器。根据性能指标要求,工作频率低,功耗小,高、低电平值一致性好,故选 CMOS 计数器,如 CC4510 或是 CC4518,但从价格看,CC4510 比 CC4518 便宜,因此选 CC4510。

以下几点值得注意:

① 上述集成电路选择的程序并非一成不变,有时需要交叉反复进行,尤其是图 5-3 的第三和第四步更是如此。

② 如果没有特殊情况,集成运放应尽量选择通用型,数字集成电路应尽量选用最常用的器件,这既可降低成本又易保证货源。

③ 不要盲目地追求高性能指标,只要满足设计要求即可。因为有些性能指标之间是矛盾的(如低功耗往往速度慢),而且追求高指标会造成成本的急剧上升且货源困难。

(3) 模拟集成电路的选择。设计中选择模拟集成电路的方法一般是先粗后细:首先根据总体设计方案考虑选用什么类型的集成电路(如运算放大器有通用型、低漂移型、高阻型、高速型等);然后进一步考虑它的性能指标与主要参数(如运算放大器的差模和共模输入电压范围、输出失调参数、开环差模电压增益、共模抑制比、开环带宽、转换速率等),这些参数值是选择集成运算放大器的主要参考依据;最后综合考虑价格等其他因素决定选用什么型号的器件。

(4) 数字集成电路的选择。数字集成电路的发展速度非常快,经过几十年的更新换代,到目前为止已形成多种系列化产品同时并存的局面,各系列品种的功能配套齐全,可供用户自由选择。

数字集成电路有双极型的 TTL、ECL 和 IIL 等,以及单极型的 CMOS、NMOS 和动态 MOS 等。最常用的是 TTL 和 CMOS 集成电路。

TTL 和 CMOS 数字集成电路产品的品种系列繁多,但国际上已形成主流的品种系列有 13 个,其中,TTL 有 8 个,CMOS 有 5 个。8 个 TTL 品种系列是标准 TTL、高速 TTL(HTTL)、低功耗 TTL(LTTL)、肖特基 TTL(STTL)、低功耗肖特基 TTL(LSTTL)、先进肖特基 TTL(ASTTL)、先进低功耗肖特基 TTL(ALSTTL)和快速肖特基 TTL(FASTTL)。5 个 CMOS 品种系列是 CMOS4000、高速 CMOS(HC 和 HCT)、先进 CMOS(AC 和 ACT)。

上述 13 个品种系列又有军品与民品之分,并以国际通用系列代号 54 和 74 分别表示军品与民品两大系列。军品工作温度为 $-55 \sim 125℃$,民品为 $0 \sim 70℃$。值得指出的是,CMOS 产品有点特殊,它的 5 个品种系列中,只有高速 CMOS(HC 和 HCT)和先进 CMOS(AC 和 ACT)有军品与民品之分,而 CMOS4000 系列无军民之分。因此,CMOS 产品有 $54/74 \begin{cases} HC、HCT \\ AC、ACT \end{cases}$ 和 4000 三大系列。

在如此繁多的集成电路产品中,大量使用的是 74LS 系列和 4000 系列。

一个集成电路的品种代号只代表一种功能的集成电路,因此,不论集成电路是上述 13 个品种系列的哪个系列,只要它们的品种代号相同,其集成电路的功能和引脚均完全相同。例如,CT54/7412、CT54/74LS12、CT54/74ALS12 三个型号的集成电路,其品种代号均为 12,因此它们的功能与引脚均完全相同,且为三 3 输入与非门(OC)。显然,只谈及集成电路的功能,而不涉及其他问题时,只用集成电路品种代号就行了,因而可简化集成电路型号的书写。

ECL 电路速度最快,但功耗较大,而 CMOS 电路速度慢,功耗很低,TTL 电路的性能介于 ECL 和 CMOS 集成电路之间,应该说,各类数字集成电路都各具特点,都在发展,也都存在着应用的局限性。在各种应用场合中,应该综合考虑各类数字集成电路的性能,以求得到最佳的应用归宿。

3) 半导体三极管的选择

半导体三极管是应用较广的分立器件,它对电路的性能指标影响很大。其次是二极管和稳压管。选择半导体三极管应考虑以下几方面:

(1) 从满足电路所要求的功能(如放大作用、开关作用等)出发,选择合适的类型,如大功率管、小功率管、高频管、低频管、开关管等。

(2) 根据电路要求,选择 β 值。一般情况下,β 值越大,温度稳定性越差,通常 β 取 $50\sim100$。

(3) 根据放大器通频带的要求,选择三极管适当的共基截止频率 f_α 或特征频率 f_T。

(4) 根据已知条件选择三极管的极限参数。一般要求:最大集电极电流 $I_{CM}>2I_C$;击穿电压 $V_{(BR)CEO}>2V_{CC}$;最大允许管耗 $P_{CM}>(1.5\sim2)P_{Cmax}$。

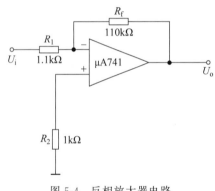

图 5-4 反相放大器电路

4) 阻容元件的选择

电阻器和电容器是两种常用的分立元件,它们的种类很多,性能各异。阻值相同、品种不同的两种电阻器或容量相同、品种不同的两种电容器用在同一个电路中的同一个位置,可能效果大不一样。此外,价格和体积也可能相差很大。如图 5-4 所示的反相放大器电路,当它的输入信号频率为 100kHz 时,如果 R_1 和 R_f 采用两只 0.1% 的线绕电阻器,其效果不如用两只 0.1% 的金属膜电阻器的效果好,这是因为线绕电阻器一般电感效应较大,而且价格贵。设计者应当熟悉各种常用电阻器和电容器的主要性能特点,以便设计时根据电路对它们的要求做出正确选择。

5. 参数计算

在电子电路的设计过程中常需计算某些参数,例如,设计振荡器电路是根据要求的振荡频率计算电阻、电容值的大小,设计放大电路是根据放大倍数、带宽、转换速率等要求计算所需三极管、运算放大器或阻容元件的参数。只有深刻地理解电路工作原理,正确地运用计算公式和计算图表,才能获得满意的计算结果。在计算时常会出现理论上满足要求的参数值不是唯一的,设计者应综合考虑价格、体积、货源等因素后确定最佳方案。也就是说,设计中的计算参数包括"选择"和"计算"两个方面。计算参数时还必须考虑所选元器件的精度等级。

例 5.1 某单元电路如图 5-5 所示,要求直流输入电压 $U_i=0.5V$ 时,输出电压 $U_o=5V$,试计算图中各电阻值。

解：电压放大倍数为

$$A_v = \frac{5}{0.5} = 10$$

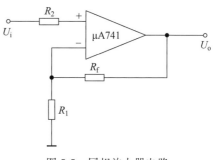

图 5-5　同相放大器电路

R_f 应等于 $9R_1$，R_2 应等于 $R_1 // R_f$。因此从理论上讲，R_1、R_f 和 R_2 可以取很多不同的阻值，例如：$R_1 = 2\text{k}\Omega$，$R_f = 18\text{k}\Omega$，$R_2 = 1.8\text{k}\Omega$；$R_1 = 2\Omega$，$R_f = 18\Omega$，$R_2 = 1.8\Omega$；$R_1 = 3\text{M}\Omega$，$R_f = 27\text{M}\Omega$，$R_2 = 2.7\text{M}\Omega$。

但是，实际上不能取上面的第 2 组电阻值。其原因是当 $U_i = 0.5\text{V}$ 时，$U_o = 5\text{V}$，则流过 R_f 的电流为

$$I_{R_f} = \frac{U_{R_f}}{R_f} = \frac{U_o - U_i}{R_f} = \frac{5 - 0.5}{18} = 0.25(\text{A}) = 250(\text{mA})$$

这个电流值超过集成运放 μA741 的最大输出电流（通常为几毫安），放大电路不能正常工作。

如果选用第 3 组电阻值，显然不会造成运放输出负载过重，但存在以下问题：

（1）阻值高达 $27\text{M}\Omega$ 的电阻器不仅不易生产、价格较高，而且噪声大、稳定性差、精度低。

（2）当 $U_i = 0.5\text{V}$ 时，流过反馈电阻 R_f 的电流为

$$I_{R_f} = I_{R_1} = \frac{U_i}{R_1} = \frac{0.5\text{V}}{3\text{M}\Omega} \approx 167\text{nA}$$

将这个反馈电流与运放 μA741 的输入失调电流（典型值为 20nA，最大值为 200nA）相比较可知，选用上述第 3 组电阻值是不合适的。那么是否可以取第 1 组电阻值呢？可以从以下两方面分析：

（1）当 $U_i = 0.5\text{V}$，$U_o = 5\text{V}$ 时，流过 R_f 的电流为

$$I_{R_f} = I_{R_1} = \frac{U_i}{R_1} = \frac{0.5\text{V}}{2\text{k}\Omega} \approx 250\mu\text{A}$$

它比集成运放 μA741 的最大输出电流小得多，而又大于输入失调电流的 1000 倍。因此，这组电阻值能使电路正常工作。

（2）R_1、R_2 和 R_f 的阻值分别为 $2\text{k}\Omega$、$1.8\text{k}\Omega$ 和 $18\text{k}\Omega$，都在常用标称电阻值系列之内，且阻值适中。

计算参数应注意以下几个问题：

（1）各元器件的工作电流、电压、频率和功耗等应在允许的范围内，并留有适当余量，以保证电路在规定的条件下能正常工作，达到所要求的性能指标，并有一定的余量。

（2）对于环境温度、交流电网电压等工作条件，计算参数时应按最不利的情况考虑。

（3）涉及元器件的极限参数（如整流桥堆的耐压）时，必须留有足够的余量，一般按 1.5 倍左右考虑。例如，如果实际电路中三极管 V_{CE} 的最大值为 20V，挑选三极管时按 $V_{(BR)CEO} > 30\text{V}$ 考虑。

（4）电阻值尽可能选在 $1M\Omega$ 范围内,最大一般不应超过 $10M\Omega$,其数值应在常用电阻器标称值系列之内,并应根据具体情况正确选用电阻器的品种。

（5）非电解电容尽可能在 $100pF\sim0.1\mu F$ 范围内选择,其数值应在常用电容器标称值系列之内,并应根据具体情况正确选择电容器的品种。

（6）在保证电路的性能前提下,尽可能设法降低成本,减少元器件的品种,减少元器件的功耗和体积,并为安装调试创造有利条件。

6. 审图

在画出整体电路图,并计算出全部参数值以后,至少应进行一次全面审查。这是因为在设计过程中各种计算难免错误,有些问题难免考虑不周到。也许有人会说,有点问题没关系,反正还要做实验。这种想法是不对的,下面具体说明。

（1）原理电路中存在的某些问题如果不在实验前解决,可能会导致实验时损坏元器件。例如,如果按照图 5-6 所示电路接线做实验,那么只要接通电源,图中右边 CMOS 计数器的时钟脉冲输入端的保护二极管就会损坏。其原因是,图中左边的集成运放接成电压比较器的形式,它的输出高电平高于 $+10V$,它的输出低电平低于 $-10V$,超过右边 CMOS 计数器的电源电压范围($V_{DD}=+5V,V_{SS}=0$)。像这样的问题应当通过审图解决。可把图 5-6 改成图 5-7 或采取其他措施。

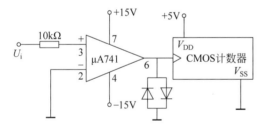

图 5-6　会造成器件损坏的电路示意图

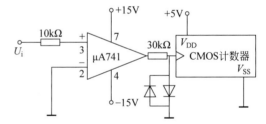

图 5-7　加保护措施后的示意图

（2）有些设计不合理的电路,即使做实验也可能发现不了存在的问题,甚至有可能达到所要求的性能指标。例如,有人在课程设计总结报告中画出了一个经过实验验证了的三角波发生器,如图 5-8 所示。然而,这个电路只能在特定条件下正常工作,即运放 A1 的最大输出电压 U_{omax1} 必须小于运放 A2 的最大输出电压 U_{omax2}。但是,如果 $U_{omax1}=\pm13V$,A2 的 $U_{omax2}=\pm11V$,那么这个电路将不能正常工作,除非 R_2 的实际阻值小到一定程度。这种问题应当通过审图解决,即图中 R_2 的阻值应比 R_3 小一些,例如,将 R_2 改为 $12k\Omega$(为了满足对称平衡条件,R_1 应改为 $7.5k\Omega$)。

下面看另一个例子。有人设计了一个简单的 D/A 转换电路,如图 5-9 所示。如果按照这个电路图接线做实验,调节图中的各电阻值,可以使输出电压 U_o 的数值与输入数据满足所要求的关系。但是,同一种型号不同个体的 TTL 器件的输出电平相差比较大。例如,某一片 74LS75 输出端 Q_4 的高电平可能是 4V,低电平可能是 0.1V;而另一片 74LS75 输出端 Q_4 的高电平可能是 3V,低电平可能是 0.2V。这意味着换一片 74LS75,

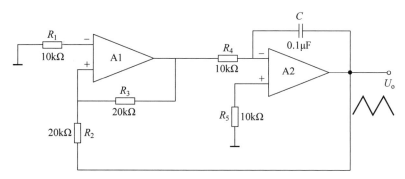

图 5-8 电阻值不合适的三角波发生器

可能就要调一次电阻值,才能保持之前所确定的输入与输出关系不变。显然,这是不合适的。采用 CMOS 器件不存在这种问题。CMOS 器件的低电平不超过 0.05V(设 $V_{SS}=0$),高电平与电源电压之差也不超过 0.05V,即在电源电压不变的条件下,同型号不同个体的 CMOS 器件的高电平或低电平相差不到 0.05V。因此,应该把图中的 74LS75 换成相应的 CMOS 器件,或者在 74LS75 输出端与加权电阻之间加 CMOS 缓冲器,如 CC4010,如图 5-10 所示。从这两个例子可以看出,想通过做一次实验发现所有的问题,有时是不切实际的。

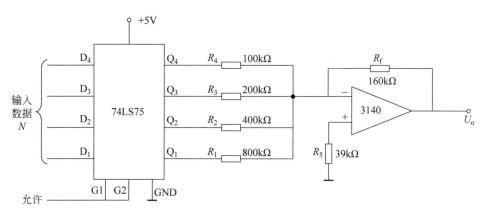

图 5-9 有问题的 D/A 转换电路

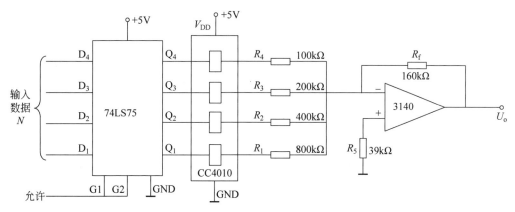

图 5-10 调整后的 D/A 转换电路

（3）自己设计的原理电路存在一些问题是难免的。经过审图也不能保证可以发现和解决所有的问题,但是经过仔细审查,可以发现和解决一部分或大部分问题,为实验打下较好的基础。如果不审图便进行实验,即使不损坏元器件,也可能会出现较多的问题和困难,甚至会感到不知所措、令人懊丧,以致信心不足等。

总之,实验前把自己设计的原理电路全面审查一遍是明智的。如果电路比较复杂,应多审查一两遍。必要时可请经验丰富的同行审查。至于如何审图,有以下几点值得注意:

（1）从全局出发,检查总体方案是否合适,有无问题,再审查各单元电路的原理是否正确,电路形式是否合适。

（2）检查各单元电路之间的电平、时序等配合有无问题。

（3）检查电路图中有无烦琐之处,是否可以化简。

（4）根据图中所标出的各元器件的型号、参数值等,验算能否达到性能指标,有无恰当的容量。

（5）要特别注意检查电路图中各元器件工作是否安全(尤其是 CMOS 器件),以免实验时损坏。

（6）解决所发现的全部问题,若改动较多,应当复查一遍。

7. 实验

设计一个解决实际问题的具体电路,需要解决的问题比较多,既要考虑方案以及用哪些单元电路,各单元电路之间怎样连接、如何配合,还要考虑用哪些元器件,它们的性能、货源、价格、体积、功耗怎样等。而电子元器件品种繁多,性能各异……总之,设计时要考虑的因素和问题相当多,加之经验不足以及一些新的集成电路功能较多,内部电路复杂,如果没有实际用过,单凭看资料很难掌握它的各种用法和一些具体细节。因此,设计时难免考虑不周,出一些差错。实践证明,对于比较复杂的电子电路,单凭纸上谈兵,要想使自己设计的原理电路正确无误和完善往往是不现实的,所以常需要进行实验。通过实验可以发现问题,遇到问题时应善于理论联系实际,深入思考,分析原因,找出解决问题的办法和途径。经测试,电路性能全部达到要求后,再画出正式的电路图。

值得指出的是,有的电路相当复杂,如果全部做实验,要用很多元器件,费用和工作量相当大。在这种情况下,一般先只实验其中关键部分或采用新技术、新电路、新器件的部分,而那些很有把握或很成熟的部分可以不做实验。实验成功后再考虑制作样机。

5.1.3 电子电路设计注意事项

1. 电气性能相互匹配问题

关于单元电路之间电气性能相互匹配的问题主要有阻抗匹配、线性范围匹配、负载能力匹配、高低电平匹配等,前两个问题是模拟单元电路之间的匹配问题,最后一个问题是数字单元电路之间的匹配问题,而第三个问题(负载能力匹配)是两种电路都必须考虑的问题。

从提高电压放大倍数和负载能力考虑,希望后一级的输入电阻要大,前一级的输出电阻要小,但从改善频率响应角度考虑,则要求后一级的输入电阻要小。

对于线性范围匹配问题,这涉及前后级单元电路中信号的动态范围。显然,为保证信号不失真地放大,则要求后一级单元电路的动态范围大于前级。

负载能力的匹配实际上是前一级单元电路能否正常驱动后一级的问题。这在各级之间均有,但特别突出的是在最后一级单元电路中,因为末级电路往往需要驱动执行机构。如果驱动能力不够,则应增加一级功率驱动单元。在模拟电路中,若对驱动能力要求不高,可采用由运放构成的电压跟随器;否则,需采用功率集成电路或互补对称输出电路。在数字电路中,采用达林顿驱动器、单管射极跟随器或单管反相器。当然,并非一定要增加一级驱动电路,在负载不是很大的场合,往往改变电路参数就可满足要求。总之,应视负载大小而定。

电平匹配问题在数字电路中经常遇到。若高低电平不匹配,则不能保证正常的逻辑功能,所以必须要增加电平转换电路。尤其是 CMOS 集成电路与 TTL 集成电路之间的连接,当两者的工作电源不同时(如 CMOS 为 +15V,TTL 为 +5V),两者之间必须加电平转换电路。

2. 电源的选择

有的设计任务已规定了电源电压,当然应按规定选取。这时,电路元器件也得按照该电源要求来选择。

有的设计应用了集成电路,集成电路对电源限制比较严格,应根据集成电路的要求选择电源。

TTL 集成电路的电源电压为 +5V,上限电压不得超过 +5.5V,下限电压不能低于 +4.5V。CMOS 集成电路的电源电压为 +3~+18V。

有的设计未给出电源要求,但规定的性能指标对电源有一定要求,应根据这些要求来选择电源。对有动态范围要求的分立元件放大电路,其电源电压应满足

$$E_c \geqslant (1.2 \sim 1.5)(U_{opp} + U_{ces}) + U_e \tag{5-1}$$

式中:U_{ces} 为晶体管的饱和压降,小功率管的 $U_{ces} = 0.1 \sim 1V$;U_e 为发射极电阻 R_e 上的压降,通常可按下式选取,即

$$U_e = (5 \sim 10)U_{be} \begin{cases} 3 \sim 5V\text{(硅管)} \\ 1 \sim 3V\text{(锗管)} \end{cases} \tag{5-2}$$

在计算出 E_c 值后,应选用标准电源系列值,如 1.5V、3V、4.5V、6V、9V、12V、15V、24V、30V 等。

3. 耦合方式的选择

电路之间的耦合方式主要有直接耦合、阻容耦合、变压器耦合和光电耦合,四种耦合方式各有优缺点,要根据具体情况进行选择。

直接耦合是上一级单元电路的输出直接(或通过电阻)与下一级单元电路的输入相连接。这种耦合方式最简单,它可把上一级输出的任何波形的信号(正弦信号和非正弦信号)送到下一级单元电路,它易于实现集成,频率特性较好,能放大缓慢变化的信号,但工作点不稳定,并且各级工作点易造成相互影响。当然在传输直流信号的电路之间必须采用直接耦合。但在交流电路中,只在比较简单的情况下采用直接耦合。

阻容耦合比直接耦合复杂。由于增加了隔直电容,静态工作点相互独立,互不影响,所以在低频电路中得到了广泛应用。阻容耦合电路中的电容的选择是根据电路工作的最低频率和等效电路阻抗来进行选择的。它是通过电容把上一级的输出信号耦合到下一级去,这种耦合方式的特点是"隔直传交",即阻止上一级输出的直流成分送到下一级,仅把交变成分送到下一级。

阻容耦合方式用于传送脉冲信号时,应视阻容时间常数 $\tau = RC$ 与脉冲宽度 T_p 之间的相对大小,来决定是传送脉冲的跳变沿,还是不失真地传送整个脉冲信号。当 $\tau \ll T_p$ 时,称为微分电路,它只传送跳变沿;当 $\tau \gg T_p$ 时,称为耦合电路,它传送整个脉冲。

设计中耦合电容常按下列经验数据选取: $C = 4.7 \sim 47 \mu F$。

变压器耦合方式是通过变压器的一次绕组和二次绕组,把上级信号耦合到下一级。由于变压器二次侧电压中只反映变化的信号,故它的作用也是"隔直传交"。

变压器耦合的最大优点是可以通过改变匝比与同名端,实现阻抗匹配和改变传送到下一级信号的大小与极性以及实现级间的电气隔离。但它的最大缺点是制造困难,不能集成化,频率特性差,体积大,效率低。但通过选择变压器的匝比 n,可实现阻抗的匹配,以便提高电路的工作效率。当频率较高时,电路效率也较高。变压器耦合的电路效率可达 50%,直接耦合为 25%,阻容耦合约为 10%。变压器耦合可以实现对称输出。

光电耦合方式是通过光电器件把信号传送到下一级,上一级输出信号通过光电耦合器件中的发光二极管,使其产生光,光作用于光敏三极管基极,使三极管导通,从而把上级信号传送到下一级。它既可传送模拟信号,也可传送数字信号。但目前传送模拟信号的线性光电耦合器件比较贵,故多数场合中是用来传送数字信号。

光电耦合方式的最大特点是实现上、下级之间的电气隔离,加之光电耦合器件体积小、重量轻、开关速度快。因此,在数字电子电路的输入、输出接口中常常采用光电耦合器件进行电气隔离,以防止干扰侵入。

在以上四种耦合方式中,变压器耦合方式应尽量少用;光电耦合方式通常只在需要电气隔离的场合中采用;直接耦合和阻容耦合是最常用的耦合方式,至于两者之间如何选择,主要取决于下一级单元电路对上一级输出信号的要求。若只要求传送上一级输出信号的交变成分,不传送直流成分,则采用阻容耦合,否则采用直接耦合。

4. 选用 TTL 类与 CMOS 类器件

在选用 TTL 类或 CMOS 类数字器件时,需要考虑以下几方面:

1) 工作电压

TTL 类型,标准工作电压为$+5V$,其他逻辑器件的工作电源电压大都有较宽的允许范围,尤其是 CMOS 器件,工作电压一般为 $3\sim18V$。

2) 工作频率

在各类数字集成电路中,普通 CMOS 器件(CD4000 系列)的工作频率最低,一般用于 1MHz 甚至 100kHz 以下;在 5MHz 以下,多使用 74LS 系列;在 $5\sim50MHz$ 时,多使用 74HC、74ALS 系列;在 $50\sim100MHz$ 时,多使用 74AS 系列。

3) 功耗

LS-TTL 与 CMOS 器件相比,CMOS 的功耗小。但值得强调的是,CMOS 的低功耗,只有在工作频率很低时才有实际意义。随着频率的升高,CMOS 的动态功耗将增大。当工作频率达到 50MHz 左右时,HC-MOS 的功耗将要超过 LS-TTL 的功耗,相反 LS-TTL 的功耗较为稳定,随工作频率变化不大。

5. CMOS 集成电路的正确使用

1) 输入电路的静电保护

MOSFET 栅极绝缘电阻可高达 $10^{12}\Omega$,很容易受静电感应积累静电荷而形成高压。这种静电电压加到 CMOS 电路的输入端时,极易损坏电路。为此,可采取以下静电保护措施:

(1) 组装、调试时,烙铁、仪表、工作台面应良好接地。

(2) 所有不同的输入端不应悬空,应按工作功能接"1"或接"0"电平。

(3) 不要在带电情况下插入、拔出或焊接器件。

2) 输入保护电路的过流保护

由于 CMOS 输入保护电路中的钳位二极管电流容量有限,一般为 1mA,所以在可能出现较大输入电流的场合都必须对输入保护电路采取过流保护措施。例如,输入端接低内阻的信号源、接长引线、接大电容等情况,均应在 CMOS 输入端与信号源(或长引线,或电容)之间串进限流保护电阻,保证导通电流不超过 1mA。

3) 对输入电压和电源电压的要求

(1) 输入电压 U_i 不应超出电源电压范围,即应满足条件 $V_{SS}<U_i<V_{DD}$。

(2) 在电源输入端需加去耦电路,以防止 V_{DD} 出现瞬态过电压。

(3) 当系统由几个电源分别供电时,各电源的开关顺序必须合理。启动时,应先接通 CMOS 电路的电源,再接入信号和负载电路。关机时,顺序恰好相反。

4) 输出驱动电路

CMOS 电路不可能有很大的驱动电流,不能直接驱动继电器、步进电机、晶闸管等大电流器件,必须通过半导体管电流放大才能驱动。

6. 时序配合

单元电路之间信号作用的时序在数字系统中是非常重要的,哪个信号作用在前、哪个信号作用在后以及作用的时间长短等,都是根据系统正常工作的要求而决定的。换句话说,一个数字系统有一个固定的时序。时序配合错乱将导致系统工作的失常。

时序配合是一个十分复杂的问题,为确定每个系统所需的时序,必须对该系统中各单元电路的信号关系进行分析,画出各信号的波形关系图——时序图,确定保证系统正常工作时的信号时序,然后提出实现该时序的措施。

单纯的模拟电路不存在时序问题,但在模拟与数字混合组成的系统中也存在时序问题。

5.1.4 设计文件的编写

电子电路设计过程的最后一步是编写设计文件,这也是相当重要的一步工作。因为设计文件是设计全过程的综述,是进行技术交流、技术存档和交付生产部门实施产品生产的重要依据。它是科技文件的重要组成部分之一。

编写好一份设计文件,重要的是注意积累设计过程中的资料、测试过程中的数据和情况(现象)记录。设计文件按国家有关科技文件编写的格式和要求进行编写。设计的主要文件有方案报告、研究报告、设计报告、实验报告、总结报告、鉴定报告等。这些文件所涉及的内容相当广泛,在此不再展开讨论。初学者主要完成下列文件的编写和整理:

(1) 任务书。它是上级下达设计任务的依据性技术文件,内容包括技术指标、任务来源、用途、完成时间等。

(2) 方案论证报告。它是方案论证工作总结性的技术文件,也是开展研究和技术设计工作的依据,内容包括论证的依据和过程、对方案的理论分析及实现方案可能性的探讨等。

(3) 设计报告。它是设计工作的技术小结,内容包括设计目的与要求、计算过程和数据、必要的方框图、原理图、结构图及元件明细表等。

(4) 实验报告。它是实验工作的实际记录和技术总结性文件,内容包括实验目的、依据、内容、数据的分析、实验中出现的问题及说明等。

(5) 工艺审查报告。它是指结构的构思和布局,结构的工艺审查情况,工艺文件(装接程序及工艺卡片等)。

(6) 成本核算报告。不同的报告叙述的重点各异,其共同要求是:任务的来源要有依据;论证层次要清楚,有说服力;结论要经过论证,符合实际;存在的问题要实事求是,简明扼要。

5.2 电子电路故障检测

5.2.1 电子电路故障检测的一般程序

检修电子电路故障是一项理论性与实践性要求较高的技术工作。从事故障修理的人员既不能单凭经验,也不能纸上谈兵,更不能瞎摸乱碰以图侥幸成功。否则,不但排除不了故障,反而会使故障越来越复杂。因此,要搞好电子电路的检修工作,必须具备一定的电子电路的理论知识,懂得常用测试仪器的正确使用与操作方法,了解检查电子电路故障产生原因的基本方法,并在此基础上遵循科学的工作程序,以使检修工作事半功倍,少走弯路。

通常可将电子电路故障排除的程序归纳为下列 9 条:

1. 了解故障现象

在检修电子电路故障之前,要切实了解发生故障的经过情况以及已发现的故障现象,是否修过,修过哪些部件等,根据询问用户或目击者提供的情况,可基本掌握故障现象,从而为分析故障产生的原因、确定重点的观察部位提供一定的依据。

2. 观察故障现象

检修电子电路故障必须从故障现象入手。对待查的设备进行定性测试,进一步观察与记录故障的确切现象及轻重程度,对于判断故障的性质和发生故障的部位很有帮助。进行实际观察或测试时,要遵循以下原则:先外部后内部,先静态后动态,先电源后其他,先分析后动手,先整机后部件,先元件后器件。这样可避免走弯路,提高检修速度。但必须指出,对于烧保险丝、跳火、焦味等故障现象,必须采用逐步加压(指交流电源电压)的方法进行观察,以免扩大电路故障。

3. 表面初步检查

为了加快查找故障产生原因的速度,通常是先初步检查待修设备面板上的开关、旋钮、度盘、插头、插座、接线柱、探测器等是否有松脱、滑位、断线、卡阻和接触不良等问题。或者打开盖板,检查内部电路的电阻、电容、电感、电子管、晶体管、保险丝、变压器等是否有烧焦、漏液、击穿、霉烂、松脱、破裂和接触不良等问题,一经发现应予以更新、修整。

4. 研究工作原理

如果初步表面检查没有发现问题,或者对已发现的故障进行整修后仍存在原来的故障现象,甚至又有别的器件损坏,就必须进一步认真研究待修设备说明书中提供的有关技术资料,并联系故障现象进行思维推理,以便分析可能产生故障的原因,确定需要检测的电路部件。

5. 拟定测试方案

根据电子电路的故障现象以及对待修设备工作原理的研究,拟定出检查故障原因的方法、步骤和所需测试仪表的方案,以便做到心中有数,这是进行电路故障检修工作的重要程序,进行具体测试时也应遵循先静态后动态的测试原则。

6. 分析测试结果

根据测试所得到的结果——数据、波形、异常现象等,进一步分析产生故障的原因和部位。通过再测试、再分析,肯定好的部分,确定故障的范围,直至查出损坏、变值、虚焊的元器件为止。对故障原因的正确认识,只有在不断地分析测试结果的过程中,才能由片面到全面,由个别到系统,由现象到本质,这是检修电子电路的整个程序中最关键、最费时的环节。

7. 查出故障并整修

电子电路的故障无非是由个别元器件损坏、变值、松脱、虚焊等引起,或者是因个别接点开路、短路、虚焊、接触不良等造成,通过检测查出故障后,就可进行必要的选配、更新、清洗、重焊、调整、复制等整修工作,使电子电路恢复正常功能。

8. 修后性能检定

对修复后的电子电路要进行性能测试,粗略地检定其主要功能是否正常。如果整修更新的元器件会影响设备的主要性能,在修复后还应进行定量测试,以便进行必要的调整与校正,使用户满意。

9. 记录总结提高

为了能在理论和实践上提高电子电路检修水平,必须认真填写检修记录,以便存档。同时要进行总结,使认识更深化、技能更提高。

5.2.2 电子电路故障检测的常用方法

1. 观察法

观察法分为静态观察法和动态观察法两种。

1) 静态观察法

静态观察法又称为不通电观察法。在电子电路通电前主要通过目视检查找出某些故障。实践证明,占电子电路故障相当比例的焊点失效、导线接头断开、电容器漏液或炸裂、接插件松脱、电接点生锈等故障,完全可以通过观察发现,没有必要对整个电路做大的改动,导致故障升级。

"静态"强调静心凝神,仔细观察。其过程是先外后内,循序渐进。打开机壳前先检查电器外表有无碰伤,按键、插口、电线、电缆有无损坏,保险是否烧断等。打开机壳后,先看机内各种装置和元器件有无相碰、断线、烧坏等现象,然后用手或工具拨动一些元器件、导线等进一步检查。对于试验电路或样机,要对照原理图检查接线有无错误,元器件是否符合设计要求,集成电路引脚有无插错方向或折弯,有无漏焊、桥接等故障。

当静态观察法未发现异常时,可进一步用动态观察法。

2)动态观察法

动态观察法又称为通电观察法,即给电路通电后,运用人的视、嗅、听、触觉检查电路故障。

通电后,眼看电路内有无打火、冒烟等现象;耳听电路内有无异常声音;鼻闻电器内有无烧焦、烧煳的异味;手触摸一些管子、集成电路等是否发烫(注意:高压、大电流电路应防触电、防烫伤),发现异常立即断电。

通电观察,有时可以确定故障原因,但大部分情况下并不能确定故障确切部件及原因。例如,一片集成电路发热,可能是周边电路故障,也可能是供电电压有误,或可能是负载过重,或可能是电路自激等,当然也不排除集成电路本身损坏,必须配合其他检测方法,分析判断,找出故障所在。特别注意,对较大设备通电时应尽可能采用隔离变压器和调压器逐渐加电,防止故障扩大。一般情况下,还应使用仪表,如电流表、电压表等监视电路状态。

2. 测量法

测量法是故障检测中使用最广泛、最有效的方法,分为电阻法、电压法、电流法和波形法。

1)电阻法

电阻是各种电子元器件和电路的基本特征,利用万用表测量电子元器件或电路各点之间电阻值来判断故障的方法称为电阻法。

测量电阻值,有"在线"和"离线"两种基本方式,"在线"测量需要考虑被测元器件受其他并联支路的影响,测量结果应对照原理图分析判断;"离线"测量需要将被测元器件或电路从整个电路或印制板上脱焊下来,操作较麻烦但结果准确可靠。

用电阻法测量集成电路,通常先将一个表笔接地,用另一个表笔测各个引脚对地电阻值,然后交换表笔再测一次,将测量值与正常值(有些维修资料给出,或自己积累)进行比较,相差较大者往往是故障所在(不一定是集成电路坏)。

电阻法对确定开关、接插件、导线、印制板导电性的通断及电阻器的变质,电容器短路,电感线圈断路等故障非常有效而且快捷。对晶体管、集成电路以及电路单元来说,一般不能直接判定故障,需要对比分析或兼用其他方法,但由于电阻法不用给电路通电,可将检测风险降到最小,一般检测首先采用。

使用电阻法时注意以下事项:

(1)使用电阻法时应在电路断电、大电容放电的情况下进行,否则结果不准确,还可能损坏万用表。

（2）在检测低电压（≤5V）供电的集成电路时，避免用指针式万用表的×100K挡。

（3）在线测量时应将万用表笔交替测试，对比分析。

2）电压法

电子电路正常工作时，电路各点都有一个确定的工作电压，通过测量电压来判断故障的方法称为电压法。

电压法是通电检测手段中最基本、最常用的方法。根据电源性质可分为交流和直流两种电压测量。

（1）交流电压测量。一般电子电路中交流回路较为简单，对50/60Hz市电升压或降压后的电压只需使用普通万用表选择合适AC量程即可，测高压时要注意安全并养成用单手操作的习惯。

对非50/60Hz的电源，例如，变频器输出电压的测量就要考虑所用电压表的频率特性，一般指针式万用表的频率范围为45～1500Hz，数字式万用表为45Hz～50kHz，超过范围或非正弦波测量结果都不正确。

（2）直流电压测量。直流电压测量一般分三步：

① 测量稳压电路输出端是否正常。

② 各单元电路及电路的关键"点"（如放大电路输出点）、外接部件、电源端等处电压是否正常。

③ 电路主要元器件如晶体管、集成电路各引脚电压是否正常，对集成电路首先要测电源端。

部分产品说明书中给出了电路各点正常工作电压，有些维修资料中还提供了集成电路各引脚的工作电压。另外，也可对比正常工作的同种电路测得各点电压。偏离正常电压较多的部位或元器件，往往就是故障所在部位。

3）电流法

电子电路正常工作时，各部分工作电流是稳定的，偏离正常值较大的部位往往是故障所在。这就是用电流法检测电路故障的原理。

电流法有直接测量和间接测量两种方法。

（1）直接测量。直接测量就是将电流表直接串接在欲检测的支路中测得电流值的方法。这种方法直观、准确，但往往需要对电路做"手术"，如断开导线，焊开元器件引脚等，因此不太方便。对于整机总电流的测量，一般可通过将电流表串接在电源开关上得到，对使用交流220V的电路必须注意安全。

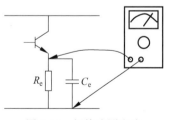

图5-11　间接法测电流

（2）间接测量。间接测量实际上是通过测电压的方法，换算成电流值。这种方法快捷方便，但如果所选测量点的元器件有故障，则不容易准确判断。如图5-11所示，欲通过测R_e的电压降确定三极管工作电流是否正常，若R_e本身阻值偏差较大或C_e漏电，都可引起误判。

采用电流法检测故障，应对被测电路正常工作电流值事先心中有数。一方面大部分电路说明书或元器件手册中都给出正常工作电流值或功耗值；另一方面通过实践积累的经验，可辅助判断各种电路和常用元器件工作电流范围，例如一般运算放大器、TTL 电路静态工作电流为几毫安，CMOS 电路在毫安级以下等。

4）波形法

对交变信号产生和处理电路来说，采用示波器观察信号通路各点的波形是最直观、最有效的故障检测方法。

波形法应用于以下三种情况：

（1）波形的有无和形状。在电子电路中，电路各点的波形有无和形状一般是确定的，例如标准的电视机原理图中就给出各点波形的形状及幅值，如图 5-12 所示。如果测得该点没有波形或形状相差较大，则故障发生于该电路的可能性较大。

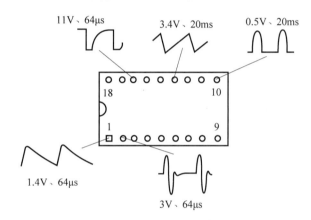

图 5-12　某电视机局部电路波形图

当观察到不应出现的自激振荡或调制波形时，虽不能确定故障部位，但可以从频率、幅值大小分析故障原因。

（2）波形失真。在放大或缓冲电路中，若电路参数失配或元器件选择不当或损坏都会引起波形失真，通过观测波形和分析电路可以找出故障原因。

（3）波形参数。利用示波器测量波形的各种参数，如幅值、周期、前后沿相位等，与正常工作时的波形参数对照，找出故障原因。

采用波形法时的注意事项：

（1）对电路高电压和大幅度脉冲部位注意不能超过示波器的允许电压范围。必要时采用高压探头或对电路观测点采取分压或取样等措施。

（2）示波器接入电路时本身输入阻抗对电路有一定影响，特别测量脉冲电路时，要采用有补偿作用的 10：1 探头，否则观测的波形与实际不符。

3．跟踪法

根据电路的种类，跟踪法又可分为信号寻迹法和信号注入法。

1）信号寻迹法

信号寻迹法是针对信号产生和处理电路的信号流向寻找信号踪迹的检测方法，具体检测时又分为正向寻迹（由输入到输出顺序查找）、反向寻迹（由输出到输入顺序查找）和等分寻迹三种方法。

正向寻迹是常用的检测方法，可以借助测试仪器（示波器、频率计、电子电压表等）逐级定性、定量检测信号，从而确定故障部位。图 5-13 为交流毫伏表的电路框图及检测示意图。可用一个固定的正弦信号加到毫伏表输入端，从衰减器电路开始逐级检测各级电路，根据该电路功能及性能可以判断各级信号是否正常，逐级观测，直到查出故障。

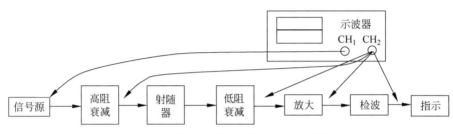

图 5-13　用示波器检测毫伏表的示意图

反向寻迹仅仅是检测顺序不同。

等分寻迹主要应用于单元电路较多的电路检测。例如，对于有 10 多级的基波信号产生电路，无论从正向还是反向都可能由于方向选择错误而浪费时间，采用等分寻迹从中间某级开始检测，可大大提高检测效率。

2）信号注入法

对于本身不带信号产生电路或信号产生电路有故障的信号处理电路采用信号注入法是有效的检测方法。信号注入是在信号处理电路的各级输入端输入已知的外加测试信号，通过终端指示器（如指示仪表、扬声器、显示器等）或检测仪表来判断电路工作状态，从而找出电路故障。

采用信号注入法检测时要注意以下几点：

（1）信号注入顺序根据具体电路可采用正向、反向和中间注入的顺序。

（2）注入信号的性质和幅度要根据电路和注入点对信号的要求而定。

（3）注入信号时要选择合适接地点，防止信号源和被测电路相互影响。一般情况下可选择靠近注入点的接地点。

（4）信号与被测电路要选择合适的耦合方式，例如交流信号应串接合适电容，直流信号串接适当电阻，使信号与被测电路阻抗匹配。

（5）信号注入有时可采用简单易行的方式，如收音机检测时就可用人体感应信号作为注入信号（用导电体碰触相应电路部分）进行判断。同理，有时也必须注意感应信号对外加信号检测的影响。

4. 替换法

替换法是用规格性能相同的正常元器件、电路或部件，代替电路中被怀疑的相应部分,从而判断故障所在的一种检测方法,也是电路调试、检修中最常用、最有效的方法之一。

实际应用中,按替换的对象不同,可有三种方法。

1) 元器件替换

元器件替换除某些电路结构较为方便外(如带插接件的集成电路、开关、继电器等),一般需拆焊,操作比较麻烦且容易损坏周边电路或印制板,因此元器件替换一般只作为其他检测方法均难判别时才采用的方法,并且尽量避免对电路板做"大手术"。例如:怀疑某元器件开路,可直接焊上一个新元件试验之;怀疑某个电容容量减小可再并上一只电容试验之。

2) 单元电路替换

当怀疑某一单元电路有故障时,另用一台同样型号或类型的正常电路替换待查机器的相应单元电路,可判定此单元电路是否正常。有些电路有相同的电路若干,例如立体声电路的左右声道完全相同,可用于交叉替换试验。

当电子设备采用单元电路多板结构时替换试验比较方便。因此对现场维修要求较高的设备,尽可能采用方便替换的结构,使设备维修性良好。

3) 部件替换

随着集成电路和安装技术的发展,电子产品迅速朝集成度更高、功能更强、体积更小的方向发展,不仅元器件级的替换试验困难,单元电路替换也越来越不方便,过去十几块甚至几十块电路的功能现在用一块集成电路即可完成,在单位面积的印制板上可以容纳更多的电路单元。电路的检测、维修逐渐朝板卡级甚至整体方向发展。特别是较为复杂的由若干独立功能件组成的系统,检测时主要采用的是部件替换方法。

部件替换试验要遵循以下三点:

(1) 用于替换的部件与原部件必须型号、规格一致,或者是主要性能、功能兼容的,并且能正常工作的部件。

(2) 要替换的部件接口工作正常,至少电源及输入、输出口正常,不会使替换部件损坏。这要求在替换前分析故障现象并对接口电源做必要检测。

(3) 替换要单独试验,不要一次换多个部件。

最后需要强调的是替换法虽是一种常用检测方法,但不是最佳方法,更不是首选方法,它只是在用其他方法检测的基础上对某一部分有怀疑时才选用的方法。

对于采用微处理器的系统还应注意先排除软件故障,然后才进行硬件检测和替换。

5. 比较法

1) 整机比较法

整机比较法是将故障机与同一类型正常工作的机器进行比较,查找故障的方法。这种方法对缺乏资料而本身较复杂的设备(如以微处理器为基础的产品)尤为适用。

整机比较法是以检测法为基础,对可能存在故障的电路部分进行工作点测定和波形观察,或者信号监测,比较好坏设备的差别,往往会发现问题。当然由于每台设备不可能完全一致,检测结果还要分析判断,这些常识性问题需要基本理论基础和日常工作的积累。

2)调整比较法

调整比较法是通过整机设备可调元件或改变某些现状,比较调整前后电路的变化来确定故障的一种检测方法。这种方法特别适用于放置时间较长,或经过搬运、跌落等外部条件变化引起故障的设备。

正常情况下,检测设备时不应随便变动可调部件。但由于设备受外界力作用有可能改变出厂的整定而引发故障,因而检测时在事先做好复位标记的前提下可改变某些可调电容、电阻、电感等元件,并注意比较调整前后设备的工作状况。有时还需要触动元器件引脚、导线、接插件或者将插件拔出重新插接,或者将怀疑印制板部位重新焊接等,注意观察和记录状态变化前后设备的工作状况,发现故障和排除故障。

运用调整比较法时最忌讳乱调乱动,而又不做标记。调整和改变现状应一步一步改变,随时比较变化前后的状态,发现调整无效或向坏的方向变化应及时恢复。

3)旁路比较法

旁路比较法是用适当容量和耐压的电容对被检测设备电路的某些部位进行旁路的比较检查方法,适用于电源干扰、寄生振荡等故障。

因为旁路比较法是一种交流短路试验,所以一般情况下先选用一种容量较小的电容,临时跨接在有疑问的电路部位和"地"之间,观察比较故障现象的变化。如果电路朝好的方向变化,可适当加大电容容量再试,直到消除故障,根据旁路的部位可以判定故障的部位。

4)排除比较法

有些组合整机或组合系统中往往有若干相同功能和结构的组件,调试中发现系统功能不正常时,不能确定引起故障的组件,这种情况下采用排除比较法容易确认故障所在。方法是逐一插入组件,同时监视整机或系统,如果系统正常工作,就可排除该组件的嫌疑,再插入另一块组件试验,直到找出故障。

采用该方法时每次插入或拔出单元组件都要关断电源,防止带电插拔造成系统损坏。

5.3 电子装配技术

5.3.1 安装技术基础

不同的产品,不同的生产规模对安装要求是各不相同的,但基本要求是有章可循的。

1. 保证安全使用

电子产品安装,安全是首要大事。不良的装配不仅影响产品性能,而且造成安全隐患。例如,用螺钉固定电源线,由于螺钉连接设备外壳,电线在螺钉紧固力作用下变形,经过一段时间后电源线绝缘层破坏造成"漏电"事故。

2. 不损伤产品零部件

安装时操作不当不仅可能损坏所安装的零件，而且会殃及相邻零部件。例如：安装瓷质波段开关时，紧固力过大造成开关变形失效；面板上装螺钉时，螺丝刀滑出擦伤面板；装集成电路折断引脚等。

通常电子零部件都考虑了安装操作的因素，合理的安装完全可以避免损伤产品。

3. 保证电性能

电气连接的导通与绝缘，接触电阻和绝缘电阻都和产品性能、质量紧密相关。图 5-14 为某设备电源输出线，安装者未按规定将导线绞合镀锡而直接装上，从而导致一部分芯线散出，通电检验和初期工作都正常，但由于局部电阻大而发热，工作一段时间后，导线及螺钉氧化，进而接触电阻增大，结果造成设备不能正常工作。

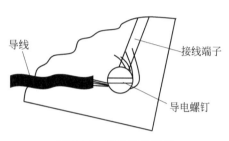

图 5-14　不良接线示例

4. 保证机械强度

产品安装中要考虑到有些零部件在运输、搬动中受机械振动作用而受损的情况。例如，安装在印制板上的带散热片的三极管，显然仅靠印制板上焊点难以支持较大重量散热片的作用力；又如，变压器靠自攻螺钉固定在塑料壳上也难保证机械强度。

5. 保证传热、电磁屏蔽要求

某些零部件安装时必须考虑传热或电磁屏蔽的问题。例如，大功率晶体三极管如与散热器贴合不良，影响散热。又如，金属屏蔽盒安装时，在接缝处衬上导电垫，保证屏蔽性能。

5.3.2　电子元器件的布局

电子设备的组装过程就是按照工艺图纸把所有元器件接起来的过程。电子设备中元器件的布局是否合理，将直接影响组装工艺和设备的技术性能。

1. 布局的原则

电子设备中元器件布局应遵循下列原则：
1）保证电路性能指标的实现
电路性能一般指电路的频率特性、波形参数、电路增益和工作稳定性等有关指标，具体指标随电路的不同而异。例如,对于高频电路,在元器件布局时,解决的主要问题是减小分布参数的影响。布局不当,将会使分布电容、接线电感、接地电阻等分布参数增大,直接改变高频电路的参数,从而影响电路基本指标的实现。

在高增益放大电路中,尤其是多级放大器,元器件布局不合理就可能引起输出对输入或后级对前级的寄生反馈,容易造成信号失真,电路工作不稳定,甚至产生自激,破坏电路的正常工作状态。

在脉冲电路中,传输、放大的信号是陡峭的窄脉冲,其上升沿或下降沿的时间很短,谐波成分比较丰富,如果元器件布局不当,就会使脉冲信号在传输中产生小型畸变,前后沿变坏,电路达不到规定的要求。

不论什么电路,使用的元器件,特别是半导体元器件,对温度非常敏感,元器件布局应采取有利机内散热和防热措施,以保证电路性能指标不受温度的影响。

此外,元器件的布局应使电磁场的影响减小到最低限度,采取措施避免电路之间形成干扰,以及防止外来的干扰,保证电路正常稳定地工作。

2) 有利于布线

元器件布设的位置直接决定着连线长度和敷设路径,布线长度和走线方向不合理会增加分布参数和产生寄生耦合,而且不合理的走线会给装接工艺带来麻烦。

3) 满足结构工艺的要求

电子设备的组装不论是整机还是分机都有结构紧凑、外观性好、重量平衡、防震等要求,因此元器件布局时要考虑重量大的元器件及部件的位置应分布合理,使整机重心降低,机内重量分布均衡。对耐冲击振动能力差或工作性能受冲击振动影响较大的元器件及部件,在布局时应充分考虑采取防震的措施。

元器件布局时,应考虑排列的美观性。尽管导线纵横交叉、长短不一,但外观要力求平直、整齐、对称,使电路层次分明。信号的进出、电源的供给、主要元器件和回路的安排顺序妥当,使众多的元器件排列繁而不乱,杂而有章。

4) 有利于设备的装配、调试与维修

现代电子设备由于功能齐全、结构复杂,往往将整机分为若干功能单元(分机),每个单元在安装、调试方面都是独立的,因此元器件的布局要有利于生产时装调的方便和使用维修时的方便。

2. 典型电路元器件布局举例

1) 稳压电源

多数电子设备中都有稳压电源,是设备的直流电源供给部分,其主要特点是:重量大,工作温度高,容易产生电网频率干扰,有高压输出时对绝缘要求较高,输出低压大电流时,对导线及接点有一定要求。因此,在元器件布局时,应考虑的主要问题如下:

(1) 电源中的主要元器件(如电源变压器、调整管、滤波电容器、泄放电阻等)体积和重量都大,布局时应放置在金属水平底座上,使整机重心平衡,机械紧固要牢。底座一般用涂覆的钢质材料,除保证机械强度外,还常用作公共地线。

（2）电源中发热元件较多(如大功率整流器件、大功率变压器、大功率调整管等)，布局时，应考虑通风散热，一般安置在底座的后面或两侧空气流通较好的地方。调整管及整流元件应装在散热器上，并远离其他发热元件(最好装在箱后板外侧)。其他怕热元件(如电解电容，因为电容器内的电解质是糊状体，在高温下容易干涸，产生漏电)应远离发热体。小的元器件通常放在印制电路板上，印制电路板不要放在发热元件附近，应放在便于观察的地方，以便调整和维修。

（3）电源内有电网频率(50Hz)的泄漏磁场，易与放大器某些部分发生交连而产生交流声，因此，电源部分应与低频放大部分隔开，或者进行屏蔽。

（4）当电源内有高压时，注意将高压端和高压导线与机架机壳绝缘，并远离地电位的连线及结构件。控制面板上要安装高低压开关和指示灯，各种控制器和整流器的外壳都要妥善接地。

（5）大电流电路上所用的转接装置应选用端套焊片压接式焊点，便于粗导线的可靠连接，也便于维修时的拆卸和装接。

2）低频放大器

低频放大电路是电子设备中常用的一种电路，主要特点是工作频率低，一般增益较高，易受干扰，或由寄生反馈引起自激。因此，在元件布局时应考虑以下几个方面：

（1）元件排列应整齐、美观，并便于调整与检修，在同一级里，元件应布设在晶体管或集成电路周围，地电位最好连接在一点，级间耦合电容应直接连在输入电路的基极上，以防干扰信号窜入。

（2）对于前置放大级，在布局时应把第一级电路的位置远离输出级和电源部分，在连线时应注意信号线要屏蔽，其他引线不要靠近或通过该级。输入变压器也应进行屏蔽。这是因为该级输入电平最低，增益较高，微小的干扰就能产生明显的干扰声，微小的正反馈就可能形成自激。

（3）由于各种电感器件(如输入/输出变压器、耦合变压器、低频扼流圈等)的应用在布局时应采取措施，防止电磁耦合造成的干扰。例如，变压器之间、变压器与其他元器件之间、变压器与底板之间等，在排列时都要相互垂直，变压器与钢质底座之间应留有一定的空间，两变压器之间无法拉开距离时，可分别放在金属底板上下两面，对个别变压器或特别敏感的元件实行单独屏蔽等。

（4）要抑制电源的影响，每级电路的集电极回路与电源之间应加去耦电路，消除通过电源内阻和馈线产生的级间耦合。汽船声就是一种通过电源内阻反馈产生的频率很低的振荡。对有交流电流通过的导线，最好不要靠近放大器，如果不能避免，则必须做成绞线，但仍要注意远离前置级，以免产生干扰。

（5）扬声器的接地引线应该接在印制电路板功放级的接地点上，切勿任意接地。

3）中频放大器

这里以收音机的中频放大器为例，其特点是：工作频率为固定中频(465kHz)，一般为2～3级，中放级增益高(可达60dB或更高)。如果有微小的输出信号窜入输入端就会产生自激哨叫。若收听电台的频率(如930kHz或1395kHz等)刚好等于中频的2倍或3

倍,则中频的二次或三次谐波很容易被接收而产生哨叫,这时若有电台信号就会产生差拍声。因此,在元器件布局时应注意以下几点:

(1)中频变压器(中周)和中放管应按次序排列,中放级集电极输出要紧靠中频变压器,并注意中放管之间的距离和中频变压器之间的距离要适当拉开,以免相互影响。

(2)检波级的元件应相对集中布置,接地线要尽量短,而且要汇集在一起,不要穿过其他级。检波晶体管应远离磁棒,以拉开信号输入与输出的距离,即使有少量辐射也感应不到天线回路中。第二中放管也要远离磁棒和双联可变电容器,因为第二中放管的集电极中频信号很强,也可能辐射中频信号及其谐波而产生自激。

(3)各级发射极电阻和旁路电容接地点与基极偏置电阻和退耦电容的接地点应靠近,最好接在一起。如果拉开一段距离,就相当于基极与发射极之间存在一个小电阻,如图 5-15(a)所示,其他级电路的信号将在这小电阻上产生电压降,从而带来影响。若接地点靠得很近或接在一点上,就没有其他级的影响,如图 5-15(b)所示。这一点对调频接收机更重要,因为调频中频高,产生的干扰也就更大。

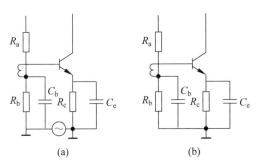

图 5-15 一点接地示意图

4)高频放大器

高频放大器也是电子设备中常见的电路,其主要特点是:工作频率较高(一般为几兆赫至几十兆赫),若增益也比较大时,则电路工作稳定性很容易受到影响,主要是电路元件的分布参数(如引线电感、寄生电容、接地电阻等)使电路原来的参数发生变化,导致电路不能正常工作。因此,在元器件布局时应注意以下几点:

(1)元器件布局应尽量紧凑,要有利于连接并且是最短连线,元件之间不要有交叉,连接线尽量不要平行放置。去耦电阻、旁路电容等都直接跨接在器件引线附近,高频转换开关的布设与有关电路必须靠近,避免连线过长和接线的交叉。必要时可将元件直接组装在开关上,形成波段转换组装件。

(2)关于高频电路中的安装件(包括机械固定或绝缘保护所需要的)的布置,要考虑它们与高频回路元件之间的位置、距离及带来的影响。若距离很近,相对接触面积较大时会不同程度地改变回路的分布参数,影响电路的性能。金属零件对未屏蔽的回路线圈的电感量和品质因数有较大的影响,能改变回路的频率和增益。绝缘零件高频回路的电磁场中,由于高频介质损耗,也能降低回路的品质因数。工作频率越高,绝缘材料质量越差,这种影响越大。如果接地的金属零件紧靠元件和导线,就会增大它们之间的分布电容使寄生耦合增强,故常将流过高频电流的导线和元件架空,离开底座。另外,每一件安装件都要保证牢固可靠。如遇振动冲击,不允许发生相对位移,以避免分布参数的改变给电路带来的不良影响。

(3) 高频电路的接地十分重要。首先是接地点的正确选择。一是元件就近接地,能缩短接地引线,使引线电感和分布电容变小,对抑制各种寄生耦合也是有益的,频率越高,此优点越显著。二是尽量做到一点接地,将每级电路中的高频回路元件以及其他有关的元件集中在一点接地,可以有效地限制本级电流只在本级范围内流通,大大减小高频电流流入底座(或大面积铜箔地线)的分量,同时有利于抑制底座上大的地电流对电路的不良影响。当这种接法有矛盾时,可根据具体情况灵活运用,以试验效果来确定。三是接地性能必须良好,若接地不良,接地电阻增大,地电流在其上的压降增大,这种干扰电压很容易被耦合到放大器中,形成不可忽视的干扰。

5.3.3　整机总装

电子整机的总装就是将组成整机的各部分装配件经检验合格后连接合成完整的电子设备的过程。

1. 总装的一般顺序

电子整机总装的一般顺序是先轻后重、先铆后装、先里后外,上道工序不得影响下道工序。

2. 整机总装的基本要求

(1) 未经检验合格的装配件(零、部、整件)不得安装,已检验合格的装配件必须保持清洁。

(2) 应认真阅读安装工艺文件和设计文件,严格遵守工艺规程。总装完成后的整机应符合图纸和工艺文件的要求。

(3) 严格遵守总装的一般顺序,防止前后顺序颠倒,注意前后工序的衔接。

(4) 总装过程中不要损伤元器件,避免碰坏机箱及元器件上的涂敷层,以免损害绝缘性能。

(5) 应熟练掌握操作技能,保证质量,严格执行"三检"(自检、互检、专职检验)制度。

3. 整机总装的工艺过程

(1) 准备。装配前对所有装配件、紧固件等从数量的配套和质量的合格两个方面进行检查和准备,同时要做好整机装配及调试的准备工作。

(2) 装联。装联包括各部件的安装、焊接等内容。前面介绍的各种连接工艺,都应在装联环节中加以实施应用。

(3) 调试。整机调试包括调整和测试两部分工作,即对整机内可调部分(如可调元器件及机械传动部分)进行调整,并对整机的电气性能进行测试。各类电子整机在总装完成后,一般在最后都要经过调试才能达到规定的技术指标要求。

(4)检验。整机检验应遵照产品标准(或技术条件)规定的内容进行。通常有下列三类试验,即生产过程中生产车间的交收试验、新产品的定型试验及定型产品的定期试验(又称例行试验)。例行试验的目的主要是考核产品质量和性能是否稳定正常。

(5)包装。包装是电子整机产品总装过程中保护和美化产品及促进销售的环节。电子整机产品的包装通常着重于方便运输和储存两个方面。

(6)入库或出厂。合格的电子整机产品经过合格的包装,就可以入库储存或直接出厂运往需求部门,从而完成整个总装过程。

5.4 电子焊接技术

电子焊接(简称焊接)在电子产品装配中是一项重要的技术。它在电子产品实验、调试、生产中,应用非常广泛,而且工作量相当大,焊接质量的好坏将直接影响着产品的质量。

电子产品的故障除元器件的原因外,大多数是焊接质量不佳而造成的,因此,掌握熟练的电子焊接操作技能非常必要。

电子焊接的种类很多,本节主要阐述应用广泛的手工锡焊焊接。

5.4.1 焊接工具

1. 电烙铁的种类

1) 外热式电烙铁

外热式电烙铁由烙铁头、烙铁芯、外壳、木柄、电源线、插头等部分组成,如图 5-16 所示。由于烙铁头安装在烙铁芯里面故称为外热式电烙铁。

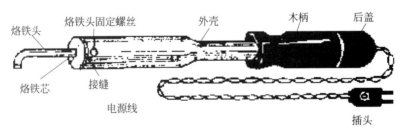

图 5-16 外热式电烙铁结构

外热式电烙铁的规格很多,常用的有 25W、45W、75W、100W 等。功率越大,烙铁头的温度就越高。

烙铁芯的功率规格不同,其内阻也不同,25W 烙铁的阻值约为 2kΩ,45W 烙铁的阻值约为 1kΩ,75W 烙铁的阻值约为 0.6kΩ,100W 烙铁的阻值约为 0.5kΩ。当不知所用的电烙铁为多大功率时,便可测量其内阻值,按已给的参考阻值加以判断。

2）内热式电烙铁

内热式电烙铁由手柄、连接杆、弹簧夹、烙铁芯、烙铁头组成,如图 5-17 所示。由于烙铁芯安装在烙铁头里面因而称为内热式电烙铁。内热式电烙铁发热快、效率高。

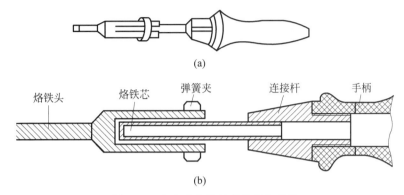

(a)

烙铁头　　　烙铁芯　　弹簧夹　　　　　连接杆　　　　手柄

(b)

图 5-17　内热式电烙铁的外形与结构

内热式电烙铁的常用规格为 20W、35W、50W 等几种。由于它的热效率高,20W 内热式电烙铁就相当于 45W 左右的外热式电烙铁。

内热式电烙铁头的后端是空心的,用于套接在连接杆上,并且用弹簧夹固定,当需要更换烙铁头时,必须先将弹簧夹退出,同时用镊子夹在烙铁头的前端慢慢地拔出,不能用力过猛,以免损坏连接杆。

内热式电烙铁的烙铁芯是用比较细的镍箔电阻丝绕在瓷管上制成的,其电阻约为 2.5kΩ(20W),烙铁的温度一般为 350℃ 左右。由于内热式电烙铁有升温快、重量轻、耗电省、体积小、热效率高的特点,因而得到了普遍的应用。

3）恒温电烙铁

由于在焊接集成电路、晶体管等元器件时,温度不能太高(温度过高造成元器件的损坏),焊接时间不能过长,因而对电烙铁的温度要给以限制。而恒温电烙铁就可以达到这一要求,这是由于恒温电烙铁头内,装有带磁铁式的温度控制器,控制通电时间而实现温控,即给电烙铁通电时,烙铁的温度上升,当达到预定的温度时,因强磁体传感器达到了居里温度而磁性消失,从而使磁芯触点断开,这时便停止向电烙铁供电;当温度低于强磁体传感器的居里温度时,强磁体便恢复磁性,并吸动磁芯开关中的永久磁铁,使控制开关的触点接通,继续向电烙铁供电。如此循环往复,便达到了控制温度的目的。恒温电烙铁的内部结构如图 5-18 所示。

4）吸锡电烙铁

吸锡电烙铁是将活塞式吸锡器与电烙铁融为一体的拆焊工具。它具有使用方便、灵活、适用范围宽等待点。这种吸锡电烙铁的不足之处是每次只能对一个焊点进行拆焊。活塞式吸锡器的内部结构如图 5-19 所示。

吸锡电烙铁的使用方法:接通电源预热 3～5min,然后将活塞柄(按钮 1)推下并卡

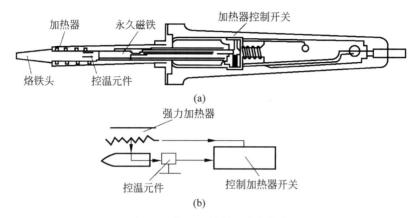

图 5-18 恒温电烙铁的内部结构

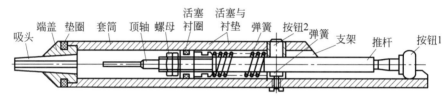

图 5-19 活塞式吸锡器的内部结构

住,把吸锡电烙铁的吸头前端对准欲拆焊的焊点,待焊锡熔化后,按下按钮 2,活塞便迅速上升,焊锡即被吸进气筒内。另外,吸锡器配有两个以上直径不同的吸头,可根据元器件引线的粗细进行选用。每次使用完毕后,要推动活塞三四次,以清除吸管内残留的焊锡,使吸头与吸管畅通,以便下次使用。

2. 电烙铁的选用

由前述可知,电烙铁的种类及规格有很多种,而且被焊工件的大小又有所不同,因而合理地选用电烙铁的功率及种类,对提高焊接质量和效率有直接的关系。如果被焊件较大,使用的电烙铁功率较小,则焊接温度过低,焊料熔化较慢,焊剂不能挥发,焊点不光滑、不牢固,这样势必造成焊接强度以及质量的不合格,甚至焊料不能熔化,使焊接无法进行。如果电烙铁的功率太大,则使过多的热量传递到被焊工件上面,使元器件的焊点过热,造成元器件的损坏,致使印制电路板的铜箔脱落,焊料在焊接面上流动过快,并无法控制。

选用电烙铁时,可以从以下几方面进行考虑:

(1)焊接集成电路、晶体管及受热易损元器件时,应选用 20W 内热式或 25W 外热式电烙铁。

(2)焊接导线及同轴电缆时,应选用 45～75W 外热式电烙铁,或 50W 内热式电烙铁。

(3)焊接较大的元器件时,如行输出变压器的引线脚、大电解电容器的引线脚、金属底盘接地焊片等,应选用100W以上的电烙铁。

3．电烙铁的使用方法

(1)电烙铁的握法。为了能使被焊件焊接牢靠,又不烫伤被焊件周围的元器件及导线,视被焊件的位置、大小及电烙铁的规格大小,适当地选择电烙铁的握法是很重要的。

电烙铁的握法可分为三种,如图5-20所示。图5-20(a)为反握法,就是用五指把电烙铁的柄握在掌内。此法适用于大功率电烙铁,焊接散热量较大的被焊件。图5-20(b)为正握法,此法使用的电烙铁也比较大,且多为弯形烙铁头。图5-20(c)为握笔法,此法适用于小功率的电烙铁,焊接散热量小的被焊件,如焊接收音机、电视机的印制电路板及其维修等。

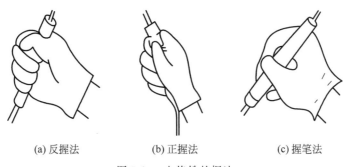

(a) 反握法　　　　　(b) 正握法　　　　　(c) 握笔法

图5-20　电烙铁的握法

(2)新烙铁在使用前的处理。新烙铁不能拿来就用,必须先对烙铁头进行处理后才能正常使用,使用前先给烙铁头镀上一层焊锡。具体方法:首先用锉把烙铁头按需要锉成一定的形状,然后接上电源,当烙铁头温度升至能熔锡时,将松香涂在烙铁头上,等松香冒烟后再涂上一层焊锡,如此进行2~3次,使烙铁头的刃面部挂上一层锡便可使用了。

当烙铁使用一段时间后,烙铁头的刃面及其周围就会产生一层氧化层,这样便产生吃锡困难的现象,此时可锉去氧化层,重新镀上焊锡。

(3)烙铁头长度的调整。选择适当功率的电烙铁后,已基本满足焊接温度的需要,但是仍不能完全适应印制电路板中所装元器件的需求。如焊接集成电路与晶体管时,烙铁头的温度就不能太高,且时间不能过长,此时便可将烙铁头插在烙铁芯上的长度进行适当的调整,进而控制烙铁头的温度。

(4)烙铁头有直头和弯头两种。直烙铁头的电烙铁采用握笔法时使用比较灵活,适合在元器件较多的电路中进行焊接。弯烙铁头的电烙铁用正握法比较合适,多用于电路板垂直桌面情况下的焊接。

(5)电烙铁不易长时间通电而不使用,因为这样容易使电烙铁芯加速氧化而烧断,同时也将使烙铁头长时间加热而氧化,甚至被烧"死"不再"吃锡"。

(6)更换烙铁芯时要注意引线不要接错,电烙铁有三个接线柱,一个是接地的,另外两个是接烙铁芯两根引线的(这两个接线将通过电源线,直接与220V交流电源相接)。

如果将 220V 交流电源线错接到地线的接线柱上,则电烙铁外壳就会带电,被焊件也会带电,这样就会发生触电事故。

(7) 电烙铁在焊接时,最好选用松香焊剂,以保护烙铁头不被腐蚀。氯化锌为酸性焊油,对烙铁头的腐蚀性较大,使烙铁头的寿命缩短,因而不易采用。烙铁放在烙铁架上,应轻拿轻放,不要将烙铁头上的锡乱抛。

4. 电烙铁的常见故障及其维护

电烙铁在使用过程中常见故障有电烙铁通电后不热、烙铁头不吃锡、烙铁带电等。下面以内热式 20W 电烙铁为例加以说明。

(1) 电烙铁通电后不热。遇到电烙铁通电后不热故障时,可以用万用表的欧姆挡测量插头的两端,如果表针不动,说明有断路故障。当插头本身没有断路故障时,即可卸下胶木柄,再用万用表测量烙铁芯的两根引线,如果表针仍不动,说明烙铁芯损坏,应更换新的烙铁芯。如果测量烙铁芯两根引线电阻值约为 2.5kΩ,说明烙铁芯是好的,故障出现在电源引线及插头上,多数故障为引线断路,插头中的接点断开。可进一步用万用表的 $R \times 1$ 挡测量引线的电阻值,便可发现问题。

更换烙铁芯的方法:将固定烙铁芯引线螺丝松开,将引线卸下,把烙铁芯从连接杆中取出,然后将新的同规格烙铁芯插入连接杆,将引线固定在螺丝上,并注意将烙铁芯多余引线头剪掉,以防止两根引线短路。

当测量插头的两端时,如果万用表的表针指示接近零欧,说明有短路故障,故障点多为插头内短路,或者是防止电源引线转动的压线螺丝脱落,致使接在烙铁芯引线柱上的电源线断开而发生短路。当发现短路故障时,应及时处理,不能再次通电,以免烧坏保险丝。

(2) 烙铁头带电。烙铁头带电除前边所述的电源线错接在接地线的接线柱上的原因外,还有当电源线从烙铁芯接线螺丝上脱落后,又碰到了接地线的螺丝上,造成烙铁头带电。这种故障最容易造成触电事故,并损坏元器件,因此,要随时检查压线螺丝是否松动、丢失。如有丢失、损坏应及时配好。

(3) 烙铁头不"吃锡"。烙铁头经长时间使用后会氧化而不沾锡,这就是"烧死"现象,也称作不"吃锡"。当出现不"吃锡"的情况时,可用粗砂纸或锉刀将烙铁头重新打磨或锉出新茬,然后重新镀上焊锡就可继续使用。

(4) 烙铁头出现凹坑。当电烙铁使用一段时间后,烙铁头就会出现凹坑,或氧化腐蚀层,使烙铁头的刃面形状发生了变化。遇到此种情况时,可用锉刀将氧化层及凹坑锉掉,恢复成原来的形状,然后镀上锡,就可以重新使用。

(5) 为延长烙铁头的使用寿命,必须注意以下几点:

① 经常用湿布、浸水海绵擦拭烙铁头,以保持烙铁头良好的挂锡,并可防止残留助焊剂对烙铁头的腐蚀。

② 进行焊接时,应采用松香或弱酸性助焊剂。

③ 焊接完毕时,烙铁头上的残留焊锡应该继续保留,以防止再次加热时出现氧化层。

5. 其他常用工具

(1) 尖嘴钳：头部较细，适用于夹小型金属零件或弯曲元器件引线，不宜用于敲打物体或夹持螺母。

(2) 平嘴钳：钳口平直，可用于夹弯曲元器件引脚与导线。因为其钳口无纹路，所以对导线拉直、整形比尖嘴钳适用。但钳口较薄，不易夹持螺母或需施力较大部位。

(3) 斜嘴钳：用于剪焊后的线头，也可与尖嘴钳配合剥导线的绝缘皮。

(4) 剥线钳：专用于剥有包皮的导线。使用时注意将需剥皮的导线放入合适的槽口，剥皮时不能剪断导线。剪口的槽并拢后应为圆形。

(5) 平头钳(克丝钳)：头部较平宽，适用于螺母、紧固件的装配操作。一般适用紧固螺母，但不能代替锤子敲打零件。

(6) 镊子：有尖嘴镊子和圆嘴镊子两种。尖嘴镊子用于夹较细的导线，以便于装配焊接。圆嘴镊子用于弯曲元器件引线和支持元器件焊接等，用镊子夹持元器件焊接还起散热作用。

(7) 螺丝刀：又称起子、改锥，有"一"字和"十"字两种，专用于拧螺钉，可选用不同规格的螺丝刀。但在拧时，不要用力太猛，以免螺钉滑口。

另外，钢板尺、盒尺、卡尺、扳手、小刀等也是经常用到的工具。

5.4.2　焊接材料

1. 焊料的种类

焊料是指易熔的金属及其合金。它的作用是将被焊物连接在一起。焊料的熔点比被焊物的熔点低，而且要易于与被焊物连为一体。

焊料按组分可分为锡铅焊料、银焊料和铜焊料。

按照使用的环境温度又分为高温焊料(在高温环境下使用的焊料)和低温焊料(在低温环境下使用的焊料)。锡铅焊料中，熔点在 450℃ 以上的称硬焊料，熔点在 450℃ 以下的称为软焊料。

抗氧化焊锡是在工业生产中自动化生产线上使用的焊料，如波峰焊等。这种液体焊料暴露在大气中时，焊料极易氧化，这样将产生虚焊，影响焊接质量。为此，在锡铅焊料中加入少量的活性金属，形成覆盖层保护焊料，不再氧化，从而提高焊接质量。

2. 电子产品焊料的选用

为能使焊接质量得到保障，视被焊物的不同，选用不同的焊料是很重要的。在电子产品装配中，一般选用锡铅系列焊料，也称焊锡。其有如下的优点：

(1) 熔点低。它在 180℃ 时便可熔化，使用 25W 外热式或 20W 内热式电烙铁便可进行焊接。

（2）具有一定的机械强度。因锡铅合金的强度比纯锡、纯铅的强度要高,本身重量较轻,对焊点强度要求不是很高,故能满足其焊点的强度要求。

（3）具有良好的导电性。因锡铅焊料为良导体,故它的电阻很小。

（4）抗腐蚀性能好。焊接好的印制电路板不必涂抹任何保护层就能抵抗大气的腐蚀,从而减少了工艺流程,降低了成本。

（5）对元器件引线和其他导线的附着力强,不易脱落。

因为锡铅焊料具有以上的优点,所以在焊接技术中得到了极其广泛的应用。

焊料的形状有圈状、球状、焊锡丝等几种。常用的是焊锡丝,在其内部夹有固体焊剂松香。焊锡丝的直径种类很多,常用的有 4mm、3mm、2mm、1.5mm 等。

3. 助焊剂

1）助焊剂的作用

在进行焊接时,为能使被焊物与焊料焊接牢靠,必须要求金属表面无氧化物和杂质,只有这样才能保证焊锡与被焊物的金属表面固体结晶组织之间发生合金反应,即原子状态的相互扩散。因此,在焊接开始之前必须采取各种有效措施将氧化物和杂质除去。

除去氧化物与杂质通常有两种方法,即机械方法和化学方法。机械方法是用砂纸和刀子将其除掉。化学方法是用焊剂清除,用焊剂清除的方法具有不损坏被焊物及效率高等特点,因此一般焊接时均采用此方法。

助焊剂除上述所述的去氧化物的功能外,还具有加热时防止氧化的作用。由于焊接时必须把被焊金属加热到使焊料发生润湿并产生扩散的温度,但是随着温度的升高,金属表面的氧化就会加速,而助焊剂此时就在整个金属表面上形成一层薄膜,包住金属使其同空气隔绝,从而起到了加热过程中防止氧化的作用。

另外,助焊剂还有帮助焊料流动,减少表面张力的作用。当焊料熔化后,将贴附于金属表面,但由于焊料本身表面张力的作用,力图变成球状,从而减少了焊料的附着力,而焊剂则有减少表面张力,增加流动的功能,故使焊料附着力增强,使焊接质量得到提高。

焊剂的另一个重要作用是把热量从烙铁头传递到焊料和被焊物表面。因为在焊接中烙铁头的表面及被焊物的表面之间存在有许多间隙,在间隙中充有空气,空气又为隔热体,这样必然使被焊物的预热速度减慢。而焊剂的熔点比焊料和被焊物的熔点都低,故先熔化,并填满间隙和润湿焊点,使烙铁的热量通过它很快地传递到被焊物上,使预热的速度加快。

2）助焊剂的种类

（1）无机系列助焊剂:主要成分是氯化锌或氯化铵及它们的混合物。这种助焊剂最大的优点是具有很好的助焊作用,但是具有强烈的腐蚀性。因此,多数用在可清洗的金属制品焊接中。如果对残留焊剂清洗不干净,就会造成被焊物的损坏。如果用于印制电路板的焊接,将破坏印制板的绝缘性能。市场上出售的各种焊油多数属于这类。

（2）有机系列助焊剂:主要由有机酸卤化物组成。这种助焊剂的特点是助焊性能好、可焊性高。不足之处是有一定的腐蚀性,且热稳定性差,即一经加热,便迅速分解,然后留下无活性残留物。

（3）树脂活性系列焊剂：最常用的是在松香焊剂中加入活性剂。松香是一种天然产物，其成分与产地有关。用作焊剂的松香是从各种松树分泌出来的汁液中提取的，是采用蒸馏法加工得到固态松香。

松香酒精焊剂是指用无水乙醇溶解纯松香配制成 25％～30％ 的乙醇溶液。这种焊剂的优点是没有腐蚀性、高绝缘性能和长期的稳定性及耐湿性。焊接后清洗容易，并形成膜层覆盖焊点，使焊点不被氧化腐蚀。

3）助焊剂的选用

（1）电子电路的焊接通常采用松香、松香酒精焊剂，这样可以保证电路元件不被腐蚀，电路板的绝缘性能不至于下降。

由于纯松香焊剂活性较弱，只有在被焊的金属表面是清洁的、无氧化层时，可焊性是好的。但有时为清除焊接点的锈渍，保证焊点的质量也可用少量的氯化铵焊剂，但焊接后一定要用酒精将焊接处擦洗干净，以防残留焊剂对电路的腐蚀。

为了改善松香焊剂的活性，在松香焊剂中加入活性剂，就构成了活性焊剂，它在焊接过程中能去除金属氧化物及氢氧化物，使被焊金属与焊料相互扩散，生成合金。

另外，电子元器件的引线多数是镀了锡的，但也有的镀了金、银或镍，这些金属的焊接情况各有不同，可按金属的不同选用不同的焊剂。

（2）对于铂、金、铜、银、锡等金属，可选用松香焊剂，因这些金属都比较容易焊接。

（3）对于铅、黄铜、青铜、镍等金属可选用有机焊剂中的中性焊剂，因这些金属比上述金属焊接性能差，如用松香焊剂将影响焊接质量。

（4）对于锌、铁、锡镍合金等，因焊接较困难，可选用酸性焊剂。当焊接完毕后，必须对残留焊剂进行清洗。

5.4.3　焊接工艺

1. 对焊接的要求

电子产品组装的主要任务是在印制电路板上对电子元器件进行锡焊。焊点的个数从几十个到成千上万个，如果有一个焊点达不到要求，就会影响整机的质量。因此，在锡焊时，必须做到以下几点：

（1）焊点的机械强度要足够。为保证被焊件在受到振动或冲击时不至于脱落、松动，要求焊点要有足够的机械强度。为使焊点有足够的机械强度，一般采用把被焊元器件的引线端子打弯后再焊接的方法，但不能用过多的焊料堆积，这样容易造成虚焊、焊点与焊点的短路。

（2）焊接可靠保证导电性能。为使焊点有良好的导电性能，必须防止虚焊。虚焊是指焊料与被焊物表面没有形成合金结构，只是简单地依附在被焊金属的表面上，如图 5-21 所示。

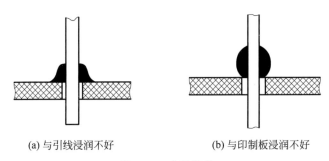

(a) 与引线浸润不好   (b) 与印制板浸润不好

图 5-21 虚焊现象

在锡焊时,如果只有一部分形成合金,而其余部分没有形成合金,这种焊点在短期内也能通过电流,用仪表测量也很难发现问题。但随着时间的推移,没有形成合金的表面就要被氧化,此时便会出现时通时断的现象,这势必造成产品的质量问题。

(3) 焊点表面要光滑、清洁。为使焊点美观、光滑、整齐,不但要有熟练的焊接技能,而且要选择合适的焊料和助焊剂,否则将出现焊点表面粗糙、拉尖、棱角等现象。

2. 焊接前的准备

1) 元器件引线加工成型

元器件在印制板上的排列和安装方式有立式和卧式两种。元器件引线弯成的形状是根据焊盘孔的距离及装配上的不同而加工成型。引线的跨距应根据尺寸优选 2.5 的倍数。加工时,注意不要将引线齐根弯折,并用工具保护引线的根部,以免损坏元器件。

成型后的元器件,在焊接时,尽量保持其排列整齐,同类元件要保持高度一致。各元器件的符号标志向上(卧式)或向外(立式),以便于检查。图 5-22 是几种成型图例。

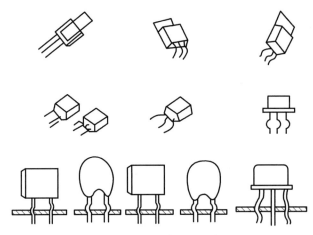

图 5-22 元器件成型图例

2) 镀锡

元器件引线一般镀有一层薄的焊料,但时间一长,引线表面产生一层氧化膜,影响焊接。所以,除少数有良好银、金镀层的引线外,大部分元器件在焊接前都要重新镀锡。

镀锡,实际上就是锡焊的核心——液态焊锡对被焊金属表面浸润,形成一层既不同于被焊金属又不同于焊锡的结合层。这一结合层将焊锡同待焊金属这两种性能、成分都不相同的材料牢固连接起来,如图 5-23 所示。而实际的焊接工作只不过是用焊锡浸润待焊零件的结合处,熔化焊锡并重新凝结的过程,不良的镀层,未形成结合层,只是焊件表面"粘"了一层焊锡,这种镀层很容易脱落。

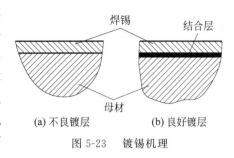

图 5-23 镀锡机理

(1) 镀锡要点。

① 待镀面应清洁。有人以为锡焊时要用焊剂,不注意表面清洁。实际上,待焊元器件、焊片、导线等都可能在加工、储存的过程中带有不同的污物,轻的可用酒精或丙酮擦洗,重的腐蚀性污点只有用机械办法去除,包括刀刮或砂纸打磨,直到露出光亮的金属为止。

② 加热温度要足够。要使焊锡浸润良好,被焊金属表面温度应接近熔化时的焊锡温度才能形成良好的结合层。因此,应该根据焊件大小供给它足够的热量。但由于考虑到元器件承受温度不能太高,因此必须掌握好加热时间。

③ 要使用有效的焊剂。松香是广泛应用的焊剂,但松香经反复加热后就会失效,发黑的松香实际已不起作用,应及时更换。

(2) 小批量生产的镀锡。在小批量生产中,镀锡可用如图 5-24 中所示的锡锅,也可以采用感应加热的办法做成专用锡锅。使用中锡的温度不能太低,但也不能太高,否则锡表面氧化较快。电炉电源可用调压器供电,以调节锡锅的最佳温度。使用过程中,要不断用铁片刮去锡表面的氧化层和杂质。

操作过程如图 5-24 所示,如果表面污物太多,要预先用机械办法除去。如果镀后立即使用,最后一步蘸松香水可免去。良好的镀层均匀发亮,没有颗粒及凹凸。

图 5-24 锡锅镀锡操作示意图

在大规模生产中,从元器件清洗到镀锡,这些工序都由自动生产线完成。中等规模的生产也可使用搪锡机给元器件镀锡,还有一种用化学制剂去除氧化膜的办法,也是很有发展前途的措施。

（3）多股导线镀锡。

① 剥导线头的绝缘皮时不要伤线。剥导线头的绝缘皮最好用剥皮钳,根据导线直径选择合适的槽口,防止导线在钳口处损伤或有少数导线断掉,要保持多股导线内所有铜线完好无损。用其他工具(剪刀、斜嘴钳、自制工具等)剥绝缘皮时,更应注意上述问题。

② 多股导线一定要很好地绞合在一起。剥好的导线一定要将其绞合在一起,否则在镀锡时就会散乱,容易造成电气故障。

为了保持导线清洁及焊锡容易浸润,绞合时最好是手不要直接触及导线。可捏紧已剥断而没有剥落的绝缘皮进行绞合,绞合时旋转角一般在 $30°\sim40°$,旋转方向应与原线芯旋转方向一致,绞合完成后再将绝缘皮剥掉。

③ 涂焊剂镀锡要留有余地。通常镀锡前要将导线蘸松香水,有时也将导线放在有松香的木板上用烙铁给导线上一层焊剂,同时也镀上焊锡,注意不要让锡浸入到绝缘皮中,最好在绝缘皮前留 $1\sim3\mathrm{mm}$ 间隔使之没有锡。这样对穿套管是很有利的。同时也便于检查导线有无断股,以及保证绝缘皮端部整齐。

3. 手工焊接要点

焊接材料、焊接工具、焊接方式方法和操作者俗称焊接四要素。这四要素中最重要的是操作者。没有相当时间的焊接实践和用心领会,不断总结,即使是长时间从事焊接工作者也难保证每个焊点的质量。下面讲述一些具体方法和注意点,这些方法和注意点都是实践经验的总结。

1）焊接操作与卫生

焊接加热挥发出的化学物质对人体是有害的,如果操作时鼻子距离烙铁头太近,则很容易将有害气体吸入,一般烙铁与鼻子的距离应不小于 $20\mathrm{cm}$,通常以 $30\mathrm{cm}$ 为宜。

焊锡丝一般有两种拿法,如图 5-25 所示。

(a) 连续锡焊时焊锡丝的拿法　　(b) 断续锡焊时焊锡丝的拿法

图 5-25　焊锡丝拿法

由于焊丝成分中铅占一定比例,众所周知铅是对人体有害的重金属,因此操作时应戴上手套或操作后洗手,避免食入。电烙铁用后一定要稳妥放于烙铁架上,并注意导线等物不要碰烙铁。

2）焊接操作的基本步骤

焊锡五步操作法，如图 5-26 所示。

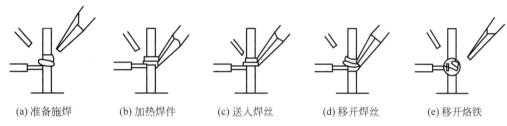

| (a) 准备施焊 | (b) 加热焊件 | (c) 送入焊丝 | (d) 移开焊丝 | (e) 移开烙铁 |

图 5-26　焊锡五步操作法

（1）准备施焊：右手拿烙铁（烙铁头部保持干净，并吃上锡），处于随时可施焊状态，如图 5-26(a) 所示。

（2）加热焊件：应注意加热整个焊件，如导线和接线都要均匀受热，如图 5-26(b) 所示。

（3）送入焊丝：加热焊件达到一定温度后，焊丝从烙铁对面接触焊件（而不是烙铁），如图 5-26(c) 所示。

（4）移开焊丝：当焊丝熔化一定量后，立即移开焊丝，如图 5-26(d) 所示。

（5）移开烙铁：焊锡浸润焊盘或焊件的施焊部位后，移开烙铁，如图 5-26(e) 所示。

对于热容量小的焊件，如印制板与较细导线的连接，可简化为三步操作：

（1）准备：同五步操作法的步骤(1)。

（2）加热与送丝：烙铁头放在焊件上后即送入焊丝。

（3）去丝移烙铁：焊锡在焊接面上扩散达到预期范围后，立即拿开焊丝并移开烙铁，注意移开焊丝时间不得滞后于移开烙铁的时间。

对于小热容量焊件而言，上述整个过程 2～4s，各步时间的控制、时序的准确掌握、动作的协调熟练都是应该通过实践用心体会解决的问题。有人总结出了五步操作法，用数数的办法控制时间，即烙铁接触焊点后数一、二（约 2s），送入焊丝后数三、四即移开烙铁，焊丝熔化量要靠观察决定，这个办法可以参考。但显然由于烙铁功率、焊点热容量的差别等因素，实际把握焊接火候，绝无定章可循，必须具体条件具体对待。

4．焊接温度与加热时间

适当的温度对形成良好的焊点是必不可少的，这个温度究竟如何掌握，图 5-27 中所示的曲线可供参考。

1）焊接的三个重要温度

图 5-27 中三条水平线代表焊接的三个重要温度，由上而下第一条水平阴影区代表烙铁头的标准温度；第二条水平阴影区表示为了焊料充分浸润生成合金，焊件应达到的最佳焊接温度；第三条水平线是焊丝熔化温度，也就是焊件达到此温度时应送入焊丝。

两条曲线分别代表烙铁头和焊件温度变化过程，金属 A 和 B 表示焊件两个部分（如

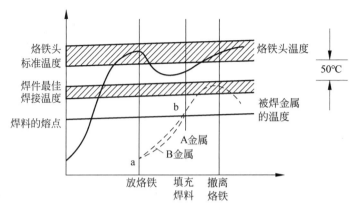

图 5-27　焊接的三个重要温度

铜箔与导线、焊片与导线等）。三条竖直线实际表示的就是五步操作法的时序关系。

准确、熟练地将以上几条曲线关系应用到实际中,是掌握焊接技术的关键。

2）焊接温度与加热时间

由焊接温度曲线可看出,烙铁头在焊件上的停留时间与焊件温度的升高是正比关系,即曲线 a~b 段反映焊接温度与加热时间的关系。同样的烙铁,加热不同热容量的焊件时,要想达到同样的焊接温度,显然可以用控制加热时间实现。其他因素的变化同理可推断。但是,在实际工作中又不能仅仅以此关系决定加热时间。例如,用一个小功率电焊铁加热较大的焊件时,无论停留时间多长,焊件温度也上不去,因为有烙铁供热容量和焊件、烙铁在空气中散热的问题。此外,有些元器件也不允许长期加热。

3）加热时间对焊件和焊点的影响

加热时间对焊锡、焊件的浸润性、结合层形成的影响已经有所了解,现在还必须进一步了解加热时间对整个焊接过程的影响及其外部特征。

加热时间不足造成焊料不能充分浸润焊件,形成夹渣（松香）、虚焊是容易观察和理解的。

过量加热除可能造成元器件损坏外,还有如下危害和外部特征：

（1）焊点外观变差。如果焊锡已浸润焊件后还继续加热,造成溶态焊锡过热,烙铁撤离时容易造成拉尖,同时出现焊点表面粗糙颗粒、失去光泽,焊点发白。

（2）焊接时所加松香焊剂在温度较高时容易分解碳化（松香一般从 210℃ 开始分解）,失去助焊剂作用,而且夹到焊点中造成焊接缺陷。如果发现松香已加热到发黑,肯定是加热时间过长所致。

（3）印制板上的铜箔是采用黏合剂固定在基板上的。过多的受热会破坏黏合层,导致印制板上铜箔剥落。因此,准确掌握火候是优质焊接的关键。

5. 焊接操作手法

具体操作手法,在达到优质焊点的目标下可因人而异,但长期实践经验的总结,对初学者的指导作用也不可忽略。

（1）保持烙铁头的清洁。因为焊接时烙铁头长期处于高温状态，又接触焊剂等，其表面很容易氧化并沾上一层黑色杂质，这些杂质几乎形成隔热层，使烙铁头失去加热作用。因此，要随时在烙铁架上蹭去杂质。用一块湿布或湿海绵随时擦烙铁头，也是常用的方法。

（2）采用正确的加热方法。要靠增加接触面积加快传热，而不要用烙铁对焊件加力。有人似乎为了焊得快一些，在加热时用烙铁头对焊件加压，这是徒劳无益而危害不小的。它不但加速了烙铁头的损耗，而且更严重的是对元器件造成损坏或不易觉察的隐患。正确的方法是应该根据焊件形状选用不同的烙铁头，或自己修整烙铁头，让烙铁头与焊件形成面接触而不是点或线接触，这样就能大大提高效率。

还要注意，加热时应让焊件上需要焊锡浸润的各部分均匀受热，而不是仅加热焊件的一部分，如图 5-28 所示。当然，对于热容量相差较多的两个部分焊件，加热应偏向需热较多的部分。

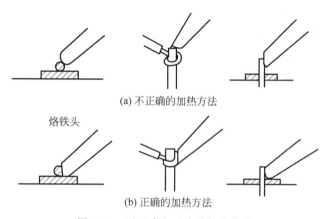

(a) 不正确的加热方法

烙铁头

(b) 正确的加热方法

图 5-28　不正确和正确的加热方法

（3）加热要靠焊锡桥。非流水线作业中，一次焊接的焊点形状是多种多样的，不可能不断更换烙铁头，要提高烙铁头加热的效率，需要形成热量传递的焊锡桥。焊锡桥就是靠烙铁上保留少量焊锡作为加热时烙铁头与焊件之间传热的桥梁。显然，由于金属液的导热效率远高于空气，而使焊件很快被加热到焊接温度。应注意，作为焊锡桥的锡保留量不可过多。

（4）烙铁撤离有讲究。烙铁撤离要及时，而且撤离时的角度和方向对焊点形成有一定关系，图 5-29 为不同撤离方向对焊料的影响。还有的人总结出撤烙铁时轻轻旋转一下，可保持焊点适当的焊料，这都是在实际操作中总结出来的办法。

（5）在焊锡凝固之前不要使焊件移动或振动。用镊子夹住焊件时，一定要等焊锡凝固后再移去镊子。这是因为焊锡凝固过程是结晶过程，根据结晶理论，在结晶期受到外力（焊件移动）会改变结晶条件，形成大粒结晶，焊锡迅速凝固，造成"冷焊"。外观现象是表面光泽呈豆渣状。焊点内部结构疏松，容易有气隙和裂缝，造成焊点强度降低，导电性能差。因此，在焊锡凝固前一定要保持焊件静止。

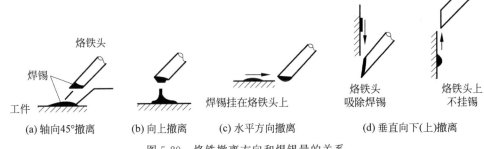

图 5-29　烙铁撤离方向和焊锡量的关系

（6）焊锡量要合适。过量的焊锡不但毫无必要地消耗了较贵的锡,而且增加了焊接时间,相应降低了工作速度,更为严重的是在高密度的电路中过量的锡很容易造成不易觉察的短路。

但是,焊锡过少不能形成牢固的结合同样也是不允许的,特别是在板上焊导线时,焊锡不足往往造成导线脱落,如图 5-30 所示。

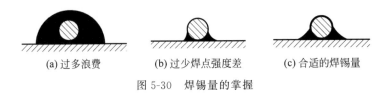

图 5-30　焊锡量的掌握

（7）不要用过量的焊剂。适量的焊剂是非常有用的。不要认为越多越好,过量的松香不仅造成焊后清理焊点周围的工作量,而且延长了加热时间（松香熔化、挥发需要热量）,降低工作效率,而当加热时间不足时,容易夹杂到焊锡中形成"夹渣"缺陷,对开关元件的焊接,过量的焊剂容易流到触点处,从而造成接触不良。

合适的焊剂量应该是松香水仅能浸湿将要形成的焊点,不要让松香水透过印制板流到元件面或插座孔里（如集成电路插座）。对使用松香芯的焊丝来说,基本不需要再涂松香水。

5.4.4　常用电子焊接技术介绍

1. 自动浸焊

浸焊是将插装好元器件的印制电路板在熔化的锡槽内浸锡,一次完成印制电路板众多焊接点的焊接方法,它不仅比手工焊接大大提高了生产效率,而且可消除漏焊现象。

图 5-31 是自动浸焊工艺流程。将插装好元器件的印制电路板用专用夹具安置在传送带上。印制板先经过泡沫助焊剂槽被喷上助焊剂,加热器将助焊剂烘干,然后经过熔化的锡槽进行浸焊,待锡冷却凝固后再送到切头机剪去过长的引脚。

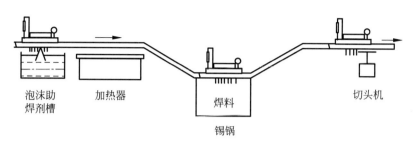

图 5-31　自动浸焊工艺流程

2. 波峰焊

波峰焊是目前应用最广泛的自动化焊接工艺。与自动浸焊相比，其最大的特点是锡槽内的锡不是静止的，熔化的焊锡在机械泵（或电磁泵）的作用下由喷嘴源源不断流出而形成波峰，波峰焊的名称由此而来。波峰即顶部的锡无丝毫氧化物和污染物，在传动机构移动过程中，印制电路板分段、局部与波峰接触焊接，避免了浸焊工艺存在的缺点，使焊接质量可以得到保证，焊接点的合格率为 99.97% 以上，在现代工厂企业中它已取代了大部分的传统焊接工艺。

图 5-32 为两种波峰焊工艺流程图。图 5-32(a) 的工序比较简单，只包含了必要的工序，因此其相应的造价也就较便宜。图 5-32(b) 的工序较复杂，几乎包含了所有的焊接工序，因而自动化程度高，设备结构庞大，造价也高。由于整个过程经过了浸焊和波峰焊的两次焊接，所以焊接质量高，但也容易造成印制电路板受热过度、阻焊剂脱落，对元器件也有一定影响，必须采取相应措施解决。

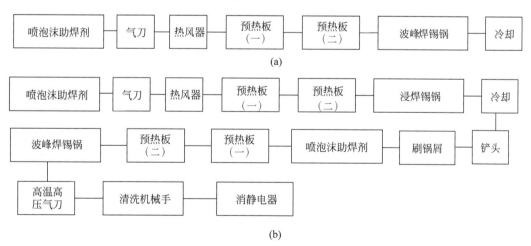

图 5-32　波峰焊工艺流程图

3. 组焊射流法

组焊射流法是一种更为先进的波峰焊接工艺，它主要是对锡槽中熔锡波峰的产生装置进行了改进,其不仅可以焊接一般的单面印制电路板,也可以焊接双面和多层印制电路板,能够保证焊锡充满金属化孔内,使焊接点达到很高的可靠性和强度。

组焊射流法的基本工作原理:槽内充满锡液并有 6 个小室,在这些小室内部装有电磁铁的磁极,其绕组供以交流电。当电流通过线圈时,就在铁芯中产生一个磁通,这一个磁通包住了熔锡,而熔锡起到二次短路线匝的作用。当这一磁通随时间周期性(50Hz)变化时,它就在熔化的焊锡中感应出一个电动势。因为熔锡起二次短路线圈的作用,所以强大的感应电流通过熔锡,在短路的熔锡线圈中感应出的电流与电磁极的一次磁场相互作用,从磁场中得到一个能够将熔化了的焊锡向上抛的力。在锡面上形成两个熔锡的波峰,它的高度可通过自耦变压器来调节。锡液温度是靠电子电位差计和镍铬铜热电偶自动控制的,也就是根据它们的反馈信号,接通或断开锡槽的加热器,使温度的控制实现自动调节。

4. 表面贴装技术

表面贴装技术(SMT)是伴随无引脚或引脚极短的片状(SMD)元器件的出现,而发展并已得到广泛应用的贴装焊接技术。它打破了在印制电路板上"通孔"贴装元器件,然后再焊接的传统工艺,直接将 SMD 元器件平卧在印制电路板表面进行贴装,如图 5-33 所示。

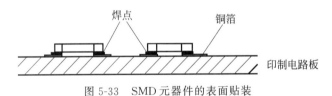

图 5-33　SMD 元器件的表面贴装

采用表面贴装技术有如下优点:

(1)减少了焊接工序,提高了生产效率。无须在印制电路板上打孔,无须孔的金属化,元器件无须预成形。

(2)减小了印制电路板的体积。一方面由于采用了 SMD 元器件,体积明显减小;另一方面由于无印制电路板带钻孔的焊盘,线条可以做得很细(可达 0.1～0.25mm),线条之间的间隔也可减小(可达 0.1mm),因而印制电路板上元器件的密度可以做得很高,还可将印制电路板多层化。

(3)改善了电路的高频特性。由于元器件无引线或引线极短,减少了印制电路板的分布参数,改善了高频特性。

(4)可以进行计算机控制,全自动安装。整个 SMT 程序都可以自动进行,生产效率高,而且安装可靠性大大提高,适合于大批量生产。

表面贴装技术工艺流程如图 5-34 所示。

图 5-34　表面贴装技术工艺流程图

5.4.5　电子焊接技术的发展

1．焊件微型化

由于现代电子产品不断向微型化发展,促使微型焊件焊接技术的发展。

印制电路板:最小导线间距已小于 0.1mm,最小线宽达 0.06mm,最小孔径达 0.08mm。

微电子器件:轴向尺寸最小达 0.01mm,厚度为 0.01mm。

显然,这种微型的焊件已很难用传统方法焊接。

2．焊接方法多样化

(1)锡焊:除了波峰焊向自动化、智能化发展;再流焊技术日臻完善,发展迅速;其他焊接方法也随着微组装技术不断涌现,目前已用于生产实践的有丝球焊、TAB 焊、倒装焊、真空焊等。

(2)特种焊接:锡焊以外的焊接方法,主要有高频焊、超声焊、电子束焊、激光焊、摩擦焊、爆炸焊、扩散焊等。

(3)无铅焊接:由于铅是有害金属,人们已在探讨非铅焊料实现锡焊。目前已成功用于代替铅的有铟(In)、铋(Bi)等。

(4)无加热焊接:用导电黏结剂将焊件黏结起来,如同普通黏合剂黏结物品一样。

3．设计生产计算机化

现代计算机及相关工业技术的发展,使制造业中从对各个工序的自动控制发展到集中控制,即从设计、试验到制造,从原材料筛选、测试到整件装配检测,由计算机系统进行控制,组成计算机集成制造系统(CIMS)。焊接中的温度、焊剂浓度、印制板的倾斜及速度、冷却速度等均由计算机智能系统自动选择。

当然,这种高效率、高质量的制造业是以高投入、大规模为前提条件的。

4．生产过程绿色化

绿色是环境保护的象征。目前,电子焊接中使用的焊剂、焊料及焊接过程、焊后清洗不可避免地影响环境和人们的健康。

绿色化进程主要在以下两个方面:

(1)使用无铅焊料。尽管经济上的原因尚未达到产业化,但技术、材料的进步正在往此方向努力。

(2)采用免清洗技术。使用免洗焊膏,焊接后不用清洗,避免污染环境。

5.4.6 印制电路板的制作

1. 敷铜板与印制电路板

当打开收音机、电视机等家用电器时,会发现晶体管、电阻器、电容器、集成电路等都安装在一块板子上,在板子上有一条条的铜箔,这些铜箔将元器件的引线连接起来,这种板子就称为印制电路板。

1) 敷铜板的种类

(1) 根据标准厚度通常分为三种,即 1.0mm、1.5mm、2.0mm。一般常选用 1.5mm 和 2.0mm 的敷铜板。

(2) 根据敷铜板的基板(绝缘)材料可分为酚醛纸基敷铜板、环氧酚醛玻璃布敷铜板、环氧双氰胺玻璃布敷铜板、聚四氟乙烯敷铜板。酚醛纸基敷铜板又称纸质板,其优点是价格便宜,不足之处是机械强度低、耐高温性能差。环氧酚醛玻璃布敷铜板的优点是电绝缘性能好,耐高温性能好,受潮时不易变形。环氧双氰胺玻璃布敷铜板的优点是透明度好,有较好的机械加工性能和耐高温的特性。聚四氟乙烯敷铜板的最大特点是能耐高温,且有高绝缘性能。

(3) 根据敷铜面的不同又可分为单面印制电路板、双面印制电路板、多层印制电路板、平面印制电路板。单面印制电路板是指只在绝缘基板的一面印制导线的电路板。双面印制电路板是指在绝缘基板的两面都有印制导线的电路板。多层印制电路板是指多于两层印制导线的印制电路板,由极薄的单层印制电路板叠合加压而成,并且采用了金属化孔连接。平面印制电路板是指印制导线嵌在绝缘基板内,与基板表面齐平的电路板。

2) 敷铜板的选用

前面所述四种不同基板材料的敷铜板应根据不同设备的要求进行选用。环氧酚醛玻璃布敷铜板从外表看为青绿色并有透明感,这种敷铜板适用于高频、超高频电路,而且具有绝缘性能好、耐高温的特性。酚醛纸基敷铜板(简称酚醛板)一般为黑黄色或淡黄色,其机械强度、绝缘性能都不如环氧酚醛玻璃布敷铜板,而且高频损耗较大,但由于便宜而得到了广泛的应用,如收音机、电视机、业余小制作以及要求不高的仪器仪表等。在微波频段使用时,应选用聚四氟乙烯敷铜板。

2. 手工自制印制电路板

在产品研制阶段或科技及创作活动中往往需要制作少量印制电路板,进行产品性能分析试验或制作样机,为了赶时间和经济性需要自制印制电路板。以下介绍的几种方法都是简单易行的。

1) 贴图刀刻法

(1) 板的处理。将敷铜板裁成所需的形状和大小,用去污粉将板表面的油污等脏物清洗干净,然后用细砂纸打磨,去掉铜箔表面的氧化层,再用清水冲洗干净并擦干或晾干。

(2) 复写印制电路图。将设计好的印制电路图用复写纸复印在敷铜板上。方法是先将复写纸放在敷铜板和印制电路图之间,再使印制电路图与敷铜板对齐,方向一致,检查无误后,将它们用胶带纸粘牢;然后用圆珠笔或铅笔描图,描完检查无误后,再揭开印制电路图和复写纸。

(3) 刀刻。将透明胶带覆盖在描好印制电路图的敷铜板上,用刻刀沿着绘好的线路将胶带划开,把需要腐蚀的部分上的胶带撕去。

(4) 打孔。在每一个穿孔处,根据印制电路板设计时确定的孔径选择合适的钻头打孔。如果是双面板,则应在描完一面后进行打孔,并在板和电路图之间打四个定位孔,且选择合适的钻头钻透,以利于另一面复写印制电路图。

(5) 腐蚀。用三氯化铁溶液腐蚀电路板,去掉没有被胶带覆盖的铜箔。按三氯化铁和水的重量比 1∶2 配制溶液。溶液应盛于塑料、陶瓷或玻璃的平底容器中,将描好晾干的敷铜板放入容器中。若是单面板,则应将敷铜面朝上放置。天冷时可适当加温,加快腐蚀速度,但加温不要超过 50℃;否则,易将胶带泡掉,引起线路损坏。在裸露的铜箔完全被腐蚀掉后,可以取出电路板。

(6) 清洗。将电路板用清水冲洗干净,把剩余胶带撕去,用砂纸打磨,再用清水冲洗干净,晾干,然后涂上一层松香水。

完成以上各步骤后,就可以在印制电路板上安装、焊接元器件。焊好元器件且调试、测试完毕后,认为电路不需要再改动,且希望能长期保有或使用,可以在印制电路板上涂敷一层透明保护漆来保护印制电路。

2) 描图蚀刻法

由于最初使用调和漆作为描绘图形的材料,所以也称漆图法。具体步骤如下:

(1) 下料。按板面的实际设计尺寸剪裁敷铜板,去掉四周毛刺。

(2) 拓图。用复写纸将已设计好的印制电路板布线草图拓印在敷铜板的铜箔面上。印制导线用单线、焊盘用小圆点表示。拓制双面板时,为保证两面定位准确,板与草图均应有 3 个以上不在一条直线上的、孔距尽量大的定位孔。

(3) 打孔。拓图后,对照草图检查敷铜板上画的焊盘与导线是否有遗漏;然后在板上打出样冲眼,按样冲眼的定位,用小型台式钻床打出焊盘上的通孔。打孔过程中,注意钻床应选高转速,钻头要锋利,进刀不宜太快,以免将铜箔挤出毛刺;并注意保持导线图形清晰,避免被弄模糊。不要用砂纸清除孔的毛刺。

(4) 描图。用稀稠适宜的调和漆将图形及焊盘描好。描图时应先描焊盘,方法可用适当的硬导线蘸点漆料,漆料要蘸得适中,可以用比焊盘外径稍细的硬导线或细木棍蘸漆点图,注意与钻好的孔同心,大小尽量均匀。焊盘描完后可描印制导线图形,可用鸭嘴笔、毛笔等配合直尺,注意直尺不要与板接触,可将直尺两端垫高架起,以免将未干的图形蹭坏。双面板应把两面图形描好。

(5) 修图。描好的图在漆未全干(不沾手)时及时进行修图,可使用直尺和小刀,沿导线边沿修整,同时修补断线或缺损图形,保证图形质量。

（6）腐蚀。腐蚀液一般使用浓度为 28%～42% 三氯化铁水溶液。将描修好的板子全部浸没到腐蚀液中,把没有被漆膜覆盖的铜箔腐蚀掉。

为了加快腐蚀速度,可以用软毛排笔轻轻刷扫板面,但不可用力过猛,防止漆膜脱落。在冬季,也可以对腐蚀溶液适当加温,但温度不要超过 50℃,以防将漆膜泡掉。待完全腐蚀以后,取出板子用水清洗。

（7）去漆膜。用热水浸泡后,可将板面的漆膜剥掉,未擦净处可用稀料清洗。

（8）清洗。漆膜去除干净以后,用碎布蘸着去污粉在板面上反复擦拭,去掉铜箔的氧化膜,使线条及焊盘露出铜的光亮本色。注意应按某一固定方向擦拭,这样可使铜箔反光方向一致,看起来更加美观。擦拭后用清水冲洗,晾干。

（9）涂助焊剂。把已经配好的松香酒精溶液立即涂在洗净晾干的印制电路板上,作为助焊剂。助焊剂可使板面受到保护,提高可焊性。

3）热转印法

热转印法的关键是热转印纸和热转印机（图 5-35）,它利用激光打印机先将图形打印到热转印纸上,再通过热转印机将图形"转印"到敷铜板上,形成由墨粉组成的抗腐蚀图形,再经蚀刻机（图 5-36）蚀刻后即可获得所需印制电路板图形。热转印纸是具有耐高温（180.5℃）不粘连特性的转印媒介,热转印机是实现"热转印"的设备。热转印工艺的关键是热转印温度,它是由机内的微机精确控制的。只要激光打印机性能保证,采用热转印法就可获得足够精度和接近专业品质的印制电路板。

图 5-35　热转印机　　　　　　　　　　图 5-36　蚀刻机

热转印法制板工艺流程如图 5-37 所示。

4）贴图法

在用漆图法自制印制电路板的过程中,图形靠描漆或其他抗蚀涂料描绘而成,虽然简单易行,但描绘质量很难保证,往往是焊盘大小不均、印制导线粗细不匀。近年来,电子器材商店已有一种薄膜图形出售,这种具有抗蚀能力的薄膜厚度只有几微米,图形有几十种,都是印制电路板上常见的图形,有各种焊盘、接插件、集成电路引线和各种符号等。

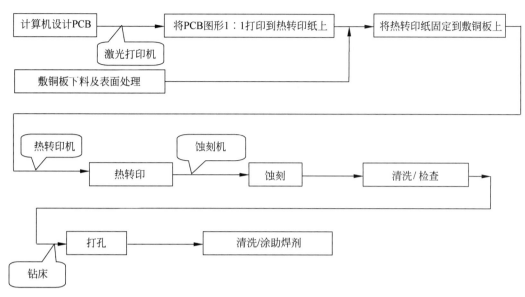

图 5-37 热转印法制板工艺流程

这些图形贴在一块透明的塑料软片上,使用时可用刀尖把图形从软片上挑下来,转贴在敷铜板上。焊盘和图形贴好后,再用各种宽度的抗蚀胶带连接焊盘,构成印制导线。整个图形贴好以后即可进行腐蚀。用这种方法制作的印制电路板效果极好,与照相制版所做的板子几乎没有质量的差别。这种图形贴膜为新产品的印制板制作开辟了新的途径。

5)铜箔粘贴法

这是手工制作印制电路板最简捷的方法,既不需要描绘图形也不需要腐蚀,只要把各种所需的焊盘及一定宽度的导线粘贴在绝缘基板上,就可以得到一块印制电路板。具体方法与图形贴膜法很类似,只不过所用的贴膜不是抗蚀薄膜,而是用铜箔制成的各种电路图形。铜箔背面涂有压敏胶,使用时只要用力挤压,就可以把铜箔图形牢固地粘贴在绝缘板材上。目前,我国已有一些电子器件商店出售这种铜箔图形,但因价格较高,使用并不广泛。

6)刀刻法

对于一些电路比较简单、线条较少的印制板,可以用刀刻法来制作。在进行布局排版设计时,要求导线形状尽量简单,一般把焊盘与导线合为一体,形成多块矩形。由于平行的矩形图形具有较大的分布电容,所以刀刻法制板不适合高频电路。

刻刀可以用废的钢锯条自己磨制,要求刀尖既硬且韧。制作时,按照拓好的图形,用刻刀沿钢尺划铜箔,使刀刻深度把铜箔划透;然后把不要保留的铜箔的边角用刀尖挑起,再用钳子夹住把它们撕下来。

3. 批量生产印刷电路板的过程

单面板、双面板和多层板的批量生产技术均不同,下面就单面板和双面板的生产过程予以说明。

1）单面板制造过程

（1）清洗。去掉板上的油污等。

（2）光刻技术。在板上用光刻方法形成导电图形的保护层。

（3）蚀刻。用三氯化铁溶液将无保护膜的铜箔腐蚀掉。

（4）清洗。将蚀刻完的印制电路板清洗干净,再用有机溶剂清洗掉保护层。

（5）线上覆膜。在导电层上覆盖一层保护膜,此层同时起到绝缘和阻焊作用。

（6）镀锡。在焊盘上镀上一层锡。

（7）打孔。

2）双面板制造过程

（1）打孔。根据印制电路板图中的打孔图,在相应的位置上打出合适孔径的孔。在计算机辅助设计中,元器件布局及布线完后,已形成了打孔图,可直接通过计算机控制数控钻床打孔。人工布板时,需要给数控钻床输入数据。

（2）清洗。机械打孔时的热效应会使导体表面粘有粉末,清洗掉这些污物才能保证均匀镀孔。

（3）线路的光刻设计。在板上用光刻技术形成线路图形。

（4）引线孔金属化。用化学方法在孔壁沉积一层铜,使原来的非金属孔壁金属化,然后再电镀铜,最后镀锡。

（5）通孔、焊盘的光刻设计。在通孔及焊盘上形成保护膜。

（6）蚀刻。将印制板上裸露的铜箔蚀刻掉。

（7）清洗。冲洗掉刻蚀用液体（如三氯化铁）,去掉保护层。在要求高的印制电路板中,清洗液很重要,选择不当会使板上漏电流增大。

（8）线上覆膜。

复习思考题

1. 进行电子电路设计时,通常应经历哪几个程序？各个程序中重点解决什么问题？

2. 进行电子电路设计时,通常采用哪些耦合方式？分别应用在什么场合？

3. 在阻容耦合晶体管放大电路中,影响放大器上限频率 f_H 和下限频率 f_L 的主要因素是什么？

4. TTL 和 CMOS 数字集成电路各有什么优、缺点？在电路中如果二者混合使用,应该注意哪些问题？

5. 电子电路装配时,电子元器件的装配形式有哪几种？各有什么优、缺点？

6. 检查电子电路故障的方法主要有哪些？应用这些方法时应注意什么事项？

7. 使用加电观察法时应注意什么事项？

8. 什么是信号寻迹法？如何应用其查寻电路故障？

9. 简述电子手工焊接的五步法。

10. 如何选择内热式电烙铁和外热式电烙铁？

下篇

电工电子实验

第

6

章

电路电工实验

6.1 基本电工仪表的使用及减小仪表测量误差的研究

一、实验目的

（1）熟悉实验装置上各类电工测量仪表、各类电源、实验电路等的布局及使用方法；

（2）掌握电压表、电流表内电阻的测量方法及其在测量过程中产生的误差及分析方法；

（3）掌握减小仪表内阻引起测量误差的方法。

二、实验原理

1. 被测电路的原始工作状态

为了准确地测量电路中实际的电压和电流，必须保证仪表接入电路后不会改变被测电路的工作状态，这就要求电压表的内阻为无穷大，电流表的内阻为零。而实际使用的电工仪表都不能满足上述要求。因此，当测量仪表一旦接入电路，就会改变电路原有的工作状态，这就导致仪表的读数值与电路原有的实际值之间出现误差，这种测量误差值的大小与仪表本身内阻的大小密切相关，这就是电表内阻的负载效应。

2. 采用分流法测量电流表的内阻

测量电流表的内阻采用分流法，如图 6-1 所示。

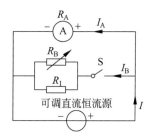

图 6-1 测量电流表内阻的电路

A 为被测内阻（R_A）的直流电流表，测量时先断开开关 S，调节直流恒流源的输出电流 I 使 A 表指针满偏转。然后合上开关 S，并保持 I 值不变，调节电阻箱 R_B 的阻值，使电流表指针指在 1/2 满偏转位置，此时有 $I_A = I_B = \dfrac{I}{2}$（视恒流源为理想恒流源）。此时有

$$R_A = R_B \mathbin{/\mkern-5mu/} R_1 \tag{6-1}$$

式中，R_1 为固定电阻器的值；R_B 由可调电阻箱的刻度盘上读得。

R_1 与 R_B 并联，且 R_1 选用小阻值电阻，R_B 选用较大电阻，则阻值调节可比单只电阻箱更为细微、平滑。

3. 采用分压法测量电压表的内阻

测量电压表的内阻采用分压法，如图 6-2 所示。

V 为被测内阻（R_V）的直流电压表，测量时先将开关 S 闭合，调节直流稳压电源的输出电压，使电压表 V 的指针为满偏转。然后断开开关 S，调节 R_B 阻值使电压表 V 的指示值减半（视电压源为理想电压源）。此时有

$$R_V = R_B + R_1 \tag{6-2}$$

电压表的灵敏度为

$$S = R_V / U \ (\Omega/V) \tag{6-3}$$

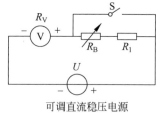

图 6-2 测量电压表内阻的电路

式中:U 为电压表 V 满偏时的电压值。

4. 仪表内阻引入的测量误差的计算

仪表内阻引入的测量误差通常称为方法误差,而仪表本身构造上引起的误差称为仪表基本误差。

以图 6-3 所示电路为例,R_1 上的电压为

$$U_{R1} = \frac{R_1}{R_1 + R_2} U$$

若 $R_1 = R_2$,则

$$U_{R1} = \frac{1}{2} U$$

现用一个内阻为 R_V 的电压表来测量 U_{R1} 值,当 R_V 与 R_1 并联后,可得

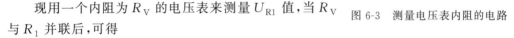

图 6-3　测量电压表内阻的电路

$$R_{AB} = \frac{R_V R_1}{R_V + R_1}$$

以此来替代上式中的 R_1,则得

$$U'_{R1} = \frac{\dfrac{R_V R_1}{R_V + R_1}}{\dfrac{R_V R_1}{R_V + R_1} + R_2} U \tag{6-4}$$

绝对误差为

$$\Delta U = U'_{R1} - U_{R1} = U\left(\frac{\dfrac{R_V R_1}{R_V + R_1}}{\dfrac{R_V R_1}{R_V + R_1} + R_2} - \frac{R_1}{R_1 + R_2}\right) \tag{6-5}$$

化简后可得

$$\Delta U = \frac{-R_1^2 R_2 U}{R_V(R_1^2 + 2R_1 R_2 + R_2^2) + R_1 R_2(R_1 + R_2)} \tag{6-6}$$

相对误差为

$$\gamma = \frac{\Delta U}{U_{R1}} \times 100\% \tag{6-7}$$

可见,当 $R_1 = R_2 = R$,$R_V = \infty$ 时,则得 $\Delta U = 0$,$\gamma = 0$;

当 $R_1 = R_2 = R$,$R_V = 100R$ 时,则得 $\Delta U = \dfrac{U}{402}$,$\gamma = -0.5\%$;

当 $R_1 = R_2 = R$,$R_V = 10R$ 时,则得 $\Delta U = \dfrac{U}{42}$,$\gamma = -5.0\%$;

当 $R_1 = R_2 = R$,$R_V = R$ 时,则得 $\Delta U = \dfrac{U}{6}$,$\gamma = -33.3\%$。

由此可见,当电压表的内阻与被测电路的电阻相近时,测得值的误差是非常大的。

5. 减小仪表内阻而产生测量误差的方法

减小仪表内阻而产生测量误差的方法主要有采用数字电压表直接测量法、电位器法、公式法和零示法。

这些方法的原理及操作步骤在第 4 章中讨论高内阻电路中直流电压测量时已做过详细论述,实验时要详细阅读相关内容。

对于电流表,要减小电流表内阻引起的测量误差,第 4 章中也做过详细讨论,可阅读相关内容。

三、实验仪器

本实验需要的实验仪器如表 6-1 所列。

表 6-1 实验仪器

序　号	名　　称	型号与规格	数　量	备　注
1	可调直流稳压电源	0～30V	1	THETEC-1
2	可调直流恒流源	0～200mA	1	THETEC-1
3	万用电表	MF-10 或其他	1	
4	可调电阻箱	0～99999.9Ω	1	
5	电阻器		若干	

四、实验内容及步骤

1. 电流表内阻的测定

根据分流法原理测定 MF-10 型(或其他型号)万用表直流电流 1mA 和 10mA 挡量程的内阻,线路如图 6-1 所示。分流法测量数据填入表 6-2。

表 6-2 分流法测定电流表内阻数据

被测电流表量程/mA	S 断开时表读数/mA	S 闭合时表读数/mA	R_B/Ω	R_1/Ω	计算内阻 R_A/Ω
1					
10					

2. 电压表内阻的测定

根据分压法原理按图 6-2 接线,测定万用表 MF-10 型直流电压 2.5V 和 10V 挡量限的内阻。将测量数据填入表 6-3。

表 6-3 分压法测定电压表内阻数据

被测电压表量限/V	S 闭合时表读数/V	S 断开时表读数/V	$R_B/k\Omega$	$R_1/k\Omega$	计算内阻 $R_A/k\Omega$	$S/(\Omega/V)$
2.5						
10						

3. 电压表内阻引起的测量误差研究

用万用表直流电压 10V 挡测量图 6-3 电路中 R_1 上的电压 U_{R1} 之值，并计算测量的绝对误差与相对误差。将实验数据填入表 6-4。

表 6-4　测量电压表内阻实验数据

U/V	$R_2/k\Omega$	$R_1/k\Omega$	$R_{V(10V)}/k\Omega$	计算值 U_{R1}/V	实验值 U'_{R1}/V	绝对误差 $\Delta U/V$	相对误差 $\gamma = \Delta U/U \times 100\%$
10	30	100					

4. 减小电压表内阻引起测量误差的研究

1）采用双量程电压表两次测量计算法

（1）实验电路如图 6-3 所示，R_1、R_2 的阻值不变；

（2）用万用表的直流电压挡 2.5V 和 10V 两挡进行两次测量，最后计算出 U_{R1} 之值，并将数据填入表 6-5。

表 6-5　双量程电压表两次测量实验数据

万用表电压量限/V	电压表内阻值/kΩ	测量值/V	U_{R1} 的实际值/V	两次测量的计算值/V	绝对误差 ΔU /V	相对误差 $\gamma = \Delta U/U \times 100\%$
2.5						
10						

2）单量程电压表两次测量法

实验电路如图 6-3，R_1、R_2 的阻值不变，用万用表直流电压 2.5V 量程挡分别在有无串联 $R = 10k\Omega$ 附加电阻器的条件下进行两次测量，利用式（6-4）计算电压 U'_{R1} 之值，并将实验数据填入表 6-6 中。

表 6-6　单量程电压表两次测量实验数据

U_{R1} 的实际值/V	两次测量值		测量计算值 U'_{R1} /V	绝对误差 ΔU /V	相对误差 $\gamma = \Delta U/U \times 100\%$
	U_1/V	U_2/V			
2.5					

5. 减小电流表内阻引起测量误差的研究

1）双量程电流表两次测量法

按图 6-4 电路接线，取 $U = 10V$，$R_\circ = 10k\Omega$，用万用表 1mA 和 10mA 两挡电流量程进行两次测量，可参考式（4-15）计算出电路中电流值 I，并将实验数据填入表 6-7 中。

表 6-7　双量程电流表两次测量实验数据

万用表电流量程/mA	双量程内阻值/kΩ	两个量程测量值/mA	电流实际值/mA	两次测量的计算值/mA	绝对误差 $\Delta I/mA$	相对误差 $\Delta I/I \times 100\%$
1						
10						

$R_{1\mathrm{mA}}$ 和 $R_{10\mathrm{mA}}$ 参照实验 1 的结果。

2）单量程电流表两次测量法

实验线路如图 6-4 所示,用万用表 1mA 电流量程测得电流 I_1;仍用 1mA 挡串联附加电阻 $R=10\mathrm{k}\Omega$ 进行一次测量;可参考式(4-12)求出电路中的实际电流 I' 之值。并将实验数据填入表 6-8 中。

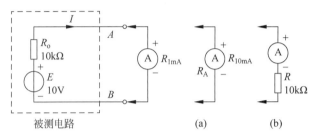

被测电路　　　　　　　　　　　(a)　　　　(b)

图 6-4　双量程两次测量计算法

表 6-8　单量程电流表两次测量实验数据

电流实际值 I/mA	两次测量值		测量计算值 I'/mA	绝对误差 ΔI	相对误差 $\Delta I/I\times100\%$
	I_1/mA	I_2/mA			

五、实验注意事项

(1) 实验装置上提供了所有实验电源,直流稳压电源和直流恒流源均可通过粗调(分段调)旋钮和细调(连续调)旋钮调节其输出量,并由电压表和毫安表显示其输出量的大小,启动实验装置电源之前,应使其输出旋钮置于零位,实验时再缓慢地增减输出。

(2) 稳压电源的输出不允许短路。

(3) 电压表应与电路并联使用,电流表与电路串联使用,并且都要注意极性与量程的合理选择。

六、实验报告要求

(1) 列表记录实验数据,并计算各被测仪表的内阻值。

(2) 对思考题的解答。

(3) 心得体会及其他。

七、预习要求及思考题

1. 预习要求

(1) 阅读 4.2 节内容,熟悉电子电路中电压测量的方法及电压测量过程中应注意的问题。

(2) 阅读 4.3 节内容,熟悉电子电路中电流测量的方法及电流测量过程中应注意的问题。

2. 思考题

(1) 根据实验内容 1 和 2,若已求出 1mA 挡和 2.5V 挡的内阻,可否直接计算得出

10mA 挡和 10V 挡的内阻?

（2）用量程为 10A 的电流表测实际值为 8A 的电流时，实际读数为 8.1A，求测量的绝对误差和相对误差。

6.2 电子元件的识别与测试

一、实验目的

（1）掌握读取色环电阻阻值及允许误差的方法；

（2）练习用模拟万用表测量电阻值；

（3）掌握电容的识别和电容量的读取方法；

（4）了解用数字电桥准确测量元件参数的方法。

二、实验原理

利用模拟万用表可以测量电子元件的参数（主要是测量电阻值）或判断其好坏，实质上均是使用模拟万用表的欧姆挡测量电子元件的电阻值。因此，该项实验的基础就是模拟万用表欧姆挡测量电阻的原理。

模拟万用表欧姆挡电路主要由表头和电池等组成，如图 6-5 所示。用模拟万用表测电阻值，实质上是以测定在一定电压下通过表头的电流大小来实现的。由于通过表头的电流与被测电阻 R_X 不是正比关系，所以表盘上的电阻标度尺是不均匀的。一般万用表中的欧姆挡量程有 $R \times 1$、$R \times 10$、$R \times 100$、$R \times 1K$、$R \times 10K$、$R \times 100K$ 等，当量程改变时，保持电源电压 E 不变，改变测量电路的分流电阻，虽然被测电阻 R_X 变大了，但通过表头的电流仍保持不变，同一指针位置所表示的电阻值相应变大。被测电阻的阻值应等于标度尺上的读数乘以所用电阻量程的倍率。

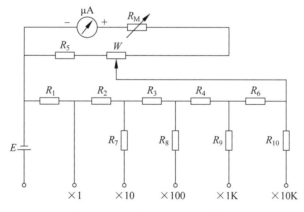

图 6-5　多量程欧姆表的工作原理

电源干电池 E 在使用中其内阻和电压都会发生变化，并使欧姆表综合内阻 R_Z 值和满偏转电流 I 改变。I 值与电源电压成正比。为减小电源电压变化引起的测量误差，在电路中设置调节电位器 W。在使用欧姆量程时，应先将表笔短接，调节电位器 W，使指针满偏,指示在电阻值的零位,即进行"调零",然后再测量电阻值。

在 $R \times 100K$ 量程上,由于 R_Z 很大,I 很小,当小于微安表的本身额定值,就无法进行测量。因此在 $R \times 100K$ 量程,一般采用提高电源电压的方法来实现扩大其量程,如图 6-6 所示。

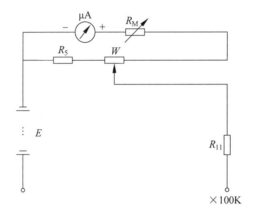

图 6-6 提高电源电压实现高阻值电阻的测量

三、实验仪器

本实验需要的实验仪器如表 6-9 所列。

表 6-9 实验仪器

序　号	名　称	型号、规格	数　量	备　注
1	指针式万用表	MF-10	1	
2	LCR 数字电桥	TH2812C	1	
3	电阻器、电容器		若干	

四、实验内容及步骤

1. 色环电阻的识别与测试

选择 10 种以上的色环电阻(含四环电阻和五环电阻),按照表 6-10 的要求读取和测试相关数据填入表 6-10 中,可参考数据表第一行的示例内容填写。

表 6-10 色环电阻的识别与测试数据记录表

序　号	色环排列顺序	型 号 规 格	用万用表测量的实测值	
			倍率挡	实测值
1	棕橙黑黑棕	RT-0.125-130Ω±1%	×10Ω	125Ω
2				
···				

2. 电容器的识别与简易测试

选择瓷介电容、涤纶电容、聚丙烯电容各 1 个,电解电容 2 个,按照表 6-11 的要求把读取的数据和测试现象填入表中,各项内容的填写可参考表 6-11 第一行的示例内容填写。

表 6-11　电容器的识别与测试数据记录表

序　号	电容类别	电容器标称值	型号规格	万用表测量时表针摆动情况
1	涤纶电容	47nJ100V	CL-100-0.047μF±5％	不摆动
2				
...				

3．用数字电桥测量电子元件的参数

（1）完成数字电桥的预热、短路清零和开路清零等准备工作。

（2）准备阻值为 10Ω、1kΩ、1MΩ 的电阻各 1 个；容量为 1000pF 的瓷片电容、0.047μF 的聚丙烯电容、4.7μF 和 100μF 的电解电容各 1 个；容量为 390μH 的电感 1 个。

（3）测量上述元件的主要参数，包括电阻值、电容量及损耗因数（D）、电感量及其品质因数（Q）。在测量电容和电感时，要改变电桥的串、并联测量方式和选择不同的测试频率，并记录相应的实验数据，自拟表格，将测量数据填入表中。

五、实验注意事项

（1）使用模拟万用表时，将万用表水平放置，检查表针是否指在机械零点；若没有，用小螺丝刀调整使其为零。使用欧姆挡测量电阻值时，每换一个挡位都要进行短路调零。

（2）在测量电容时，首先要对电容短路、放电，以防止电容上积存的电荷经过测量仪表泄放，损坏仪表。

六、实验报告要求

（1）在实验报告上整理并列表记录本次实验数据。

（2）总结根据印刷在电阻体上的色环读取电阻值及允许误差的方法。

（3）写出用万用表欧姆挡检测电解电容的方法和步骤，分析可能出现的现象及原因。

（4）分析用数字电桥测量电容、电感参数的实验数据，总结对于同一元件在测量方式、测试频率各不相同的情况下，测试数据的变化规律，并说明在使用电桥测量这些元件时，如何选择测量方式和测试频率。

（5）实验心得。

七、预习要求及思考题

1．预习要求

（1）了解万用表欧姆挡的结构以及使用方法。

（2）阅读附录 B 中关于 LCR 数字电桥的使用方法、注意事项以及测量电子元件参数时的操作步骤。

（3）阅读第 3 章的相关内容，了解电阻器、电容器、电感器的基本知识及其型号的标识方法。

2．思考题

（1）通过色环读取电阻器的阻值及允许误差时，首先要确定电阻值第 1 位数字所对应的色环，即"第 1 环"，如何确定电阻体两端的色环中哪一个是第 1 环？

（2）用万用表欧姆挡粗略检测电解电容质量时，对于同一个电容用不同的倍率挡测量观察到的现象有什么不同？试解释原因。

（3）在测量容量较大的电容的质量时,操作时应该注意哪些问题？

（4）根据自己所掌握的电子元件的电气性能和用途等有关知识,试解释为什么数字电桥在测量同一元件的参数时有不同的测量方式和测量频率。

6.3　二极管和三极管的简易识别

一、实验目的

（1）了解二极管、三极管的结构特点及封装形式；

（2）学会通过二极管和三极管的封装与型号标识判别其引脚的极性、类型、材料及用途；

（3）掌握用数字万用表判别二极管和三极管的材料、类型以及引脚所对应电极的方法。

二、实验原理

1. 数字式万用表检测二极管

普通二极管正向导通时有一定的导通压降,根据这一特点可以用数字万用表测试二极管的正、负电极,材料及好坏。

将数字万用表的量程开关置于二极管挡,红表笔固定连接某个引脚,用黑表笔接触另一个引脚,然后再交换表笔测试,两次测试值一次小于1V,另一次则超量程,则说明二极管功能正常,且测试值小于1V时,红表笔所接引脚为二极管的正极,黑表笔接触的电极是负极。

若测得二极管的正向导通压降为0.2～0.3V,则该二极管为锗材料制作；若电压为0.5～0.7V,则该二极管为硅材料制作。

数字万用表检测二极管示例如图6-7所示。

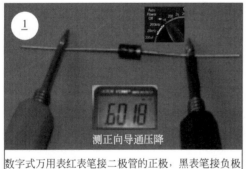
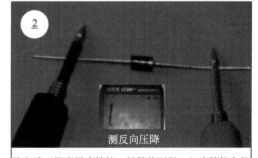

数字式万用表红表笔接二极管的正极，黑表笔接负极　数字式万用表黑表笔接二极管的正极，红表笔接负极

图 6-7　数字万用表检测二极管示例

2. 数字式万用表检测三极管

利用数字式万用表不仅能判定晶体三极管电极、测量三极管的电流放大倍数 h_{FE},还可判断管子的材料。

（1）判定基极 b、材料及类型。将数字万用表的量程开关置于二极管挡，红表笔固定连接某个引脚，用黑表笔依次接触另外两个引脚，如果两次显示均小于 1V，则红表笔所接引脚为基极 b，该三极管为 NPN 型三极管；黑表笔固定连接某个引脚，用红表笔依次接触另外两个引脚，如果两次显示均小于 1V，则黑表笔所接引脚为基极 b，该三极管为 PNP 型三极管。上述测试过程中测得小于 1V 的电压，若电压在 $0.2\sim0.3V$，则该三极管为锗材料制作；若电压在 $0.5\sim0.7V$，则该三极管为硅材料制作。

（2）判定集电极 c 和发射极 e。用万用表二极管挡测出三极管的基极 b 和类型之后，将数字式万用表拨至 h_{FE} 挡，如果被测管是 NPN 型，使用 NPN 插孔，把基极 b 插入 B 孔，剩下两个引脚分别插入 C、E 孔。若测出的 h_{FE} 值为几十至几百，则说明管子属于正常接法，放大能力较强，此时 C 孔插的是集电极 c，E 孔插的是发射极 e。若测出 h_{FE} 值为几至十几，则表明被测管的集电极和发射极插反了。

数字万用表检测三极管示例如图 6-8 所示。

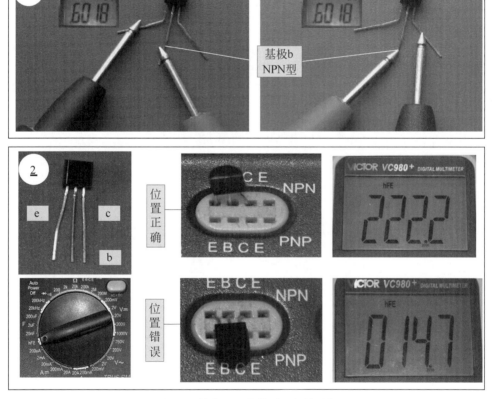

图 6-8　数字万用表检测三极管示例

三、实验仪器

本实验需要的实验仪器如表 6-12 所列。

表 6-12　实验仪器

序　号	名　　　称	型号与规格	数　量	备　注
1	数字万用表	VC980＋	1	
2	二极管	1N60、1N4007	各1	
3	三极管	3AX31、3DG6、SA1015、S9013	各1	

四、实验内容及步骤

1. 二极管的识别与测试

准备锗材料二极管(如 1N60)、硅材料二极管(如 1N4007)各 1 只。先观察其封装形式和型号标识,再用数字式万用表的二极管挡对其进行测试,将上述数据以及判别结果填入表 6-13 中。

表 6-13　二极管识别与测试数据记录表

序　号	二极管的型号	负极标记	正向压降/V	反向压降/V	材　料
1					
2					

2. 三极管的识别与测试

先观察实验所使用的三极管的封装形式、型号的标识内容,并粗略判断三极管的类型、材料以及引脚与 b、c、e 极的对应关系,然后用数字万用表准确判断三极管的类型、材料以及三个引脚所对应的电极,将测量数据以及判断结论填入表 6-14 中。

表 6-14　三极管识别与测量数据记录表

序　号	三极管型号	PN 结正向压降/V	PN 结反向压降/V	h_{FE} 值	封装、引脚编号及对应的电极	判别结果 材料	判别结果 类型
1							
2					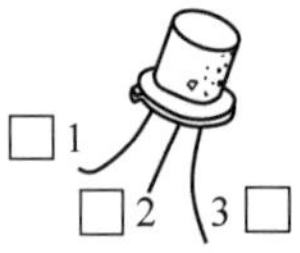		
3					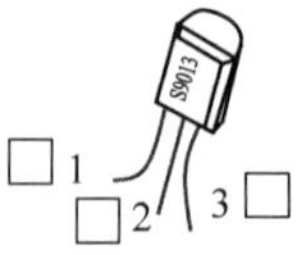		

续表

序 号	三极管 型号	PN结正 向压降/V	PN结反 向压降/V	h_{FE} 值	封装、引脚编号 及对应的电极	判别结果	
						材料	类型
4					□1 □2 3 □		

五、实验注意事项

(1) 当红表笔插入"VΩHz"插孔,黑表笔插入"COM"插孔时,红表笔带正电,黑表笔带负电,模拟万用表正好相反,使用时要特别注意。

(2) 测量三极管的放大倍数时,应首先识别三极管是 NPN 型还是 PNP 型,然后按插座的标识,将 e、b、c 三个电极插入相应的孔位。

六、实验报告要求

(1) 将实验数据及判断结论整理成表格,誊写在实验报告上。

(2) 总结使用数字万用表判断二极管引脚与正、负极的对应关系,三极管引脚与 b、c、e 极的对应关系,二极管的材料,三极管的类型及材料的方法。

七、预习要求及思考题

1. 预习要求

(1) 了解数字万用表的结构及功能,掌握用数字万用表检测二极管、三极管的方法。

(2) 复习二极管、三极管的结构特点及工作特性。

2. 思考题

(1) 三极管的发射结与集电结在结构上与二极管有哪些相似之处?

(2) 硅二极管的正向导通电压约为 0.7V,用数字万用表的二极管挡测出的正向压降一般小于 0.7V,为什么?

6.4 电路元件伏安特性的测绘

一、实验目的

(1) 掌握线性电阻、非线性电阻元件伏安特性及其测试方法;

(2) 掌握实验装置上相关电工仪表和设备的使用方法。

二、实验原理

任何一个二端元件的特性可用该元件上的端电压 U 与通过该元件的电流 I 之间的函数关系 $I = f(U)$ 来表示,即用 I-U 平面上的一条曲线来表征,这条曲线称为该元件的伏安特性曲线。

1. 线性电阻元件的伏安特性

线性电阻元件的电压与电流关系可用欧姆定律来描述。电阻与电压、电流的大小和方向无关,具有双向特性,它的伏安特性曲线是一条通过坐标原点的直线,如图 6-9 中 a

曲线所示,该直线的斜率等于该电阻器的电阻值的倒数。

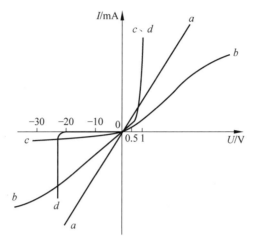

图 6-9 几种元件伏安特性曲线

2. 非线性电阻元件的伏安特性

非线性电阻元件的电压与电流关系不能用欧姆定律来描述,它的伏安特性一般为曲线。图 6-9 中分别给出了白炽灯和二极管的伏安特性曲线。

白炽灯伏安特性曲线如图 6-9 中曲线 b 所示。白炽灯在工作时灯丝一般处于高温状态,其灯丝电阻随着温度的升高而增大,通过白炽灯的电流越大,其温度越高,阻值也越大,灯泡的"冷电阻"与"热电阻"的阻值一般可相差几至十几倍,所以白炽灯是非线性元件。

半导体二极管也是非线性电阻元件,其伏安特性如图 6-9 中曲线 c 所示。二极管的正向压降很小(锗管为 0.2~0.3V,硅管为 0.5~0.7V),正向电流随正向压降的升高而急骤上升,而反向电压从零一直增加到十几伏至几十伏时,其反向电流增加很小,粗略地可视为零。因此,半导体二极管的伏安特性曲线对原点是不对称的,它具有明显的方向性。

稳压二极管是一种特殊的半导体二极管,其正向特性与普通二极管类似,但其反向特性较特别,如图 6-9 曲线 d 所示。在反向电压开始增加时,其反向电流几乎为零,但当反向电压增加到某一数值时(称为二极管的稳压值,有各种不同稳压值的稳压管)电流将突然增加,以后它的端电压将维持恒定,不再随外加的反向电压升高而增大。

三、实验仪器

本实验需要的实验仪器如表 6-15 所列。

表 6-15 实验仪器

序　号	名　　称	型号与规格	数　　量	备　　注
1	可调直流稳压电源	0~30V	1	THETEC-1
2	直流数字毫安表	0~200mA	1	THETEC-1

续表

序　号	名　　称	型号与规格	数　量	备　注
3	直流数字电压表	0～300V	1	THETEC-1
4	二极管	1N4007	1	
5	稳压管	2CW51	1	
6	白炽灯泡	12V/0.1A	1	
7	线性电阻器	200Ω,1kΩ	各1个	

四、实验内容及步骤

1. 测定线性电阻器的伏安特性

按图 6-10 接线,调节直流稳压电源的输出电压 U_S,从 0V 开始缓慢地增加一直到 10V,记下相应的电压表和电流表的读数,并将测量数据填入表 6-16 和表 6-17 中。

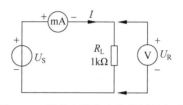

图 6-10　线性电阻伏安特性测量电路

表 6-16　线性电阻器正向伏安特性

U_R/V	0	2	4	6	8	10
I/mA						

表 6-17　线性电阻器反向伏安特性

U_R/V	0	-2	-4	-6	-8	-10
I/mA						

2. 测定非线性白炽灯泡的伏安特性

将图 6-10 中的 R_L 换成一只 12V 的小灯泡,重复 1 的步骤。测量数据填入表 6-18 和表 6-19 中。其中 U_L 为灯泡两端电压。

表 6-18　白炽灯泡正向伏安特性

U_L/V	0	2	4	6	8	10
I/mA						

表 6-19　白炽灯泡反向伏安特性

U_L/V	0	-2	-4	-6	-8	-10
I/mA						

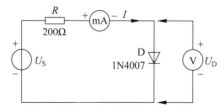

图 6-11　二极管伏安特性测量电路

3. 测定半导体二极管的伏安特性

按图 6-11 接线,R 为限流电阻,测二极管 D 的正向特性时,其正向电流不得超过 25mA,正向压降可在 0～0.75V 取值,特别是在 0.5～0.75V 应多取几个测量点。当测定二极管反向特性时,只需将图 6-11 中的二极管 D 反接,其反向电压的取值范围是 0～30V。测量数据填入表 6-20 和表 6-21 中。

表 6-20　二极管正向伏安特性

U_D/V	0	0.20	0.40	0.50	0.55	0.75	1	3
I/mA								

表 6-21　二极管反向伏安特性

U_D/V	0	-5	-10	-15	-20	-25	-30
I/mA							

4．测定稳压二极管的伏安特性

将图 6-11 中的二极管换成稳压二极管 2CW51,限流电阻 R 换为 1kΩ 电阻,重复 3 的测量,测量数据填入表 6-22 和表 6-23 中。其中 U_Z 为稳压管两端电压。

表 6-22　稳压二极管正向伏安特性

U_Z/V	0.10	0.30	0.50	0.55	0.60	0.65	0.70	0.75
I/mA								

表 6-23　稳压二极管反向伏安特性

U_Z/V	0	-2	-4	-6	-8	-10
I/mA						
U_Z/V	-12	-14	-16	-18	-20	
I/mA						

五、实验注意事项

(1) 测二极管正向特性时,稳压电源输出应由小到大逐渐增加,时刻注意电流表读数不得超过 25mA,稳压电源输出端切勿碰线短路。

(2) 进行不同实验时,应先估算电压和电流值,合理选择仪表的量程,勿使仪表超量程,仪表的极性也不可接错。

六、实验报告要求

(1) 根据各实验结果数据,分别在方格纸上绘制出光滑的伏安特性曲线。(二极管和稳压管的正、反向特性均要求画在同一张图中,正、反向电压可取为不同的比例尺)

(2) 根据实验结果,总结、归纳被测各元件的特性。

(3) 必要的误差分析。

(4) 心得体会及其他。

七、预习要求及思考题

1．预习要求

(1) 了解线性电阻与非线性电阻的概念。

(2) 熟悉电阻器与二极管的伏安特性。

2．思考题

(1) 设某器件伏安特性曲线的函数为 $I = f(U)$,试问在逐点绘制曲线时,其坐标变量应如何放置?

(2) 稳压二极管与普通二极管有何区别?其用途如何?

6.5 线性有源一端口网络等效参数的测量

一、实验目的

(1) 加深对戴维南定理的理解,学会验证戴维南定理的方法;

(2) 掌握线性有源一端口网络等效电路参数的测量方法。

二、实验原理

1. 戴维南定理与诺顿定理

戴维南定理指出,任何一个线性有源一端口网络(也可称为二端网络),对外部电路而言,总可用一个电压源和电阻串联的支路来代替,如图 6-12 所示,其电压源的电压等于原网络端口的开路电压 U_{OC}。其电阻等于原网络中所有独立电源为零值时的端口处等效电阻 R_o。

诺顿定理是戴维南定理的对偶形式,它指出,任何一个线性有源一端口网络,对外部电路而言,总可用一个电流源和电导并联的支路来代替,如图 6-13 所示,其电流源的电流等于原网络端口的短路电流 I_{SC}。其电导等于原网络中所有独立电源为零值时的端口处等效电导 $G_o\left(G_o = \dfrac{1}{R_o}\right)$。

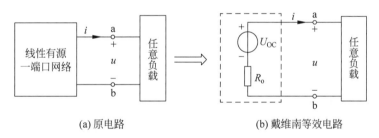

(a) 原电路　　　　　　　　　　　(b) 戴维南等效电路

图 6-12　戴维南定理

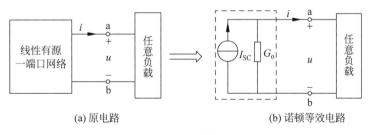

(a) 原电路　　　　　　　　　　　(b) 诺顿等效电路

图 6-13　诺顿定理

2. 戴维南定理和诺顿定理的应用要求

应用戴维南定理和诺顿定理时,被变换的一端口网络必须是线性的,可以包含电源或受控电源,但是与外部电路之间除直接相联系外不允许存在任何耦合,如通过受控电源的耦合或者电磁的耦合(互感耦合)等。外部电路可以是线性、非线性或时变元件,也可以是由它们组合成的网络。

3. 线性有源一端口网络等效电路参数的测量方法

1) 线性有源一端口网络的开路电压 U_{OC} 和短路电流 I_{SC} 的测量

(1) 用电压表、电流表直接测量开路电压 U_{OC} 或短路电流 I_{SC}。由于电压表及电流表的内阻会影响测量结果,为了减少测量的误差,尽可能选用高内阻的电压表和低内阻的电流表。若仪表内阻已知,则可以在测量结果中引入相应的校正值,以避免由于仪表内阻的存在而引起的方法误差。

(2) 用零示法测开路电压 U_{OC}。在测量具有高内阻有源一端口网络的开路电压 U_{OC} 时,用电压表进行直接测量会造成较大的误差,为了消除电压表内阻的影响,往往采用零示测量法。有关零示法的原理及测量方法在第 4 章已讲述过,可阅读相关内容。

2) 线性有源一端口网络等效内阻 R_{o} 的测量方法

(1) 直接法:若被测网络的结构已知,可先将线性有源一端口网络中的所有独立电源置零,然后采用欧姆表直接测量端口电阻,即为等效内阻 R_{o}。

(2) 极限法:又称定义法,在线性有源一端口网络输出端开路时,用电压表直接测其输出端的开路电压 U_{OC},然后再将输出端短路,用电流表测其短路电流 I_{SC},则内阻为

$$R_{o} = U_{OC} / I_{SC} \tag{6-8}$$

这种方法较简便。但是,对于不允许将外部电路直接短路或开的网络(如有可能短路电流过大而损坏网络内部器件),不能采用此法。

(3) 伏安法:又称外特性法,用电压表、电流表测出有源一端口网络的外特性如图 6-14 所示。

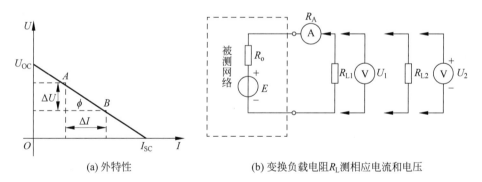

(a) 外特性　　　　　　　　(b) 变换负载电阻R_L测相应电流和电压

图 6-14　用外特性测量线性有源一端口网络的等效内阻

测量时,先接入电阻 R_{L1},测出此时的 U_1 和 I_1,然后再换成电阻 R_{L2},再测出 U_2 和 I_2,然后在 U-I 平面坐标纸上作出 $A(U_1, I_1)$ 和 $B(U_2, I_2)$ 两点。对于线性有源一端口网络来说,连接 A、B 两点,延长与纵轴 U 的交点即为开路电压 U_{OC},与横轴 I 交点即为短路电流 I_{SC}。这条直线称为该网络的外特性。根据外特性曲线求出其斜率,即可求得等效电路的内阻,即

$$R_{\text{o}} = \tan\varphi = \frac{\Delta U}{\Delta I} = \frac{U_{\text{OC}}}{I_{\text{SC}}} \tag{6-9}$$

如果不作外特性曲线,可根据改变 R_{L} 时测得相应的电压 U 和电流 I 列出方程组:

$$\begin{cases} U_{\text{OC}} - R'_{\text{o}}I_1 = U_1 \\ U_{\text{OC}} - R'_{\text{o}}I_2 = U_2 \end{cases} \tag{6-10}$$

解得

$$U_{\text{OC}} = \frac{U_1 I_1 - U_2 I_2}{I_1 - I_2}$$

$$R'_{\text{o}} = \frac{U_2 - U_1}{I_1 - I_2} \tag{6-11}$$

根据测量时电压表、电流表的接法可知,电压表内阻对解得的 U_{OC} 没有影响,但解得的 R_{o} 值只要从解得的 R'_{o} 中减去电流表内阻 R_{A} 即可。这种方法也称为组合测量方法。

由上可知,此法与其他方法相比有消除电压表内阻影响及很容易对电流表内阻影响进行修正的特点。同时它又适用于不允许将网络端口直接短接和开路的网络。

(4)电压换算法:如果被测有源一端口网络可以测量开路电压 U_{OC},但不允许测短路电流,也不方便串接电流表测电流,上述各种测量方法都将失效。采用电压换算法将能解决此问题。

电压换算法测量有源一端口网络等效内阻 R_{o} 的电路如图 6-15 所示。

测量时,首先断开负载电阻 R_{L},测得网络端口的开路电压 U_{OC};然后接上负载电阻 R_{L}(阻值为已知),再测得此时的电压 U_{OL}。根据等效内阻的定义,可推导得

$$R_{\text{o}} = \left(\frac{U_{\text{OC}}}{U_{\text{OL}}} - 1\right) R_{\text{L}} \tag{6-12}$$

电压换算法测量等效内阻应用极广,既可以用于含有电压源、电流源电路等效内阻的测量,也可用于受控源电路等效内阻的测量,如放大器输出电阻还可用于信号发生器输出电阻的测量。

(5)半电压法:如果将图 6-15 中的 R_{L} 换成电位器,首先测出被测网络的开路电压 U_{OC},然后接入电位器,并调电位器,使电压表指示值为 $U_{\text{L}} = \dfrac{1}{2}U_{\text{OC}}$,如图 6-16 所示。

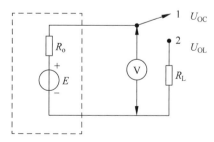

图 6-15 电压换算法测量等效内阻 R_{o}

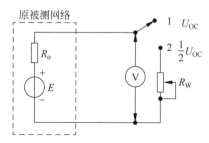

图 6-16 半电压法测量等效内阻 R_{o}

将 $U_L = \dfrac{1}{2}U_{OC}$ 代入式(6-12),则可得 $R_o = R_L$。用万用表电阻挡的合适倍率测出电位器的阻值,即可得到 R_o。这种方法称为半电压法,它是电压换算法的一个特例。采用半电压法测量 R_o 比较准确,有条件时尽可能采用此法。

三、实验仪器

本实验需要的实验仪器如表 6-24 所列。

表 6-24　实验仪器

序 号	名　称	型号与规格	数　量	备　注
1	可调直流稳压电源	0～30V 切换	1	THETEC-1
2	可调直流恒流源	0～200mA	1	THETEC-1
3	直流数字电压表	0～300V	1	THETEC-1
4	直流数字毫安表	0～2000mA	1	THETEC-1
5	万用表		1	
6	戴维南定理实验线路板		1	HE-11B
7	可调电阻箱	0～99999.9Ω	1	ZX21 电阻箱

四、实验内容及步骤

戴维南定理实验电路如图 6-17 所示。

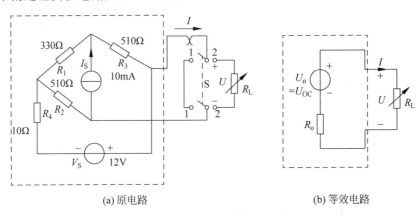

(a) 原电路　　　　　　　　　　(b) 等效电路

图 6-17　戴维南定理实验电路

1. 利用直接法测量被测网络的开路电压 U_{OC}

按图 6-17(a)连接好测试电路,在断开 R_L 后,测量该网络输出端的开路电压 U_{OC}。如果采用数字电压表测量,则可不考虑电表内阻的影响;如果采用指针式电压表测量,则应采用前面讲过有关消除电表内阻影响的方法(如电位器法、公式法、零示法等)准确测定网络的开路电压 U_{OC}。

2. 线性有源一端口网络等效内阻 R_o 的测量

(1) 直接法:在图 6-17(a)所示电路中,将网络内的所有独立源置零(将电流源 I_S 断开;去掉电压源 U_S,并在原电压源所接的两点用一根短路线相连),然后用万用表的欧姆挡适合倍率挡测定负载开路时网络输出端的电阻,即为该电路的等效内阻 R_o。

（2）极限法：按图 6-17(a)所示电路连接实验电路和测试仪表，然后测出网络输出端的开路电压 U_{OC} 和短路电流 I_{SC}，计算 R_o。

（3）电压换算法：在图 6-17(a)所示电路的输出端接入负载电阻 R_L（阻值可选等于或与直接法测得的 R_o 在同一数量级的任意值），测出接入 R_L 后的输出端电压 U_{OL}，利用前面所测得的 U_{OC}，计算 R_o。

将上述测量结果填入表 6-25 中。

表 6-25　线性有源一端口网络等效内阻 R_o 的测量数据

测量方法	测量数据	计算公式	R_o
直接法	$R_o=$	—	
极限法	$U_{OC}=$ _____ , $I_{SC}=$ _____	$R_o=U_{OC}/I_{SC}$	
电压换算法	$U_{OC}=$ _____ , $U_{OL}=$ _____ $R_o=$ _____	$R_o=\left(\dfrac{U_{OC}}{U_{OL}}-1\right)R_L$	

（4）半电压法：在图 6-17(a)中，将 R_L 换成电位器或电阻箱，按照半电压法测量等效内阻的要求进行测量，测量数据记录表格自拟。

（5）伏安法：

① 按图 6-17(a)所示电路连接测试电路，改变 R_L 的值（从 0 到 ∞），测出相应的端口电压 U 和回路电流 I，填入表 6-26 中。

表 6-26　用伏安法测量等效内阻的测量数据

R_L/Ω	0	200	300	400	500	1k	2k	3k	∞
U/V									
I/mA									

② 根据所测数据，画出该网络的外特性曲线。

3．验证戴维南定理

按照图 6-17(b)所示电路连接测试，图中 U_{OC} 和 R_o 以及 R_L 的取值均与表 6-26 相同，测出 R_L 不同取值下对应的端口电压 U 和回路电流 I。

表 6-27　验证戴维南定理的测量数据

R_L/Ω	0	200	300	400	500	1k	2k	3k	∞
U/V									
I/mA									

五、实验注意事项

（1）测量时，电流表量程的选择应不影响电路的工作状态，最好在同一量程内完成测量任务为佳。

（2）采用直接法测量等效内阻时，电源置零时不可将稳压电源直接短接，而是断开电压后，在原位置上用短路线短接。

（3）用万用表直接测 R_o 时，必须保证网络内已无电，以免损坏万用表；其次，欧姆挡必须选择合适倍率挡并调零后，再进行测量。

（4）改接线路时，要关掉电源，即严禁带电改接电路。

六、实验报告要求

（1）整理各项实验内容的数据，并计算出 R_o。

（2）根据实验内容 1、实验内容 2 所测得的 U_{OC} 和 R_o 与预习时进行电路计算出的 U_{OC} 和 R_o 进行比较，可得出什么结论。

（3）根据实验任务 2 中的（5）及实验任务 3 所测得的数据，在同一坐标系上分别绘出该网络的伏安特性，分析和讨论特性曲线所描述的规律及结论。

（4）写出心得体会及其他。

七、预习要求及思考题

1. 预习要求

（1）了解直流电压测量、直流电流测量方法及注意事项。

（2）熟悉线性有源一端口网络等效参数测量的原理、方法及注意事项。

2. 思考题

（1）计算图 6-17（a）所示实验电路的开路电压 U_{OC} 和 I_{SC} 以及 R_o，为实验时选择电表量程提供依据。

（2）思考实验中减小电表内阻引起测量误差的对策，并在实验中实施。

6.6　正弦稳态交流电路的研究

一、实验目的

（1）掌握日光灯电路的连接，理解提高电路功率因数的方法及意义；

（2）掌握正弦稳态交流电路中交流电压、交流电流的测量以及交流等效参数的测量方法。

二、实验原理

本实验将通过对日光灯电路中电压、电流的测量学习交流电路等效参数的测量方法，研究提高交流电路功率因数的方法，理解提高电路功率因数的意义。

交流电路中等效参数的测量包括交流电阻（在工频下，可认为就是直流电阻）、电感量 L、电容量 C、互感 M、线圈的 Q 值、电容的损耗因数等的测量。交流等效参数的测量方法很多，广泛采用的是交流电桥法。但它不能在电路工作条件下进行测量。在电路处于工作条件下测量交流参数，目前多采用三表（交流电压表、交流电流表和功率表）法。本实验将介绍一种只用交流电流表、交流电压表来测量交流电路等效参数的方法。供不具备功率表时选用，这种方法通常称为伏安法。

1. 日光灯电路的工作原理

日光灯电路由灯管、镇流器和启辉器三部分组成。灯管是一根内壁均匀涂有荧光物质的细长玻璃管，在管的两端装有由钨丝绕制的灯丝和镍丝制成的电极，灯丝上涂有受热后易于发射电子的氧化物,管内充有稀薄的惰性气体和水银蒸气。镇流器是一个带有铁芯的电感线圈。启辉器由一个辉光管和一个小容量的电容器组成,它们装在一个圆柱形的外壳内,如图 6-18 所示。启辉器在外壳内装有一个充有氩氖混合惰性气体的玻璃泡(也称辉光管),泡内有一个固定电极和一个倒 U 形可变电极组成的自动开关。可变电极是由两种热膨胀系数不同的金属制成的双

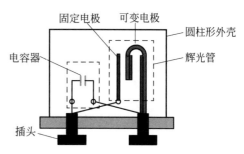

图 6-18　启辉器的构造

金属片,受热后双金属片膨胀,与固定电极接通,冷却后双金属片自动收缩复位,与固定电极脱离。两个电极间并联一只小电容,可以消除管内发生辉光放电和电极开断时产生的电火花对无线电设备的干扰。

当接通电源时,由于日光灯没有点亮,电源电压全部加在启辉器辉光管的两个电极之间,使辉光管放电,放电产生的热量使倒 U 形电极受热趋于伸直,两电极与镇流器及电源构成一个回路(图 6-19),灯丝因有电流(称为启动电流或预热电流)通过而发热,从而使氧化物发射电子。同时,辉光管两个电极接通时,电极间电压为零,辉光放电停止,倒 U 形双金属片因温度下降而复原,两电极脱开,回路中的电流突然被切断,于是在镇流器两端产生一个比电源电压高得多的感应电压。这个感应电压连同电源电压一起加在灯管的两端,使灯管内的惰性气体电离而产生弧光放电。随着管内温度的逐渐升高,水银蒸气游离,并猛烈碰撞惰性气体分子而放电。水银蒸气弧光放电时,辐射出不可见的紫外线,紫外线激发灯管内壁的荧光粉后发出可见光。

正常工作时,灯管两端的电压较低(30W 灯管的两端电压约为 105V,15W 灯管的两端电压约为 50V),此电压不足以使启辉器再次产生辉光放电。因此,启辉器仅在启动过程中起作用,一旦启动完成,它便处于断开状态。

灯管正常工作时的电流路径如图 6-20 所示。由于镇流器与灯管串联,并且感抗值很大,因此可以限制和稳定电路的工作电流。

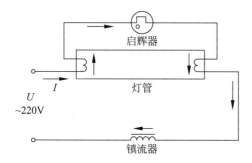

图 6-19　日光灯电路刚接通电源

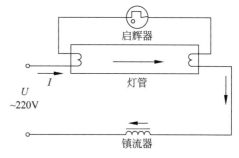

图 6-20　日光灯电路正常工作

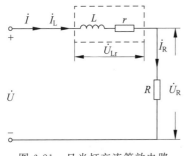

图 6-21　日光灯交流等效电路
（不接电容 C）

2. 不接电容 C 的基本日光灯电路

日光灯电路中镇流器可用电感 L 和小电阻 r（镇流器的损耗）串联来等效,日光灯管工作时可视为一个纯电阻。不接电容 C 的基本日光灯交流等效电路如图 6-21 所示。各元件上的电压和电流的意义已标在图上。

在没有功率表、相位计等仪器时,要测量电路中的交流等效参数 L、r、R 和 $\cos\varphi$,通常采用交流电压表测出各元件上的交流压降,如 U_{Lr}（镇流器上的压降）、U_R（日光灯管上的压降）和总电压 U,用交流电流表测出流过各元件的支路电流和总电流。然后通过作图法和解析法来求解电路的交流等效参数。

1）作相量图

根据等效电路（图 6-21）可知,在不接电容 C 时,有

$$\dot{U} = \dot{U}_{Lr} + \dot{U}_R$$

$$\dot{I} = \dot{I}_R = \dot{I}_L$$

选取合适的电压比例尺和电流比例尺,可作出该电路的电压相量图,如图 6-22 所示。

2）解析法求交流等效参数

根据余弦定理由图 6-22 可得

$$U_{Lr}^2 = U^2 + U_R^2 - 2UU_R\cos\varphi_1$$

$$\cos\varphi_1 = (U^2 + U_R^2 - U_{Lr}^2)/2UU_R \qquad (6\text{-}13)$$

这就是交流电路中功率因数 $\cos\varphi$ 的测量计算公式。

同时,还可得

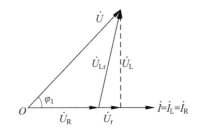

图 6-22　不接电容 C 时的电压相量图

$$R = U_R/I_L \qquad\qquad\qquad\qquad\qquad (6\text{-}14)$$

$$L = (U\sin\varphi_1)/\omega I \qquad\qquad\qquad\qquad (6\text{-}15)$$

$$r = (U\sin\varphi_1 - U_R)/I \qquad\qquad\qquad (6\text{-}16)$$

式中：I 为流过镇流器的电流；ω 为角频率（$\omega = 2\pi f$, $f = 50\,\mathrm{Hz}$）；可先求出 φ_1,再求 $\sin\varphi_1$。

3. 接入电容 C 的日光灯电路

日光灯电路是感性负载电路,所以在日光灯电源接入端并接适当的电容便可起到提高电路功率因数 $\cos\varphi$ 的效果。接入电容 C 的日光灯交流等效电路如图 6-23 所示。

接入电容 C 后,流过镇流器的电流 $\dot{I}_L$ 与总电压 $\dot{U}$ 之间的关系没有改变,根据 $\dot{I} = \dot{I}_L + \dot{I}_C$,可作出该电路的电流相量图,如图 6-24 所示。由该图中的相量关系可得

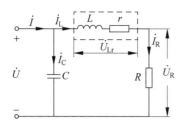 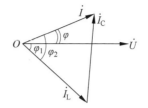

图 6-23　日光灯交流等效电路(接入电容 C)　　图 6-24　接入电容 C 时的电压相量图

$$\cos\varphi_2 = (I_L^2 + I^2 - I_C^2)/2II_L \tag{6-17}$$

式中:I、I_L 均为接入电容 C 后电路各支路的电流。

根据上述分析可知

$$\varphi = \varphi_2 - \varphi_1 \tag{6-18}$$

于是可以求得 $\cos\varphi$,这就是接入电容后日光灯电路的功率因数。

当然,如果电压相量图和电流相量图作得较准,可以直接用量角器量取 φ 角进行 $\cos\varphi$ 的计算。

在用户中一般感性负载很多,如电动机、变压器等,其功率因数较低。当负载的端电压一定时,功率因数越低,输电线路上的电流越大,导线上的压降也越大,由此导致电能损耗增加,传输效率降低,发电设备的容量得不到充分的利用。从经济效益来说,这也是一个损失。因此,应该设法提高负载端的功率因数。通常是在负载端并联电容器,这样以流过电容器的容性电流补偿原负载中的感性电流,虽然此时负载消耗的有功功率不变,但是随着负载端功率因数的提高,输电线路上的总电流减小,线路压降减小,线路损耗降低,因此提高了电源设备的利用率和传输效率。

三、实验仪器

本实验需要的实验仪器如表 6-28 所列。

表 6-28　实验仪器

序　号	名　　称	型号与规格	数　量	备　注
1	单相交流电源	0～220V	1	THETEC-1
2	三相自耦调压器		1	THETEC-1
3	交流电压表	0～500V	1	THETEC-1
4	交流电流表	0～5A	1	THETEC-1
5	电流插孔		3	THETEC-1
6	日光灯灯管	30W	1	THETEC-1
7	镇流器	与 30W 灯管配用	1	HE-13B
8	启辉器	与 30W 灯管配用	1	HE-13B
9	电容器	$1\mu F$,$2.2\mu F$,$4.7\mu F/500V$	各 1 个	HE-13B

四、实验内容及步骤

实验电路如图 6-25 所示。

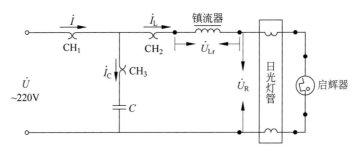

图 6-25 日光灯电路连接与测试示意图

具体实验步骤如下：

(1) 按图 6-25 连接日光灯实验电路。图中 CH_1、CH_2、CH_3 分别为测试总电流 I，流过镇流器的电流 I_L，流过电容的电流 I_C 的测试孔，然后用专用测试线连接交流电流表进行测试，这些插孔要合理选择实验台上提供的插孔。供电电源应接在调压器的输出端。

(2) 接好实验电路后，用万用表电阻挡检查各元器件的连接端与实验台间有无短路现象。如有短路现象，要加以排除。最后经指导老师检查后方可通电实验。

(3) 接通市电 220V 电源，调节自耦变压器的输出，使工作电压缓慢增大，直到电路的工作电压调到 220V 为止。

(4) 先不接入电容 C，用交流电压表测量 U、U_{Lr}、U_R 以及 I、I_L，填入表 6-29 中，然后画出电压相量图，并分别计算电路的交流等效参数 L、r、R 和 $\cos\varphi_1$。

表 6-29 日光灯电路等效参数测量的实验数据

测量条件	电压测量			电流测量		计算			
	U/V	U_{Lr}/V	U_R/V	$I/$ mA	$I_L/$ mA	R/Ω	r/Ω	$L/$ H	$\cos\varphi_1$
日光灯正常工作									

(5) 在上述实验的基础上，分别接入不同容量的电容器，同时测出接入不同电容值时电路的电压 U、U_{Lr}、U_R，电流 I、I_L、I_C，并填入表 6-30 中，然后以 U 为参考相量，画出电流相量图，并分别计算接入不同电容时电路的功率因数 $\cos\varphi$，其中 $\varphi=\varphi_2-\varphi_1$。

表 6-30 接入不同补偿电容时电路功率因数的变化

接入 C 的情况	电压测量			电流测量			计算		
	U/V	U_{Lr}/V	U_R/V	$I/$ mA	$I_L/$ mA	$I_C/$mA	φ_2	φ	$\cos\varphi$
$1\mu F$									
$2.2\mu F$									
$3.2\mu F$									
$4.7\mu F$									
$5.4\mu F$									
$6.9\mu F$									

五、实验注意事项

（1）本实验用市电 220V，务必注意用电和人身安全，严禁带电改接线路。

（2）在接通电源前，应先将自耦调压器手柄置在零位上。

（3）如线路接线正确，日光灯不能启辉时，应检查启辉器及其接触是否良好。

六、实验报告要求

（1）根据实验中所测得的实验数据，在方格坐标纸上画出正确的电压相量图和电流相量图，并整理数据表格。

（2）根据测试数据，计算相应的测试结果，讨论结果所揭示的规律及意义。

（3）简述日光灯电路故障检测的方法、步骤。

（4）简答思考题。

（5）心得体会及其他。

七、预习要求及思考题

1．预习要求

（1）了解日光灯电路的工作原理及组成。

（2）了解提高交流电路功率因数的意义及方法。

（3）熟悉用伏安法测量交流电路等效参数的步骤、方法及注意事项。

2．思考题

（1）研究负载端并接电容与负载端功率因数的关系时，若负载端电压保持不变，线路上只有一只电流表，如何从负载电流的变化判断功率因数的增减？什么情况下 $\cos\varphi = 1$？

（2）若日光灯电路在正常电压下不能点燃，如何用一只交流电压表尽快查出故障部位？试写出简捷的查找步骤。

（3）在日常生活中，当日光灯上缺少了启辉器时，常用一根导线将启辉器的两端短接，然后迅速断开，使日光灯点亮；或用一只启辉器去点亮多只同类型的日光灯。其原因是为什么？

（4）为了提高电路的功率因数，常在感性负载上并联电容器，此时增加了一条电流支路，试问电路的总电流是增大还是减小，此时感性元件上的电流和功率是否改变？

（5）提高电路功率因数为什么只采用并联电容法而不用串联法？所并联电容器是否越大越好？

6.7 RLC 串联谐振电路的研究

一、实验目的

（1）加深对串联谐振电路特性的理解；

（2）学习测定 RLC 串联谐振电路幅频特性曲线的方法。

二、实验原理

1．RLC 串联电路的谐振条件

RLC 串联电路（图 6-26）的阻抗是电源角频率 ω 的函数，即

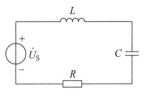

图 6-26 RLC 串联谐振电路

$$Z = R + j\left(\omega L - \frac{1}{\omega C}\right) = |Z| \angle \varphi$$

当 $\omega L - \frac{1}{\omega C} = 0$ 时,电路处于串联谐振状态,谐振角频率为

$$\omega_0 = \frac{1}{\sqrt{LC}}$$

谐振频率为

$$f_0 = \frac{1}{2\pi\sqrt{LC}} \tag{6-19}$$

显然,谐振频率仅与元件 L、C 的数值有关,而与电阻 R 和激励电源的角频率 ω 无关。当 $\omega < \omega_0$ 时,电路呈现容性,阻抗角 $\varphi < 0$;当 $\omega > \omega_0$ 时,电路呈现感性,阻抗角 $\varphi > 0$。

2. 电路处于谐振状态时的特性

(1) 由于回路总电抗 $X_0 = \omega_0 L - \frac{1}{\omega_0 C} = 0$,因此,回路阻抗 $|Z_0|$ 为最小值,整个回路相当于一个纯电阻电路,激励电源的电压与回路的响应电流同相位。

(2) 由于感抗 $\omega_0 L$ 与容抗 $\frac{1}{\omega_0 C}$ 相等,所以电感上的电压 U_L 与电容上的电压 U_C 数值相等,相位相差 $180°$。谐振时感抗(或容抗)与电阻 R 之比称为品质因数,即

$$Q = \frac{\omega_0 L}{R} = \frac{1/\omega_0 C}{R} = \frac{\sqrt{L/C}}{R} \tag{6-20}$$

在 L 和 C 为定值的条件下,Q 值仅仅取决于回路电阻 R 的大小。

(3) 在激励电压(有效值)不变的情况下,回路中的电流 $I = \dfrac{U_S}{R}$ 为最大值。

3. 串联谐振电路的频率特性

回路的响应电流与激励电源的角频率的关系称为电流的幅频特性(表明其关系的曲线为串联谐振曲线)。其表达式为

$$I(\omega) = \frac{U_S}{\sqrt{R^2 + (\omega L - 1/\omega C)^2}} = \frac{U_S}{R\sqrt{1 + Q^2(\omega/\omega_0 - \omega_0/\omega)^2}} \tag{6-21}$$

当电路的 L 和 C 保持不变时,改变 R 的大小,可以得出不同 Q 值时电流的幅频特性曲线(图 6-27)。显然,Q 值越高,曲线越尖锐。

为了反映一般情况,通常研究电流比 I/I_0 与角频率比 ω/ω_0 之间的函数关系(归一化):

$$\frac{I}{I_0} = \frac{1}{\sqrt{1 + Q^2(\omega/\omega_0 - \omega_0/\omega)^2}} \tag{6-22}$$

式中:I_0 为谐振时的回路响应电流。

图 6-27 画出了不同 Q 值下的串联谐振电路的通用曲线。显然,Q 值越高,在一定的

频率偏移下,电流比下降得越厉害。

为了衡量谐振电路对不同频率的选择能力,定义通用幅频特性中幅值下降至峰值的 0.707 时的频率范围(图 6-28)为通频带,即

$$B_{\mathrm{W}} = (\omega_3 - \omega_2) \mid_{Q=Q_1} \tag{6-23}$$

显然,Q 值越高相对通频带越窄,电路的选择性越好。

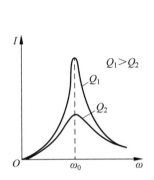

图 6-27　不同 Q 值时的幅频特性

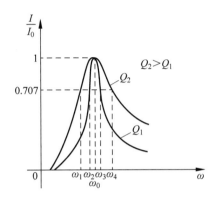

图 6-28　串联谐振电路的幅频特性

4. **实验中串联谐振频率的测定**

(1) 根据串联谐振电路的电路参数计算 f_0,即根据式(6-19)可得

$$f_0 = \frac{1}{2\pi\sqrt{LC}}$$

实验中计算 f_0 时的 L 和 C,最好用电桥测量其实际值。计算出 f_0 后,可供实验中调整激励源频率时参考。

(2) 根据串联谐振状态时的特性,用实验的方法测定谐振频率 f_0。

① 根据谐振时回路中的电流 $I_0 = \dfrac{U_{\mathrm{S}}}{R}$ 为最大的特性可知,只要保持激励源电压 U_{S} 不变,改变激励源频率,当电路中 U_{R}(电阻上的压降)最大时,电路处于谐振状态。此时信号源的频率即谐振频率 f_0。

② 由于信号源都有内阻 R_0 存在,当电路发生谐振时,回路电流 I_0 最大,此时在信号源内阻上的压降最大,信号源所能输出的信号电压最小。所以当调节信号源频率 f_{S},使信号源的输出电压 U_{S} 最小时的信号频率就是串联谐振电路的谐振频率。

这种方法在测定 f_0 易于操作,它不需要监视 U_{S} 不变,而且为实验时选择激励电压的大小提供了依据。

这两种测定谐振频率的方法在实验过程中可以配合使用,第二种方法作为粗测的手段,找到 f_0 的大致位置,然后再用第一种方法准确测定 f_0。

5. **幅频特性的测试**

1) 用点频法测试电路的幅频特性

点频法测试幅频特性的方法又称为逐点法,其测试原理框图如图 6-29 所示。

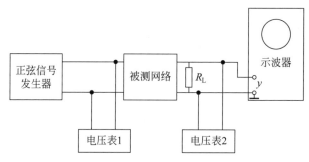

图 6-29 点频法测试幅频特性

图 6-29 中,正弦信号发生器提供输出电压和频率可调的已知正弦波信号。电压表 1 作为被测电路输入电压监视用,电压表 2 作为被测电路输出电压指示。示波器用以监视输出波形。在被测电路的整个工作频段内改变信号的频率 f_S,并由电压表 1 注意监视并保持输入电压的幅度 U_S 不变,电压表 2 逐点测得相应的输出电压 U_R(本实验中,测量 R_L 两端的电压),然后画出被测电路的幅频特性曲线。

在测试中要注意以下几点:

(1) 始终保持输入信号电压的幅度不变。如果信号源的频率特性很好(其输出幅度不随频率而变),则没有必要每改变一个频率都要监视信号源的输出电压,只要在几个频率点上监视即可。如果信号源的频率特性不好,则应每改变一次信号频率后,要用电子电压表检查其输出幅度并调到某一固定值。

(2) 合理选择频率测试点。在通频带以外可以少测几个点,在通频带内应多测几个点,特别是在曲线变化较剧烈的部分选点更应多一些。

(3) 幅频特性曲线的横坐标一般选用对数坐标,在选择测试频率时也应按照对数规律来选取;幅频特性的纵坐标常用相应变化量来标度,如图 6-30 所示。

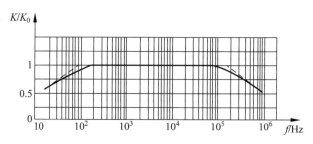

图 6-30 某放大器的幅频特性曲线

(4) 幅频特性曲线的测试应在输出波形不失真的条件下进行,也就是说要注意保证网络处于线性工作状态。这主要由两方面决定:一是组成网络的元器件特别是有源器件要工作在线性区;二是输入信号不失真,输入信号的幅度要适当,过大的和过小的输入幅度都不好。

2）用扫频法测试电路的幅频特性

点频法是传统的幅频特性的测量方法。这种测量方法简单,但费时费事,不能反映被测网络的动态幅频特性。为此,在点频法的基础上发展了新的幅频特性测试方法——扫频法。

扫频法就是利用频率特性测试仪(简称扫频仪)直接对被测网络的幅频特性进行测试和显示的方法,如图 6-31 所示。

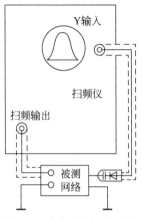

图 6-31 扫频法测量电路的幅频特性

可见,扫频法显示的幅频特性是在一定的频率范围内和扫频速度下,被测电路的实际幅频特性,称为动态特性。它不同于点频法测量的静态特性曲线。它是一种半自动的测试方法,可以一边调整被测网络中的有关元件,一边观察荧光屏显示曲线,从而得到预定的指标,不会漏掉被测特性的细节。

有关扫频仪的使用方法可参阅相关仪器的使用说明书。

6. 有关电路品质因数 Q、通频带 B 的测量方法

1）品质因数的测量方法

(1) 根据电路参数理论计算 Q(见式(6-20))。

(2) 根据谐振时电感(或电容)上的压降与信号源输出电压的关系实验计算 Q,即

$$Q = \frac{U_{L0}}{U_S} = \frac{U_{C0}}{U_S} \tag{6-24}$$

(3) 根据电路的通频带计算 Q,即

$$Q = \frac{f_0}{B_W} = \frac{f_0}{f_H - f_L} \tag{6-25}$$

2）通频带的测量方法

(1) 理论计算 B_W,即

$$B_W = \frac{f_0}{Q} = \frac{R}{2\pi L} \tag{6-26}$$

(2) 三点法测量通频带 B_W。先测出电路的谐振频率 f_0,保持输入电压不变,降低或升高信号频率,测出 f_L 和 f_H。则有

$$B_W = f_H - f_L \tag{6-27}$$

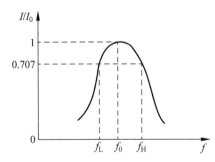

图 6-32 从幅频特性曲线上求 B_W

(3) 从幅频特性曲线上求取 B_W(图 6-32)。

三、实验仪器

本实验在面包板上搭接实验电路,然后选择适合的仪器(表 6-31)进行测试。

表 6-31　实验仪器

序　号	名　称	型号与规格	数　量	备　注
1	信号源		1	
2	交流毫伏表		1	
3	示波器		1	
4	元器件包	R：10Ω、100Ω，L：390μH C：0.1μF、0.01μF	1	
5	面包板		1	

四、实验内容及步骤

（1）测量串联谐振电路在 $R=100\Omega$，$L=390\mu$H，$C=0.01\mu$F 时的幅频特性曲线及相应的 Q 和 B_W。

① 按图 6-33 所示连接测试电路和测试仪器。

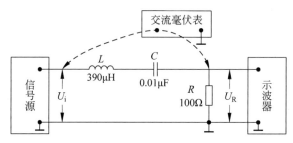

图 6-33　RLC 串联谐振实验电路

② 根据理论计算的 f_0 值，准确测量实际的 f_0 大小。（计算 f_0 前，应先用电桥测量 L、C、R 的实际值）

③ 在 $f=f_0$ 条件下，测量 U_i、U_{R0}、U_{L0}、U_{C0}。计算 Q 和 B_W，将测试数据填入表 6-32 中。

表 6-32　$R=100\Omega$ 时串联谐振电路的特性

测试量	f_0/ kHz	U_{R0}/V	U_{L0}/V	U_{C0}/V	计算	
					Q	B_W
实测数据						
理论数据						

④ 保持 U_i 不变的前提下，用逐点法测量串联谐振电路的幅频特性。其中 f_L、f_H 必须准确测出。将测量数据填入表 6-33 中。

表 6-33　$R=100\Omega$ 时的幅频特性测试数据

f/kHz	f_L	f_0	f_H
U_i/V			
U_R/V			
I/I_0			

(2) 重复(1)中步骤①～④,测量在 $R = 10\Omega$ 时串联谐振电路的幅频特性曲线及相应的 Q 和 B_W。

五、实验注意事项

(1) 幅频特性测试时,频率点的选择在 f_L 与 f_0 和 f_H 与 f_0 之间应多取几点,一般各选三四个点;而在 f_L 和 f_H 之外选取一两个频率点即可。当改变信号源频率后,应首先调整信号源输出电压 U_i,使其保持不变。

(2) 在测量 U_{C0} 和 U_{L0} 数值时,一是要及时增大交流毫伏表的量限,二是要变换元件位置,以保证电压表与信号源满足"共地"连接原则。

(3) 实验前应进行相应的理论值计算,以便实验时作参考。

(4) 要合理选择测试信号电压的幅度,通常 U_i 应尽可能取大一些,且应取整数而不取带小数的量值。

六、实验报告要求

(1) 列表记录实验中的测试数据。

(2) 根据实验数据,在坐标纸上绘出 $R = 100\Omega$ 和 $R = 10\Omega$ 时串联谐振电路的通用曲线,分别与理论值进行比较,并作简略分析。

(3) 通过实验总结 RLC 串联谐振电路的特性。

(4) 简答思考题。

(5) 心得体会及其他。

七、预习要求及思考题

1. 预习要求

(1) 认真预习有关 RLC 串联谐振电路的相关理论知识,并进行相应的理论计算,为实验测试提供依据。

(2) 根据实验内容要求,准备好记录数据表格和对数坐标纸。

2. 思考题

(1) 实验中如何确定输入信号电压的幅度?

(2) 改变电路的哪些参数可以使电路发生谐振,电路中 R 的数值是否影响谐振频率值?

(3) 如何判别电路是否发生谐振? 测试谐振点的方法有哪些?

(4) 电路发生串联谐振时,为什么输入电压不能太大? 如果信号源给出 1V 的电压,电路谐振时,用交流毫伏表测 U_{L0} 和 U_{C0},应该选择多大的量限?

(5) 要提高 RLC 串联电路的品质因数,电路参数应如何改变?

(6) 谐振时,比较输出电压 U_R 与输入电压 U_i 是否相等? 试分析原因。

(7) 谐振时,对应的 U_{C0} 与 U_{L0} 是否相等? 如有差异,原因何在?

(8) 简述点频法和扫频法的实现方法和优、缺点。

6.8　三相负载电路的研究

一、实验目的

（1）研究三相负载作星形连接时，在对称和不对称情况下线电压与相电压的关系；

（2）比较三相供电方式中三线制和四线制的特点；

（3）研究三相负载作三角形连接时，在对称和不对称情况下线电流与相电流的关系。

二、实验原理

三相电路中，负载的连接方式有星形（又称"Y"形）连接和三角形（又称"△"形）连接。星形连接时根据需要可以采用三相三线制或三相四线制供电。三角形连接时只能用三相三线制供电。三相电路中的电源和负载有对称和不对称两种情况。本实验研究三相电源对称和不对称负载作星形、三角形连接时的电路工作情况。

1. 三相负载星形连接

如图 6-34 所示，在负载作星形连接时的三相电路中，有三相三线制和三相四线制两种供电方式。在三相负载星形连接的电路中无论各相负载是否对称，线电流与相电流总是相等的。

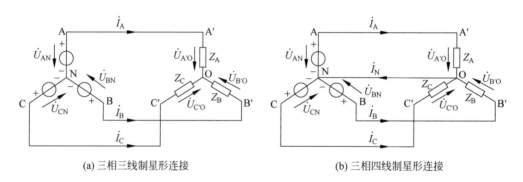

（a）三相三线制星形连接　　　　　　　　（b）三相四线制星形连接

图 6-34　三相负载星形连接

1）三相三线制星形连接

三相三线制星形连接电路如图 6-34（a）所示，当线路阻抗忽略不计时，负载的线电压等于电源的线电压，若负载对称，则负载中性点 O 与电源中性点 N 之间的电压为零，其电压相量图如图 6-35 所示。此时负载的相电压对称，线电压 $U_{线}$（或 U_L）与相电压 $U_{相}$（或 U_P）满足 $U_{线} = \sqrt{3}U_{相}$（或 $U_L = \sqrt{3}U_P$）的关系。若负载不对称，负载中性点 O 与电源中性点 N 之间电压不再为零，负载端的各相电压就不再对称，其电压相量图如图 6-36 所示。

2）三相四线制星形连接

三相三线制电路中若把电源中性点和负载中性点之间用中线连接起来，就成为三相四线制，如图 6-34（b）所示。在负载对称时，中线电流等于零，其工作情况与三线制相同；

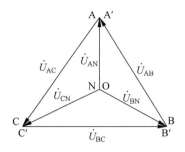
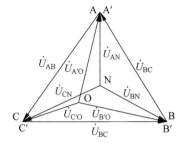

图 6-35　对称负载星形连接时的电压相量图　　图 6-36　不对称负载星形连接时的电压相量图

负载不对称,若忽略线路阻抗,则负载端相电压仍然对称,但这时中线电流不再为零(中线电流的参考方向 O 指向 N),它可用计算方法或实验方法确定。

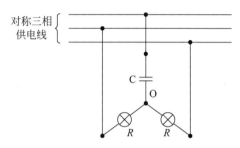

图 6-37　三相电路相序的测定

3) 相序测定

在发电、供电系统以及用电部门,相序的确定是非常重要的。一般可用专用的相序仪测定,也可以简单地把一个电容和两个相同瓦数的灯泡连接成不对称星形负载,接至被测的三相端线上(图 6-37)。由于负载不对称,负载中性点 O 发生位移,各相位电压也就不再相等。若设电容所在相为 A 相,则灯泡比较亮的相为 B 相,灯泡比较暗的相为 C 相,这样可以方便地确定三相的相序。

2. 三相负载三角形连接

如图 6-38 所示,在负载作三角形连接的三相电路中,无论负载是否对称,线电压 U_L 等于相电压 U_P。若负载对称,线电流是相电流的 $\sqrt{3}$ 倍($I_L = \sqrt{3} I_P$)。若负载不对称,线电流和相电流之间不存在 $\sqrt{3}$ 关系。但只要电源的线电压 U_L 对称,则加在三相负载上的电压仍是对称的,对各相负载工作没有影响。

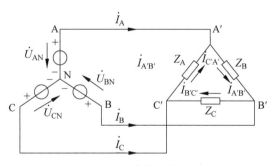

图 6-38　三相负载三角形连接

三、实验仪器

本实验需要的实验仪器如表 6-34 所列。

表 6-34　实验仪器

序　号	名　　称	型号与规格	数　量	备　注
1	交流电压表	0～500V	1	THETEC-1
2	交流电流表	0～5A	1	THETEC-1
3	三相自耦调压器		1	THETEC-1
4	电流插座		3	THETEC-1
5	三相灯组负载	25W/220V 白炽灯	9	HE-14B

四、实验内容及步骤

1. 三相负载星形（Y 形）连接及测量

实验电路如图 6-39 所示。保持三相调压器输出电压为给定值，负载端的线电压、相电压用电压表测量，各相电流用接有电流表的插头插入电流插座测得。

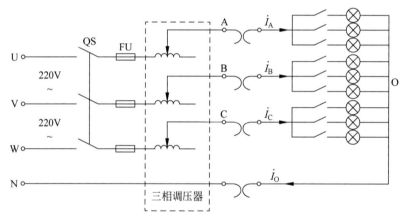

图 6-39　三相负载星形连接实验电路

实验步骤如下：

（1）电路接好后，将三相调压器的旋柄置于三相电压输出为 0V 的位置，经指导教师检查后，方可合上三相电源开关，然后调节调压器输出，使输出的三相线电压为 220V。

（2）电源相序的测定。按图 6-37 所示，任两相负载各接一只 25W/220V 的白炽灯，另一相负载接入 1μF 电容，观察两只白炽灯的亮暗情况，列表记录相序测定时负载端各相电压值，写出相序。

（3）按表 6-35 所列各项要求分别测量三相负载电路中的线电压、相电压、线电流（相电流）、中线电流、电源与负载中点间的电压，并将测量数据记录于表中。观察在负载改变时各相灯组亮暗变化情况，特别要注意观察中线的作用。

表 6-35　三相负载电路星形连接时的测量数据

负载情况	开灯盏数			线电流/A			线电压/V			相电压/V			中线电流 I_O/A	中点电压 U_{NO}/V
	A 相	B 相	C 相	I_A	I_B	I_C	U_{AB}	U_{BC}	U_{CA}	U_{AO}	U_{BO}	U_{CO}		
Y_0 接平衡负载	3	3	3											
Y_0 接不平衡负载	1	2	3											
Y_0 接 B 相断路	3	断	3											
Y 接平衡负载	3	3	3											
Y 接不平衡负载	1	2	3											
Y 接 B 相断路	3	断	3											
Y 接 B 相短路	3	短	3											

注: Y_0 接为有中线时; Y 接为无中线时。

2. 三相负载三角形(△形)连接及测量

实验电路如图 6-40 所示。实验线路连接后经指导教师检查方可通电实验。

实验步骤如下:

(1) 电路接好后,将三相调压器的旋柄置于三相电压输出为 0V 的位置,经指导教师检查后,方可合上三相电源开关,然后调节调压器输出,使输出的三相线电压为 220V。

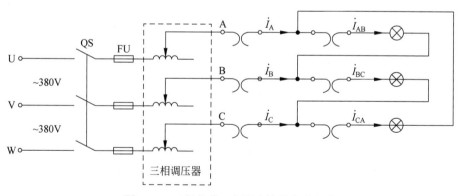

图 6-40　三相负载三角形连接的实验电路

(2) 按表 6-36 所列各项要求分别测量三相负载电路三角形连接时的线电压、线电流,并记录相应的测量数据。

表 6-36 三相负载电路三角形连接时的测量数据

负载情况	开灯盏数			线电压/V			线电流/A			相电流/A		
	A-B	B-C	C-A	U_{AB}	U_{BC}	U_{CA}	I_A	I_B	I_C	I_{AB}	I_{BC}	I_{CA}
△接平衡负载	3	3	3									
△接不平衡负载	1	2	3									

五、实验注意事项

(1) 本实验采用三相交流市电,线电压 380V,实验时要注意人身安全,不可触及导电部件,防止意外事故发生。

(2) 每次接线完毕,应自查一遍,由指导教师检查后,方可接通电源。必须严格遵守先接线后通电,先断电后拆线的实验操作原则。

(3) 星形负载作短路实验时,必须首先断开中线,以免发生短路事故。

六、实验报告要求

(1) 整理实验数据,用坐标纸按比例画出表 6-35 中 Y 接平衡负载、Y 接不平衡负载下的电压相量图和 Y_0 接不平衡负载的电流相量图,并从作图中得到中点电压和中线电流。

(2) 由实验结果说明三相三线制和三相四线制的特点,总结三相四线供电系统中中线的作用。

(3) 用实验任务 2 的数据证明不对称负载三角形连接时能否正常工作?

(4) 回答思考题(1)、(3)。

七、预习要求及思考题

1. 预习要求

(1) 复习三相交流电路有关内容,熟悉三相负载星形连接和三角形连接方法。

(2) 分析三相负载作星形连接时,在对称和不对称负载情况下线电压和相电压的关系。

(3) 分析三相负载作三角形连接时,在对称和不对称负载情况下线电流和相电流的关系。

(4) 熟悉相序测定的原理和方法。

2. 思考题

(1) 三相负载根据什么条件作星形或三角形连接?

(2) 本实验中为什么要通过三相调压器将 380V 的市电线电压降为 220V 的线电压使用?

(3) 采用三相四线制时,为什么中线上不允许装保险丝?

(4) 三相三线制星形连接电路中因负载不对称,中性点 O 会发生位移。试定性分析,电阻性负载的不对称情况和中性点之间有什么规律可循。

6.9 一阶 RC 电路的响应研究

一、实验目的

(1) 学习用示波器观察和分析动态电路的过渡过程；

(2) 学习用示波器测量一阶电路的时间常数；

(3) 研究一阶电路阶跃响应和方波响应的基本规律和特点。

二、实验原理

含有储能元件的电路称为动态电路。当动态电路的特性可以用一阶微分方程描述时，该电路称为一阶电路。一般情况下，它是由一个电容(或一个电感)和若干个电阻所构成的电路。

当电路从一种稳定状态转为另一种稳定状态时(当电路结构或参数发生变化时)往往不能跃变，需要一定的过程(时间)来稳定，这个过程称为过渡过程(或称为暂态过程)。电路的过渡过程分为零状态响应、零输入响应和全响应三种。

1. 一阶 RC 电路的零状态响应、零输入响应和全响应

1) 零状态响应(电容充电过程)

在一阶 RC 动态电路中，如果储能元件的初始状态为零，则仅由输入引起的响应，称为零状态响应。如图 6-41 所示，当 $t=0$ 时，开关 S 由位置 2 转到位置 1，直流电源通过 R 向 C 充电。由方程

$$u_C + RC \frac{\mathrm{d}u_C}{\mathrm{d}t} = U_S (t \geqslant 0) \qquad (6\text{-}28)$$

和初始条件

$$u_C(0_-) = 0 \qquad (6\text{-}29)$$

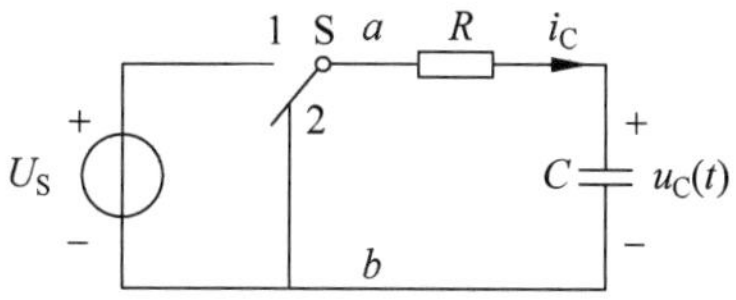

可得出电容的电压和电流随时间变化的规律：

$$u_C(t) = U_S \left(1 - \mathrm{e}^{-\frac{t}{\tau}}\right) (t \geqslant 0) \qquad (6\text{-}30)$$

$$i_C(t) = \frac{U_S}{R} \mathrm{e}^{-\frac{t}{\tau}} (t \geqslant 0) \qquad (6\text{-}31)$$

式中：τ 为时间常数，$\tau = RC$，τ 越大，过渡过程持续的时间越长。

2) 零输入响应

在一阶 RC 动态电路中，如果电路的输入为零，则仅由电路储能元件的初始状态引起的响应称为零输入响应。如图 6-41 所示，当开关 S 置于 1，$u_C(0_-) = U_0$ 时，再将开关 S 转到位置 2，电容器的初始电压 $u_C(0_-)$ 经 R 放电。由方程

$$u_C + RC \frac{\mathrm{d}u_C}{\mathrm{d}t} = 0 \quad (t \geqslant 0) \qquad (6\text{-}32)$$

和初始值

$$u_C(0_-) = U_0 \qquad (6\text{-}33)$$

可以得出电容器上的电压和电流随时间变化的规律：

图 6-41 一阶 RC 电路的零状态响应

$$u_C(t) = u_C(0_-)e^{-\frac{t}{\tau}} \quad (t \geqslant 0) \tag{6-34}$$

$$i_C(t) = -\frac{u_C(0_-)}{R}e^{-\frac{t}{\tau}} \quad (t \geqslant 0) \tag{6-35}$$

3）全响应

电路在输入激励和初始状态共同作用下引起的响应称为全响应。对图 6-42 所示的电路,当 $t=0$ 时合上开关 S,则描述电路的微分方程为

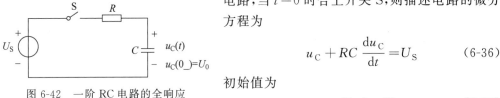

图 6-42　一阶 RC 电路的全响应

$$u_C + RC\frac{\mathrm{d}u_C}{\mathrm{d}t} = U_S \tag{6-36}$$

初始值为

$$u_C(0_-) = U_0 \tag{6-37}$$

可以得出全响应

$$u_C(t) = \underbrace{U_S(1-e^{-\frac{t}{\tau}})}_{\text{零状态分量}} + \underbrace{u_C(0_-)e^{-\frac{t}{\tau}}}_{\text{零输入分量}}$$

$$= \underbrace{\left[u_C(0_-) - U_S e^{-\frac{t}{\tau}}\right]}_{\text{自由分量}} + \underbrace{U_s}_{\text{强制分量}} \quad (t \geqslant 0) \tag{6-38}$$

$$i_C(t) = \underbrace{\frac{U_S}{R}e^{-\frac{t}{\tau}}}_{\text{零状态分量}} - \underbrace{\frac{u_C(0_-)}{R}e^{-\frac{t}{\tau}}}_{\text{零输入分量}}$$

$$= \underbrace{\left(\frac{U_S}{R} - \frac{u_C(0_-)}{R}\right)e^{-\frac{t}{\tau}}}_{\text{自由分量}} \quad (t \geqslant 0) \tag{6-39}$$

上两式表明:全响应是零状态分量和零输入分量之和,它体现了线性电路的可加性。全响应也可以看作自由分量和强制分量之和,自由分量与初始状态和输入有关,而随时间变化的规律仅仅取决于电路的 R、C 参数。强制分量则仅与激励有关。当 $t \to \infty$ 时,自由分量趋于零,过渡过程结束,电路进入稳态。

2. 响应波形的观测

对于上述零状态响应、零输入响应和全响应的一次过程,$u_C(t)$ 和 $i_C(t)$ 的波形可以用长余辉示波器直接显示出来。示波器工作在慢扫描状态,输入选择 DC 输入耦合方式。若用一般的双踪示波器观察过渡过程和测量有关的参数,必须使这种单次变化的过程重复出现。为此,可利用信号发生器输出的方波来模拟阶跃激励信号,即令方波输出的上升沿作为零状态响应的正阶跃激励信号,方波下降沿作为零输入响应的负阶跃激励信号。

(1) 当方波的半周期远大于电路的时间常数时,可以认为方波某一边沿(上升沿或下降沿)到来时,前一边沿所引起的过渡过程已经结束。这样,电路对上升沿的响应就是零状态响应,电路对下降沿的响应就是零输入响应。此时,方波响应是零状态响应和零输入响应的多次过程。因此,可以用方波响应借助普通示波器来观察、分析零状态响应和零输入响应,如图 6-43 所示。

（2）当方波的半周期约等于甚至小于电路的时间常数时,在方波的某一边沿来到时,前一边沿所引起的过渡过程尚未结束。这样,充、放电的过程都不可能完成,如图 6-44 所示。充放电的初始值可用以下公式求出:

$$U_1 = \frac{U_S e^{-T/2\tau}}{1 + e^{-T/2\tau}} \tag{6-40}$$

$$U_2 = \frac{U_S}{1 + e^{-T/2\tau}} \tag{6-41}$$

因此,只要选择方波的重复周期远大于电路的时间常数 τ,电路在这样的方波序列脉冲信号的激励下,它的影响和直流电源接通与断开的过渡过程是基本相同的。

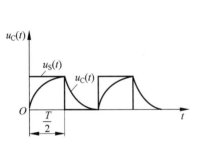

图 6-43　方波作用下的一阶 RC 电路的响应

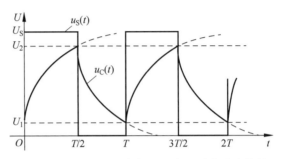

图 6-44　一阶 RC 电路当 $T/2 \leqslant RC$ 时的响应情况

3. 时间常数及其测定方法

时间常数 τ 是反映电路过程进行快慢的物理量。虽然理论上过渡过程的历时无限长,但实际上经过 $(4 \sim 5)\tau$,电路已趋于稳态。因此,RC 电路充放电的时间常数 τ 可以从响应波形中估计出来。设时间坐标单位 t 确定,对于充电曲线来说,幅值上升到终值的 63.2% 所对应的时间即为一个 τ,如图 6-45(a)所示。对于放电曲线,幅值下降到初始值的 36.8% 所对应的时间即为一个 τ,如图 6-45(b)所示。在示波器荧光屏上,可以将初始值与终值之差在垂直方向上调成 5.4 格,这样 3.4 格近似为 63.2%,2 格近似为 36.8%。

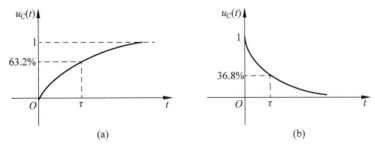

图 6-45　时间常数 τ 的测量方法

4. 微分电路和积分电路

1）微分电路

对于图 6-46 所示电路,当时间常数 τ 很小,且 $u_C \gg u_R$ 时,$u_S \approx u_C$,则电阻上的电压为

$$u_o = Ri = RC\frac{du_C}{dt} \approx RC\frac{d}{dt}u_S \tag{6-42}$$

可见,输出电压 u_o 是输入电压 u_S 的微分,这种电路称为 RC 微分器电路,适当选择参数可以使微分器的精度达到要求。

微分电路的输出电压波形为正、负相同的尖脉冲,其输入与输出对应关系如图 6-47 所示。在数字电路中,经常用微分电路将方波波形转换成尖脉冲作为触发信号。

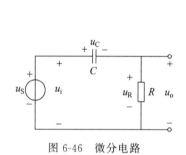

图 6-46 微分电路

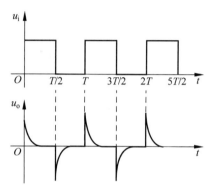

图 6-47 微分电路的输入、输出电压波形

2）积分电路

若将图 6-46 中的 R 与 C 位置调换,如图 6-48 所示,即由 C 端作为响应输出,且当电路参数的选择满足 $\tau = RC \gg T/2$ 条件时,此时电路的输出信号电压与输入信号电压的积分成正比,此时这种电路称为积分电路。其输出电压为

$$u_o = u_C = \frac{1}{C}\int i\,dt \approx \frac{1}{RC}\int u_i\,dt \tag{6-43}$$

积分电路的输出电压波形为锯齿波。当电路处于稳态时,其输入与输出电压波形对应关系如图 6-49 所示。

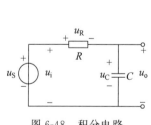

图 6-48 积分电路

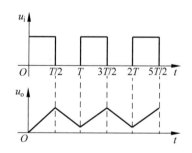

图 6-49 积分电路的输入、输出电压波形

微分电路和积分电路是一阶 RC 电路中较典型的电路,它对电路元件参数和输入信号周期有着特定的要求($\tau = RC \ll T/2$,$\tau = RC \gg T/2$ 时),在利用方波脉冲序列信号激励时,要十分注意选择信号的周期(或频率),否则会得不到预计的效果。

三、实验仪器

本实验需要的实验仪器如表 6-37 所列。

表 6-37 实验仪器

序　号	名　称	型号与规格	数　量	备　注
1	函数信号发生器		1	
2	双踪示波器		1	
3	一阶 RC 电路		1	HE-12B

四、实验内容及步骤

实验所需元件可选用电路电工实验台上的元件,请认清 R、C 元件的布局及其标称值,各开关的通断位置等。

1. 一阶 RC 电路响应波形的观测

(1)采用实验电路板上的器件 $R=10\text{k}\Omega$,$C=0.01\mu\text{F}$ 组成图 6-42 所示的 RC 电路。u_S 为脉冲信号发生器输出的 $U_{p\text{-}p}=3\text{V}$,$f=1\text{kHz}$ 的方波电压信号,并通过两根同轴电缆线,将激励源 u_S 和响应 u_C 的信号分别连至示波器的两个输入口 CH1 和 CH2,用示波器观察激励与响应的变化规律,测算出时间常数 τ,并用方格纸按 1∶1 的比例描绘波形。

(2)取 $R=10\text{k}\Omega$,C 由 1000PF、6800PF、$0.01\mu\text{F}$、$0.1\mu\text{F}$ 变化,在同样的方波激励信号作用下,观察并描绘响应波形,定性观察 C 改变对响应的影响。

(3)取 $C=0.01\mu\text{F}$,R 由 100Ω、$1\text{k}\Omega$、$10\text{k}\Omega$、$1\text{M}\Omega$ 变化,观察并描绘输入、输出波形,定性观察 R 对响应的影响。

(4)取 $C=0.01\mu\text{F}$,$R=10\text{k}\Omega$,f 由 100Hz、1kHz、10kHz、100kHz 变化,观察并描绘电路的响应波形,定性观察 f(或 T)改变对输出波形的影响。

2. 观察微分电路输出电压波形及时间常数对波形的影响

取 $C=0.01\mu\text{F}$,$R=100\Omega$,组成如图 6-46 所示的微分电路,在同样的方波激励信号($U_{p\text{-}p}=3\text{V}$,$f=1\text{kHz}$)作用下,观察并描绘激励与响应的波形。

增减 R 值,定性地观察对响应的影响,并做记录。当 R 增至 $1\text{M}\Omega$ 时,输入与输出波形有何本质上的区别?

3. 观察积分电路输出电压波形及时间常数对波形的影响

取 $R=10\text{k}\Omega$,$C=0.01\mu\text{F}$,接成一阶积分电路,取激励信号的周期 T 分别为 $10RC$、$2RC$、$0.1RC$ 时,观察输入输出波形的变化情况,描绘输入输出波形的对应情况。

五、实验注意事项

(1)熟练进行示波器观察波形和测量波形参数的相关操作。

(2)为防止外界干扰,函数信号发生器的接地端和示波器的接地端应连在一起("共地"连接)。

(3)用双踪示波器同时观测输入与输出波形。画波形图时,一个波形一个坐标系,并注意时间、电平的对应关系。

六、实验报告要求

(1) 整理实验数据,并根据实验观测结果,在方格纸上描绘实验中观测到的波形(注意输入与输出波形的对应关系)。

(2) 根据 τ 值测量结果,与理论值进行比较,分析产生误差的原因。

(3) 回答思考题中的(2)、(3)两题。

七、预习要求及思考题

1. 预习要求

预习一阶 RC 电路的响应的相关知识,熟悉一阶 RC 电路的两种连接电路及响应情况。

2. 思考题

(1) 什么样的电信号可作为一阶 RC 电路零输入响应、零状态响应和全响应的激励信号?

(2) 已知一阶 RC 电路 $R=10\text{k}\Omega$,$C=0.1\mu\text{F}$,试计算时间常数 τ,并根据 τ 值的物理意义拟定测定 τ 的方案。

(3) 何谓积分电路和微分电路,它们必须具备什么条件? 它们在方波序列脉冲的激励下,其输出信号波形的变化规律如何? 这两种电路有何功用?

(4) 积分电路和微分电路用正弦波信号激励信号时,对正弦波信号有什么要求? 输入与输出波形的变化规律如何?

第 7 章

模拟电子技术实验

7.1　电压串联负反馈放大器的测试

一、实验目的

（1）学习和掌握电压放大器的静态调试技术与动态测试技术。

（2）学习和掌握电压放大器主要性能指标的测试原理与方法。

（3）研究电压串联负反馈对电压放大器性能的影响。

二、实验原理

1．电子电路的调试工作

电子电路的调试是保证电子设备（包括被测实验电路）正常工作和性能指标达到设计要求的关键步骤之一。

电子电路的调试通常分为静态调试和动态调试。静态是指未加入信号时的直流工作状态。静态调试时，为了防止外界干扰信号进入电路，输入端必须对地交流短路。动态是指电路输入端加入适当频率和适当幅值的测试信号时的工作状态，对于振荡电路而言，是指电路起振及输出振荡信号时的状态。

电子电路不论是静态调试还是动态调试都可以分两步进行，即分调和联调。分调是先进行单元电路的调试，使各部分电路都正常工作。联调是将各个单元电路按正常级联的状态连接成整体后进行调试，使整体电路正常工作或满足测试条件。电子电路的一个重要特点是交、直流并存，而直流状态是电路正常工作的基础，所以不论是分调还是联调都应遵循先静态后动态的调试原则，即先调试直流工作状态下的静态工作点，测试静态参数，排除直流通路的故障，然后进行动态调试，完成动态性能指标的测试。

1）晶体管电压放大器静态工作点的调整与测试

静态工作点的调整与测试是静态调试技术的重要内容之一。任何一个电子电路，只有给它设置合适的静态工作点才能正常工作。例如，电压放大器要产生最大不失真输出电压信号，静态工作点要选择在输出特性曲线上交流负载线的中点。若工作点不合适，放大器就会产生饱和失真或截止失真。对于小信号放大器而言，由于输出交流信号幅度很小，非线性失真不是主要问题，工作点不一定要选在交流负载线的中点，可根据设计指标的要求进行选择。LC 振荡器在保证起振的条件下，Q 点尽可能选低一些，以保证振荡波形不失真、线性好。总之，不同电路对静点有不同的要求，电路在正常工作之前一定要进行调整、测试，以满足各种电路对静点的要求。

静态工作点是指电子电路各级晶体管在没有外加信号，没有自激条件下的工作状态，是通过晶体管的各极电流和各极间电压反映出来的。因为在晶体管电路中每一级的基极电流 I_B 一旦改变，则晶体管的 I_{CQ}、I_{EQ} 和 U_{CQ}、U_{BQ}、U_{EQ}（相对于参考地的直流电压）等也随之改变，所以调整工作点一般是调整 I_{BQ}。同样道理，由于 $I_{CQ}(=\beta I_{BQ})$ 的大小也可以反映工作点的状态和其他参数的数值，故一般测试工作点时只要测量 I_{CQ}（或 I_{EQ}）就可以。

一般通过改变各级晶体管的基极上偏电阻 R_{b1} 或 R_b 来调整工作点。如果调整集成

电极回路的电阻 R_c，则会影响放大器的交流放大倍数；调整发射极回路的电阻 R_e，一方面由于它具有直流负反馈的作用（在接旁路电容的情况下），所以可调范围较小，另一方面调整时会使静点的变化幅度较大，不易调整到所需的准确数值。因此一般情况下不调整 R_c 和 R_e，如图 7-1 所示。

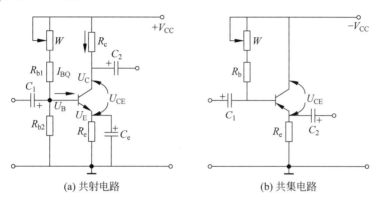

(a) 共射电路　　　　　　　　　(b) 共集电路

图 7-1　静态工作点的调整

（1）调整静态工作点的方法。

调整静态工作点有两种方法，即测量电流调整法和测量电压调整法。

测量电流调整法是通过测量集电极电流 I_{CQ} 来调整静态工作点。采用这种方法时，必须在各级晶体管的集电极电路中串接直流毫安表进行观察测量（通常不直接测量 I_{BQ} 或 I_{EQ}）。测量完毕后，要用导线或直接用焊锡将串接毫安表的缺口连通。由于这种方法不太方便，且易损伤电路中的元器件及印制电路板，所以在检修电子线路故障或进行实验时，通常采用测电压的方法来调整静态工作点。

测量电压调整法是通过测电压来调整静态工作点。

对于有 R_e 的电路，如图 7-1(a)所示，只要测量 U_E（发射极对参考地的电压），利用公式 $U_E = I_{CQ} \times R_e$ 计算出 I_{CQ}，与正常值比较即可知道静态工作点合适与否，然后调节 W 使 I_{CQ} 满足要求。

对于无 R_e 的电路，则要测出 R_c 上的压降 U_{R_c} 计算 I_{CQ}（$= U_{R_c}/R_c$），与正常值进行比较，然后调节 W 使 I_{CQ} 满足要求。

（2）调整晶体管电路静态工作点时的注意事项：

① 用电位器代替上偏电阻进行静点调整时，要加接保护电阻。在设计、安装、调试或检修电子线路的过程中，往往需要用电位器来代替基极上偏电阻，以便确定合适的 R_{b1} 或 R_b。此时，为防止因电位器阻值调得太小，使晶体管 be 结电流过大而损坏晶体管，通常要在电位器上串接一个阻值合适的固定电阻（称为限流保护电阻），然后在接入 R_{b1} 或 R_b 的位置进行调整。当工作点调整合适后，测出电位器 W 和保护电阻串联的总电阻值，换成阻值接近的系列值固定电阻接入电路。

② 电源电压要满足电路额定工作电压的要求。不论采用何种方法调整静态工作点，都应在额定电压下进行。工作电压不正常，调整工作就不能进行，尤其是在检修电子设

备时应特别注意这一点。

③ 以电压测量为主。一般应尽可能测电压而不测电流,因为测电流必须把电流表串入测试回路中,十分不方便;而测电压,只要把电压表并联接到被测电路两端即可,测得电压后再进行必要的换算,无须对被测电路进行任何改动。测量电压时,要全面测试(U_{EQ}、U_{CQ}、U_{BQ}),以便了解电路的工作状态。

④ 静点调试要在"无交流输入、无干扰、无自激"的条件下进行。放大器的静态工作点应该在没有输入信号的情况下测试和调整。没有输入信号不仅仅是指在输入端不接入信号源,还应防止外界的干扰信号进入放大器以及放大器本身产生自激振荡,尤其是在高增益的多级放大器中,初级输入幅度很小的信号就会使放大器末级工作在非线性状态,从而使工作点测试不准确。当然,若放大器已经自激,晶体管必然工作在非线性状态,在这种情况下,测试静态工作点也没有意义。因此,应该在放大器的输出端加接示波器(置于高灵敏度挡)进行监视。

⑤ 考虑测量仪表的内阻对工作电路的影响。电压测量仪器的输入电阻 R_V 应远大于与其并联的电路的等效电阻 $R_{等效}$,一般要满足 $R_V \geqslant (5 \sim 10)R_{等效}$,否则将使测量结果产生很大的误差。因此,用电压法调整静态工作点应尽可能采用内阻较高的万用表(如数字万用表)的直流电压挡或晶体管(真空管)直流电压表来测量,特别是测量输入电阻较高的输入级的 U_{BQ} 时更应十分重视。例如,测量图 7-1 中的 U_{BQ} 及 U_{CEQ},由于与电压表并联的电路的等效内阻很大,万用表直流电压挡的输入电阻不够高,直接测量必然会带来较大的误差,甚至会得出错误的结论。有三种解决途径:一是重新选择高内阻的电压表来测量,如直流毫伏表或数字万用表;二是合理选择测试点,采用分段测量法(如 $U_{BQ} = U_{BEQ} + U_{EQ}$);三是改换高一挡量程来测量,这是权衡电压表输入电阻影响和仪表读数误差的情况下测电压的一种方法(此时电压表偏转小,读数误差较大)。

⑥ 放大器的静态工作点多数情况下都由电路设计者给出,在调整和测试时只需要使静态工作点满足设计目标即可。但有的电路的静点需要在动态调试中确定。例如,有动态范围输出要求的电路就是这样,要反复调整,直到达到动态范围要求时,再去掉信号进行静点测试。

2) 放大器的动态调试

动态调试是在静态调试的基础上进行的。调试的关键是通过对实测的波形、数据和现象进行分析和判断,发现电路中存在的问题和异常现象,并采取有效措施进行处理,使电路性能指标满足要求。调试的方法是在电路的输入端接入适当频率和幅值的信号,并循着信号传输处理的流向逐级检测有关测试点的波形、参数以及单元或整体电路的性能指标,发现问题或故障时应采取不同的方法加以解决。

动态调试是一项复杂而技术性很强的工作,调试某一项指标往往会影响另一项指标。要正确地进行动态调试,不但要熟练掌握电子电路(设备)的工作原理,领会设计意图,而且要有丰富的经验。由于实际情况错综复杂,出现的问题多种多样,处理的方法也灵活多变。下面对电压放大器动态调试中的两个主要问题进行讨论。

(1) 波形失真的判别与调试。

作为具有"放大"功能的电路,要求其输出电压必须正确地反映输入电压的变化,即输出波形不能失真。许多性能指标的测试工作必须在允许的非线性失真范围内进行。因此,通常应在放大器的输出端接失真度测试仪和示波器进行监视(就一般测试而言,如实验练习或检修时,只要接于放大电路输出端的示波器的荧光屏上不出现明显的波形失真,就可认为其失真系数 $\gamma < 10\%$,在此条件下进行测试就行)。如果出现失真现象,需要查明原因,进一步调整放大器某一级的静点,以满足测试条件。

常见的失真现象主要包括:

① 晶体管器件的非线性特性引起的固有失真。这种失真靠改变外围电路的参数很难克服,此处不予讨论。

② 工作点不合适或输入信号过大而引起的失真。这种失真往往是电路元器件的参数选择不当而引起的,共射放大器的失真波形及调试方法见表 7-1。

表 7-1　共射放大器的失真波形及调试方法

测试条件	输入信号:正弦波　　　　　　　示波器正极性触发					
	PNP 型			NPN 型		
输出波形	(波形)	(波形)	(波形)	(波形)	(波形)	(波形)
失真波形的性质	截止失真	饱和失真	截止、饱和均有	饱和失真	截止失真	截止、饱和均有
引起原因	工作点偏向截止区	工作点偏向饱和区	输入信号过大	工作点偏向饱和区	工作点偏向截止区	输入信号过大
调试方法	提高工作点	降低工作点	减小输入信号	降低工作点	提高工作点	减小输入信号

(2) 电路性能指标的调试。

以图 7-1(a)所示的放大电路的放大倍数调试为例,假设输出端接上负载电阻 R_L,则电压放大倍数的表达式为

$$A_v = -\beta \frac{(R_c /\!/ R_L)}{r_{be}} \tag{7-1}$$

由式(7-1)可知,提高电压放大倍数的途径有:

① 选用电流放大倍数 β 高的晶体管。对于单级放大器来说,提高 β 对 A_v 的提高并不明显,但对于两级共射放大电路来说,加大第二级晶体管的 β 有利于提高整体电路的电压放大倍数。

② 提高晶体管的静态电流 I_{EQ}。这种方法只适用于信号源内阻小,而且晶体管工作

点远离饱和区的放大电路。

③ 增大集电极电阻 R_c。这种方法对于提高 A_v 虽然有效,但也将引起静态工作点发生变化。增大 R_c 容易使放大电路产生饱和失真,甚至失去放大能力。所以既要提高电压放大倍数,又要保证静点正常,最有效的措施是采用恒流源负载代替无源负载 R_c,这可使问题得到圆满解决。

从上面讨论可知,电子电路的调试工作是相当复杂的,初学者要在大量的实践中去摸索规律,努力掌握电子电路的调试技术及相关知识。

2. 低频电压放大器动态测试的原理

在消除放大器的干扰、自激以及调整静态工作点之后,就可进行放大器性能指标的测试,放大器性能指标的测试主要内容包括:①电压放大倍数(增益)的测试;②频率特性(主要是幅频特性)的测试;③输入、输出电阻的测试;④动态范围的测试等。测试这些性能指标时主要采用正弦测试技术。全部测试工作都必须在保证输出不失真的前提下进行。

1) 电压放大倍数(增益)的测试

测量时,应按图 7-2 所示接好测试仪器,分别使各测试仪器和被测电路正常工作,然后将信号发生器的信号频率调整到放大器的中频区范围内(通常选 $f_i = 1\text{kHz}$),幅度调整到放大器所要求的输入电压 U_i(要用毫伏表进行测量),并用毫伏表测出电压 U_o 的值。

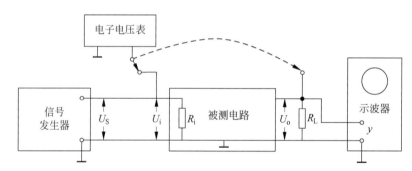

图 7-2 放大器增益的测试电路示意图

放大器的电压放大倍数(增益)为

$$A_v = U_o/U_i \tag{7-2}$$

或

$$A_v = 20\lg(U_o/U_i) \text{ (dB)} \tag{7-3}$$

为了保证测试的准确度,测试时应注意如下几点:

(1) 严格按照测试条件(如电源电压、静态工作点、负载、工作频率等)进行测试。

(2) 要正确选择测量仪器,所用测量仪器的工作频率范围应大于被测放大器的工作频率范围,仪器的内阻应远大于被测放大器的输入、输出电阻。

(3) 必须根据放大器的放大倍数合理选择输入信号的幅度。放大倍数达几十至几千倍时,输入电压为毫伏级。如果输入电压幅度过大,输出信号的幅度超出了放大器的线性工作区,必然引起输出波形严重失真,此时测得的放大倍数也无意义。

(4) 测试多级放大器放大倍数的方法与单级放大器一样,但在多级放大器的测量中,总电压放大倍数只等于级联条件下单级放大倍数的乘积,即

$$A_v = A_{v1} \times A_{v2} \times A_{v3} \times \cdots \times A_{vn} \tag{7-4}$$

而不等于独立的各单级放大器的放大倍数的乘积,即 $A_{v总} \neq A_{v1单} \times A_{v2单} \times A_{v3单} \times \cdots \times A_{vn单}$。这是因为级联后,后一级放大器的输入电阻成为前一级放大器的负载。

2) 放大器幅频特性的测试

放大器幅频特性是指放大器的电压放大倍数 A_v 与输入信号频率 f_i 之间的关系曲线。测试放大器的幅频特性可用扫频法,也可用逐点测试法(简称点频法)。相关的理论和方法在 6.7 节 RLC 串联谐振电路的研究中已作过详细讨论。

逐点测试法测试放大器的幅频特性实际上是测试放大器对于不同频率信号的电压放大倍数,因此测量放大倍数的方法和线路连接情况完全适用于幅频特性的测试。为此,只要在测试放大倍数的基础上(中频区放大倍数)改变信号发生器的频率(从低向高或从高向低变化),并注意保持各测试频率点信号发生器的输出电压幅度不变(始终为中频区测试的输入电压 U_i);然后测出对应各测试频率点时放大器的输出电压 U_o,计算出相应的电压放大倍数;最后将测试结果逐点绘制在以对数坐标分度为横坐标(表示频率)、以纵坐标表示电压放大倍数 A_v 的平面坐标系上,用圆滑曲线连接各点,便可得到如图 7-3 所示的放大器幅频特性曲线。

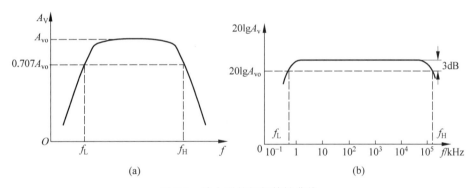

图 7-3 放大器的幅频特性曲线

测试中要注意以下几点:

(1) 在曲线变化比较明显的位置(转折处)应多测几点,以便反映幅频特性的真实变化情况。

(2) 固定输入信号幅度不变且输出波形不失真是幅频特性测试中的基本要求,只有 U_i 保持不变,U_o 的变化规律才能反映 A_v 的变化规律,这样就为确定半功率点(或 $-3\mathrm{dB}$ 频率点)提供了方便。

(3) 如果只需要测试放大器的通频带 B_W(或 Δf),就没必要逐点测试,采用三点法即可。即先测中频区的输出电压 U_o 和 U_i,然后保持 U_i 不变,提高输入信号的频率 f_i,使输出电压降低到 $0.707U_o$,此时所对应的信号发生器输出信号的频率就是放大器的上

限频率 f_H；再按此方法保持 U_i 不变，降低 f_i，使输出电压降低到 $0.707U_o$，此时所对应的信号发生器输出信号的频率就是放大器的下限频率 f_L，由 B_W（或 Δf）$= f_H - f_L$，便可求得放大器的通频带。

（4）当电路参数及三极管选定后，放大器中频放大倍数（或增益）与通频带的乘积（称为增益带宽积）基本上是一个常数。所以放大器的级数越多，虽然放大倍数可以增大，但通频带会随之变窄。

（5）图 7-3（a）所示的放大器幅频特性曲线，其 X 轴坐标是按频率刻度的，Y 轴坐标是按 $A_v(\omega)$ 刻度的。由于频率的变化范围比较大，如果按均匀的频率刻度就可能出现低频区幅频特性变化舒缓，整体特性变化情况难以判断，若要低频区整体幅频特性变化明显，就必须扩大频率范围的长度，这样高频区幅频特性就与低频区的幅频特性相距较远，甚至画不完整。为此常采用半对数坐标或对数坐标来绘制幅频特性，以扩展视野，如图 7-3（b）所示。

3）放大器输入电阻的测试

输入电阻 R_i 反映了放大器对前一级电路的影响，是衡量放大器对输入电压衰减程度的重要指标。

放大器的输入电阻 R_i 是从放大器输入端看进去的等效电阻，定义为输入电压 U_i 与输入电流 I_i 之比，即

$$R_i = U_i / I_i \tag{7-5}$$

测量 R_i 的方法很多，这里简单介绍常见的电桥法、替代法和换算法。

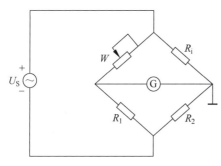

图 7-4　电桥法测 R_i

（1）电桥法测试输入电阻 R_i。

测试电路如图 7-4 所示，R_i 作为桥路的一只臂，当 $R_1 = R_2$，$W = R_i$ 时，则电桥平衡，电流计 G 示数为 0，所以 W 的阻值就是输入电阻 R_i 的值。

（2）替代法测试输入电阻 R_i。

测试电路如图 7-5 所示。测量时，先调节 S 置于"1"位，用毫伏表测出 1 端和地之间的电压 U_i，然后再将 S 置于"2"端，调节 W，使毫伏表的读数仍然为原来的 U_i，测 W 的阻值（用万用表欧姆挡测出）就是输入电阻 R_i 的值。W 的阻值要大于输入电阻值且在同一个数量级上。

（3）换算法测 R_i。

换算法又称电压法或串联电阻法，测试电路如图 7-6 所示。在信号发生器与放大器之间串入一个已知阻值的合适电阻 $R_串$，只要分别测出放大器的输入电压 U_i 和输入电流 I_i，就可求出

$$R_i = U_i / I_i = U_i / (U_{R_串} / R_串) = (U_i / U_{R_串}) \cdot R_串 \tag{7-6}$$

但是，直接用交流毫伏表或示波器测试 $R_串$ 两端的电压是困难的，因 $R_串$ 两端不接地，使得测试仪器和放大器没有公共地线，干扰太大而不能准确测试。为此通常是先测

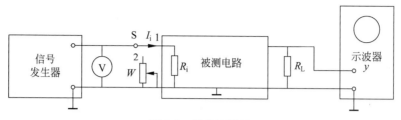

图 7-5　替代法测 R_i

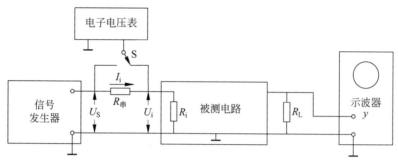

图 7-6　换算法测 R_i

出 U_S 和 U_i,计算 $U_{R_{串}}$,再计算出 R_i。由图 7-6 不难求出

$$R_i = [U_i/(U_S - U_i)] \cdot R_{串} \tag{7-7}$$

采用换算法测输入电阻是实验中常用的一种测试方法,应注意以下几点:

① 由于 $R_{串}$ 两端没有接地点,而毫伏表测量时需要满足共地连接要求。所以,当测量 $R_{串}$ 两端的电压 $U_{R_{串}}$ 时,必须分别测量 $R_{串}$ 两端对地电压 U_S 和 U_i,根据 $U_{R_{串}} = U_S - U_i$ 求出 U_R。

② 实际测量时,电阻 $R_{串}$ 的数值不宜取得过大,否则容易引起干扰;也不宜过小,否则测量误差较大。通常取 $R_{串}$ 与 R_i 为同一数量级比较合适。

为了测量方便,也可以用电位器代替 $R_{串}$,测试时调整电位器的阻值使 $U_i = U_S/2$,则电位器的阻值就是被测输入电阻 R_i,这种方法又称为半电压法。而电位器的阻值可用万用表或电桥直接测出。

如果被测电路的输入电阻很高(数百千欧),在测试过程中放大器输入端需串接较大的电阻。这时很容易引入各种干扰(主要是频率为 50Hz 的干扰信号);此外,U_S 和 U_i 的测量也需要使用输入阻抗很高的电压测量仪表,使用低输入阻抗电压表测量会造成较大的测量误差。在这种情况下,一是将放大器置于屏蔽盒进行测试,二是采用测输出电压的方法来测输入电阻。其测量方法如图 7-7 所示。

测试时,测试输入信号先接"1"端,在保证额定输入(或输出不失真)的条件下,测量输出电压 U_{o1};然后保证输入信号不变,将输入信号改接于"2"端(串入 $R_{串}$,此时 $R_{串}$ 可取小一些),再测出此时的输出电压 U_{o2}。于是可得

$$R_i = [U_{o2}/(U_{o1} - U_{o2})] \times R_{串} \tag{7-8}$$

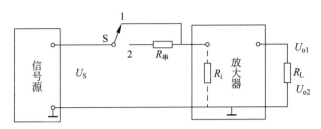

图 7-7　用测输出电压的方法测 R_i

一般说来,用这种方法测量输入电阻更具有普遍意义。

③ 测试之前,毫伏表应该归零,U_S 和 U_i 最好用同一量程进行测量。

④ 输出端应接上负载电阻,并用示波器监视输出波形,要求在输出波形不失真的条件下进行测量,即不论断开或接入 $R_串$,波形都不能失真。

⑤ $R_串$ 只在测 R_i 时接入,进行其他参数测试时应去掉或将其短路。

放大器输入电阻的测量方法可以推广到任何线性有源或无源二端网络输入电阻的测试过程中。

4)放大器输出电阻的测试

放大器输出电阻 R_o 的大小反映了放大器带负载的能力。

放大器的输出回路可以等效为一个理想的电源 U_o 和输出电阻 R_o 相串联的电路,如图 7-8 所示。可见,输出电阻就是去掉负载从输出端向放大器看进去的等效电阻。通常也是采用换算法来测量的。

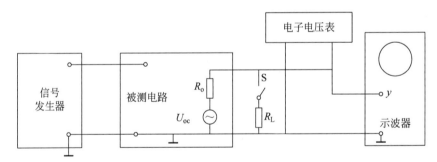

图 7-8　测试输出电阻 R_o 的原理图

要测试 R_o 应首先在输入端加入一个幅度固定的测试信号,先不接入负载电阻 R_L,测放大器的输出电压 U_{oc}(开路电压),然后接入适当的负载电阻 R_L,再测出此时的输出电压 U_{oL}(带载电压)。由图 7-8 不难求出输出电阻 R_o 的值

$$R_o = [(U_{oc}/U_{oL}) - 1] \times R_L \tag{7-9}$$

在测试中应注意以下几点:

(1) R_L 过大或过小都将增大测量误差,应取 $R_L \approx R_o$ 为宜。也可用电位器来代替 R_L,调整电位器的阻值使 $U_{oL} = U_{oc}/2$,则 $R_o = R_w$,这就是输出电阻的半电压测量法,而电位器 W 的阻值可用万用表或电桥测出。

（2）要用示波器监视放大器的输出波形，应在 R_L 接入前后都不失真的条件下测试。

（3）测试过程中，输入信号的幅度保持不变。

放大器输出电阻的测量方法可以推广到线性无源或有源二端网络等效内阻的测量以及信号发生器输出电阻的测量中。需要指出的是，上述测量 R_o 的方法只有在输入电阻或输出电阻中电抗分量的影响可以忽略不计时才能较准确地测量，所以测试信号的频率不能太高也不能太低。

5）放大器动态范围的测试

放大器的动态范围又称为最大不失真输出幅度，常以 U_{opp} 表示。

动态范围的测试方法很简单，在测试放大倍数的基础上，逐步加大输入信号的幅度，观察接于放大器输出端的示波器荧光屏上显示的波形，当荧光屏上正弦信号波形的波峰和波谷刚要出现平顶失真时的输出信号的幅度（波形的峰-峰值）就是放大器的动态范围。由于示波器测量准确度较差，所以应该用毫伏表测量出此时放大器的输出电压值（有效值）U_o，然后按照下式求得 U_{opp}：

$$U_{opp} = 2\sqrt{2}U_o \tag{7-10}$$

测试时需要注意：

（1）当电源电压和交流负载电阻确定后，放大器的动态范围取决于输出级静态工作点的位置。如果静态工作点不可改变，输出波形可能随着输入信号幅度的增加波峰或波谷先出现平顶失真，此时测得的数值不是放大器的动态范围。为了得到放大器的动态范围，应将静态工作点调整到交流负载线的中点。为此，在放大器正常工作情况下，要用示波器观察输出电压的波形，随着输入信号 U_i 幅度的增加，输出波形开始同时出现波峰、波谷被削顶，则说明静态工作点已位于交流负载线的中点。若波峰先削顶或波谷先削顶，则要反复调整静态工作点和输入信号 U_i，直到输出波形波峰和波谷同时刚要出现失真时，所测得的才是放大器所能达到的动态范围 U_{opp}。

（2）测试 U_{opp} 时，一定要注意测试条件，使放大器处于正常工作状态。

从上述讨论的几项内容来看，放大器主要性能指标的测试都是通过测量放大器的输入或输出电压来换算的，属于间接测量的范畴。因此，掌握交流电压的测量方法是放大器测试中的关键环节。

虽然低频电压放大器的电路类型很多，但上述方法基本上是适用的，如果某些电路的性能指标存在特殊性，只要根据其电路特点，也不难找到正确的测试方法，求得准确的测试结果。例如，在负反馈放大器测试中，有关反馈系数 F_v、稳定度的测试等，只要搞清楚各物理量的含义和条件（如反馈支路的负载效应），这些电参量也是很容易测出的。所以一定要反复熟悉基本的测试方法，举一反三，才能达到灵活运用上述方法解决各种放大器性能指标的测试问题。

三、实验仪器

实验仪器见表 7-2。

表 7-2　实验仪器

序　号	名　　称	型号规格	数　量	备　注
1	低频信号发生器		1	
2	毫伏表		1	
3	示波器		1	由实验台提供
4	直流稳压电源		1	
5	万用表		1	
6	电压放大器实验板		1	

四、实验内容及步骤

1. 实验电路

本实验将在如图 7-9 所示的电压放大器实验板上进行。

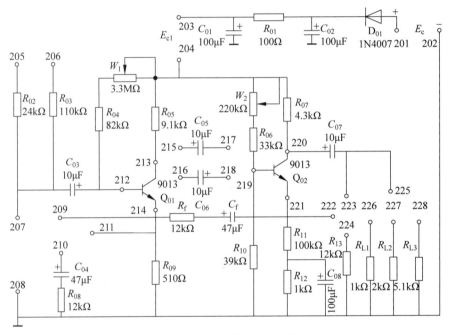

图 7-9　电压放大器实验板电路图

（1）本实验板的电源电压输入插孔为 E_c 两侧的"＋""－"插孔,通过由 D_{01} 构成的电源反接保护电路和 C_{01}、C_{02}、R_{01} 构成电源退耦电路,将 E_{c1} 上下两端的插孔(编号为 203 和 204)用短路线连接便可给由三极管 Q_{01} 和 Q_{02} 构成的电压放大器供电。因此,放大器的实际工作电压应是 E_{c1} 两端的插孔(通过短路线相连)与地之间电压,应在 203 或 204 与地之间测量放大器的工作电压。

（2）本实验板电路通过相关插孔的连接,可构成多种放大器形式,方便进行多种电压放大器的测试和研究。

① 由插孔 207、208 输入信号,插孔 213 与 215 连接,从插孔 217 输出,可以构成电流

串联负反馈电压放大器电路。

② 由插孔 216 输入信号,插孔 218 与 219 连接,由插孔 225 输出,由 Q_{02} 构成共射极放大电路,通过插孔 225 分别与 226、227、228 连接,可改变放大器的负载。

③ 由插孔 207 和 208 之间输入信号,插孔 213 与 215 相连,插孔 217 与 219 相连,插孔 223 与 222 相连,插孔 209 与 211 相连,构成两级电压串联负反馈放大器电路,通过插孔 225 与 226、227、228 的选择连接,可改变负载电阻,研究负载变换对放大器性能的影响。

④ 在构成两级电压串联负反馈放大器的基础上,断开反馈支路(由 R_f 和 C_f 组成),便可构成无反馈的两级共射放大器电路,但考虑到拆环后的等效问题(考虑到反馈支路对输入回路和输出回路的影响),应将插孔 223 与 224 连接,插孔 210 与 211 连接。

(3) 其他插孔的用途:插孔 212、213、214、219、220、221 可作为静态工作点调试时的测试孔;在用换算法测量放大器的输入电阻时,输入信号可从插孔 205 或 206 接入和测试,应根据实际电路输入电阻值的范围选择所用 $R_{\text{串}}$ 的值。

2. **实验准备工作**

认真对照实验电路原理图检查实验板电路是否与之相符,熟悉各测试点及测试插孔的位置及作用,确认无误后,按实验电路供电极性要求接入稳压电源,并调到额定工作电压($E_{c1} = +12V$)。

3. **检查放大器有无干扰或自激**

4. 按照静态工作点调整的要求,先将 U_{e1} 调为 $+0.5V$,U_{e2} 调为 $+1.5V$,然后用直接测量法和分段测量法测出各级晶体管的 e、b、c 极分别对地的电压值,列表记录测量数据,并计算 I_{CQ1} 和 I_{CQ2},并和理论计算值进行比较。

5. **进行放大器动态调试检查**

将电路接成无反馈的形式,正确接入测量仪器并使其正常工作。在 $R_{\text{串}} = 0$ 和 $R_L = \infty$ 的条件下,输入 $f_i = 1\text{kHZ}$ 的正弦信号,调节信号源输出电压的有关旋钮,观察输出波形的变化情况,以检查放大器在什么情况下不失真或出现失真,以便确定下面测试中输入(或输出)信号的幅度,记录允许输入的最大信号电压值和测量用的信号电压值。

6. **无负反馈时放大器性能指标的测试**

(1) 测试条件:$f_i = 1\text{kHz}$,$R_L = 1\text{k}\Omega$,其他条件如前所述,选择合适的输入信号幅度,进行下列实验内容的测试。

(2) 测试内容:

① 电压放大倍数 A_v;

② 幅频特性曲线 A_v-f_i,确定放大器的通频带 B_W 及上限频率 f_H、下限频率 f_L;

③ 输入电阻 R_i;

④ 输出电阻 R_o;

⑤ 测试 R_L 改变为 $2\text{k}\Omega$、$5.1\text{k}\Omega$ 时的电压放大倍数 A_v。

7. **有负反馈时放大器性能指标的测试**

(1) 将实验电路改接成电压串联负反馈电路形式,在 $f_i = 1\text{kHz}$、$R_L = 2\text{k}\Omega$ 的条件

下,测试电路的电压放大倍数 A_{vf}、通频带 B_{Wf}、输入电阻 R_{if}(要求用两种方法测试并比较,注意 $R_{串}$ 的选择)、输出电阻 R_{of};

(2)测试在 R_L 分别为 1kΩ、5.1kΩ 时的电压放大倍数 A_{vf};

(3)测试反馈系数 F_V。

8. 动态范围测试

在 $U_{E1}=0.5V$,$R_L=2kΩ$,其他条件不变时,调整 W_2,测试放大器在有反馈条件下的动态范围 U_{opp}。

五、实验注意事项

(1)注意电源电压的要求,一是极性和大小,二是测量的位置。

(2)测量仪器与被测电路要严格"共地"连接。

(3)一定要发挥示波器监视输出波形的作用,保证输出不失真。

六、实验报告要求

(1)列表整理实验测试数据(包括测试条件、测试项目、测试量、计算公式、计算结果等)、测试结果,并与理论计算值进行比较。定性地分析产生误差的原因。

(2)讨论负反馈技术对改善放大器性能的影响及负反馈放大器测试中应注意的事项。

(3)回答下面的思考题(3)~(6)。

七、预习要求及思考题

1. 预习要求

复习模拟电路技术基础中有关放大器的理论分析与设计方法以及性能指标的定义,并按电路所给参数进行相关理论值(如静态工作点、电压放大倍数、输入电阻、输出电阻等)的计算(计算时取三极管的 $β_1=β_2=100$,U_{BE} 取 0.7V),以便为实验提供参考。

2. 思考题

(1)为什么在测量 $R_{串}$ 时,不直接用晶体管毫伏表测量 $R_{串}$ 上的电压降而采用分别对地测量后相减求 $U_{R_{串}}$ 的方法?

(2)换算法测量 R_i 的两种方法有什么区别和联系?哪种方法误差小?为什么?

(3)如何准确地测试 Q_{01} 的基极对地的电压?测试 U_{c1}、U_{c2} 呢?在本电路中能通过测 U_{R_c} 按 $U_c=E_{c1}-U_{R_{c1}}$ 来测量 U_{c1} 吗?为什么?

(4)对本电路而言,若调试中出现如图 7-10 所示的输出波形,试判断失真波形的性质及消除失真的措施。如果电路中三极管的类型由 PNP 型换成 NPN 型,失真波形的性质如何改变?试归纳总结用实验的方法判别失真波形性质的基本方法和规律。

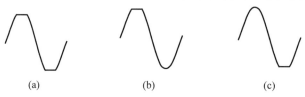

(a)   (b)   (c)

图 7-10 放大器中的失真波形

（5）如何准确地测试该实验电路的电压反馈系数 F_V？该电路的 F_V 的理论值是多少？

（6）如何将测量放大器输出电阻的方法推广到测量信号发生器的输出电阻中？试画出测试原理框图，并简述测试操作步骤。

7.2　集成功率放大器的测试

一、实验目的

（1）了解集成功率放大器的工作原理及应用。

（2）熟悉和掌握集成功率放大器主要性能指标的测试原理及方法。

二、实验原理

1．功率放大器主要性能指标的测试

功率放大器的性能指标很多，从应用的角度考虑，主要性能指标包括输出功率、频率响应、功率增益、输入阻抗、整机效率、静态损耗和失真度等。

1）输出功率的测试

功率放大器在额定工作电压下，输出信号的失真度小于某一数值时负载上得到的功率称为功率放大器的输出功率。对功率放大器而言，输出功率越大越好。

测量功率的方法很多，在进行功率测量时应根据功率源的频率高低、频带宽窄、功率大小、阻抗匹配和使用场合等条件选择测量方法。

常用的功率测量方法有直接测量法、间接测量法、光度计测量法和测热电阻法等。低频功率的测量一般使用直接测量法或间接测量法。高频功率的测量则选用其他方法。本实验仅讨论低频功率的测量。

低频功率的测量包括工频（50Hz）功率和音频功率的测量。工频功率用瓦特计测量，而音频功率是通过测量已知负载电阻 R_L 上的电压 U_{oL} 或电流 I_{oL}，通过换算得到，因此称为间接测量法。测量电路如图 7-11 所示。

如果已知负载的电阻值为 R_L，测得其两端的电压为 U_{oL}，则负载上得到的功率（输出功率）为

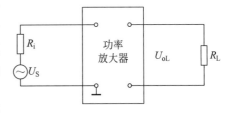

图 7-11　输出功率的测试

$$P_{oL} = U_{oL}^2 / R_L \tag{7-11}$$

如果功率放大器的负载已知，测量输出电压的电压表直接以功率刻度，即可构成直读式音频功率计。

测试时应注意以下几点：

（1）与电压放大器的测试条件一样，必须在不失真的前提下进行测试。因此，一定要认真调整放大器的静态工作点，克服可能出现的失真（主要是交越失真）。

（2）功率放大器的输出功率是指负载上所得到的功率。输出功率根据测试要求不同，可分为额定输出功率和最大不失真输出功率（简称最大输出功率）。

额定输出功率是指功率放大器连续长期工作时,在失真度小于一定数值的条件下,负载 R_L 上所得到的交流输出功率。测试计算公式为式(7-11)。此时,应使用失真度测试仪检测 U_{oL} 的波形失真度。

在功率放大器的输出端接上匹配负载后,加大输入信号的幅度,使输出电压波形要出现失真(功放管处于极限运用时,如果输出级对称,上下半周应同时出现失真;如果不对称,则输出波形有半周先出现失真)时,负载 R_L 所得到的功率即为功率放大器的最大不失真输出功率(此时 $\gamma < 3\%$),即

$$P_{oLmax} = U_{oLmax}^2 / R_L \tag{7-12}$$

这里需要特别强调的是:测量最大不失真输出功率时,当测得最大不失真输出电压后应迅速减小 U_i,否则会因功放工作在极限状态时间太久而损坏功率放大器。

(3)原则上讲,功率放大器测试也和电压放大器测试一样,测试仪器与被测电路应共地连接。但在测试变压器耦合的乙类推挽功率放大器时,因为有变压器隔离,故只要求在测量输入信号电压时毫伏表与信号源共地,测量输出信号电压时毫伏表与示波器共地。图 7-12 为乙类推挽功率放大器的测试原理框图。对于集成功率放大器则应严格按"共地"原则进行连接。

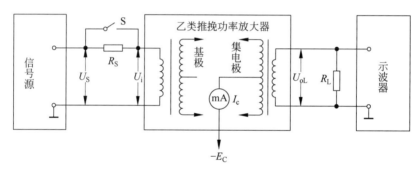

图 7-12　乙类推挽功率放大器的测试原理框图

(4)功率放大器的最大不失真输出功率与电源电压和负载 R_L 有关,所以测试时要严格按规定的电源电压和负载电阻 R_L 接入,否则会危及功率放大器的安全。

(5)按照具体要求合理选择测试信号的频率,特别是乙类推挽功率放大器,因采用变压器耦合,频带较窄,故测试信号的频率不宜过高或过低。

(6)功率放大器中,有相当多的功率消耗在功放管的集电结上,使结温和管壳温度升高,加之功放管均处于极限运用状态,所以损坏的可能性较大。因此,在测试或使用时功放管的保护问题不可忽视。

2)功率放大倍数(增益)的测试

功率放大倍数是功率放大器的输出功率与输入功率之比,即

$$A_P = P_{oL} / P_i \tag{7-13}$$

功率放大倍数用分贝表示时称为功率增益,即

$$A_P = 10\lg(P_{oL} / P_i)(\text{dB}) \tag{7-14}$$

可见,只要测得 P_{oL} 和 P_i,即可计算 A_P。P_{oL} 为负载上得到的输出功率,其测试方法前面已经介绍过,输入功率 P_i 也可采用间接法测量,测量方法与测量电压放大器输入电阻的方法一样,在放大器的输入端串接一个已知阻值的电阻 R_S(如图 7-12 中的 R_S),然后分别测出 U_S 和 U_i,便可计算 I_i,然后求出 P_i,即

$$P_i = U_i \times I_i = U_i \times (U_{R_S}/R_S) = U_i \times [(U_S - U_i)/R_S] \tag{7-15}$$

得到 P_i 后,再用式(7-13)或式(7-14)求出 A_P。

测试时应注意以下三点:

(1) 在输入端串接的 R_S 不宜过大,因为功率放大器的输入电阻并不很大,而且激励信号幅度较高,一般取 $1\text{k}\Omega$。

(2) 在测 P_{oL}、P_i 时,应保持 U_i 不变。

(3) 功率放大器并不是放大输入功率,这一概念要搞清楚。

3) 效率的测试

功率放大器的效率是指负载上得到的交流输出功率 P_{oL} 和输出该功率时所消耗的电源功率(或电源所供给的直流功率)P_{DC} 之比,即

$$\eta = (P_{oL}/P_{DC}) \times 100\% \tag{7-16}$$

式中,$P_{DC} = V_{CC}I_{DC}$,I_{DC} 为功率放大器输出交流功率时流过电源的总电流。如果采用串接电流表的方法测量电源支路的总电流 I_{DC},则工作在最大不失真输出状态时会使输出波形出现平顶失真,同时使功率放大器的供电电压变化,造成测量误差。为避免这种情况出现,一般预先在电源支路中串接一个极小电阻 R(1Ω 左右),并在其上并接一个电解电容,然后测量其上的压降 U_R,由下式计算 I_{DC},即

$$I_{DC} = U_R/R \tag{7-17}$$

功率放大器的效率反映了直流电源的能量转换成交流能量输出的程度,因此要求效率越高越好。

4) 功率放大器损耗的测试

功率放大器的损耗主要有静态损耗和动态损耗两种。

静态损耗是指功率放大器输入端不加信号,且对地交流短路时,电源所供给的直流功率,即

$$P_{C0} = V_{CC} \times I_{C0} \tag{7-18}$$

式中,I_{C0} 为无信号时电源支路的静态电流。由于此电流较小,也不存在测试时波形失真问题,故可直接在电源支路中串接电流表进行测量。

动态损耗是指功率放大器正常工作时,电源供给的直流功率除大部分转换成交流功率输出给负载以外,消耗在电路上的那部分直流功率(主要是电路中的元器件上消耗的功率),即

$$P_C = P_{DC} - P_{oL} \tag{7-19}$$

按照前面有关 P_{DC}、P_{oL} 的测量方法,也就能通过计算得到 P_C。

5) 频率响应

功率放大器的频率响应也是用幅频特性来表示的,其测试方法在电压放大器测试中

已作过讨论,这里不再赘述。需要指出的是,测量功率放大器的频率响应时,不在最大不失真输出状态时进行(原因前面已提及),通常在输出电压为最大不失真输出电压 U_{omax} 的 50% 时进行测试。

6) 非线性失真的测试

在功率放大器中,存在着非线性失真(谐波失真、顶部失真和交越失真)和线性失真(频率失真)。在低频情况下,主要是非线性失真。

非线性失真的大小,可用失真系数 γ 来度量,其定义为

$$\gamma = \sqrt{(P_2 + P_3 + P_4 + \cdots + P_n)/P_1} \times 100\% \tag{7-20}$$

式中,P_1 为输出信号的基波功率;P_2,P_3,$\cdots$,P_n 为失真产生的各次谐波的功率。

一般测试时,常用示波器监视输出波形的畸变程度。只要输出波形不产生明显的饱和失真,可认为其失真系数小于 10%。对于要求不高的功率放大器来说,此值均在非线性失真的许可范围内。在此条件下放大器所能提供的最大输出功率为最大不失真输出功率。

在功率放大器中输出功率与非线性失真是一对主要矛盾。在不同场合下,对非线性失真的要求有所不同,例如:在测量系统和电声设备中要求非线性失真越小越好;在工业控制系统中要求输出功率越大越好,非线性失真则处于次要地位。

如果工程上要求功率放大器的失真系数较小,则常用失真度测试仪测量失真系数,其测量失真度为 0.1%~100%。

2. 集成功放器件 LM386 介绍

LM386 是一种低电压通用型音频集成功率放大器,其广泛应用于收音机、对讲机和信号发生器等,也可用于直流功率放大。

LM386 的电源电压为 4~12V(LM386-1、LM386-3)或 5~18V(LM386-4),当电源电压为 6V 时,静态工作电流为 4mA,音频输出功率为 0.5W,匹配阻抗为 8Ω,典型输入阻抗为 50kΩ。1、8 脚开路时带宽为 300kHz,总谐波失真为 0.2%。

1) LM386 集成功放器件的引脚功能

LM386 采用 8 脚双列直插式塑料封装,整个电路设计成双端输入单端输出方式,其引脚排列如图 7-13 所示。引脚功能:2、3 脚分别为反相、同相输入端;5 脚为输出端;6 脚为正电源端;4 脚为接地端;7 脚为旁路端,可外接旁路电容以抑制纹波;1、8 脚为电压增益设定端。

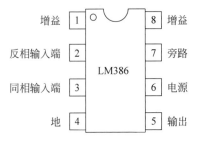

图 7-13 LM386 的引脚排列及功能

每个输入端的输入阻抗为 50kΩ,而且输入端对地的直流电位接近于零,即使输入端对地短路,输出端直流电平也不会产生大的偏离。

当 1、8 脚开路时,负反馈最深,电压放大倍数最小,设定为 $A_{\text{vf}}=20$。

当 1、8 脚接入 10μF 电容时,内部 1.35kΩ 电阻被交流短路,负反馈最弱,电压放大倍数最大,$A_{\text{vf}}=200$(46dB)。

当 1、8 脚间接入电位器 W 和 $10\mu F$ 电容串接支路时，调整 W 可使电压放大倍数 A_{vf} 在 20～200 连续可调，且 W 越大，放大倍数越小。其理论计算公式为

$$A_{vf} \approx \frac{2R_5}{R_3 + R_4 /\!/ W}$$

式中，$R_3 = 150\Omega$，$R_4 = 1.35k\Omega$，$R_5 = 15k\Omega$，均为 LM386 的内部电阻。

2）LM386 集成功放器件的典型应用电路

LM386 典型应用电路如图 7-14 所示。

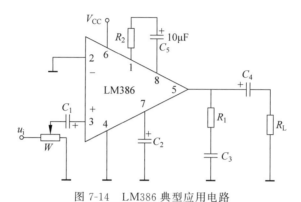

图 7-14　LM386 典型应用电路

5 脚输出：R_1、C_3 构成相位补偿网络，用以改善高频性能并防止高频自激。

7 脚旁路：外接 C_2 退耦滤波电容，用以提高纹波抑制能力，消除低频自激。

1、8 脚电压增益设定：其间接 R_2、电容 C_5（$10\mu F$）串联支路，R_2 用于调整电压增益。

三、实验仪器

实验仪器见表 7-3。

表 7-3　实验仪器

序　号	名　　称	型号与规格	数　量	备　注
1	信号发生器		1	
2	示波器		1	
3	交流毫伏表		1	
4	直流稳压电源		1	
5	万用表		1	
6	失真度测试仪		1	选用
7	集成功率放大器实验板		1	

四、实验内容及步骤

1. 实验电路

集成功率放大器实验板电路如图 7-15 所示。

说明：（1）插孔 301 为测试信号输入插孔，插孔 302 为功率放大器净输入电压 U_i 的测试插孔，R_1 是为测试功率放大器输入电阻 R_i 和输入功率 P_i 而设置的。

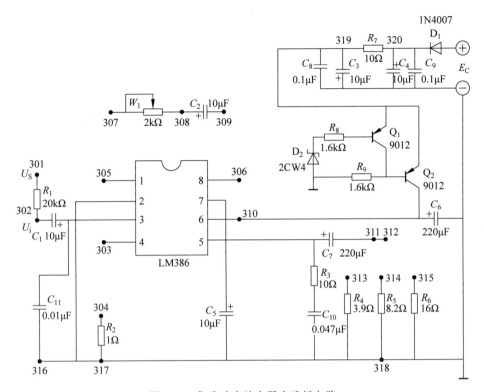

图 7-15 集成功率放大器实验板电路

（2）插孔 303 与 304 短接后通过 R_2（$=1\Omega$）接地，用于观察流过电源的电流 i_{DC} 的波形；不进行观察时，应将 303 与 317 短接，保证 LM386 正常接地。

（3）插孔 305 与 307 短接，306 与 309 短接，则接入 C_2 和 W_1 构成的电压增益控制电路，用以调节电路的电压增益。插孔 305 改为与 308 短接，相当于电路的 1 脚与 8 脚交流短路。

（4）插孔 310 为 LM386 工作电压的测试插孔。

（5）插孔 311 分别与 313、314、315 连接，用于选择功率放大器的负载电阻 R_L，插孔 312 是功率放大器输出测试孔。

（6）由三极管 Q_1 和 Q_2 及稳压管 D_2 和电阻 R_8、R_9 组成集成功率放大器电源电压过压保护电路。当电源电压超过 +12V 时，自动切断 LM386 第 6 脚的电源，正常工作时，Q_2 饱和导通，电源加到集成电路的 6 脚。

（7）由 R_7 和 C_3、C_4、C_8、C_9 组成电源退耦电路，用于防止因电源内阻存在而引起的电路自激。D_1 是电源电压反接保护电路。

（8）插孔 316、317、318 均为接地插孔。

（9）插孔 319 和 320 为测试正常工作时流过电源的直流电流 I_{DC} 和静态电流 I_{DCQ} 的测试插孔。

2. 负载电阻匹配时的功率放大器测试

在集成功放器件 1、8 脚开路，$V_{CC} = 6V$（集成块 6 脚对地电压），$R_L = 8.2\Omega$，$f =$

1kHz 时，$R_1(=20\text{k}\Omega)$ 接入（即信号源输出电压 U_S 接在插孔 301 上）时，调节 U_S，使功率放大器的输出达到最大不失真状态，然后测试：

(1) 电路的最大不失真输出功率 P_{oLmax}；

(2) 电路的总效率 η、总损耗 P_c 和静态损耗 P_{c0}；

(3) 电路的输入电阻 R_i、功率增益 A_P、电流增益 A_i 和电压增益 A_v；

(4) 观察电路工作时流过电源的电流 i_{DC} 的波形，并与输入和输出波形进行比较。

3. 负载电阻失配时的功率放大器测试

(1) 在实验内容 2 的测试电路基础上，将负载电阻 R_L 换成 3.9Ω，其他条件不变，按实验内容 2 的方法和步骤，重新测试和记录实验内容 2 中的各项性能指标。

(2) 再将 R_L 换成 16Ω，再重复上述步骤进行测试和记录。

4. 集成功率器件 LM386 中电压增益的调节控制

(1) 将实验电路中 1、8 脚间接入电容 C_2 和电位器 W_1 串联的电路，其他条件按实验内容 2 设置，调节 W_1，使 $W_1=0$，测出功率放大器在输出为最大不失真时的电压放大倍数 A_v。

(2) 再将 W_1 调节，使 $W_1=2\text{k}\Omega$ 时，测出功率放大器在输出为最大不失真时的电压放大倍数 A_v。

五、实验注意事项

(1) 在进行最大不失真输出功率测试时要迅速调整和测试，测得最大不失真输出电压及相关数据后，要立即减小输入信号幅度，不要让放大器长时间工作在最大不失真输出状态。

(2) 在测试过程中，如果没有失真度测试仪，为保证输出波形不失真，应用示波器监测输出波形。

(3) 保证测试仪器与被测电路"共地"连接。

(4) 测量时可始终串接 R_1，必须接入 R_L。

(5) 测正常工作时流过电源的直流电流 I_{DC} 和静态电流 I_{DCQ} 时，应在 R_7 两端（插孔 319 和 320）并上直流电压表测量。

(6) 只有在观察 i_{DC} 时，将连线孔 303 和 304 用短接线短接，否则始终将连线孔 303 和 317 用短接线短接，保证集成电路正常接地。

(7) 在调整输入信号后，需监测 LM386 的电源电压（插孔 310 对地电压），调节直流稳压电源的输出，使其满足测试条件。

六、实验报告要求

(1) 列表整理实验数据，比较并讨论负载匹配与不匹配时功率放大器主要性能指标的变化情况。

(2) 绘制输出电压波形和流过电源总电流的波形，并进行扼要解释。

(3) 讨论功率放大器电压增益控制的方法。

七、预习要求及思考题

1. 预习要求

(1) 复习模拟电路教材的相关内容，了解集成功率放大器的工作原理。

（2）预习与本实验有关的实验原理、测试方法和注意事项。

2．思考题

（1）LM386 集成功率放大器外围元器件有哪些？其作用是什么？

（2）如何测量集成功率放大器的输出功率和效率？

（3）电源电压的变化（增大或减小）对输出功率和效率有何影响？

（4）实验电路中，改变 1、8 脚间元件数值的大小，对电压放大倍数有什么影响？

（5）输出耦合电容的容量增大或减小对功率放大器的频率特性有哪些影响？

（6）集成功率放大器的电压增益与哪些因素有关系？

（7）阐述本电路中电源电压过压保护电路的工作原理。

（8）如何观察流过电源的电流波形？理论上的电流波形是什么样子？试解释波形形成的原因。测试流过电源的电流可采用哪些方法，应该使用哪一种测量仪器？各适用于什么场合？为什么？

（9）讨论功率放大器与电压放大器测试的异同点。

7.3　集成运算放大器基本应用电路的测试

一、实验目的

（1）掌握集成运算放大器的正确使用方法。

（2）掌握集成运算放大器在模拟运算等方面的具体应用及电路参数的测试方法。

二、实验原理

集成运算放大器（简称集成运放）是高增益的交直流放大器。若在它的输出端与输入端之间加上反馈电路，则可以实现各种不同的电路功能。例如：施加线性负反馈，可以实现放大功能，以及加、减、微分、积分等模拟运算功能；施加非线性负反馈，可以实现对数、乘、除等模拟运算功能，以及其他非线性变换功能；施加线性或非线性正反馈，或将正、负反馈结合，可以实现振荡器功能和波形变换。

1．基本应用电路

以集成运放为核心，附加必要的外围元器件可以构成各种基本功能电路。这些基本电路又可以作为单元电路组成规模更大的应用电路。

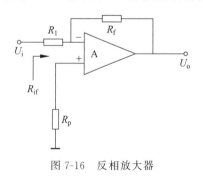

图 7-16　反相放大器

1）反相放大器

反相放大器是最基本的电路，如图 7-16 所示。

反相放大器的闭环电压增益为

$$A_{vf} = U_o / U_i = -R_f / R_1 \qquad (7\text{-}21)$$

反相放大器的输入电阻为

$$R_{if} \approx R_1$$

反相放大器的输出电阻为

$$R_o \approx 0$$

反相放大器中在同相输入端与地之间应接的平

衡电阻为

$$R_p = R_1 /\!/ R_f$$

反馈电阻 R_f 的阻值不能太大,否则会产生较大的噪声及直流漂移,一般为几十至几百千欧。R_1 的取值应远大于信号源的内阻。

若 $R_f = R_1$,则为倒相器,可作为信号的极性转换电路。

2) 同相放大器

同相放大器也是最基本的单元电路,如图 7-17 所示。

其闭环电压增益 A_{vf} 为

$$A_{vf} = 1 + R_f / R_1 \tag{7-22}$$

输入电阻为

$$R_{if} \approx R_{id} /\!/ R_{ic} \approx R_{id}$$

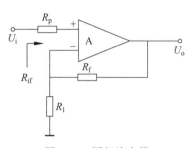

式中:R_{id} 为运放本身的差模输入电阻,其值一般在几百千欧至几兆欧;R_{ic} 为运放的共模输入电阻,其值一般为数百兆欧。

输出电阻为

图 7-17 同相放大器

$$R_o \approx 0$$

平衡电阻为

$$R_p = R_1 /\!/ R_f$$

同相放大器具有高输入阻抗、低输出阻抗的特点,广泛用于信号处理电路的前置放大级。

若 $R_f \approx 0, R_1 = \infty$(开路),则电路成为电压跟随器。与由晶体管构成的电压跟随器(射极输出器)相比,集成运放组成电压跟随器输入电阻更高,几乎不从信号源吸取电流;输出电阻更低,可以作为电压源,是较理想的阻抗变换器。

3) 差动放大器

差动放大电路如图 7-18(a)所示。当运算放大器的反相端和同相端分别输入信号 U_1 和 U_2 时,输出电压可表示为

$$U_o = -\frac{R_f}{R_1} U_1 + \left(1 + \frac{R_f}{R_1}\right) \left(\frac{R_3}{R_2 + R_3}\right) U_2 \tag{7-23}$$

在图 7-18(a)中,当 $R_1 = R_2, R_f = R_3$ 时,为差动放大器。其输出电压为

$$U_o = \frac{R_f}{R_1}(U_2 - U_1) \tag{7-24}$$

差模电压增益为

$$A_{vd'} = \frac{U_o}{U_2 - U_1} = \frac{R_f}{R_1} = \frac{R_3}{R_2} \tag{7-25}$$

输入电阻为

$$R_{if} = R_1 + R_2 = 2R_1 \tag{7-26}$$

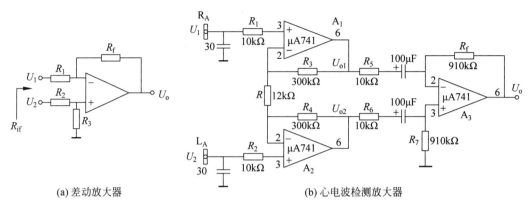

(a) 差动放大器   (b) 心电波检测放大器

图 7-18　运放构成的差动放大器及其应用

当 $R_1 = R_2 = R_f = R_3$ 时，为减法器。其输出电压为

$$U_o = U_2 - U_1 \tag{7-27}$$

由于差动放大器具有双端输入单端输出、共模抑制比较高（$R_1 = R_2$，$R_f = R_3$）的特点，因此通常可作为传感放大器或电子测量仪器的前端放大器，图 7-18（b）所示电路为心电波检测仪的前端放大电路。该电路的功能是将来自人体表面的两个传感器 R_A 与 L_A 的微弱心电信号（约为 1mV）放大至几千倍，供示波器或纸带记录机使用。前级采用同相放大器，可获得很高的输入阻抗，后级采用差分放大器可获得较高的共模抑制比，增强电路的抗干扰能力。为了满足应用条件，应选择 $R_1 = R_2$，$R_3 = R_4$，$R_5 = R_6$，$R_f = R_7$，此时电路的电压放大倍数为

$$A_{vd} = \frac{U_o}{U_2 - U_1} = \left(1 + \frac{R_3 + R_4}{R}\right)\frac{R_f}{R_5} = 4641 \tag{7-28}$$

4）加法器

基本加法器电路如图 7-19（a）所示。

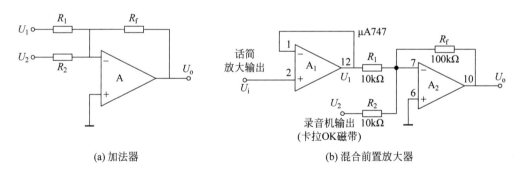

(a) 加法器   (b) 混合前置放大器

图 7-19　加法器及其应用

其输出电压为

$$U_o = -\left(\frac{R_f}{R_1}U_1 + \frac{R_f}{R_2}U_2\right) \tag{7-29}$$

式中：负号"一"表示反相加法器。

若取 $R_1 = R_2 = R_f$，并使其中一个输入信号 U_i 经过一级反相放大器，则加法器可以变为减法器，其输出电压 $U_o = -(U_2 - U_1)$。

图 7-19(b)所示电路为卡拉 OK 伴唱机的混合前置放大器电路。其功能是将伴唱的声音信号(话筒放大器输出)与卡拉 OK 磁带的音乐信号(录音机输出)进行混合放大。其中 A_1 为电压跟随器，实现阻抗变换与隔离，A_2 为基本的加法器，输出电压为

$$U_o = -\left(\frac{R_f}{R_1}U_1 + \frac{R_f}{R_2}U_2\right) = -\frac{R_f}{R_1}(U_1 + U_2) = -10(U_1 + U_2) \tag{7-30}$$

5) 微分器

微分器的基本电路如图 7-20(a)所示。其输出电压为

$$U_o = -R_f C \frac{dU_i}{dt} \tag{7-31}$$

式中：$R_f C$ 为微分时间常数。

由于电容 C 的容抗随输入信号的频率升高而减小，所以输出电压会随输入信号的频率升高而增大。为限制电路的高频增益，在输入端与电容 C 之间接入一个小电阻 R_s，当输入频率低于

$$f_0 = \frac{1}{2\pi R_s C} \tag{7-32}$$

时，电路起微分作用。若输入信号的频率远高于 f_0，则电路近似为一个反相器，使高频电压增益限制为

$$A_{vf} = \frac{R_f}{R_s} \text{（一般取 10 倍）} \tag{7-33}$$

实际的微分器电路如图 7-20(b)所示。若输入电压为一对称三角波，则输出电压为一对称方波，其波形关系如图 7-20(c)所示。

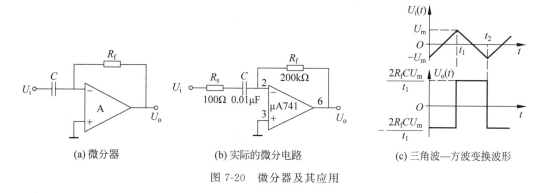

(a) 微分器　　　　(b) 实际的微分电路　　　　(c) 三角波—方波变换波形

图 7-20　微分器及其应用

6) 积分器

积分器的基本电路如图 7-21(a)所示。

输出电压为

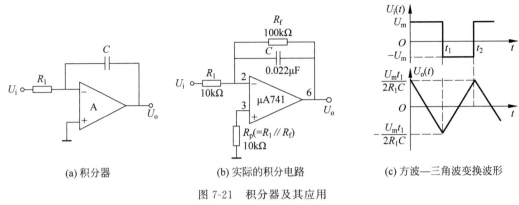

(a) 积分器　　　　　(b) 实际的积分电路　　　　(c) 方波—三角波变换波形

图 7-21　积分器及其应用

$$U_\mathrm{o} = -\frac{1}{R_1 C}\int_0^t U_\mathrm{i}\mathrm{d}t + U_\mathrm{o}(0) \tag{7-34}$$

式中：$R_1 C$ 为积分时间常数。

为限制电路的低频增益,减小失调电压的影响,可在反馈电容 C 两端并联电阻 R_f,当输入信号的频率大于 $f_0 = \dfrac{1}{2\pi R_\mathrm{f} C}$ 时,电路为积分器。若输入信号的频率远低于 f_0,则电路近似一个反相器,使低频电压增益限制为

$$A_\mathrm{vf} = -\frac{R_\mathrm{f}}{R_1} \quad (\text{一般取 } 10 \text{ 倍}) \tag{7-35}$$

实际的积分器电路如图 7-21(b)所示,其中 R_p 为平衡电阻,可使由输入偏置电流引起的直流失调电压减至最小。若输入为对称方波,则积分器的输出为对称三角波,其波形关系如图 7-21(c)所示。

2. μA741 和 LM324 集成运放的识别

μA741 和 LM324 集成运放的引脚排列与功能如图 7-22 所示。

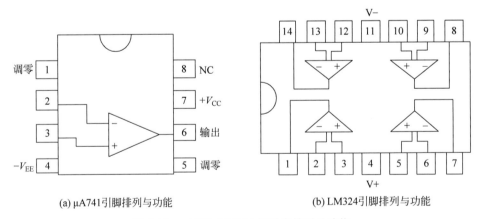

(a) μA741引脚排列与功能　　　　(b) LM324引脚排列与功能

图 7-22　μA741、LM324 的引脚排列及功能

三、实验仪器

实验仪器见表 7-4。

表 7-4　实验仪器

序　号	名　称	型号规格	数　量	备　注
1	函数信号发生器		1	
2	示波器		1	
3	毫伏表		1	
4	直流稳压电源(双路)		1	
5	万用表		1	
6	实验板或面包板		1	配套相应元器件

四、实验内容及步骤

1. 反相输入比例运算电路

(1) 用 μA741 或 LM324 实现 $U_o = -2U_i$ 的运算关系,其中 $U_i = 1V$, $f = 1kHz$, $R_f = 20k\Omega$,确定电路中 R_1 和 R_P 的电阻值,并进行实验验证。

(2) 研究并回答如下问题:

① 反相比例运算电路有哪些特点? 运算表达式是什么? 这个电路存在什么缺点? 如何改进?

② 如何测试该电路的输入电阻? 从输入端向运放看进去的输入电阻理论值是多少?

③ 对同相端和反相端的直流电阻有何要求? 写出计算表达式。

2. 同相输入比例运算电路

(1) 在 $U_i = 0.5V$, $f = 1kHz$, $R_1 = 10k\Omega$,设计实现 $U_o = 2U_i$ 的运算电路,并进行实验验证。

(2) 研究并回答如下问题:

① 同相比例运算电路有哪些特点? 写出其运算表达式,这种电路可用于解决哪些应用问题?

② 如何测试该电路的输入电阻? 从输入端看进去的输入电阻的理论值是多少?

③ 对同相端和反相端的直流电阻有何要求? 写出计算表达式。

④ 如何将该电路变成电压跟随器? 它与晶体管构成的射随器比较有什么特点?

3. 反相加法运算电路

(1) 用集成运放设计加法电路,满足关系式 $U_o = -(2U_{i1} + 4U_{i2})$,其中 $U_{i1} = 0.1V$, $U_{i2} = 0.2V$, $f = 1kHz$,且 $R_f = 20k\Omega$,确定电路的其他参数并用实验验证。

(2) 研究并回答如下问题:

① 如何从信号发生器的同一路信号输出端取得 U_{i1} 和 U_{i2} 所要求的电压值?

② 同相加法电路和反相加法电路各有什么特点? 如何计算同相加法运算电路中的各元件参数?

③ 上述电路能否用于处理直流信号? 如果要处理直流信号,电路应做哪些改进?

4．减法运算电路

（1）用一片 $\mu A741$ 实现 $U_o=(U_{i2}-U_{i1})$ 的运算关系，其中 $U_{i1}=0.1V,U_{i2}=0.2V$，$f=1kHz$，由同一台信号发生器提供，且 $R_f=20k\Omega$，确定电路的其他参数，并用实验验证。

（2）研究并回答如下问题：

① 用一片 $\mu A741$ 构成的减法电路存在什么缺点？如何改进？

② 用两片 $\mu A741$ 如何实现 $U_o=aU_{i2}-bU_{i1}(a\neq b)$ 的运算关系？画出具体电路并确定电路的元件参数。

③ 用两片 $\mu A741$ 如何实现 $U_o=3U_{i1}+2U_{i2}-4U_{i3}$ 的运算功能？画出具体电路并确定电路的元件参数。

5．积分运算电路

（1）用一片 $\mu A741$ 接成积分电路（图 7-21（b）），其中 $C=0.1\mu F,R_1=100k\Omega,R_f=1M\Omega$，当输入信号为正弦波时，幅度为 1V，频率分别为 100Hz、500Hz、1kHz 时，用双踪示波器同时观察 U_o 与 U_i 波形的对应关系，并测试 U_o 的值，验证积分运算关系。

（2）如果输入信号改为方波信号，幅度在 $\pm2V$ 之间交替变化，频率分别取 $\frac{T}{2}\gg\tau(\tau=R_1C),\frac{T}{2}=\tau,\frac{T}{2}\ll\tau$ 时，用双踪示波器同时观察并记录 U_o 与 U_i 波形的对应关系。

（3）回答下列问题：

① 在积分电路的元件参数确定以后，应如何选择输入信号的周期？分别对正弦波信号和方波信号进行讨论。

② 简单积分电路在进行方波或正弦波信号积分时会出现什么现象？如何解决这种问题？

③ 积分电路有哪些应用？举例说明。

6．微分运算电路

（1）用一片 $\mu A741$ 接成微分电路（图 7-20（b）），其中 $C=0.1\mu F,R_f=20k\Omega$，当输入信号为正弦波时，幅度为 1V，频率分别为 100Hz、200Hz、500Hz 时，用双踪示波器同时观察 U_o 与 U_i 波形的对应关系，并测试 U_o 的值，验证微分运算关系。

（2）如果输入信号改为三角波信号，幅度在 $-2\sim2V$ 交替变化，频率分别取 $\frac{T}{2}\gg\tau(\tau=R_1C),\frac{T}{2}=\tau,\frac{T}{2}\ll\tau$ 时，用双踪示波器同时观察并记录 U_o 与 U_i 波形的对应关系。

（3）回答下列问题：

① 微分电路对正弦波和方波是如何响应的？当微分电路的元件参数选定后，应如何确定激励信号的周期（或频率）？

② 简单微分电路存在什么问题？如何解决这些问题？画出具体的电路。

③ 微分电路有哪些应用？举例说明。

五、实验注意事项

(1) 在使用集成运放芯片实现应用电路时,注意引脚的排列和顺序。

(2) 注意集成运放电源的要求。一般采用双电源供电,若选用单电源供电,可参考如图 7-23 所示的方案。

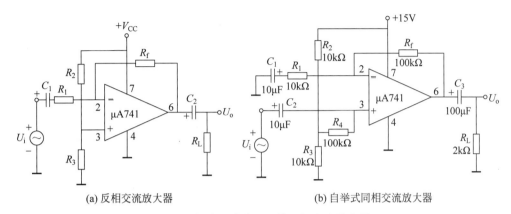

(a) 反相交流放大器   (b) 自举式同相交流放大器

图 7-23 集成运放单电源供电的交流放大器

(3) 测试时,测量仪器要遵循"共地"连接原则。

六、实验报告要求

(1) 画出实验电路并标明元件参数的取值,列表整理实验测试数据、波形,并与理论值进行比较,分析产生误差的原因及改进的措施。

(2) 回答问题:

① 如何测试反相比例运算电路的输入电阻? 它与放大器输入电阻的测试有什么不同?

② 如何测试同相比例运算电路的输入电阻?

七、预习要求及思考题

1. 预习要求

复习集成运放基本应用电路的组成、工作原理、理论计算公式及输入、输出(波形及数值)间的关系。

2. 思考题

(1) 集成运放基本应用电路存在哪些问题? 如何解决?

(2) 如何将双电源供电的集成运放改成单电源供电? 原则是什么? 有哪些实现方法?

7.4 RC 桥式振荡器的测试

一、实验目的

(1) 熟悉运算放大器在波形产生电路中的应用。

(2) 掌握 RC 桥式振荡器的调整及电路参数的测试方法。

（3）掌握选频网络选频特性的测试方法，验证 RC 桥式振荡器的起振条件。

（4）了解集成运放单电源供电的应用。

二、实验原理

RC 振荡器又分为相移振荡器、双 T 选频网络振荡器和文氏电桥振荡器等。由于 RC 文氏电桥振荡器产生的正弦信号具有频率范围宽、波形较好以及改变频率较方便等特点，所以它是应用最为普遍的一种 RC 振荡器。在文氏电桥振荡器中，又可分为电压型和电流型，在此只讨论电压型文氏电桥振荡器的调整与测试。

1. 电压型 RC 文氏电桥振荡器的基本工作原理

一般而言，大部分振荡器含有放大器和正反馈网络两部分。RC 文氏电桥振荡器的原理框图如图 7-24 所示。

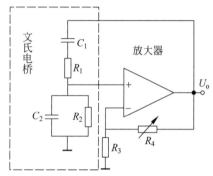

图 7-24　RC 文氏电桥振荡器原理框图

该电路的谐振频率为

$$f_0 = \frac{1}{2\pi\sqrt{R_1 R_2 C_1 C_2}} \qquad (7\text{-}36)$$

当 $f = f_0$ 时，网络的传输系数为

$$F = F_{max} = \frac{1}{1 + R_1/R_2 + C_2/C_1} \qquad (7\text{-}37)$$

当 $R_1 = R_2 = R$，$C_1 = C_2 = C$ 时，有

$$f_0 = \frac{1}{2\pi RC} \qquad (7\text{-}38)$$

电路的起振条件：放大器的放大倍数 $A_v \geqslant 3$。

图 7-24 中，R_3、R_4 构成负反馈电路起稳幅作用。

2. RC 文氏电桥振荡器的调整

振荡器的调整就是要使振荡器的性能参数满足设计指标，如振荡器的频率范围、输出幅度及非线性失真等。

1）振荡电路的粗调

如果振荡电路的安装或连接无误，电源接通后，电路就会起振，输出正弦波。若电源接通后，电路不起振（无输出波形），一般有两个原因：一是正反馈网络未接通；二是放大器闭环增益不够大。此时，首先可加大图 7-24 中的负反馈电阻 R_4，若仍不能起振，就应检查运算放大器工作是否正常。其次检查正反馈网络是否接通，元件参数是否正确。若加大 R_4 后电路起振，但波形失真，这表明电路原来接入的 R_4 太大，可适当减小 R_4 的值，直到电路稳定振荡为止。如果调节 R_4 能够控制输出幅度，调节双连电位器 R 能改变频率，且波形无明显失真，这就说明电路已基本正常，粗调结束。

2）调节振荡器输出信号的频率范围和幅频特性

（1）频率范围。式(7-38)表明，文氏电桥振荡器输出信号的频率范围主要取决于 R、C 的值。当 C 选定后，频率不够低就应加大 R，不够高就减小 R。R 的最小值受到运放输出阻抗的限制。当用双连电位器连续调节振荡频率时，其频率覆盖系数一般以 $f_{max}/f_{min} \leqslant 10$ 为宜，过大后，不仅受到输出阻抗的限制，而且调节也不方便。欲要求更宽的调节范围,则应更换电容 C,分波段调节。

(2) 幅频特性。一个好的振荡器不仅要求输出信号的频率在给定范围内可调,而且要求在调节信号频率时其输出幅度保持不变,即幅频特性要好。但是,即使电路接有稳幅电路,当通过调节双连电位器(或双连电容器)来改变频率时,由于下列原因输出信号的幅度总会有些变化:

① 双连电位器不严格同步。当电位器调到不同角度时,两电阻值不等($R_1 \neq R_2$),根据式(7-37)就会使文氏电桥的传输系数 $F_{max} \neq \dfrac{1}{3}$。若 $F_{max} > \dfrac{1}{3}$,则正反馈加强,因而必然使 U_{opp} 加大,为继续维持稳幅振荡,负反馈也必须加强,相应的 R_3 应加大;反之,若 $F_{max} < \dfrac{1}{3}$,则正反馈减弱,U_{opp} 相应减小。显然,要减小 U_{opp} 的变化,就要求双连电位器(或双连电容器)严格同步。

② 运算放大器同相端的输入电容也会使振荡器输出信号的幅度在振荡频率升高时下降。这是因为当振荡频率升高,输入电容的容抗达到不可忽略的程度时,会使正反馈减弱,从而使 U_{opp} 降低。显然,要减小这种影响应选输入分布电容小的运算放大器。

③ 如果运放的高频特性不好,也会造成频率升高时 U_{opp} 下降。

3) 输出幅度和输出波形的调节

振荡器输出信号的幅度通过 R_4 进行调整。输出信号波形的非线性失真大小,主要取决于负反馈电路和运放的高频特性(f_h 和转移速率)。此外,若负载电阻太小(负载重)或输出幅度 U_{opp} 太大也会造成输出信号波形的非线性失真。在这种情况下,应当减轻振荡器负载或减小输出信号的幅度。

3. RC 文氏电桥振荡器的测试

1) 输出频率 f_o 及频率稳定度的测试

(1) 输出频率 f_o 的测试:

① 示波器测频率。其原理和方法在第 2 章示波器使用中已作相关介绍,这里不再重复。

② 频率计测频率。具体操作步骤可参阅仪器使用说明书。

(2) 频率稳定度测试。频率稳定度是指在规定时间区间内振荡器振荡频率的相对变化量。根据实际电路的要求不同,频率稳定度可分为长期(年、月)稳定度、短期(日、时)稳定度和瞬时(秒、毫秒)稳定度。其测量方法有:

① 示波器法。如果有一台频率可调的能够产生标准振荡信号的仪器,可以用李萨如图形法来测量频率稳定度。测量方法是将被测振荡器电路的输出接到示波器的 Y 轴,将标准信号接入示波器的 X 轴,如图 7-25 所示,调节标准振荡器的频率使它与被测频率相同,此时在示波器显示屏上出现圆或

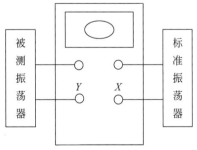

图 7-25 示波器法测量振荡器的频率

椭圆。

由于被测信号的频率稳定度不高,其值相对于标准频率将逐渐发生偏离,图形会相应地产生转动,稳定度越差,转动越快。根据下式可求得频率稳定度:

$$\frac{\Delta f}{f} = \frac{n}{t \times f} \tag{7-39}$$

式中:n 为李萨如图形转动的圈数;t 为转动 n 圈的时间;f 为被测振荡器的标称频率。

也可以用外同步法:将被测信号接入示波器 Y 轴,标准信号接入示波器的外同步输入端,当两信号频率相同时,图形稳定;当被测频率与标准频率有误差时,波形将左、右移动。当被测信号频率比标准频率高时,波形向左移动;反之则向右移动。其频率稳定度的计算公式与式(7-39)相同,只是 n 表示被测信号在 t 时间内沿水平轴移过的波形数目。

上述两种方法都要求有一个频率稳定度比被测频率的稳定度高得多,且频率可调(或正好等于被测频率的整数倍)的标准信号源。

② 直测法。在没有外部标准信号源的情况下可直接用数字式频率计来测量。这种方法直观而方便,但测量精度受数字式频率计精度的限制。相隔一定的时间间隔读取数字频率计所指示的频率读数,即可算出振荡器的频率稳定度。这种方法既可用于长期稳定度测量,也可用于短期稳定度的测量。

2)输出电压及频率覆盖范围的测试

(1)输出电压 U_o 的测试。振荡器的输出信号的电压通常采用电子电压表直接测量。

(2)频率覆盖范围及频率覆盖系数的测试:

① 接好振荡器电路,使振荡器正常工作(输出幅度适中,输出波形失真小);然后调节双连电位器,用频率计法或扫速定度法测量出振荡器的最高振荡频率 f_{max} 和最低振荡频率 f_{min}。

② 根据频率覆盖系数的定义

$$K_T = \frac{f_{max}}{f_{min}} \tag{7-40}$$

由测得的 f_{max} 和 f_{min} 即可求得 K_T。

(3)幅频特性的测试。振荡器输出电压 U_o 与输出频率 f_o 之间的关系曲线称为振荡器的幅频特性曲线。测试方法是在 f_{max} 与 f_{min} 之间任选若干个测试频率点,测出相应频率下振荡器的输出电压 U_o,在对数坐标纸上以横轴表示频率、纵轴表示输出电压所画出的曲线即为振荡器的幅频特性曲线。

3)选频网络选频特性的测试

(1)将 RC 选频网络与放大器完全断开,接成如图 7-26 所示的测试电路。

(2)选定 R 和 C 后,理论计算 $f_0 = \dfrac{1}{2\pi RC}$。

(3)采用点频法(或扫频法)测试若干个频率点所对应(保持 U_i 不变)的 U_o。

(4)在对数坐标纸上描绘选频特性曲线。

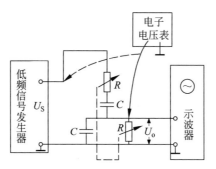

图 7-26　RC 选频网络选频特性的测试框图

4）RC 文氏电桥振荡器振幅条件的测定

通过测试 RC 文氏电桥振荡器在起振最佳、波形失真、振荡器停振时放大器的电压放大倍数即可测定振幅条件。测试电路图如图 7-27 所示。

（1）在选定 R 和 C 后，调节图 7-27 中的 R_f，使振荡器正常工作，输出波形不失真、幅度稳定，测定此时振荡器的振荡频率 f_0。

（2）断开 RC 选频网络与放大器的连线，但应保持放大器的静点和负反馈状态不变。

（3）从放大器的同相端接入频率与振荡器工作时输出信号的频率相等或相近且幅度合适的正弦测试信号，用电子电压表测出此时放大器的输入电压 U_i 和输出电压 U_o，计算电压放大倍数 A_v，即为最佳起振时的电压放大倍数。

（4）将图 7-27 电路连接成正常的 RC 文氏电桥振荡器，然后调节图中 R_f，使振荡器输出波形失真，重复前述步骤（2）、（3），测出波形失真时放大器的放大倍数 A_v。

（5）将图 7-27 电路连接成正常的 RC 文氏电桥振荡器，然后调节图中 R_f，使振荡器停振，重复前述步骤（2）、（3），即可测出停振时放大器的电压放大倍数。

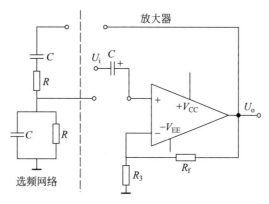

图 7-27　RC 文氏电桥振荡器振幅条件的测试框图

三、实验仪器

实验仪器见表 7-5。

表 7-5　实验仪器

序　号	名　　称	参考型号	数　量	备　注
1	直流稳压电源		1	
2	信号发生器		1	
3	示波器		1	
4	毫伏表		1	
5	万用表		1	
6	实验板		1	
7	失真度测试仪		1	选用
8	频率计		1	选用

四、实验内容及步骤

1. 实验电路

本实验的电路由 LM741 集成运放组成的放大器和 RC 串并联选频网络构成,实验板电路如图 7-28 所示。

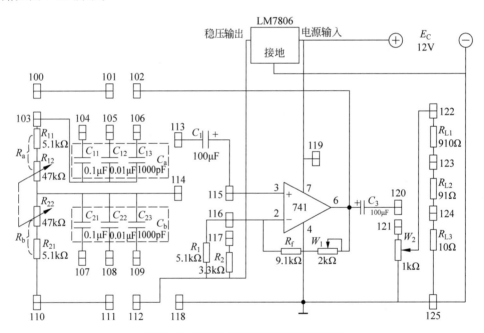

图 7-28　RC 桥式振荡器实验板电路图

图 7-28 中:(1) 插孔 100 和 110 是测量 RC 串并联网络选频特性的信号输入插孔。

(2) 插孔 101 分别与插孔 104、105、106 连接时,使 C_a 有 0.1μF、0.01μF 和 1000pF 三种数值选择,插孔 111 分别与插孔 107、108、109 连接时,使 C_b 有 0.1μF、0.01μF 和 1000pF 三种数值选择。R_{12}、R_{22} 采用同轴双联电位器,与 R_{11}、R_{21}、C_a、C_b 构成 RC 选频网络。

(3) 其他插孔的用途与连接,在实验内容中再做介绍。

（4）由 LM7806 组成的稳压电路是集成运放 LM741 由双电源供电改为单电源供电而设置的,为运放的反相端和同相端提供 6V 工作电压。

（5）由 R_{L1}、R_{L2}、R_{L3} 组成的振荡器输出衰减器,可以实现输出电压的粗调,电位器 W_2 为输出电压的细调。

2. 实验准备工作

断开所有连线,实测桥臂（$R_{11}+R_{12}$ 或 $R_{21}+R_{22}$）各电阻的最大值 R_{max} 和最小值 R_{min},计算当 $C_a=C_b$ 且取值分别为 $0.1\mu F$、$0.01\mu F$ 和 1000pF 时振荡器的振荡频率,将实验数据填入表 7-6。

表 7-6　RC 桥式振荡器振荡频率理论计算数据记录表

	C		
	$0.1\mu F$	$0.01\mu F$	1000pF
$R_{max}=$ ___			
$R_{min}=$ ___			
K_T			

3. 振荡器振荡频率、输出电压幅度和频率覆盖系数的测试

将电路接成桥式振荡器的形式（插孔 101 与插孔 102 连接,且插孔 101 与插孔 104、105、106 中的一个插孔连接；插孔 111 与插孔 112 连接,且插孔 111 与插孔 107、108、109 中的一个插孔连接；插孔 114 与插孔 115 连接）,接入 12V 电源,调节 W_1 使电路正常起振（运放输出端输出波形为正弦波,幅度稳定且不失真）,用示波器法或频率计法测出 $C_a=C_b$ 且取值分别为 $0.1\mu F$、$0.01\mu F$ 和 1000pF 时振荡器的最高频率 f_{max}、最低频率 f_{min} 以及频率覆盖系数 K_T,并与理论计算值进行比较,同时测出相应条件下振荡器的输出电压 U_o,将测量数据填入表 7-7。

表 7-7　RC 桥式振荡器振荡信号参数测量数据表

	C					
	$0.1\mu F$		$0.01\mu F$		1000pF	
	f	U_o	f	U_o	f	U_o
$R_{max}=$ ___	$f_{min}=$ ___		$f_{min}=$ ___		$f_{min}=$ ___	
$R_{min}=$ ___	$f_{max}=$ ___		$f_{max}=$ ___		$f_{max}=$ ___	
K_T						

4. 验证 RC 桥式振荡器的振幅条件

振荡频率可任选一个,本次实验可选 $C_a=C_b=0.01\mu F$,$R_a=R_b=R_{min}$,要验证最佳起振、停振和波形失真三种情况。

（1）选 $C_a=C_b=0.01\mu F$,$R_a=R_b=R_{min}$,调节 W_1 使电路正常起振,起振后断开插孔 101 与 102、111 与 112、114 与 115 的连线,将插孔 115 与 117 连接,测试由集成运算放大器所组成的电压串联负反馈放大电路的 A_v（信号源由插孔 113 接入）。

（2）选 $C_a=C_b=0.01\mu\text{F}$，$R_a=R_b=R_{\min}$，调节 W_1 使电路正常起振，然后微调 W_1（向 W_1 减小的方向调节），使电路停振，停振后断开插孔 101 与 102、111 与 112、114 与 115 的连线，将插孔 115 与 117 连接，测试由集成运算放大器所组成的电压串联负反馈放大电路的 A_v。

（3）选 $C_a=C_b=0.01\mu\text{F}$，$R_a=R_b=R_{\min}$，调节 W_1 使电路正常起振，然后微调 W_1（向 W_1 增大的方向调节），使输出波形出现失真，失真后断开插孔 101 与 102、111 与 112、114 与 115 的连线，将插孔 115 与 117 连接，测试由集成运算放大器所组成的电压串联负反馈放大电路的 A_v。

将上述测量数据填入表 7-8。

表 7-8   RC 桥式振荡器振幅条件验证数据记录表

起振			停振			失真		
U_i	U_o	A_v	U_i	U_o	A_v	U_i	U_o	A_v

5．RC 桥式振荡器的幅频特性测试

按实验内容 4 中的电路连接及调整要求，使振荡器正常工作；然后调节双联电位器（R_{12} 和 R_{22}）测出电位器从最大到最小变化时（任选若干个阻值，最好使输出频率为 10 的整数倍）对应的频率和输出电压幅度，列表记录相应的测试数据。

6．RC 桥式振荡器频率稳定度测试

按实验内容 4 中的要求连接和调整电路，当电路正常工作时测出振荡器的振荡频率，然后改变电源电压 E_C，使其变化 ±10%，测出电压变化后的振荡频率，计算电源电压变化 ±10% 时的频率稳定度。

7．验证 RC 串并联选频网络的选频特性

在 $R_a=R_b=R_{\min}$，$C_a=C_b=0.01\mu\text{F}$ 条件下测试，用点频法（逐点法）测出其幅频特性。

使选频网络与放大电路断开（断开插孔 101 与 102、111 与 112、114 与 115 的连线），然后在 RC 选频网络两端（100 与 110 为输入端）接入信号发生器，用毫伏表测出桥臂中点处（111 与 114 为输出端）的输出电压。注意先计算出该条件下的谐振频率 $f_0 = \dfrac{1}{2\pi RC}$，外加信号的频率应能覆盖 f_0，并保持输入信号幅度不变，将测得的实验数据填入表 7-9。

表 7-9   RC 桥式振荡器选频网络的选频特性测试数据记录表

f	
U_o	

五、实验注意事项

（1）实验测试时，调整电位器 W_1 为刚起振为宜，此时输出信号的波形失真最小；

（2）测 RC 选频网络的选频特性时，注意监视输入电压值，确保其保持不变；

（3）测量仪器的"共地"连接。

六、实验报告要求

（1）列表整理实验数据及波形，并进行讨论。

（2）讨论 RC 桥式振荡器的振幅平衡条件及负反馈对振荡波形的影响。

（3）以 $U/U_{\circ}$ 为纵坐标，f/f_{0} 为横坐标，描绘 RC 选频网络的选频特性曲线，讨论曲线所说明的问题。

（4）在调试振荡器的过程中出现过哪些问题？如何解决？写出收获、体会及建议。

七、预习要求及思考题

1. 预习要求

（1）复习有关 RC 桥式振荡器的相关理论，并按本实验电路参数进行相应参数的计算（主要计算 $f_{\max}$ 和 $f_{\min}$）。

（2）理解 RC 桥式振荡器的实验原理、测试方法，熟悉本实验电路的连接方法。

2. 思考题

（1）为什么在 RC 桥式振荡电路中既要引入正反馈又要引入负反馈？

（2）测试 RC 选频网络的选频特性时，应注意什么问题？

（3）RC 桥式正弦波振荡器的输出幅度和波形与哪些因素有关？如何才能得到平坦的幅频特性？

7.5 LC 晶体正弦波振荡器的调整与测试

一、实验目的

（1）熟悉并联电容三点式 LC 振荡器（西拉振荡器）的工作原理与特点。

（2）熟悉晶体振荡器的工作原理及特点。

（3）掌握并联电容三点式 LC 振荡器性能指标的测试方法。

（4）掌握晶体振荡器性能指标的测试方法。

（5）研究电路参数对 LC 振荡器、晶体振荡器振荡频率及性能指标的影响。

二、实验原理

LC 正弦波振荡器的调整与测试属于高频电路的测试范畴。高频电路是指工作在信号频率为几百千赫到几百兆赫、通频带在几千赫到几十兆赫范围内的电路。由于工作频率较高，电路元器件的参数都呈现出高频特性，使用的仪器、测试方法都将不同于低频电路。

1. LC 振荡器

振荡器是一种自动地将直流电源的能量转换为以具有特定波形的交变信号输出的振荡能量的电路。正弦波振荡器是应用广泛的一种振荡器。LC 振荡器是产生正弦振荡信号的一种电路形式，由电感 L 和电容 C 构成并联的 LC 谐振回路，具有频率选择特性。通常，LC 振荡器与交流放大器共同构成正弦波振荡器。

LC 正弦波振荡器有变压器反馈、电感反馈及电容反馈三种基本形式的电路。但这些电路的性能均不够完善,特别是频率稳定度较差。为此,在上述三种基本电路的基础上又出现了许多改进型电路。并联型电容三点式 LC 振荡器(西拉振荡器)就是其中的一种,如图 7-29 所示,下面以此电路为例讨论有关 LC 振荡器的调整和测试。

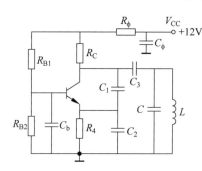

图 7-29　并联型电容三点式 LC 振荡器
电路原理图

1)电路特性

(1)振荡频率。图 7-29 所示电路的谐振频率为

$$f_0 = \frac{1}{2\pi\sqrt{L(C_T + C)}} \tag{7-41}$$

式中,C_T 为 C_1、C_2、C_3 的串联值,即

$$\frac{1}{C_T} = \frac{1}{C_1} + \frac{1}{C_2} + \frac{1}{C_3} \tag{7-42}$$

若满足 $C_1 \gg C_3$,$C_2 \gg C_3$,则 $C_T \approx C_3$。所以振荡器的频率主要由 L、C、C_3 决定,即

$$f_0 = \frac{1}{2\pi\sqrt{L(C + C_3)}} \tag{7-43}$$

由此可见,改变 L 和 C,均可实现对频率的调节。

(2)起振条件。LC 振荡器的电路元件参数对振荡器能否起振影响极大。起振时所需要的晶体管电流放大倍数 h_f 与电路元件参数的关系是

$$h_f \propto \frac{C_1 C_2 h_i}{\omega_0 Q_L C_3^2} \tag{7-44}$$

式中,h_i 为晶体管的输入阻抗;Q_L 为有负载时回路的 Q 值。

由式(7-44)可知:

① 维持振荡所需的振荡管电流放大倍数 h_f 反比于振荡角频率 ω_0($2\pi f_0$),因此振荡角频率越高,起振越容易。故这种电路适用于较高振荡频率的振荡器。

② h_f 反比于 C_3^2。即 C_3^2 越小,振荡越困难。这是因为 C_3 越小,LC 并联回路与晶体管之间的耦合越松,为了维持振荡,就要求 h_f 增大。

③ C_1、C_2 越大,起振所需的 h_f 值越大。

(3)振幅条件。根据起振条件,不难定性估计振荡幅度:

$$U_m \propto \frac{h_f \omega_0 Q_L C_3^2}{C_1 C_2 h_i} \tag{7-45}$$

由式(7-45)可知:

① 振荡器的振幅正比于 ω_0,随着振荡角频率的上升,振荡幅度将增加。这种振幅特性就可以补偿在高频时 h_f 的下降,从而使振荡幅度在工作频段内比较平稳。因此,这种电路应用于可变频率振荡器中能获得较好的频响。

② U_m 正比于 C_3^2,即 C_3^2 越大,振荡输出也越大。但 C_3 与频率覆盖系数 K_T 的关系很大。因此在可变频率振荡器中,C_3 的选择应从频率稳定度、振荡条件及频率覆盖系数

等方面权衡加以考虑。

（4）频率覆盖系数。由于 $f_0 \propto \dfrac{1}{2\pi\sqrt{LC}}$，所以

$$K_T = \frac{f_{max}}{f_{min}} = \frac{1/(2\pi\sqrt{LC_{min}})}{1/(2\pi\sqrt{LC_{max}})} = \frac{\sqrt{C_{max}}}{\sqrt{C_{min}}} \tag{7-46}$$

在并联型 LC 振荡器中，由于 C_3 是并联在可变电容器 C 两端的，从而使回路电容的有效电容量（$C+C_3$）的变动范围减小，频率覆盖系数也随之减小。故从频率覆盖系数的角度考虑，C_3 的选择应在保证起振的条件下越小越好。

2）振荡器中常见的问题

由于半导体晶体管特性参数的离散性比较大，电阻、电容等元件的数值与标准值也有误差，加之设计过程中，又忽略了电路实际工作时分布参数的影响因素，因此，设计安装出来的振荡器必须经过调整才能满足实际需要的指标。

在调整过程中，经常遇到以下的问题：

（1）不起振。造成电路不起振的根本原因是振荡电路不满足相位平衡条件，应视情况分别采取措施。

① 检查反馈电压极性是否接对，以保证满足相位条件。

② 若反馈电压极性正确，则应检查是否满足振幅平衡条件。可将工作点调高一些；换用 h_f 高一些的晶体管；增加反馈强度；提高回路的 Q 值；增加缓冲级等；有时可能是多种因素交织在一起而引起电路不起振，应结合电路的实际情况认真分析。

（2）电路已起振但波形不好。这往往是为了电路起振容易，调整的反馈过强导致管子在振荡半周期的部分时间内进入饱和区，输出电阻变得很小，引起回路 Q 值下降，选频性能变差造成的。这就有必要将反馈信号减弱。另外，静态工作点偏高也会引起波形失真，这时可将工作点降低。振荡波形的好坏还与负载有关，有时因负载过重，波形变坏，甚至停振，必要时要加隔离级将负载与振荡器隔离。

（3）振荡频率不准。某些场合，如广播、通信、雷达等设备需要准确振荡频率时，可以通过调电感（如用磁芯可调的电感）或电容（加一个小容量微调电容与其串联，调整微调电容）以达到调整振荡频率的目的。

（4）寄生振荡。产生寄生振荡的原因很多，主要是晶体管各极之间存在的极间电容，各元件、导线对地以及它们之间的分布电容，元件的引线电感等引起的信号耦合所造成的。寄生振荡和正常振荡很容易区分，前者在整个波段内振幅变化剧烈，而后者较为平缓。消除寄生振荡的办法有：

① 合理布线。合理安排元件的安装位置，要尽量减小输入回路与输出回路间的寄生耦合；走线要短，输入回路与输出回路的接地点应各自靠近。可用改变某些接线的方式来消除寄生振荡。

② 采用退耦电路。如图 7-30 所示中的 C_4、C_5 和 R_3 组成退耦电路。特别是多级共用一个电源时，更应如此，以防止高频成分流经直流电源。R_1、C_3 也有去耦作用。

③ 在振荡管的基极串联一个小电阻，它可以大大减少高频寄生振荡的注入，而对低

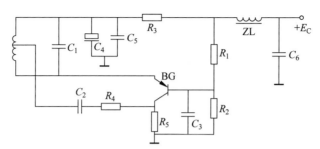

图 7-30   加退耦电路的振荡器

频信号则影响不大。

2. 高频电路测试和实验时应注意的问题

1）线路布局的要求

（1）为了避免空间杂散信号的耦合引起电路工作不稳定，电路的输出级应远离输入级，一般采用一字形排列，所有元器件的引线应尽可能短，排列要紧凑。

（2）级与级之间应尽量隔离，必要时要采取屏蔽措施和地线隔离。

（3）为避免电源内阻、引线分布参数等外部因素引起的不稳定，应加强各级电源馈电的滤波和退耦，地线应用较粗的导线，制作印制电路板时除必要的接线点外，铜箔应全部保留当作地线，以减小地线电阻。

2）对测量仪器的要求

（1）注意仪器输入、输出阻抗对被测电路的影响。一台仪器接入电路后，必然要影响被测电路工作，甚至会使电路不能正常工作。例如，在测量谐振回路的电路参数时，并联一台毫伏表时，由于毫伏表输入电容的存在，必然会影响其谐振频率。因此，在使用仪器对高频电路进行测试时，首先考虑仪器输入、输出端的参数对被测量的影响程度，判断由此引起的误差是否在允许的范围内。

（2）考虑阻抗匹配。被测电路的输入阻抗与信号源输出阻抗匹配，以保证信号源输出电压的正确性。当然，有些仪器（如超高频晶体管毫伏表、示波器等）的输入阻抗较高，而被测电路是低阻抗的电路，这样的连接虽然阻抗不匹配，但影响极小，因此是完全可行的。

（3）各种仪器都应接在高频电路的"地"电位上，以避免各种仪器、仪表分布电容对被测电路的影响，且接地要良好。

（4）尽量避免高频电流通过直流仪表。因此，测试高频电路时若要用到直流仪表时，应在仪表的测试端对地接一只旁路电容。

3）对测试工具、测试环境的要求

高频电路的调试工具应使用无感改锥。此外，电网中不能夹杂有高频信号，周围应没有强磁场干扰。信号输入和输出端均要采用高频接插件、高频电缆。

4）对器件和电路的要求

（1）要选用 C_{be} 小的晶体管来制作高频电路。在高频放大电路中，还可采用中和电路、变换组态（如共射-共基组态）等方法减小 C_{be} 的影响。

（2）在实际电路中，有时采用增加插入损耗（回路上并联电阻）、增加失配损耗（适当的回路抽头）或减小静态工作电流等方法来保证电路稳定工作。

5）振荡频率和振荡电压的测量

振荡频率通常采用示波器法和频率计法进行测量，具体测量方法在前面已做过详细讨论，这里不再重复。

振荡电压的测量实质上就是测量正弦信号电压，由于被测信号的频率较高，因此需要使用超高频毫伏表或高频数字电压表进行测量，有关电压测量中应该注意的问题在此都适用。

三、实验仪器

实验仪器见表 7-10。

表 7-10 实验仪器

序 号	名 称	型号规格	数 量	备 注
1	示波器		1	
2	超高频毫伏表		1	
3	数字频率计		1	
4	直流稳压电源		1	
5	万用表		1	
6	LC 晶体振荡器实验板		1	

四、实验内容及步骤

1. 实验电路

本实验均在 LC 晶体正弦波振荡器实验板上进行，实验板电路如图 7-31 所示。

图 7-31 中：（1）LC 正弦波振荡器由三极管 BG_1（9018H）和 C_1（包括 C_{11}、C_{12}、C_{13}）、C_2（包括 C_{21}、C_{22}、C_{23}）、C_3（包括 C_{31}、C_{32}）、L_1、C 等组成的选频网络构成。三极管 BG_2（9018H）为射随器。三极管 BG_1 和 C_1、C_2、C_s 及晶振 J（6MHz）构成并联型石英晶体振荡器，晶振 J 作为等效电感使用，改变与其串联的电容 C_s，可使石英晶体振荡器的振荡频率在石英晶体的串联振荡频率 f_s 与并联振荡频率 f_p 之间的窄范围内变动。

（2）插孔 401 分别与 402、403、404 连接时，可使 C_1 有 240pF、360pF、510pF 三种数值选择；插孔 405 分别与 406、407、408 连接时，可使 C_2 有 240pF、360pF、510pF 三种数值选择；插孔 409 分别与 410、411 连接，可使 C_3 有 100pF、200pF 两种数值选择，可用来观察 C_1、C_2、C_3 的改变对振荡器输出信号频率、输出电压以及频率覆盖系数 K_T 的影响。插孔 409 与 412 连接时可将晶振 J 接入电路，构成晶体振荡器。

（3）双连可变电容 C 和 C_s 容量变化范围均为 7～220pF。R_W 用以改变三极管 BG_1 的静态工作点，以便研究静点改变对振荡器振荡状态的影响。振荡信号由 BG_2 组成的射随器输出。

2. LC 振荡器测试

1）测试振荡器输出电压 U_o 与静点 I_{CQ} 之间的关系

取 $C_1 = C_2 = 360pF$，$C_3 = 200pF$，$E_c = 12V$，并将可变电容全部旋出（$C = 7pF$），调节

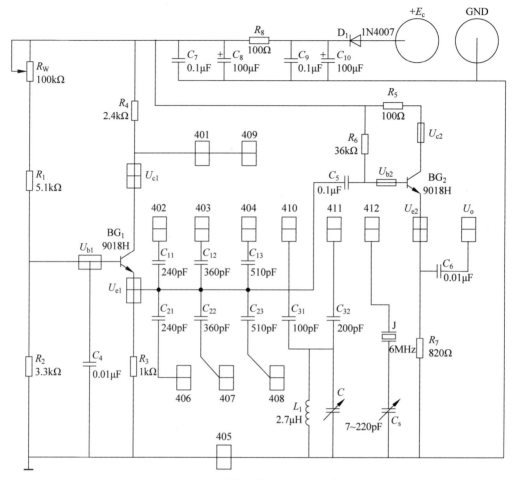

图 7-31　晶体振荡器实验板电路

R_W,使静点 I_{CQ} 按表 7-11 中的数值变化(按从不起振到起振,再到波形失真,最终振荡停止的过程取值),用示波器观察输出波形,并用超高频毫伏表测试当 I_{CQ} 取不同值时振荡器的输出电压值,数据填入表 7-11。

表 7-11　测试 I_{CQ} 对振荡器输出电压影响的数据记录表

测试条件	$C_1 = C_2 = 360\text{pF}, C_3 = 200\text{pF}, C = 7\text{pF}$									
I_{CQ}/mA	···	0.2	0.5	0.8	1.0	1.2	1.5	1.8	2.0	2.5	···
U_o/mV										
振荡波形										

2) 观察改变 C_1、C_2 时对振荡器输出电压的影响

使 $I_{CQ} = 1.0\text{mA}, C_3 = 100\text{pF}$ 和 $C_3 = 200\text{pF}, E_c = 12\text{V}, C = 7\text{pF}$,改变 C_1 和 C_2,观察振荡器输出电压波形,并测量 C_1、C_2 取不同值时振荡器的输出电压 U_o,将数据填入表 7-12。

表 7-12 改变 C_1、C_2 时对 U_o 的影响测试数据记录表 单位：mV

C_2/pF	C_3/pF					
	100			200		
	C_1/pF					
	240	360	510	240	360	510
240						
360						
510						
振荡波形						

3）振荡器频率测试及 C_3 对幅频特性、频率覆盖系数的影响

（1）使 $I_{CQ}=1.0\text{mA}$，$C_1=C_2=360\text{pF}$，$C_3=100\text{pF}$，改变 C，使振荡频率在 f_H 与 f_L 之间连续变化，利用示波器法或频率计法测量出振荡器的 f_{max}、f_{min} 和 C 为某个特定值时的频率 f_i，同时测量出对应不同频率时的输出电压值；

（2）使 $I_{CQ}=1.0\text{mA}$，$C_1=C_2=360\text{pF}$，$C_3=200\text{pF}$，重复上述测试内容；

（3）将上述测量结果填入表 7-13。

表 7-13 振荡器频率测试数据

测试条件	$I_{CQ}=1.0\text{mA},C_1=C_2=360\text{pF}$					
C_3 的取值	100pF			200pF		
频率测试	f_{min1}	f_{i1}	f_{max1}	f_{min2}	f_{i2}	f_{max2}
U_o/mV						

4）振荡器频率稳定度的测试

在 $C_1=C_2=360\text{pF}$，$C_3=200\text{pF}$，$I_{CQ}=1.0\text{mA}$，C 全部旋出时，使电源电压分别改变 $\pm10\%$ 时，用扫速定度法（或频率计法）测量出电源电压改变后振荡器振荡频率的变化量（与 $E_c=12\text{V}$ 时比较）$\Delta f(=f'-f,f'$ 为电源电压改变后振荡器输出信号的频率，f 为 $E_c=12\text{V}$ 时振荡器输出信号的频率），计算频率稳定度 $\Delta f/f$。

3．晶体振荡器测试

1）静态工作点 I_{CQ} 对晶体振荡器的影响

当 $C_1=C_2=360\text{pF}$，$C_s=7\text{pF}$，$E_c=12\text{V}$ 时，按表 5-15 中 I_{CQ} 变化调节 W_1，观察振荡波形，并测出相应的输出电压值，将数据填入表 7-14。

表 7-14 I_{CQ} 变化对振荡器输出信号的幅度的影响测试数据记录表

测试条件	$C_1=C_2=360\text{pF},C_s=7\text{pF}$						
I_{CQ}/mA	⋯	0.5	0.8	1.0	1.5	2.0	2.5	⋯
U_o/mV							
振荡波形							

2）C_1、C_2 的变化对晶体振荡器的影响

在 $I_{CQ}=2.0\text{mA}$，$C_s=7\text{pF}$，改变 C_1、C_2 的取值（保证 $C_1=C_2$），用示波器观察输出信号的波形，并测出其输出幅度，将数据填入表 7-15。

表 7-15　改变 C_1、C_2 对振荡器的影响测试数据记录表

测试条件	$I_{CQ}=2.0\text{mA}$，$C_s=7\text{pF}$		
C_1、C_2 的取值	240pF	360pF	510pF
U_o/mV			
振荡波形			

3）C_s 对晶体振荡器的微调作用

取 $I_{CQ}=2.0\text{mA}$，$C_1=C_2=360\text{pF}$，调节 C_s，测出此时晶体振荡器的最高和最低振荡频率（用频率计测量）及相应的输出电压 U_o，自行设计记录数据表格。

4）晶体振荡器频率稳定度的测试

仿照 LC 振荡器频率稳定度的测试方法，自拟实验条件和方案测试晶体振荡器的频率稳定度 $\Delta f/f$，并与 LC 振荡器的频率稳定度进行比较。

五、实验注意事项

（1）测试时注意人体对测量结果的影响，当接好测量线和示波器探头后，手要离开，避免人体干扰。

（2）短接线和测量线均尽可能短，减小分布参数对测量结果的影响。

（3）测量仪器要严格遵循"共地"连接原则。

六、实验报告要求

（1）整理测试数据。

（2）绘制 U_o-I_{CQ} 曲线，讨论 I_{CQ} 对 LC 振荡器工作状态的影响。

（3）讨论 C_1、C_2、C_3、I_{CQ} 变化时，对 LC 振荡器性能的影响。

（4）以 U_o/U_{omax}（U_{omax} 为表 7-13 内实测最大电压值）为纵坐标、以 f/f_H 为横坐标，在同一坐标系内画出 C_3 取不同值时的幅频特性曲线。

（5）从幅频特性曲线上计算 C_3 取不同值时的频率覆盖系数 K_T，并与理论值比较。

（6）讨论 I_{CQ} 的变化对晶体振荡器工作状态的影响。

（7）讨论 C_1、C_2 取不同值时对晶体振荡器性能的影响。

（8）讨论改变 C_s 对晶体振荡器的频率微调作用。

（9）回答下面的思考题。

七、预习要求及思考题

1．预习要求

（1）复习并联电容三点式 LC 振荡器的有关知识。

（2）计算实验内容 2. 中 3）所给条件下的振荡频率及频率覆盖系数。

（3）复习石英晶体振荡器的有关知识。

2．思考题

（1）根据实验结果说明 I_{CQ} 和 C_3 的选择原则。

（2）为什么应在振荡器停振时测试 I_{CQ}？

（3）石英晶体有哪些主要特点？

（4）根据石英晶体在振荡器电路中的作用，由石英晶体振荡器组成的振荡电路可分为哪两种？

7.6 集成稳压电源的测试

一、实验目的

（1）了解集成稳压电源的组成和工作原理。

（2）熟悉集成稳压器的使用。

（3）掌握集成稳压电源性能指标的测量方法。

二、实验原理

1. 最大输出电流的调整与测试

图 7-32 画出了由 LM317 组成的直流稳压电源的电路原理图。

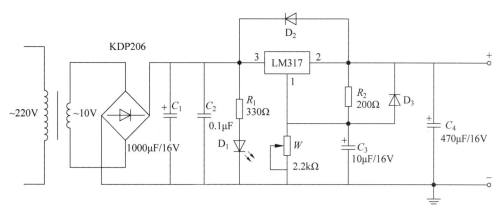

图 7-32　直流稳压电源电路原理图

从图 7-32 中可以看出，直流稳压电源一般由电源变压器、整流滤波电路以及稳压电路组成。

直流稳压电源性能指标的测试电路如图 7-33 所示。

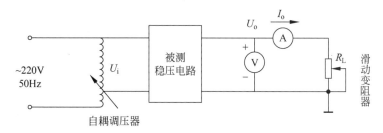

图 7-33　直流稳压电源性能指标测试电路

最大输出电流是指稳压电源在正常工作的情况下(在其输出电压范围内)能输出的最大电流,用 I_{omax} 表示。一般情况下直流稳压电源的工作电流 $I_o < I_{omax}$。但为了防止因 $I_o > I_{omax}$ 或者直流稳压电源的输出端短路时损坏稳压器,稳压电源内部或稳压器内部应有保护电路。最大输出电流 I_{omax} 的调整和测试方法如下:

(1)按图 7-33 连接好测试电路。电压表采用指针式电压表或数字电压表均可,以数字电压表为佳。电流表也可采用指针式直流电流表或数字直流电流表。它们的量程均应能满足测试要求。

(2)接入 220V(50Hz)交流电源,调节控制直流稳压电源输出电压的可调元件,如图 7-32 中的电位器 W,使稳压电源的输出电压为某一额定值 U_o(按需要设定)。

(3)改变图 7-33 中的滑线变阻器,使流过负载电阻 R_L 中的电流 I_o 增大,此时输出电压 U_o 将会变小。当 U_o 的值下降 5% 时,流过负载电阻 R_L 中的电流即为直流稳压电源的最大输出电流 I_{omax}。(记下 I_{omax} 后应迅速改变 R_L,使电流减小,以降低稳压器的功耗。)

2. 输出电压的调节及输出电压范围的测定

调节直流稳压电源中控制输出电压的电位器,即图 7-32 中的 W,可以实现输出电压范围的调节。

直流稳压电源输出电压的最小值 U_{omin} 与输出电压的最大值 U_{omax} 之间的范围即为直流稳压电源输出电压的调节范围。

测试输出电压范围时,首先要选择适当的负载电阻 R_L(滑线变阻器),使稳压电源的输出电流 $I_o \approx I_{omax}/2$,然后调节控制稳压电源输出电压的电位器 W,使输出电压最小,记下 U_{omin};再调节 W,使输出电压最大,记下 U_{omax}。$U_{omin} \sim U_{omax}$ 的数值即为稳压电源的输出电压范围。

3. 稳压系数的测试

稳压系数也称为电压调整率,是指输入电压变化,而负载电流 I_o 和环境温度不变时,输出电压 U_o 的相对变化量与输入电压 U_i 的相对变化量的比值,即

$$S_v = (\Delta U_o/U_o)/(\Delta U_i/U_i)\mid_{\Delta I_o=0,\Delta T=0} = (\Delta U_o/\Delta U_i)/(U_i/U_o)\mid_{\Delta I_o=0,\Delta T=0} \qquad (7\text{-}47)$$

可见 S_v 的大小反映了稳压电源输入电压发生变化时输出电压维持稳定的能力,S_v 越小,输出电压的稳定性越好。

根据定义,只要测出 ΔU_o、ΔU_i、U_i、U_o 就可计算 S_v,在这里 ΔU_i、U_i、U_o 可用一般的直流电压表直接测出,但 ΔU_o 的数值一般在毫伏数量级,直接采用普通的电压表是无法测得的。因此,常采用下述两种方法来测量 ΔU_o:

(1)采用数字电压表直接测量。用准确度 0.1mV 以上的直流数字电压表(通常要求具有 8 位数码显示)进行测量。其方法是:将电压表并接在被测稳压电源的输出端测出正常输入条件下(220V)的输出电压 U_o 值,然后改变电网电压,可测得输出电压 U_o' 再通过 $\Delta U_o = |U_o - U_o'|$ 计算 ΔU_o。

(2)采用差值法测量。在没有高精度数字电压表的情况下,通常采用差值法(又称为电压对消法)测量 ΔU_o。有关"电压对消法"的原理和方法在第 4 章中已做过详细讨论,此处不再重述。

具体测试 S_v 时,应首先将图 7-33 中的电压 U_i 调整到 220V,并将输出电压 U_o 调整

到规定值,接上适当的负载 R_L,使 I_o 达到规定的测试条件。然后接入如图 4-7 所示的对消电路,调节参考电压 U_B,使 U_B 尽可能接近 U_o(ΔU 指示仪表尽可能指零)。再调节调压器,使交流输入电压 $U_i=220(1+10\%)V=242V$ 或 $U_i=220(1-10\%)V=198V$,此时 ΔU 指示仪表上指示的就是对应于输入电压为 242V(或 198V)时的输出电压 U_o 的变化量值 ΔU,利用式(7-47)即可求出 S_v。

4. 输出电阻的测试

输出电阻也称为内阻,是指当输入电压 U_i 及环境温度不变时,由于负载电流 I_o 的变化所引起的 U_o 的变化量 ΔU_o 与 I_o 的变化量 ΔI_o 的比值,即

$$R_o = \Delta U_o / \Delta I_o \tag{7-48}$$

可见,R_o 的值反映了稳压电源在负载变动时,维持其输出电压 U_o 稳定的能力。R_o 越小,ΔU_o 越小,U_o 的稳定性就越好。

以 ΔI_o 为横坐标、ΔU_o 为纵坐标所表示的 ΔU_o-ΔI_o 关系曲线称为稳压电源的外特性曲线,如图 7-34 所示。

具体测试 R_o 时,应先将 U_i 调到 220V,并保持不变,然后选择适当的负载电阻 R_L,以获得所需的 I_o。然后,改变 R_L,测出一个 I_o' 和 ΔU_o(用电压抵消法测量 ΔU_o,用电流表测量 I_o'),计算 ΔI_o,由式(7-48)可计算出对应 I_o 时的输出电阻 R_o(通常都计算 $I_o=I_{omax}$ 时的 R_o)。

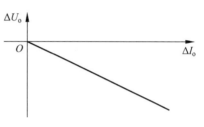

图 7-34 直流稳压电源的外特性

5. 纹波电压 $\Delta U_{o\sim}$ 的测试

纹波电压 $\Delta U_{o\sim}$ 是指稳压电源的直流输出电压 U_o 上所叠加的交流分量,纹波电压的最大值一般出现在 $I_o=I_{omax}$ 时。

输出电压中的纹波电压 $\Delta U_{o\sim}$ 既可用交流毫伏表测出,也可用灵敏度较高的示波器测出。但是,由于纹波电压不再是标准的正弦波,毫伏表的读数并不能代表纹波电压的有效值(但可反映纹波电压的大小)。在实际应用中,最好用示波器直接测出纹波电压的峰-峰值 ΔU_{p-p} 以便在不同稳压电路中进行比较。

三、实验仪器

实验仪器见表 7-16。

表 7-16 实验仪器

序号	名称	型号规格	数量	备注
1	直流电流表		1	
2	数字万用表	4 位半以上	1	
3	滑动变阻器	0～100Ω,20W	1	
4	自耦变压器	1kV·A	1	
5	毫伏表		1	
6	自制直流稳压电源	电流:0～500mA 电压:3～9V	1	

四、实验内容及步骤

1. 实验电路

本实验可由学生自制直流稳压电源,再对其测试性能指标来掌握直流稳压电源的测试技术。实验电路及测试电路如图 7-35 所示。

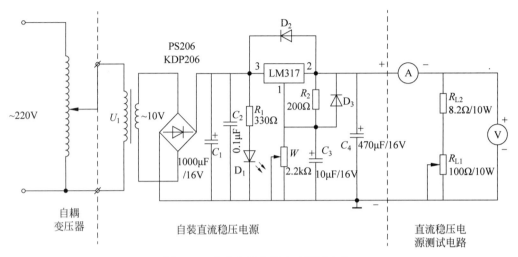

图 7-35 直流稳压电源实验测试电路

在图 7-35 中:C_3 用于旁路电位器 W 两端的纹波电压;D_3 是为了防止输出端短路时,C_3 放电电流流过三端稳压器而设的;D_2 是防止输入端短路时,C_4 对稳压器输出端放电损坏稳压器而设的;R_{L1}、R_{L2} 是为测试直流稳压电源的内阻和外特性而设的。

2. 实验准备工作

按图 7-33 所示实验电路接好测试电路。实验开始时,先将调压器的手柄置于 0V 位置,将负载电阻 R_L 开路,再接通 220V 交流电源;然后逐渐旋转调压器手柄,使调压器输出电压增至 220V(电路若有异常现象,应立即旋回手柄,先排除故障),输出端直流电压表的示数应随之逐渐增大,表明电路能正常工作,可以进行实验。

3. 直流稳压电源性能指标的测试

(1)测试直流稳压电源的电压调整范围;

(2)调节电位器 W,把输出电压调到 5V,测试直流稳压电源的最大输出电流 I_{omax}。

4. 直流稳压电源质量指标的测试

(1)测试稳压系数 S_v;

(2)测试直流稳压电源的输出电阻 R_o 和外特性;

(3)测试直流稳压电源的纹波电压 $\Delta U_{o\sim}$。

5. 观察电路的过载保护与过电压保护

1)过载保护

LM317 三端稳压器内部含有过电流保护电路,当负载电流超过其输出允许的最大电流时,电路将进行过电流保护。操作方法:在图 7-35 中,将 R_{L2} 改为 2Ω/20W 电阻,使

$R_L = R_{L1} + R_{L2} = 10\Omega$，接通电源，调节调压器使 LM317 输入端电压为 9V，调 W，使 $U_o = 6V$。从直流电流表读出 I_o（保护动作电流）。保护动作稳定后记录 I_o 和 U_o。

2）过热保护

LM317 三端稳压器内部设有过热保护电路，当调整管压降过大时，流过的电流也会增大，当管子过热时，将进行过热保护。

操作方法如下：

（1）在前项实验基础上，使 $R_L = 2\Omega (R_{L1} = 0)$ 保持不变，调节调压器使 $U_1 = 220V$，调节 W，使 $U_o = 3V$，用手轻触三端稳压器的管壳，感觉温度的变化。

（2）观察电压表 U_o，当 U_o 出现迅速下降时（保护动作），再用手感觉管壳温度。

（3）待电路稳定后，记录 I_o 和 U_o 的值。

五、实验注意事项

（1）本实验要使用～220V 市电，操作时要注意安全，防止触电。

（2）实验过程中，要防止负载短路。

（3）实验过程中如出现温度异常或烧煳味，应立刻断电。

六、实验报告要求

（1）整理实验数据，画出外特性曲线，计算出稳压电路的性能指标 S_v、R_o。

（2）写出实验心得。

七、预习要求及思考题

1．预习要求

（1）复习直流稳压电源的组成、工作原理及稳压电路的主要性能指标、质量指标。

（2）预习直流稳压电源主要性能及质量指标的测试原理、测试方法，拟定测试步骤，自拟记录实验数据的表格。

（3）查阅相关资料，了解三端稳压器 LM317 的引脚排列及功能、性能指标。

2．思考题

（1）电压对消法在直流稳压电源测试中可用于哪些参数的测试？具体如何操作？

（2）在直流稳压电源测试中出现过哪些问题？如何解决？

（3）直流稳压电源损坏的原因有哪些？如何避免？

7.7 有源滤波器的设计与测试

一、实验目的

（1）了解 RC 有源滤波器的基本工作原理。

（2）熟悉二阶 RC 有源滤波器的设计方法和调整技术。

（3）掌握有源滤波器主要性能指标的测试方法。

二、实验原理

由有源器件和 RC 元件构成的滤波器称为 RC 有源滤波器。利用集成运放和 RC 元件可以在超低频至几百千赫的频率范围内组成具有各种滤波功能的有源滤波器。这种有源滤波器的主要优点：体积小,价廉；不需要阻抗匹配且可具有一定的增益；抗干扰能力强；截止频率低等。主要缺点是受集成运放带宽限制,仅适用于低频范围。有源滤波器常用在信号处理、数据传输和抑制干扰等方面。

有关有源滤波器的设计在本实验中不做讨论,可参阅相关教材或参考书,本实验任务中将给出相应滤波器的电路和电路元件参数设计计算公式,实验时可直接套用。

有源滤波器的主要性能参数有通带增益 A_{vp}、品质因数 Q、截止频率 f_c 及幅频特性等。

通带增益是指通频带内最大的电压放大倍数,其测试方法与电压放大器电压放大倍数的测试方法相同。

品质因数通过测量 A_{vp} 进行计算。

截止频率的定义与测试方法均与放大器相同,但应注意在 f_c 上、下多测几个频率点。

三、实验仪器

实验仪器见表 7-17。

表 7-17 实验仪器

序 号	名 称	型号规格	数 量	备 注
1	信号发生器		1	
2	晶体管毫伏表		1	
3	示波器		1	
4	直流稳压电源		1	
5	万用表		1	
6	实验箱或面包板		1	
7	实验用元器件		1	

四、实验内容及步骤

1. 基本要求

(1) 在下述实验内容中任选两个进行实验(低通滤波器和高通滤波器各一个)。

(2) 先进行计算机仿真,再搭接实验电路,运放采用 μA741 或 LM324,电源电压为 ±12V,电阻、电容采用系列值,如果系列值不满足要求,则可采用多个标称值相同的电阻串联或并联的方法来满足元器件的参数条件。

2. 具体实验内容

1) 二阶压控电压源低通滤波器的设计

设计如图 7-36 所示的二阶压控电压源低通滤波器,要求截止频率 $f_c=400Hz$,品质因数 $Q=0.707$,且 $C_1=C_2=0.1\mu F$,试确定电路中其他元件的参数、测试电路的性能参数(A_v、Q、f_c 等),并绘制滤波器幅频特性曲线。

(1) 推荐电路。推荐电路如图 7-36 所示。

(2) 设计计算公式。在满足 $C_1=C_2=C$,$R_2=R_3=R$ 时,有

$$f_c=1/(2\pi RC) \tag{7-49}$$

$$A_{vp}=1+(R_f/R_1) \tag{7-50}$$

$$Q=1/(3-A_{vp}) \tag{7-51}$$

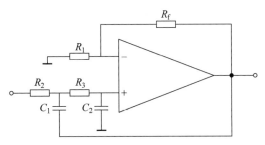

图 7-36 二阶压控电压源低通滤波器

$$R_2 + R_3 = 2R = R_1 /\!/ R_f \tag{7-52}$$

2）二阶无限增益多路反馈低通滤波器的设计与测试

（1）设计如图 7-37 所示的无限增益多路反馈低通滤波器，要求截止频率 $f_c = 2\text{kHz}$，增益 $A_{vp} = 3$，试确定滤波器电路元件参数、测试电路的性能参数，并绘制幅频特性曲线。

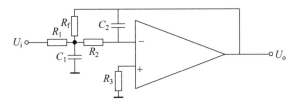

图 7-37 二阶无限增益多路反馈低通滤波器电路

（2）比较二阶压控电压源低通滤波器和二阶无限增益多路反馈低通滤波器，讨论说明二者的优、缺点。

（3）设计提示。

① 推荐电路。设计时可参考图 7-37 所示的推荐电路。

② 设计计算公式：

$$A_{vp} = -R_f/R_1 \tag{7-53}$$

$$f_c = 1/(2\pi\sqrt{C_1 C_2 R_2 R_f}) \tag{7-54}$$

$$Q = (R_1 /\!/ R_2 /\!/ R_f)\sqrt{C_1/(C_2 R_2 R_f)} \tag{7-55}$$

$$R_2 = R_1 /\!/ R_f + R_2 \tag{7-56}$$

3）高通滤波器的设计与测试

（1）设计如图 7-38 所示的二阶压控电压源高通滤波器，要求截止频率 $f_c = 500\text{Hz}$，品质因数 $Q = 0.707$，且 $C_1 = C_2 = 0.02\mu\text{F}$，$R_2 = R_3$，绘制滤波器的幅频特性曲线。

① 推荐电路。设计电路时可参考图 7-38 所示的推荐电路。

② 设计计算公式。在 $C_1 = C_2 = C$，$R_2 = R_3 = R$ 时，有

$$f_c = 1/(2\pi RC) \tag{7-57}$$

$$A_{vp} = 1 + (R_f/R_1) \tag{7-58}$$

$$Q = 1/(3 - A_{vp}) \tag{7-59}$$

$$R_3 = R_1 /\!/ R_f \tag{7-60}$$

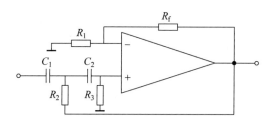

图 7-38　二阶压控电压高通滤波器电路

（2）设计如图 7-39 所示的二阶无限增益多路反馈高通滤波器，要求截止频率 $f_c =$ 100Hz，增益 $A_{vp} = 5$，$C_1 = C_2 = C = 0.1\mu F$，试确定电路中其他元件的参数并测试电路的性能参数，绘制幅频特性曲线。

① 推荐电路。设计电路时可参考图 7-39 所示的推荐电路。

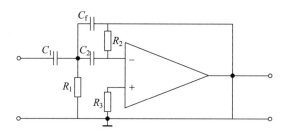

图 7-39　二阶无限增益多路反馈高通滤波器电路

② 设计计算公式。设 $C_1 = C_2 = C$，则有

$$f_c = 1/(2\pi\sqrt{R_1 R_2 C C_f}) \qquad (7\text{-}61)$$

$$Q = 1/[R_1(2C + C_f)]\omega_c \qquad (7\text{-}62)$$

$$A_{vp} = -C/C_f \qquad (7\text{-}63)$$

$$R_3 = R_2 \qquad (7\text{-}64)$$

五、实验注意事项

（1）实验电路由面包板搭接，注意正确使用集成运放。

（2）集成运放采用两电源供电，注意电源极性，保证集成运放的安全。

（3）使用电子测量仪器进行参数测试时，注意"共地"。

六、实验报告要求

（1）整理实验测试数据，画出实验电路，标出电路元件参数，计算测试结果，并与理论计算值比较，分析产生误差的原因。

（2）以频率的对数为横坐标、以电压增益的分贝数为纵坐标，分别画出两种滤波器的幅频特性。

（3）回答下面的思考题。

七、预习要求及思考题

1. 预习要求

（1）复习有关滤波器的工作原理及设计方法，按实验要求进行设计和仿真，记录仿真测试数据。

（2）复习有关电压增益、幅频特性的测试方法，拟定本实验的测试方案及操作步骤。

2. 思考题

（1）测试高通滤波器的性能指标时，应该如何选择测试信号的频率和幅度？

（2）当测试低通或高通滤波器的截止频率时，若与设计要求相差太远，应采取哪些改进措施？

（3）在测试高通（或低通）滤波器的幅频特性时，为什么在曲线的转折处其电压增益会随频率升高（或下降）而下降（或升高）？如何得到理想的幅频特性曲线？

7.8 光电耦合器的应用与测试

一、实验目的

（1）了解光电耦合器的工作原理。

（2）测试光电耦合器的输出特性及其应用电路的性能指标。

二、实验原理

将发光器件和光敏器件按特定方式结合在一起，实现以光信号为媒介的电信号的变换器件称为光电耦合器。发光器件和光敏器件互相绝缘分置于输入和输出回路，从而使输入、输出回路之间实现电气隔离，其绝缘电阻可高达 $10^{11}\,\Omega$ 数量级。

光电耦合器可用来传递模拟信号，也可以作为开关器件使用，即具有变压器、继电器的功能，但与之相比，它还具有体积小、重量轻、寿命长、开关速度快、无触点、能耗小和抗干扰能力强等特点。

光电耦合器大致可分为三类：

（1）光隔离器：多用于完成电信号的耦合和传递。

（2）光传感器：多用于测量物体的个数、移动距离和判断物体的有无等。

（3）光敏元件集成电路：可作为电气隔离器件使用。

图 7-40(a)为二极管型、三极管型、达林顿管型和晶闸管驱动型光电耦合器的结构原理图。图 7-40(b)是由集成电路型光电耦合器组成的反相器，其中 C 为控制信号，当 $C=0$ 时，输出不受输入的影响，当 $C=1$ 时，输出和输入成反相关系。

光电耦合器的工作过程：当红外发光二极管通过一定的正向电流时就可以发出红外光并照射到光敏器件上，此时如果在光敏器件上加上一定的电压，就会产生相应的光电流，此电流的大小正比于光的强度，即正比于流过发光二极管的正向电流。因此，通过控制二极管的正向电流的大小就可以控制输出电流的大小，并可通过光敏器件实现电信号的传递，同时可以实现输入端与输出端之间的电气隔离。

三极管型光电耦合器具有三种工作状态：

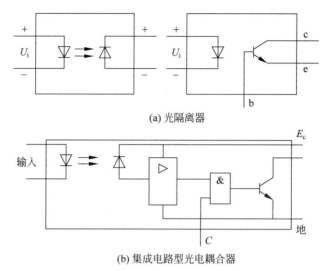

(a) 光隔离器

(b) 集成电路型光电耦合器

图 7-40　光电耦合器的几种类型

（1）当输入电压为零或加反向电压时,红外发光二极管截止,输出电流为零,输出端相当于开路,称为光电耦合器的截止状态。

（2）当输入电压较大,光敏器件的输出电流不再随输入电压的增加而增加,此时输出电流仅取决于输出端外加电压和限流电阻的大小,而光敏器件可视为短路,称为光电耦合器的饱和状态。

（3）当输入电压适中,使光敏器件的输出电流随输入电压的变化而改变时,即称为光电耦合器的放大状态。

由此可见,光电耦合器是光电传感器件,它既具有放大和开关的作用,又能实现电能—光能—电能的转换。

三极管型光电耦合器的主要特征参数有:

（1）正向电流 I_F:输入端加一定的正向电压时,流过发光二极管的正向电流。

（2）正向压降 U_F:通过发光二极管的电流为某一额定值时,二极管的管压降。

（3）反向电流 I_R:输入回路加上规定的反向工作电压 U_R 时,流过二极管的电流。

（4）集电极电流 I_c:发光二极管通过规定的正向电流,输出端加额定电源电压时,流过集电极的电流。

本实验主要根据光电耦合器的特性,测试出 4N25 型光电耦合器的输出特性 $I_c = f(U_{ce})|_{I_F=常数}$,同时以光电耦合器 4N25 在模拟电路和数字电路中的应用为例,使学生掌握光电耦合器应用的一般方法。

三、实验仪器

实验仪器见表 7-18。

表 7-18 实验仪器

序 号	名 称	型号规格	数 量	备 注
1	示波器		1	
2	直流稳压电源		1	
3	晶体管毫伏表		1	
4	低频信号发生器		1	
5	万用表		1	
6	实验器材		1	

实验所用光电耦合器的型号为 4N25,其引脚排列及输出特性测试电路如图 7-41 和图 7-42 所示。

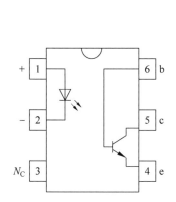

图 7-41 光电耦合器 4N25 的引脚排列

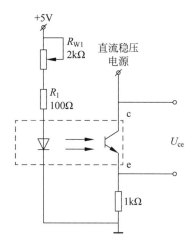

图 7-42 光电耦合器输出特性测试电路

四、实验内容及步骤

1. 测试光电耦合器的输出特性

由光电耦合器的工作原理和特性参数的定义,根据图 7-42 所示的光电耦合器输出特性测试电路,测试光电耦合器在 I_F 分别为 3mA、4mA 和 5mA 三种条件下的输出特性, $I_c = f(U_{ce})|_{I_F = 常数}$。

测试步骤:

(1) 调节 R_{W1} 使 $I_F = 3mA(U_{R_1} = 300mV)$,然后调节稳压电源的输出电压使 U_{ce} 在 $0 \sim 12V$ 变化,测出每一个与 U_{ce} 对应的 I_c 值(I_c 可以通过测量 1kΩ 电阻上的电压换算得到),可以绘出 $I_F = 3mA$ 时的输出特性曲线。

(2) 步骤同步骤(1),分别调节 R_{W1} 使 I_F 分别为 4mA、5mA,然后调节稳压电源的输出电压使 U_{ce} 在 $0 \sim 12V$ 变化,测出每一个与 U_{ce} 对应的 I_c 值,可以绘出 I_F 分别为 4mA、5mA 时的输出特性曲线。

2. 光电耦合器在模拟电路中的应用

测试电路如图 7-43 所示。

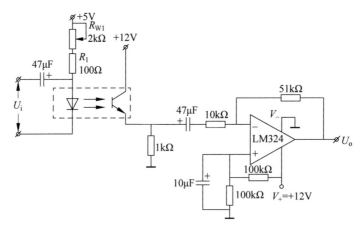

图 7-43　光电耦合器在模拟电路中的应用测试电路

按图 7-43 所示搭接测试电路，在 $I_F=3\text{mA}$，输入 $U_i=5\text{mV}$，$f_i=1\text{kHz}$ 的正弦激励信号，测试该电路的模拟电压传输比 $A=U_o/U_i$；运算放大器的同相输入电压放大倍数 A_v，并用示波器观察输入电压 U_i、输出电压 U_o 的波形。

3. 光电耦合器在数字电路中的应用

测试电路如图 7-44 所示。

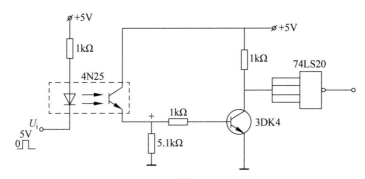

图 7-44　光电耦合器在数字电路中的应用测试电路

验证图 7-44 中数字量的传送控制过程，并绘出输入、输出信号的电压波形图。

五、实验注意事项

（1）本实验是在面包板上搭接电路，因此要注意正确使用光耦器件。

（2）实验中要用到多路直流电源，注意电压的要求，以防损坏光耦器件。

（3）由于光耦输入和输出是隔离的，因此在参数测试时，输入和输出需要分别"共地"。

六、实验报告要求

（1）列表记录测试数据及运算结果。

（2）作出 I_F 分别为 3mA、4mA 和 5mA 时光电耦合器的三条输出特性曲线，并进行适当分析。

（3）画出并比较说明所观察到的输入、输出波形。

（4）回答下面的思考题。

七、预习要求及思考题

1．预习要求

（1）复习有关光电耦合器的一般知识，了解光电耦合器的主要特点和主要技术指标。

（2）查找 4N25 的有关资料，了解 4N25 的使用方法及注意事项。

（3）画出测试 4N25 输出特性的电路，并注明其元件的参数值。

（4）列出有关数据的记录表格。

2．思考题

（1）光电耦合器有哪些特点？

（2）如何调整光电耦合器的三种工作状态？

（3）分析光电耦合器在数字电路中的应用，设计一种除实验电路之外的应用光电耦合器的数字电路，并要求画出所设计电路的输入、输出波形。

7.9 调幅与检波电路的研究

一、实验目的

（1）掌握由集成双平衡模拟乘法器构成的调幅电路的工作原理、特点及调试方法。

（2）掌握调制系数 M_a、调幅特性、频率特性的测量方法，了解 $M_a<1$，$M_a=1$，$M_a>1$ 时调幅波的波形特点。

（3）了解大信号峰值包络检波器的工作过程，掌握检波器检波特性及电压传输系数的测量方法。

（4）研究检波器负载电路参数 R_{LD}、R_{LA} 和 C 对检波性能的影响，观察检波器产生负峰切割失真和惰性失真时的波形特点，了解其产生原因。

二、实验原理

1．幅度调制

实现调幅的方法很多，其中属于低电平调幅类型的调制方法有平方律调幅、斩波调幅和模拟乘法器调幅，这里仅对模拟乘法器调幅进行研究。根据调制原理，调幅的实质是将调制信号频谱搬移到载频两侧，它是一种频谱搬移过程。从时域上考虑，这相当于将调制信号与载波信号相乘。因此，在低电平调制时，可以用一个模拟乘法器将调制信号 u_Ω 与载波信号 u_c 相乘来实现调幅，如图 7-45 所示。

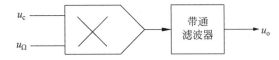

图 7-45　用模拟乘法器实现幅度调制的原理

设调制信号为

$$u_\Omega = U_{\Omega m}\cos\Omega t$$

载波信号为

$$u_c = U_{cm}\cos\omega t$$

将 u_Ω 和 u_c 同时加到乘法器上,则模拟乘法器的输出信号为

$$u_o = ku_\Omega u_c = kU_{\Omega m}\cos\Omega t U_{cm}\cos\omega t$$

$$= [kU_{\Omega m}U_{cm}\cos(\omega+\Omega)t + kU_{\Omega m}U_{cm}\cos(\omega-\Omega)t]/2 \tag{7-65}$$

式中:k 为乘法器的乘积系数。

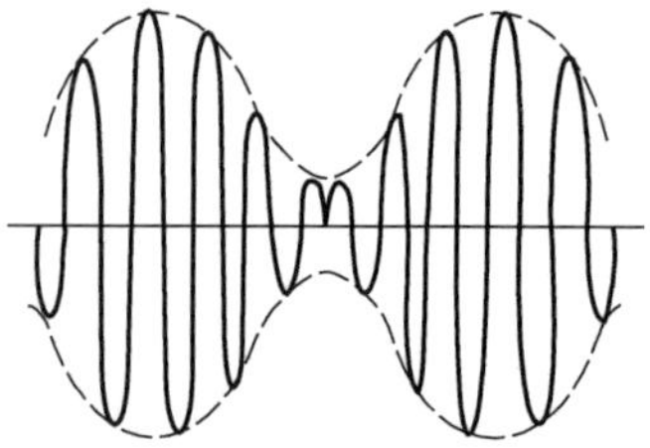

式(7-65)为抑制载波的双边带调幅信号(也称为平衡调幅信号),其波形如图 7-46 所示。

这种调幅波的特点是当信号振幅过零后,高频振荡的相位改变 $180°$。

若要实现普通调幅波输出,只要先将 u_Ω 和一个直流电压 U_- 相加,然后再与 u_c 一起作用到乘法器上,则乘法器的输出就是一个普通调幅波,即

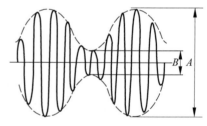

图 7-46 平衡调幅波

$$u_o = k(u_\Omega + U_-)u_c = kU_- u_c + ku_\Omega u_c$$

$$= kU_- \cos\omega t + (kU_{\Omega m}U_{cm}\cos(\omega+\Omega)t + kU_{\Omega m}U_{cm}\cos(\omega-\Omega)t)/2 \tag{7-66}$$

普通调幅波的波形如图 7-47 所示。

为了使调幅波的调制系数小于 1,直流电压 U_- 的值应大于或等于调制信号的最大值。

1)调幅系数的测量

调幅系数(也称调幅度)表示已调幅信号电压幅度的变化量 $\Delta U(=U_{omax}-U_{omin})$ 与载波电压振幅 U_{cm} 之比,即

$$M_a = (\Delta U/U_{cm})\times 100\% \tag{7-67}$$

图 7-47 普通调幅波

可见,M_a 表示了载波电压振幅受调制信号控制所改变的程度。用正弦波作为调制信号,则已调幅信号的波形对于坐标横轴是对称的,如果把上、下峰点之间和谷点之间的电压值分别用 A 和 B 表示,则调幅系数可以表示为

$$M_a = (A-B)/(A+B)\times 100\% \tag{7-68}$$

在实际应用中,调幅系数总是在 $0<M_a<1$ 的范围内,$M_a>1$ 是不允许的。

测量调幅系数的方法很多,常用的是示波器法。它是在示波器荧光屏上显示被测调幅波的波形(通过调节 t/div 开关和"电平"旋钮使被测波形稳定),然后直接测出代表波形上下峰点之间的高度 A 和上下谷点之间的高度 B,便可用式(7-68)求得 M_a。

2)调制特性

调制特性是衡量发射机传送信号质量的指标之一,通常用静态调制特性和动态调制特性来描述。本实验只研究动态调制特性,而动态调制特性包括调幅特性和频率特性。调幅特性用以衡量非线性失真,频率特性用以衡量线性失真。

调幅特性是指在载波信号的频率、幅度和调制信号的频率(一般取 $1000\,\mathrm{Hz}$)不变的情况下,改变调制电压幅度 U_Ω,从而得到调幅系数 M_a 与调制电压幅度 U_Ω 之间的关系曲线,如图 7-48 所示。

一般用调幅特性来衡量调幅时的包络失真(非线性失真)。从图 7-48 中可以看出,当 U_Ω 大到一定程度时,M_a 不再线性变化。因此,根据 M_a-U_Ω 曲线可以判定当调幅电路参数确定后,最大不失真调幅系数取多大最合适。

频率特性是指维持载波频率、幅度及调制电压幅度不变时,改变调制频率 Ω,得到调幅度 M_a 与调制频率 Ω 之间的关系曲线,如图 7-49 所示。

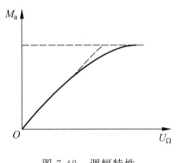

图 7-48 调幅特性

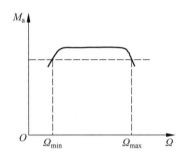

图 7-49 频率特性

频率特性反映了调幅电路的线性失真情况。为了减小线性失真,对调幅电路输出回路的带宽有一定要求。

2. 幅度检波

幅度检波是调幅的逆过程,它完成对调幅波的解调,常用的方法有二极管包络检波和同步检波。二极管包络检波适用于对普通调幅波的解调。

本实验电路为二极管包络检波电路。当检波器输入信号幅度大于 $0.5\,\mathrm{V}$ 时,检波电路处于大信号峰值检波工作状态,其原理电路如图 7-50 所示。

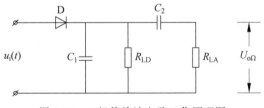

图 7-50 二极管检波电路工作原理图

关于二极管包络检波电路的工作原理在"高频电子线路"课程中已做过详细讨论。需要指出的是,设计二极管检波器的关键,首先要正确选择类型合适的二极管,其次要合理选择 R_{LD}、R_{LA} 和 C 的数值,其中 R_{LA} 包括低放输入电阻。一般来说,要求既能满足给定的非线性失真指标,又能提供尽可能大的电压传输系数 K_d 和输入电阻,为了提高检波器电压传输系数,应选择正向电阻小($500\,\Omega$ 以下)、反向电阻大($500\,\mathrm{k}\Omega$ 以上)和极间电容小(或最高工作频率高)的晶体管,其中以金键点接触型锗二极管为佳,如 2AP9、2AP10。当二极管选定以后,为了进一步提高电压传输系数,还应外加正向偏置电路,使二极管的静态工作电流在 $20\sim50\mu A$，具体数据通过实验确定。

大信号检波器的三个主要性能指标是电压传输系数、等效输入电阻和失真。

1）电压传输系数

检波器的电压传输系数（或称检波效率）是指检波器的输出电压振幅与输入高频电压振幅之比，用 K_a 表示。

如果输入高频电压为等幅正弦波高频电压 U_i，输出直流电压为 U_o，则有

$$K_a = U_o/U_i \tag{7-69}$$

如果输入电压为调幅波，则有

$$K_a = U_{o\Omega m}/(M_a U_{im}) \tag{7-70}$$

式中：$U_{o\Omega m}$ 为输出端低频电压的振幅；U_{im} 为输入端高频电压的振幅；M_a 为调幅系数。

在输入相同信号的情况下，检波器的电压传输系数 K_a 越大，输出的低频电压也越大，即检波效率越高。

2）等效输入电阻

检波器的等效输入电阻为

$$R_{id} = U_{im}/I_{im} \tag{7-71}$$

式中：U_{im} 是输入高频电压的振幅；I_{im} 为输入高频电流的基波振幅。

3）失真

（1）频率失真。在图 7-50 中，滤波电容 C_1 主要影响检波器输出信号的最高频率 Ω_{max}，当输出信号频率较高时，为了不使 C_1 的容抗产生旁路作用，不引起频率失真，就必须满足 $C_1 \ll 1/(\Omega_{max} R_{LD})$。

耦合电容 C_2 主要影响检波器输出信号的最低频率 Ω_{min}，当输出信号频率较低时，为了不使 C_2 上产生大的压降，不产生频率失真，就必须满足 $C_2 \ll 1/(\Omega_{min} R_{LA})$。

如果要求检波器输出信号的频率在较窄的音频范围内（如收音机一般要求 $100\sim6000Hz$），上述条件较容易满足，此时检波器的频率失真可以忽略。

（2）检波特性的非线性引起的失真。当负载电阻一定时，二极管检波器检波电流中的直流分量 I_o 与输入高频电压振幅 U_i 之间的关系，称为检波特性，如图 7-51 所示。

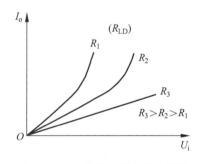

图 7-51　二极管检波器的检波特性

从图中可以看出，只要直流负载电阻 R_{LD} 选得足够大，检波特性的非线性失真是可以忽略的。

（3）时间常数 $R_{LD}C_1$ 太大，会引起"惰性失真"（或称对角线切割失真）。

（4）交直流负载不同（直流负载电阻 R_{LD}，交流负载电阻为 $R_{LD}//R_{LA}$）时，引起"负峰切割失真"（或称底边切割失真）。

对于惰性失真和负峰切割失真，在"高频电子线路"课程中已有详尽讨论，这里不再重复介绍。

三、实验仪器

实验仪器见表 7-19。

表 7-19 实验仪器

序 号	名 称	规格型号	数 量	备 注
1	函数信号发生器	>6MHz	1	双路输出,可输出调幅波
2	示波器	>20MHz	1	
3	直流稳压电源		1	
4	超高频毫伏表		1	
5	低频毫伏表		1	
6	数字频率计		1	
7	调幅与检波电路实验板		1	

四、实验内容及步骤

1. 实验电路

调幅与检波实验板电路如图 7-52 所示。实验电路由调幅电路和检波电路两部分组成。其中,调幅电路由 MC1496 模拟乘法器(其内部电路结构、引脚排列见图 7-53(b))构成,可以进行普通调幅波或抑制载波的双边带调制(平衡调制)实验。R_1、R_2、R_3、R_4 和 W_1 构成调零电路;当短路 R_1、R_3 时(插孔 503 接 504、505 接 506),构成普通调幅电路;当 R_1、R_3 接入电路时(插孔 503 与 504 断开,505 与 506 断开),构成双边带调制电路。

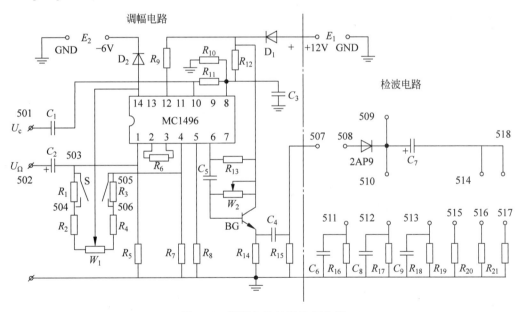

图 7-52 调幅与检波实验板电路

2. 幅度调制电路的研究

电源电压 $E_1 = 12V$,$E_2 = -6V$,信号源输出电压均为峰-峰值。

(1)插孔 501 加载波信号 $U_c = 16mV$,$f_c = 800kHz$,插孔 502 加正弦调制信号,$U_\Omega = 100mV$,$\Omega = 1kHz$,短路 R_1、R_3(用短路线将插孔 503 与 504 连接,插孔 505 与 506 连接),断开检波电路(507、508 断开)。在插孔 507 用示波器观察普通调幅波的波形(如波

形不对称或有失真,可适当调节射随器电路中的 W_2),测试此时调幅波的调幅系数 M_a,并画出此时的波形。

(2) 自拟步骤,观察并记录 $M_a<1$,$M_a=1$,$M_a>1$ 时的调幅波形。

(3) 测量普通调幅时调幅器的调幅特性(M_a-U_Ω 曲线),测试条件:插孔 501 加载波信号 $U_c=16\text{mV}$,$f_c=800\text{kHz}$,插孔 502 加调制信号 $\Omega=1\text{kHz}$,U_Ω 从 20mV 开始自行确定变化步长,测试调幅电路的调幅特性。

(4) 测试普通调幅时调幅器的幅频特性(M_a-Ω 曲线),测试条件:插孔 501 加载波信号 $U_c=16\text{mV}$,$f_c=800\text{kHz}$,插孔 502 加调制信号 $U_\Omega=100\text{mV}$,在保证 U_Ω 幅度不变的前提下,Ω 从 200Hz 开始,自行确定变化步长,测试调幅电路的频率特性。

(5) 观察平衡调幅波的波形:插孔 501 加载波信号 $U_c=16\text{mV}$,$f_c=800\text{kHz}$,插孔 502 加调制信号 $U_\Omega=20\text{mV}$,$\Omega=80\text{kHz}$,接入 R_1、R_3(插孔 503 与 504 断开,插孔 505 与 506 断开),适当调节 W_1 或 U_Ω,观察并记录平衡调幅波的波形及特点。

3. 检波电路的测试

(1) 插孔 501 加载波信号 $U_c=16\text{mV}$,$f_c=800\text{kHz}$,插孔 502 加调制信号 $U_\Omega=100\text{mV}$,$\Omega=1\text{kHz}$,用短路线将插孔 507 与 508 连接,即将调幅电路输出与检波电路输入连接,取 $R_{\text{LA}}=\infty$(插孔 514 开路),$R_{\text{LD}}=5.1\text{k}\Omega$,$C=0.015\mu\text{F}$(插孔 510 接 512),从插孔 509 观察检波器的输出波形,并与调制信号波形 U_Ω 进行比较。

(2) 断开检波电路与调幅电路的连接,停止调幅电路的工作。用信号发生器直接输出调幅信号 $U_c=0.7\text{V}$,$f_c=800\text{kHz}$,$\Omega=1\text{kHz}$,从检波器电路的输入端插孔 508 输入,取 $R_{\text{LA}}=\infty$(插孔 514 开路),$R_{\text{LD}}=1.5\text{k}\Omega$,$C=0.015\mu\text{F}$(插孔 510 接 512),观察并记录 M_a 分别为 30%、50%、70% 时检波器的输出波形,并测试检波器的电压传输系数 K_a。

(3) 用信号发生器直接输出调幅信号,自拟实验步骤,测试检波器的检波特性(I_o-U_i 曲线)。

(4) 用信号发生器直接输出调幅信号,观察检波器的非线性失真。

① 对角线切割失真。在检波器的输入端插孔 508 输入 $f_c=800\text{kHz}$,$\Omega=1\text{kHz}$,$M_a=30\%$ 且幅度适当的调幅波,然后接入直流负载 $R_{\text{LD}}=51\text{k}\Omega$(插孔 510 接 513),取 $R_{\text{LA}}=\infty$(插孔 514 开路),在插孔 509 观察并记录检波器的失真波形,并和 $R_{\text{LD}}=5.1\text{k}\Omega$ 时的输出波形进行比较。

② 负峰切割失真。输入与①中相同的调幅波信号,使 $R_{\text{LD}}=5.1\text{k}\Omega$(插孔 510 接 512),$R_{\text{LA}}$ 分别接 $1\text{k}\Omega$、$10\text{k}\Omega$、$100\text{k}\Omega$(插孔 514 分别接 515、516、517),在插孔 518 观察并记录检波器的输出波形。

五、实验注意事项

(1) 模拟乘法器需要多路不同电压的直流电源,实验时要注意电压和极性。

(2) 实验测试时,注意测量仪器的"共地"连接。

六、实验报告要求

(1) 整理各项实验内容所得的数据和波形,绘制有关曲线,并进行必要的讨论和说明。

(2) 回答下面的思考题。

七、预习要求及思考题

1. 预习要求

(1) 复习"高频电子技术"课程中有关调幅和检波的相关内容。

(2) 根据实验要求,课前拟制实验步骤和实验表格。

2. 思考题

(1) 普通调幅波与平衡调幅波有什么不同?

(2) 在普通调幅过程中,U_c、f_c、U_Ω、Ω 如何影响调幅系数 M_a?

(3) 在大信号二极管检波器中常出现哪些失真现象?应如何解决?

(4) 用于检波器的二极管应具有哪些特点?为什么?

附:MC1496 模拟乘法器芯片介绍

MC1496 是双平衡四象限模拟乘法器,其内部电路图和引脚排列如图 7-53 所示。

(a) 内部电路图

(b) 引脚排列

图 7-53 MC1496 模拟乘法器内部电路图、引脚排列

图 7-53(a)中 VT_1、VT_2 与 VT_3、VT_4 组成双差分放大器,VT_5、VT_6 组成的单差分放大器用以激励 $VT_1 \sim VT_4$。VT_7、VT_8 及其偏置电路组成差分放大器 VT_5、VT_6 的恒流源。MC1496 可以采用单电源供电,也可以采用双电源供电。器件的静态工作点由外接元件确定。各引脚功能见表 7-20。

表 7-20 MC1496 模拟乘法器的引脚功能

引 脚	名 称	功 能	引 脚	名 称	功 能
1	+ SIGNAL IN	同相输入端	2	GAIN ADJUST	增益调节

续表

引　脚	名　　称	功　能	引　脚	名　　称	功　能
3	GAIN ADJUST	增益调节	9		闲置端
4	−SIGNAL IN	反相输入端	10	−CARRIER INPUT	载波信号反相输入端
5	BIAS	偏置端	11		闲置端
6	+OUTPUT	正电流输出端	12	−OUTPUT	负电流输出端
7		闲置端	13		闲置端
8	+CARRIER INPUT	载波信号同相输入端	14	−U$_{EE}$	负电源

引脚 8 与引脚 10 接输入信号 u_x,引脚 1 与引脚 4 接另一路输入信号 u_y,输出电压 u_o 从引脚 6 与引脚 12 输出。引脚 2 与引脚 3 外接电阻 R_E,对差分放大器 VT_5、VT_6 产生串联电流负反馈,以扩展输入信号电压 u_y 的线性动态范围。引脚 14 为负电源端(双电源供电时)或接地端(单电源供电时),引脚 5 外接电阻 R_5,用来调节偏置电流 I_5 及镜像电流 I_o 的值。

7.10　锁相环的应用

一、实验目的

(1) 了解锁相环路的工作原理、电路组成及性能特点。

(2) 掌握锁相环路及其组成单元性能指标的测试方法。

(3) 掌握集成锁相环的基本应用方法。

二、实验原理

1. 锁相环的工作原理

锁相环是一个相位误差控制系统,它比较输入信号和压控振荡器输出信号之间的相位差,从而产生误差控制电压来调整压控振荡器的频率,使输出信号和输入信号同频并且保持一个稳态相位差。它的基本组成原理框图如图 7-54 所示。

图 7-54　锁相环组成原理框图

锁相环由鉴相器(PD)、环路滤波器(LF)和压控振荡器(VCO)三个基本单元组成。

1) 鉴相器

鉴相器是相位比较装置,它把输入信号 $u_i(t)$ 和压控振荡器的输出信号 $u_{vco}(t)$ 进行

相位比较,产生误差电压 $u_d(t)$,从而完成了相位差—电压变换功能。其输出误差电压是瞬时相位差的函数,即

$$u_d(t) = f(\theta_1(t) - \theta_2(t)) \tag{7-72}$$

式(7-72)表示的是鉴相器的鉴相特性。在不同的应用条件下,鉴相器有不同的鉴相特性。在模拟电路中用得较多的是正弦波鉴相特性,即

$$u_d(t) = U_d \sin\theta_e(t) \tag{7-73}$$

式中:$\theta_e(t)$ 为两信号的相位差,$\theta_e(t) = \theta_1(t) - \theta_2(t)$。

2)环路滤波器

环路滤波器的作用是滤除误差电压 $u_d(t)$ 中的高频成分和噪声,以保证所要求的性能,提高性能的稳定性。环路滤波器的特性为

$$u_c(t) = K_F F(S) u_d(t) \tag{7-74}$$

3)压控振荡器

压控振荡器受控制电压 $u_c(t)$ 的控制,使压控振荡器的频率向输入信号的频率靠拢,也就是使差拍频率越来越小,直至消除频差而锁定。压控振荡器的特性为

$$\theta_2(t) = K_0 \int_0^t u(t') \mathrm{d}t' \tag{7-75}$$

也可表示为

$$\theta_2(t) = \frac{K_0}{S} u_c(t) \tag{7-76}$$

根据环路三个基本部件的特性可得到环路的基本方程为

$$\frac{\mathrm{d}\theta_e(t)}{\mathrm{d}t} + U_d K_0 K_F F(S) \sin\theta_e(t) = \frac{\mathrm{d}\theta_1(t)}{\mathrm{d}t} \tag{7-77}$$

或

$$S\theta_e(t) + K_H F(S) \sin\theta_e(t) = S\theta_1(t) \tag{7-78}$$

式中:$K_H F(S) = U_d K_0 K_F$。

当其环路进入锁定状态后,压控振荡器的输出信号与环路的输入信号之间有一个稳态相位差。锁相环可根据不同用途,设计工作在锁定状态或跟踪状态。

2. CMOS 低频锁相环 CD4046 介绍

CD4046 是低频数字锁相环,在数字式倍频、频率合成器、数字锁相环跟踪滤波器等中有很重要的应用。CD4046 是通用的 CMOS 锁相环集成电路,其特点是电源电压范围宽(3~18V),输入阻抗高(约 100MΩ),动态功耗小,在中心频率 $f_0 = 10\mathrm{kHz}$ 下功耗仅为 $600\mu\mathrm{W}$,属微功耗器件。

图 7-55 为 CD4046 原理框图。在这个集成电路中,内含两个相位比较器,其中 PC_1 是异或门比较器,PC_2 是边沿触发式数字相位比较器,还有一个压控振荡器 VCO,一个前置放大器 A_1,一个低通滤波器,输入缓冲放大器 A_2 和一个内部 5V 基准稳压电源 $\overline{V}_2$。各引脚的作用说明如下:

引脚⑯接正电源电压 V_{DD};引脚⑧接负电源电压 V_{SS},用一组电源时接地;引脚⑥和引脚⑦用来接振荡电容 C;引脚⑪外接电阻 R_1,R_1、R_2 和 C 决定 VCO 的振荡频率 f_0;

引脚⑤为 VCO 的禁止端 INH,当 INH＝"1"(为 V_{DD} 电平)时,VCO 停止振荡,当 INH＝"0"(为 V_{SS} 电平)时,VCO 振荡;引脚④为 VCO 的输出;引脚③是比较输入端;引脚⑭是信号输入端;引脚②和引脚⑬分别为相位比较器 PC_1 和 PC_2 的输出端,通过它们可外接低通滤波器,低通滤波器的输出经引脚⑨送入 VCO 的控制端,引脚⑩是低通滤波器输出的缓冲放大输出端,用来检测控制电压 V_d;引脚①是 PC_2 的锁定指示输出,当引脚①输出逻辑"1"时,电路输出锁定指示输出,反之指示失锁;引脚⑮是内设 5V 基准电压输出端,使用时要外接内部稳压管的偏置电阻 R_2。

两个相位比较器可按不同的输入状态选择使用。异或门相位比较器在使用时要求两个作比较的信号必须是占空比为 50% 的波形,如果两个信号不满足 50% 的占空比,就需要使用边沿触发式相位比较器。

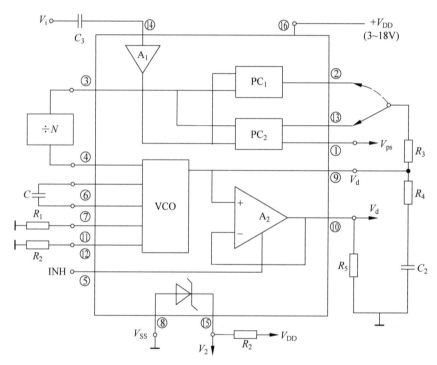

图 7-55 CD4046 组成原理框图

3. 锁相环的测量

锁相环的测量包括组成单元和环路整体的测量。由于组成环路的单元电路不同,测量方法也就有所不同。下面以 CD4046 为例简述测量方法。

1) 环路组成单元的测量

环路组成单元的测量主要是针对 VCO 控制特性的测量。VCO 是一个振荡频率受控制电压控制的振荡器,用改变控制电压的方法,测出控制电压取不同值时相应的频率,描绘成曲线,可得到控制特性曲线。再测出对应点的频率,描绘成 $f_0\text{-}V_d$ 曲线,即为VCO 的控制特性曲线。

2）环路性能测量

环路同步带和捕捉带测量电路的连接如图 7-56 所示。

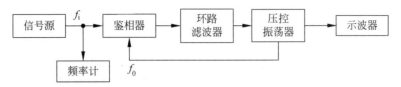

图 7-56　同步带和捕捉带的测量方案

（1）环路同步带的测量。调整环路,使 $f_i = f_0$,即环路处于锁定状态,示波器荧光屏上显示稳定的脉冲波形;当 f_i 逐渐升高到某一值时,示波器显示波形变成不同步状态（波形呈现向左或向右移动现象）,此时环路失锁,测出由同步变到不同步点的输入信号频率 f_i 为 f_2（上失锁点）;然后降低 f_i,当 f_i 降低到某一值时示波器上又出现不同步现象,环路又失锁,测出失锁时的输入信号频率 f_1（下失锁点）。

同步带由下式计算

$$\Delta f_H = f_2 - f_1 \tag{7-79}$$

（2）环路捕捉带的测量。使输入信号频率 $f_i > f_0$,并使环路失锁（示波器上显示的波形不同步）;然后降低 f_i,当 f_i 变化到某一值时,示波器上波形稳定,此时环路锁定,测出刚好锁定的频率为 f_2（上捕捉点）;继续降低 f_i,直到环路失锁;再逐渐升高 f_i,当 f_i 升高到某一值时环路又锁定,测出刚好锁定时的频率为 f_1（下捕捉点）,两个锁定点之差就是捕捉范围。捕捉带为

$$\Delta f_P = f_2 - f_1 \tag{7-80}$$

三、实验仪器

实验仪器见表 7-21。

表 7-21　实验仪器

序　号	名　　称	型号规格	数　量	备　注
1	直流稳压电源		1	
2	数字频率计		1	
3	示波器		1	
4	数字电子电压表		1	
5	信号发生器		1	
6	锁相环电路实验板		1	

四、实验内容及步骤

1. 实验电路

实验电路如图 7-57 所示。

2. VCO 控制特性的测量

把 CD4046 作为 VCO 使用,连接线路测试 VCO 的 f_0-V_d 的关系,将测试数据填入表 7-22 中,并根据所测数据画出相应曲线。

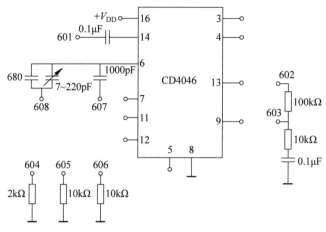

图 7-57 锁相环(4046)实验板电路

表 7-22 测量 VCO 控制特性的数据记录表

V_d/V	1	2	3	4	5
f_0/Hz					

1)连接测试电路

引脚 3、引脚 4 相连,引脚 6、引脚 7 间接入 1000pF 的电容(引脚 7 与插孔 607 相连),引脚 11 对地接入 2kΩ 的电阻(引脚 11 与插孔 604 相连),引脚 12 对地接入 10kΩ 的电阻(引脚 12 与插孔 605 相连),引脚 9 接入可调直流稳压电源,引脚 5 接地。

2)测试内容

(1) $V_{DD}=+5V$,改变引脚 9 直流电压(V_d),测量相应数据填入表 7-22。

(2) 改变引脚 12 对地电阻为 ∞,其他条件不变,完成表格。

(3) 引脚 6、引脚 7 间接入可调电容(引脚 7 与插孔 608 相连)。当 $V_d=0$ 时,调整可调电容的大小,使 $f_0=100kHz$。测量 VCO 上、下限频率。

① 将引脚 9 接地,用示波器观察引脚 4 波形,并用频率计测出 VCO 下限频率 f_{min}。

② 将引脚 9 接 5V 电源,用示波器观察引脚 4 波形,并用频率计测出 VCO 的上限频率 f_{max}。

注意:引脚 9 直流电压(V_d)不能超过供电电源电压。

3. 锁相环路测量

1)搭接测试电路

引脚 3、引脚 4 相连,引脚 6、引脚 7 间接入 1000pF 的电容(引脚 6 与插孔 607 相连),引脚 11、引脚 12 分别对地接入 10kΩ 的电阻(引脚 11 与插孔 606 相连,引脚 12 与插孔 605 相连),引脚 13 与插孔 602 相连,引脚 9 与插孔 603 相连,即外接低通滤波器,引脚 5 接地。并按图 7-56 所示接入测量仪器。

2）测试条件

$V_{DD} = +5V$,输入信号为 $U_i = 1V$ 的正弦信号。

3）测试内容

（1）正确连接电路,测试 VCO 的固有振荡频率。

（2）测量环路的同步带。

（3）测量环路的捕捉带。

4．锁相环的基本应用

根据图 7-58 所示原理,正确设计、连接电路,用 CD4046 锁相环和 74LS90 构成 5 倍频器。经检无误后加电测试,$V_{DD} = +5V$。

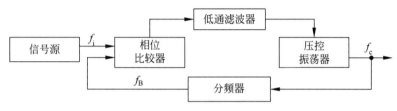

图 7-58　锁相环的应用举例

（1）调整 VCO,使其固有振荡频率约为 100kHz；

（2）调整信号源频率 f_i,使其环路处于锁定状态,测量信号源频率 f_i、VCO 的振荡器频率 f_c、分频器输出频率 f_B,观察三点的波形并记录之。

（3）测量 5 倍频时的同步带。

五、实验注意事项

（1）实验时,引脚 9 的 VCO 控制电压不要超过电源电压 V_{DD}。

（2）74LS90 是 TTL 芯片,电源电压不能超过 5V。

（3）同步带和捕捉带若要测量准确,需控制信号源输出频率的步长,要尽量小一些。

（4）实验时,测量仪器要"共地"连接。

六、实验报告要求

（1）按照实验任务中的内容要求,画出实验表格及曲线,记录实验数据,并计算同步带、捕捉带。

（2）回答下面的问题。

七、预习要求及思考题

1．预习要求

（1）复习"高频电子技术"课程中有关锁相环的内容。

（2）课前自行设计记录实验数据的表格。

2．思考题

（1）同步带和捕捉带的测试有什么不同？

（2）用什么方法判断锁相环处于锁定和失锁状态？举例说明。

第 **8** 章

数字电子技术实验

8.1 脉冲电路参数测试

一、实验目的

(1) 熟悉脉冲波形参数的定义；

(2) 掌握脉冲波形参数的测量方法；

(3) 熟悉集成运放在非正弦信号产生电路中的应用。

二、实验原理

脉冲电路的种类很多，脉冲波形也多种多样。本实验只讨论产生方波或矩形波的非正弦信号产生电路，同时对该电路产生的脉冲信号的波形参数进行测试，以便熟悉和掌握脉冲测试技术。

1. 脉冲波形的主要参数

脉冲幅度 U_m：脉冲信号的变化幅度，单位常用 V。相对零电平（或某一基准电平）而言幅值为正的脉冲称为正脉冲，反之称为负脉冲。图 8-1 所示的脉冲为正脉冲。

脉冲信号的周期 T：表示一个周期性的脉冲序列中脉冲重复出现的最小时间间隔，单位常用 ms（$1ms = 10^{-3}s$）或 μs（$1\mu s = 10^{-6}s$）。脉冲周期的倒数 $f = 1/T$，称为脉冲频率。它表示周期性脉冲序列在每秒钟内出现的脉冲个数，单位常用 kHz 或 MHz。

脉冲前沿或上升时间（对正脉冲而言）t_r：用来表明脉冲开始变化时的过渡过程时间。一般指脉冲从 $0.1U_m$ 变化到 $0.9U_m$ 所需的时间，单位常用 ms、μs 或 ns（$1ns = 10^{-9}s$）。

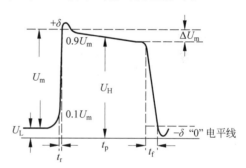

图 8-1 脉冲波形参数

脉冲后沿或下降时间 t_f：用来表明脉冲结束时的过渡过程时间。一般是指脉冲从顶部转入下降点开始（若是缓慢下降的波形，则从 $0.9U_m$ 开始）变化到 $0.1U_m$ 所需的时间。

脉冲宽度 t_p：也称为脉冲持续时间，它有不同的定义，如同一脉冲由前沿的 $0.5U_m$ 到后沿 $0.5U_m$ 所需的时间称为有效宽度，由前沿的 $0.1U_m$ 到后沿 $0.1U_m$ 所需的时间称为底部宽度，从前沿的 $0.9U_m$ 到开始下降时的时间间隔称为平顶宽度。

脉冲占空比 q：表示脉冲高电平的持续时间与脉冲重复周期之比，$q = t_p/T$。

平顶降落（平顶下垂）ΔU_m：通常用相对值 $\rho = \dfrac{\Delta U_m}{U_m} \times 100\%$ 来表示（一般为 $1\% \sim 10\%$）。

上冲量（或正峰突）$+\delta$：脉冲上升沿超过 U_m 所呈现的突出部分。

下冲量（或负峰突）$-\delta$：脉冲下降沿一直延伸到零值以下所呈现的向下突出部分。

其他脉冲波形还可以用另外一些参数来表征，在此不予详述。

以上各项脉冲参数，可以归纳为幅度参数（幅度、平顶下垂、上冲量、下冲量）和时间参数(脉冲宽度、上升时间、下降时间、周期等)。

2. 脉冲参数测量仪器

脉冲波形参数的测量主要是通过使用具有测量脉冲时间和幅度功能的脉冲示波器或数字存储示波器来完成。一般说来,凡是用于脉冲测量的示波器都应具备如下特点,才能满足脉冲波形的观察和测试要求:

(1) Y 轴放大器必须是宽频带放大器;

(2) 具有触发扫描功能;

(3) 具有增辉装置和延迟放大装置。

此外,为方便观察波形的相位关系,脉冲示波器还应具备双踪或多踪显示功能。

使用脉冲示波器对脉冲波形测量,还应重视对脉冲示波器的校准工作,保证测量的准确度。主要的校准工作包括:

(1) Y 轴"灵敏度选择开关 V/div"的校准;

(2) X 轴"扫描速度选择开关 t/div"的校准;

(3) 直流平衡校准;

(4) 探头的校准。

当然,不同示波器的校准方法是有所差别的,故使用示波器测量脉冲参数时,应熟悉示波器的校准方法和使用方法。

利用脉冲示波器测量脉冲参数的方法是直接读数法。测量时,应调节有关旋钮,使被测信号的波形稳定显示在屏幕中央,幅度一般不宜超过 6 格,以免非线性失真带来测量误差。

3. 脉冲电平与幅度的测量

1) 脉冲波形的显示

(1) 确定零电平参考基准线。在示波器正常显示信号波形的基础上,将 Y 轴输入耦合方式选择开关置于"GND"或"⊥"位,调出扫描基线,然后调节"Y 位移",使扫描基线与荧光屏方格坐标线上某一水平线重合,此时扫描线所处的位置即为零电平参考线。

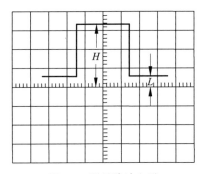

图 8-2　测量脉冲电平

(2) 输入被测信号,并将 Y 轴耦合方式选择开关置于"DC"位,适当调节 Y 轴灵敏度选择开关 V/div 和扫描速度选择开关 t/div,使被测波形完整地显示在屏幕内,如图 8-2 所示。

2) 脉冲电平、幅度的测量

在显示稳定波形的基础上,读取示波器上垂直灵敏度选择开关 V/div 所指示的位置(读取垂直刻度系数 y)以及脉冲高电平线偏离零电平线的格数 $H(\mathrm{div})$ 和低电平线偏离零电平线的格数 $L(\mathrm{div})$,则计算出高电平 U_{H}、低电平 U_{L} 及脉冲幅度 U_{m} 的值,即

$$U_{\mathrm{H}} = y(V/\mathrm{div}) \times H(\mathrm{div}) \tag{8-1}$$

$$U_L = y(V/\text{div}) \times L(\text{div}) \tag{8-2}$$

$$U_m = U_H - U_L \tag{8-3}$$

或

$$U_m = y(V/\text{div}) \times (H - L)(\text{div}) \tag{8-4}$$

3）注意事项

（1）合理、充分利用屏幕的有效面积。图像过大，进入示波器屏幕的弧形部分，使图像产生非线性失真；图像过小，分辨率低，会使读数误差加大。这就要求合理使用灵敏度选择开关以减小读数误差。

（2）图像应尽可能稳定、清晰。

（3）读数时，眼睛与光迹在同一水平面上，以减小视差。

（4）要使用与示波器匹配的探头测试线，使用前要校正。

示波器探头是具有高频补偿的分压器，一般衰减倍数为 10，所以显示读数乘以衰减倍数，才等于被测电压的实际值。

使用前探头接至示波器"校正信号"输出端，屏幕应显示标准方波，若方波的波形不好，应调节探头上的微调电容加以校正。

测量脉冲信号时，必须使用示波器专用探头，不可使用普通的开路测试电缆。

4．脉冲时间参数的测量

脉冲信号的时间参数主要有脉冲宽度 t_p、脉冲周期 T、上升时间 t_r 和下降时间 t_f 等。用脉冲示波器测量这些时间参数也是通过直接读数法来完成的。

1）时间间隔或周期的测量

利用单踪显示可以测量脉冲信号的周期和任意两点间的时间间隔，其方法是：

（1）扫描时基"微调"旋钮置于"校准"位。

（2）调整扫速开关（t/div），使被测时间间隔（如一个周期）对应的信号波形尽量占满 X 轴水平空间。这样可由扫速开关（t/div）的指示值（水平刻度系数 x）和信号被测两点间（或一个周期）在 X 轴方向上所占格数 $D(\text{div})$ 来计算时间间隔或周期，如图 8-3 所示。

从图 8-3 可以得到，被测信号某两点间所占的格数 D（此例正好为一个周期）= 6div，而示波器的 t/div 的水平刻度系数为 2ms/div，那么该信号的一个周期 $T = 6 \times 2 = 12(\text{ms})$。测量波形两点间的时间间隔方法与信号周期测量基本相同。

（3）扫描扩展的应用。当信号频率很高以至调节 t/div 到最小，波形被测区域占 X 轴的格数（div）仍很小时，可利用扫描扩展扩大其显示区域，如图 8-4 所示。

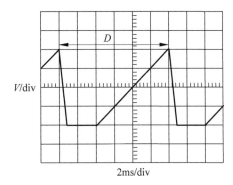

图 8-3　时间间隔或周期测量

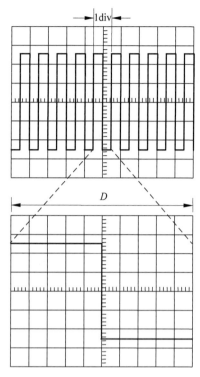

图 8-4 扩展(拉×10)的作用

计算时应注意扫速扩展 10 倍等于每格(div)所占的时间减小为原来的 1/10,所以实际被测信号的周期为

$$T = x(t/\text{div}) \times D(\text{div})/10 \qquad (8\text{-}5)$$

式中,x 为 X 轴的扫描刻度系数,单位一般为 s/div、ms/div 或 μs/div;D 为被测信号一个周期在水平方向所占格数。

(4) 当测量周期性信号,不采用扫描扩展时,为了减小测量误差,也可用测量多个周期的方法(简称多周期法),如 N 个周期,则被测信号的周期为

$$T = x(t/\text{div}) \times D(\text{div})/N \qquad (8\text{-}6)$$

式中,D 为信号的 N 个周期所占格数。

2) 时间(或相位)差的测量

利用示波器的双踪显示可以很方便地测量两个脉冲信号的时间差或两正弦信号的相位差,其方法是:

(1) Y 轴触发源开关只能置于 CH1(或 CH2)位(以某一通道信号作为触发源)。一般以相位超前的信号作为触发源。

(2) 按正常显示波形的方法进行调整,稳定清晰地显示两个波形。

若显示的波形如图 8-5 所示,则时间差为

$$\Delta T = (t/\text{div}) \times D(\text{div}) \qquad (8\text{-}7)$$

值得注意的是,当被测脉冲信号的上升时间比较长(脉冲前沿缓慢)时,则不可用扫描起始点作为参考点,而必须显示一个完整波形,以便确定参考点。

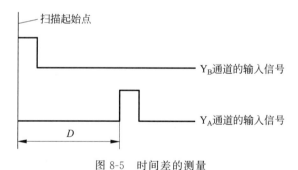

图 8-5 时间差的测量

(3) 相位差的测量。如图 8-6 所示,两路信号之间的相位差为

$$\varphi = (t/\text{div}) \times D(\text{div}) \times 360°/T \qquad (8\text{-}8)$$

式中,T 为被测信号周期。

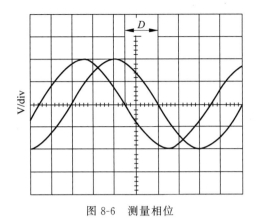

图 8-6 测量相位

3) 脉冲上升时间和下降时间测量

示波器的调整方法与时间测量时基本相同,即调整示波器,使屏幕显示清晰稳定的被测信号波形。如果波形的上升时间和下降时间数值较大,可显示一个完整的信号周期;如果数值较小,则应灵活使用示波器的相关调节旋钮,单独显示脉冲信号的上升沿或下降沿,以便于读数和准确测量。t_r 和 t_f 测量采用"六格法"较为方便,即调整示波器的"V/div"及其"微调"旋钮和 Y 位移,使脉冲顶部与上 3div 对齐,底部与下 3div 对齐,如图 8-7 所示。

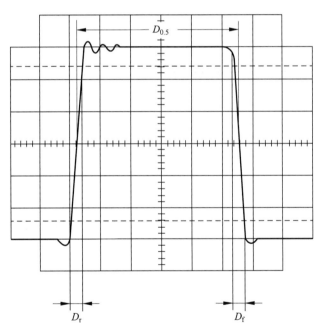

图 8-7 脉冲上升(下降)时间的测量

(1) 示波器屏幕上的两条虚线与脉冲波形前沿(或后沿)两交点之间的时间即为脉冲的上升(或下降)时间(下虚线为最大幅值的 10%,上虚线为最大幅值的 90%)。则有

$$t_r = (t/\text{div}) \times D_r(\text{div}) \tag{8-9}$$

$$t_f = (t/\text{div}) \times D_f(\text{div}) \tag{8-10}$$

（2）脉冲宽度的测量。脉冲宽度通常定义为脉冲信号上升沿、下降沿中幅度为脉冲幅度 50% 的两交点之间的时间间隔，图 8-7 所示波形的脉冲宽度为

$$t_p = (t/\text{div}) \times D_{0.5}(\text{div}) \tag{8-11}$$

（3）当上升沿或下降沿很陡，时间不易读准确时，可单独显示、测量前沿或后沿，利用扫描扩展将上升沿或下降沿展开进行测量，此时，上升时间和下降时间分别为

$$t_r = (t/\text{div}) \times D_r(\text{div}) / \text{扩展倍数} \tag{8-12a}$$

$$t_f = (t/\text{div}) \times D_f(\text{div}) / \text{扩展倍数} \tag{8-12b}$$

为了能单独、完整地显示前沿或后沿，必须结合使用触发"极性"开关，极性置"+"时用于测量上升时间，极性置"−"时用于测量下降时间。

（4）如果脉冲前、后沿持续时间极短，小于或等于示波器 Y 通道上升时间（t_s）的 3 倍时（在示波器使用说明书中可以查到具体值），被测脉冲的上升和下降时间分别为

$$t_r = \sqrt{t_r'^2 - t_s^2} \tag{8-13a}$$

$$t_f = \sqrt{t_f'^2 - t_s^2} \tag{8-13b}$$

式中：t_r' 为实际测量的上升时间，t_f' 为下降时间；t_s 为示波器 Y 通道的响应时间。

三、实验仪器

实验仪器见表 8-1。

表 8-1　实验仪器

序 号	名　称	型号规格	数 量	备 注
1	示波器		1	
2	实验箱或面包板		1	
3	直流稳压电源		1	
4	实验用元器件（套）		1	

四、实验内容及步骤

1. 实验电路

用集成运放构成方波或矩形波产生电路是产生方波或矩形波信号的常用方案之一，基本电路组成如图 8-8(a) 所示，图 8-8(b) 是输出电压和电容上的电压波形。

根据电路分析可以得到输出波形的周期为

$$T = 2R_f C \ln\left(1 + 2\frac{R_2}{R_1}\right) \tag{8-14}$$

如果 R_1 和 R_2 取值适当，可使正反馈系数 $F_+ = 0.462\left(\text{正反馈系数 } F_+ = \dfrac{R_2}{R_1 + R_2}\right)$

可使振荡周期简化为 $T = 2R_f C$ 或 $f = \dfrac{1}{T} = \dfrac{1}{2R_f C}$。可见，改变 R_f 或 C 都可改变振荡周期或频率。

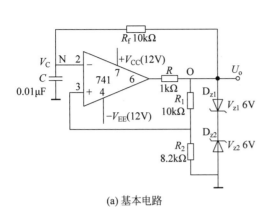
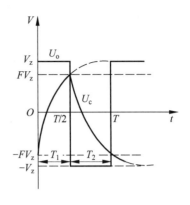

(a) 基本电路   (b) 输出电压和积分电路电容两端的波形

图 8-8　方波产生电路

在低频范围内(如 $10\text{Hz}\sim10\text{kHz}$),对于固定频率来说,此电路是一个较好的振荡电路。当振荡频率较高时,为了获得前、后沿较陡的方波,选择转换速率较高的运放为宜。

2. 实验内容

(1) 根据图 8-8(a)所示电路中元器件参数要求,在 $V_{CC}=12\text{V}$,$V_{EE}=-12\text{V}$ 时用示波器观察 U_c、U_o 波形,并记录。

(2) 测试波形的高电平 U_{OH}、低电平 U_{OL}、脉冲幅度 U_m、周期 T、脉冲宽度 t_p、频率 f、上升时间 t_r、下降时间 t_f 及占空比 q。

五、实验注意事项

(1) 由于脉冲波形的上升时间 t_r 和下降时间 t_f 及脉冲宽度 t_p 等时间参数的定义都与脉冲幅度的 $0.1U_m$ 和 $0.9U_m$ 有关,因此大多数脉冲示波器的屏幕刻度标线上专为这些参数的测试标出了表示 $0.1U_m$ 和 $0.9U_m$ 位置的两条虚线。测量时,在显示单个完整、稳定的脉冲波形的基础上,再调节 Y 轴灵敏度选择 V/div 开关及其"微调"旋钮和 Y 轴"位移"旋钮,使显示的波形高度正好占据 6 格(div),那么波形与这两条虚线上的交点即为 $0.1U_m$ 和 $0.9U_m$ 的位置,这就为测量 t_r 和 t_f 带来了极大方便。

(2) 在观察和测量较短的时间参数时,应充分使用"扩展、拉×10"开关和"同步极性选择(+、-)"开关。显示波形的上升沿时,应使用"+"极性触发;显示波形的下降沿时,应使用"-"极性触发。此外,显示完整的脉冲上升沿和下降沿,应采用触发扫描方式("触发方式选择"开关应置于"常态",并与"电平"调节旋钮相配合)。

(3) 测量脉冲宽度 t_p 时,示波器各有关旋钮、开关的调节方法、要求及计算公式均与上升(或下降)时间的测量相同,调整完毕后,即可根据脉冲宽度 t_p 的定义,读取脉冲波形底部 $0.1U_m$ 处的脉冲宽度 $t_{p0.1}$ 或 $0.5U_m$ 处的平均脉宽 $t_{p0.5}$。

(4) 对于周期性脉冲信号来说,其周期的测量方法与正弦波信号周期的测量方法基本相同。也就是说,不论是正弦信号还是脉冲周期信号,都应调节示波器的有关旋钮及开关,使屏幕上显示的波形为一个完整周期的波形。此时,只要读出波形在 X 轴水平刻度线上一个周期所占的格数和"扫描速度选择"开关(t/div)所指示的水平刻度系数(经过校准),便可根据有关公式计算周期,同时也可以计算出信号频率。

有时为了克服视觉及扫描线粗细不均匀带来的测量误差,测量周期时常采用多周期法。即在屏幕上多显示几个周期的波形,测出这几个周期持续的总时间后,再求取单个周期的持续时间,这样便能提高测量的精确度。

六、实验报告要求

(1) 列表整理实验数据,进行参数计算并与理论值比较。

(2) 在坐标纸上按时间对应关系描绘所测的波形,并标出相应的波形参数。

(3) 回答下面的思考题。

七、预习要求及思考题

1. 预习要求

(1) 熟悉脉冲波形参数的定义及测试方法。

(2) 复习有关脉冲产生电路的工作原理及计算。

2. 思考题

(1) 本实验电路输出脉冲信号的高电平、低电平与哪些因素有关? 如何改变输出脉冲信号的幅度?

(2) 脉冲电路的工作电压应采用什么仪器、仪表测量,为什么?

(3) 要使本实验电路的占空比可调,电路结构应做哪些改进?

8.2 555 时基电路的应用电路测试

一、实验目的

(1) 了解 555 时基电路的工作原理及特点;

(2) 掌握 555 时基电路典型应用电路的构成;

(3) 进一步掌握脉冲波形参数的测试技术。

二、实验原理

1. 555 时基电路

555 时基电路又称为定时器,是一种模拟和数字电路相结合的集成电路,外接适当的电阻、电容,采用不同的接法就能构成自激多谐振荡器、单稳态电路和双稳态电路,实现多种电路功能。

555 时基电路有双极型(如 NE555)和单极型(NE7555)之分。单极型产品采用 CMOS 工艺制造,其性能大多优于双极型产品。双极型 555 时基电路又可分为单时基电路(NE555)和双时基电路(如 NE556,片内封装了两个独立的 555 电路)。

1) 555 时基电路的内部结构框图

双极型 555 内部电路大致可以分为分压器、比较器、R-S 触发器、输出级和放电开关五部分,如图 8-9 所示。

比较器的参考电压从分压器电阻上取得,分别为 $\frac{2}{3}V_{CC}$ 和 $\frac{1}{3}V_{CC}$。高电平触发端 6

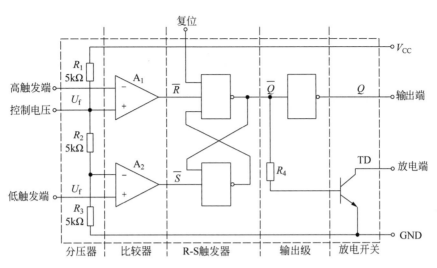

图 8-9 555 时基电路内部结构框图

接比较器 A_1 的同相端,低电平触发端 2 接比较器 A_2 的反相端,分别作为阈值端和外触发输入端,用来启动电路;复位端 4 为低电平时,电路输出为低电平,不用时应接 V_{CC} 电源;控制电压端 5 可以在一定范围内调节比较器的参考电压,不用时接 $0.01\mu F$ 电容到地,以防止干扰电压的引入。

2)555 时基电路的引脚排列及功能

555 时基电路的引脚排列及功能如图 8-10 所示。图中:1 脚—(GND)地;2 脚—($\overline{\text{TR}}$)低触发端$\left(<\frac{1}{3}V_{CC}\right)$;3 脚—(OUT)输出端;4 脚——($\overline{\text{R}}$)复位端(不用时接 V_{CC});5 脚—(CO)电压控制端,可改变上、下触发电位,不用时接 $0.01\mu F$ 电容到地;6 脚—(TH)高触发端$\left(>\frac{2}{3}V_{CC}\right)$;7 脚—(DIS)放电端;8 脚—($V_{CC}$)电源(4.5~18V)。

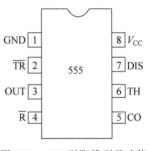

图 8-10 555 引脚排列及功能

3)555 时基电路的功能

555 时基电路的功能见表 8-2。

表 8-2 555 时基电路的功能

$\overline{\text{TR}}$(触发)	TH(阈值)	$\overline{\text{MR}}$(复位)	DIS(放电端)	OUT(输出端)
$>\frac{1}{3}V_{CC}$	$>\frac{2}{3}V_{CC}$	1	导通	0
$>\frac{1}{3}V_{CC}$	$<\frac{2}{3}V_{CC}$	1	保持	
$<\frac{1}{3}V_{CC}$	X	1	截止	1
X	X	0	导通	0

4）555 时基电路的应用举例

（1）构成自激多谐振荡器。

图 8-11(a)、(b)为用 555 时基电路构成的自激多谐振荡器，(c)为振荡器电路中定时电容两端和输出信号的波形图。

图 8-11(b)所示电路的特点如下：

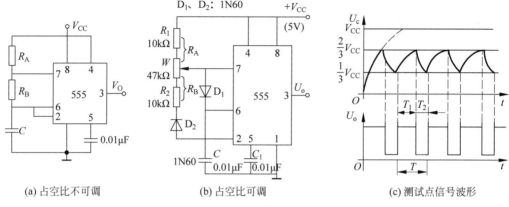

(a) 占空比不可调　　　　　　(b) 占空比可调　　　　　　(c) 测试点信号波形

图 8-11　自激多谐振荡器电路

一是不需外加触发脉冲，利用外接 RC 电路的充放电作用，改变高、低触发端的电平，使 R-S 触发器置"0"或置"1"，从而在输出端得到连续的脉冲信号。接通电源后，电容器 C 充电到 $\frac{2}{3}V_{CC}$ 所需的时间为

$$T_1 = t_{PH} = R_A C \ln 2 = 0.7 R_A C \tag{8-15}$$

放电到 $\frac{1}{3}V_{CC}$ 所需的时间为

$$T_2 = t_{PL} = R_B C \ln 2 = 0.7 R_B C \tag{8-16}$$

因此，输出矩形波的频率为

$$f = \frac{1}{T_1 + T_2} = \frac{1}{t_{PH} + t_{PL}} = \frac{1.43}{(R_A + R_B)C} \tag{8-17}$$

二是输出矩形波的占空比可通过调节电位器 W 来改变，其占空比为

$$q = t_{PH}/(t_{PH} + t_{PL}) = R_A/(R_A + R_B) \tag{8-18}$$

由上式可见，改变 R_A 或 R_B 即可改变 q，即通过调节电路中的电位器就能够改变 q，但因电位器改变时 R_A 与 R_B 的和不变，所以振荡器周期始终保持不变。

三是加入导引二极管 D_1 和 D_2，在这种情况下 C 的充电电流不通过 R_B，使得 q 的改变更容易实现。

（2）构成施密特触发器。

555 施密特触发器电路如图 8-12(a)所示，图 8-12(b)为输入、输出波形。图中，控制端 5 引脚加一可调直流稳压电源 V_{CO}，其大小可改变 555 电路比较器的参考电压，V_{CO} 越大，参考电压值越大，输出波形宽度越宽。输入电容 C 为交流耦合电容，R_1、R_2 为分压

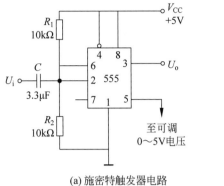

(a) 施密特触发器电路

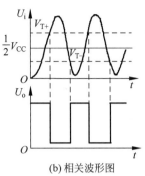

(b) 相关波形图

图 8-12 施密特触发器电路

器,将交流输入信号叠加幅度为 $\frac{1}{2}V_{CC}$ 的直流电平。

施密特电路可方便地把正弦波、三角波变换成方波。该电路的回差电压为

$$\Delta V_T = V_{T+} - V_{T-} \tag{8-19}$$

改变 5 引脚 V_{CO} 则可调节 ΔV_T 的值。

(3) 构成单稳态触发器。

555 单稳态触发器如图 8-13(a)所示,触发脉冲的周期 $T > T_W$ 才能保证每一个负脉冲起作用。

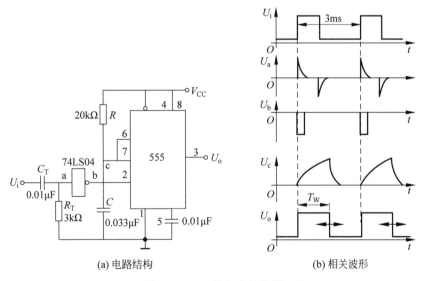

(a) 电路结构

(b) 相关波形

图 8-13   555 单稳态触发器

图中 R、C 为定时元件。R_T、C_T 为输入微分电路。其作用是当输入 U_i 负脉冲宽度大于输出正脉冲宽度 T_W,则需将 U_i 通过 $R_T C_T$ 微分经非门倒相的负脉冲接至 2 引脚 $\overline{TR}$。

555 单稳态触发器波形如图 8-13(b) 所示。图中 U_i 为输入矩形脉冲,经微分得 U_a 微分波形,U_b 负脉冲作为单稳态触发器脉冲,U_c 为电容器充放电波形,U_o 为输出矩形脉冲。

输出脉冲宽度为

$$T_W = RC\ln 3 \approx 1.1RC \qquad\qquad (8\text{-}20)$$

T_W 由定时元件 R、C 的值决定,改变 R、C 的值,可以控制输出波形的宽度。因此,单稳态触发器常用于定时、延迟或整形电路。R 一般为 $1k\Omega \sim 10M\Omega$,C 应大于 1000pF。

2. 555 时基电路波形参数的测量

555 时基电路输出波形为矩形脉冲波,描述矩形脉冲的参数主要有高电平 U_{OH}、低电平 U_{OL}、周期 T、脉宽 t_p(如 t_{PH}、t_{PL}、t_W 等)以及占空比 q。这些参数的测试方法可参考实验 8-1 脉冲参数测试实验。

三、实验仪器

实验仪器见表 8-3。

表 8-3 实验仪器

序 号	名 称	型号规格	数 量	备 注
1	示波器		1	能测量脉冲波形
2	函数信号发生器	·	1	能提供正弦波、方波信号
3	直流稳压电源		1	
4	实验用元器件		1	按实验电路现备

四、实验内容及步骤

本实验可采用面包板进行电路搭接。

1. 自激多谐振荡器测试

(1) 按图 8-11(b) 所示搭接电路,在 $V_{CC} = 5V$、W 处于中间任一位置时(用示波器测量),观察并记录 U_c 和波形。

(2) 测量 U_o 波形的 U_{OH}、U_{OL}、U_m、t_{PH}、T、q。

(3) 测量该电路占空比 q 的变化范围。

2. 施密特触发器测试

(1) 按图 8-12(a) 所示搭接电路,$V_{CC} = 5V$,电压控制端 5 引脚接一个 $0.01\mu F$ 的电容到地,接入 U_i 为 $f = 1kHz$,幅度为 4.5V 的正弦波,观察并记录 U_i 和 U_o 波形,测量回差电压 ΔT_1 和脉宽 T_W。

(2) 在 U_i 不变,且在 5 引脚改接一个可调直流电压 V_{CO},使其值分别为 0V、1V、2V、5V、6V 时,观察 U_i 和 U_o 波形,并测量相应的 ΔT_1 和脉宽 T_W。

3. 单稳态触发电路测试

(1) 按图 8-13(a) 所示搭接电路,在 $V_{CC} = 5V$ 时,接入图 8-13(b) 图中的方波信号($T = 3ms$)。观察并记录输入、输出波形,并测量输出波形的 T_W 与理论值进行比较。

(2) 研究当定时电阻 R、定时电容 C 确定后,选择输入方波信号周期的规律。

（3）研究不接"非门"时，单稳态电路的工作状态。

五、实验注意事项

（1）正确识别 555 时基电路的引脚及功能，搭接电路时谨防搭错。

（2）由于是脉冲参数的测试，因此使用示波器时应选用示波器专用探头。

（3）实验时要学习脉冲参数测试实验中的注意事项。

六、实验报告要求

（1）整理测试数据，画出各种工作状态下的波形，计算测量结果并与理论值比较，分析误差产生的原因并提出改进措施。

（2）讨论 555 时基电路三种工作状态在实际电路中的应用。

（3）回答下面的思考题。

七、预习要求及思考题

1. 预习要求

（1）课前认真查阅和学习关于 555 时基电路的相关知识。

（2）自行设计 555 时基电路的实验电路。

2. 思考题

（1）用 555 时基电路构成自激多谐振荡器时，其输出波形的周期和占空比的改变与哪些因素有关？若只要求改变周期而不改变占空比，应调节什么元件？若要求周期和占空比都可调，电路应如何连接？

（2）若取 $C=4.7\mu F$，设计一个占空比可调（q 在 $20\% \sim 70\%$ 之间调节）、输出波形的频率为 1Hz、幅度约为 5V 的矩形波，计算电路元件的参数并画出电路图，输出状态用发光二极管显示。自搭接电路验证。

（3）555 时基电路构成的单稳态触发器输出波形的脉宽和周期由哪些因素决定？

8.3　常用数字集成电路的功能测试

一、实验目的

（1）了解数字集成电路的基本知识，学会使用数字集成电路；

（2）掌握数字集成电路基本功能的测试方法；

（3）掌握设计检测数字集成电路测试电路的基本技术；

（4）熟悉集成数字集成芯片的使用。

二、实验原理

门电路、译码器、触发器、计数器等数字逻辑器件是构成各种数字系统的基本单元，掌握它们的使用方法、功能测试是应用它们构成数字系统的基础。本实验将通过对 74LS20、74LS76、74LS74、CD4518、CD4511 等数字集成电路的测试和应用，使学生了解和掌握应用数字集成电路的一般方法和技巧，为应用、开发数字应用电路奠定基础。

下面介绍几种基本数字电路器件的检测方法。

1. 集成逻辑门电路

静态时接入正确的供电电源后，在各输入端分别接入不同的电平信号，即逻辑"1"接高电平(输入端通过 $1k\Omega$ 电阻接电源正极),逻辑"0"接低电平(输入端接地)。用数字万用表测量(或用电平显示电路显示)各输出端的逻辑电平,并分析各逻辑电平值是否符合电路的逻辑关系。动态测试是指在各输入端分别接入规定的连续脉冲信号,用示波器观测各输出端的信号,并画出这些脉冲信号的时序波形关系图,分析它们之间的状态变化是否符合电路的处理逻辑。

2. 集成触发器电路

检测集成触发器的功能,首先要将触发器接成计数型触发器(T 型触发器),如图 8-14(a)、(b)所示。

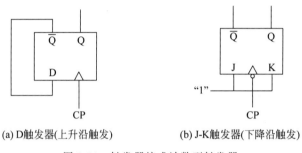

(a) D触发器(上升沿触发)　　　　(b) J-K触发器(下降沿触发)

图 8-14　触发器接成计数型触发器

静态时,按照各种触发器的功能表测试触发器的复位、置位、翻转功能。动态时,在时钟脉冲的作用下测试触发器的计数功能,用示波器观测电路各节点波形的变化情况,据此可以测定输出与输入信号之间的分频关系、输出脉冲的上升和下降时间、触发灵敏度和抗干扰能力,以及接入不同性质负载时对输出波形参数的影响。测试时,触发脉冲的宽度一般要大于数微秒,且脉冲的上升沿或下降沿要陡。

3. 集成计数器

集成计数器的检测也包含静态测试和动态测试两个过程。静态测试时,将计数器的各功能控制端按功能表的要求接入相应的电平信号,然后检测计数器的复位、置位功能。动态测试时,检查计数器在连续时钟脉冲作用下的输出状态是否满足计数功能表的要求,可用示波器或逻辑分析仪观察和分析各输出端的波形与时钟脉冲之间的时序关系。

4. 译码显示电路

首先测试数码管各笔划段工作是否正常,如共阴极的数码管,可以将阴极接地,再将各笔划段通过 $1k\Omega$ 电阻接电源正极 $+V_{CC}$ 或 $+V_{DD}$,各笔划段应该发光。再在译码器的数据输入端依次输入 0000~1001,则数码管对应显示 0~9 数字。

译码显示电路常见故障如下:

(1) 数码显示器上某字总是"亮"而不"灭"。可能是译码器的输出幅度不正常或译码器的工作不正常。

(2) 数码显示器上某字总是不"亮"。可能是数码管或译码器的引脚连接不正确或接触不良。

(3) 数码管字符显示模糊,而且不随输入信号变化。可能是译码器的电源电压不正常或连线不正确或接触不良。

本实验用到的数字集成电路的引脚排列及功能、逻辑功能或状态转换表（或真值表）见附录 A。

三、实验仪器

实验仪器见表 8-4。

表 8-4 实验仪器

序　号	名　称	型号规格	数　量	备　注
1	示波器		1	
2	直流稳压电源		1	
3	万用表		1	
4	实验箱或面包板		1	
5	器材（套）		1	

四、实验内容及步骤

1. 验证 74LS20 与非门的逻辑功能

选择 74LS20 中的一个与非门，把 A、B、C、D 四个输入端分别接到四个 0-1 开关上，输出端 Y 接 LED，按照真值表分别测试 16 种状态，验证其功能。

2. 常用触发器逻辑功能测试

1）74LS74 双 D 触发器（两个触发器均应测试）

（1）$\overline{S_D}$ 和 $\overline{R_D}$ 的功能测试；

（2）观察 D 和 Q_{n+1} 的关系；

（3）把 D 触发器接成 T 触发器，用示波器观察在连续 CP 脉冲作用下 Q 和 $\overline{Q}$ 的波形，并和 CP 脉冲比较，确定触发器的边沿触发信号的类型。

2）74LS76 双 J-K 触发器（两个触发器均应测试）

（1）$\overline{S_D}$ 和 $\overline{R_D}$ 的功能测试；

（2）按功能表测试 J、K 与 Q 的关系；

（3）把 J-K 触发器接成 T 触发器，验证 T 触发器功能，观察 CP 脉冲、Q 和 $\overline{Q}$ 的波形之间的关系，确定 J-K 触发器的边沿触发信号的类型；

（4）用 74LS76 构成一个四进制计数器，记录计数状态。

3. CD4511 显示译码器功能测试

按 CD4511 的功能表进行测试，验证其逻辑功能。

4. CD4518 十进制计数器的功能测试

（1）CP 作为时钟端，验证 CD4518 计数器的计数功能，确定是哪个边沿起作用。

（2）EN 作为时钟端，验证 CD4518 计数器的计数功能，确定是哪个边沿起作用。

（3）验证 CD4518 的置数功能。

（4）验证 CD4518 的复位功能。

以上实验内容均由实验者自己设计记录表格，拟定实验步骤进行实验。

五、实验注意事项

(1) 实验时要正确识别数字集成电路引脚顺序和功能。

(2) 要认真学习功能表,正确为控制端接入控制电平。

(3) 若使用 CMOS 芯片,注意闲置端的处理。

六、实验报告要求

(1) 整理观察到的各种时序波形,说明所测试数字集成电路的功能。

(2) 说明 74LS74、74LS76 和 CD4518 功能控制端的作用及其在实验电路中的应用。

(3) 叙述各触发器之间的转换方式,画出电路图并写出转换后的状态转换方程。

(4) 画出计数器、触发器的工作波形图。

七、预习要求及思考题

1. 预习要求

(1) 复习有关门电路、译码器、触发器、计数器的相关知识。

(2) 预习如何使用数字电路的相关知识。

(3) 预习数字电路实验箱的使用方法。

2. 思考题

(1) 对触发器和计数器的 CP 脉冲有什么要求? 如果用单脉冲来代替 CP 脉冲进行电路测试,如何获得单脉冲信号?

(2) 计数器与分频器有什么不同之处?

(3) 用哪些方法可以确定触发器或计数器在 CP 脉冲的上升沿触发还是下降沿触发?

8.4 组合逻辑电路设计

一、实验目的

(1) 掌握组合逻辑电路的设计方法;

(2) 用实验验证所设计电路的逻辑功能。

二、实验原理

根据给出的实际逻辑问题求出实现这一逻辑功能的最简单逻辑电路,这就是设计组合逻辑电路时要完成的工作。组合逻辑电路设计的一般步骤如图 8-15 所示。

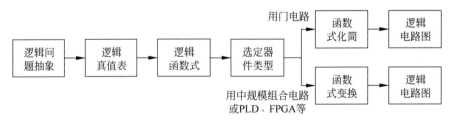

图 8-15 组合逻辑电路设计的一般步骤

设计组合电路时,通常首先根据具体的设计任务的要求列出真值表,将真值表转换为对应的逻辑函数式,其次根据所选器件的类型将函数式进行化简(小规模集成门电路)或将函数式进行变换(中规模集成组合逻辑电路或 PLD、FPGA 等器件),最后根据化简或变换所得到的逻辑函数式画出逻辑电路的连接图。

组合电路的冒险现象是一个重要问题,在设计组合电路时应该考虑可能产生的冒险现象,以便采取防护措施保证电路正常工作。

三、实验仪器

实验仪器见表 8-5。

表 8-5　实验仪器

序　号	名　　称	型号规格	数　量	备　注
1	示波器		1	
2	万用表		1	
3	直流稳压电源		1	
4	实验箱或面包板		1	
5	74LS20、74LS138		若干	

四、实验内容及步骤

用 74LS138(3-8 线译码器)和 74LS20(四输入端双与非门)实现下列逻辑函数或逻辑电路功能,要求所用集成电路的模块数目最少,品种最少,集成块之间的连线最少。

(1) 实现逻辑函数 $F(A,B,C) = \sum(0,2,3,4,7)$;

(2) 实现一位全加器(或全减器)功能,真值表见表 8-6;

表 8-6　一位全加器真值表

A_i	B_i	C_i	S_i	C_{i+1}
0	0	0	0	0
0	0	1	1	0
0	1	0	1	0
0	1	1	0	1
1	0	0	1	0
1	0	1	0	1
1	1	0	0	1
1	1	1	1	1

(3) 设计检测信号灯工作状态的逻辑电路。每一组信号灯由红、黄、绿三盏灯组成,如图 8-16 所示的那样,正常工作情况下,任何时刻点亮的状态只能是红、绿或黄中的一种。而当出现其他五种点亮状态时,电路发生故障,要求逻辑电路发出故障信号,以提醒维护人员前去修理。

实验步骤:先独立进行电路设计,电路设计完成后,可先行仿真,仿真成功后,在面包板上搭接实现。

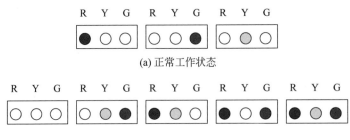

(a) 正常工作状态

(b) 故障状态

图 8-16　信号灯工作状态

五、实验注意事项

(1) 实验时要正确识别数字集成电路引脚顺序和功能。

(2) 74LS138 和 74LS20 均为 TTL 芯片,电源电压为 $5(1\pm10\%)$V。

六、实验报告要求

(1) 画出实验电原理图。

(2) 列出实验内容(1)和(3)的真值表。

(3) 记录实验内容(1)和(2)的实验结果。

(4) 实验过程中所遇到的问题及解决方法。

(5) 收获、体会和建议。

七、预习要求及思考题

1. 预习要求

(1) 熟悉组合逻辑电路一般设计方法和步骤。

(2) 根据实验要求和所用器件构思实验思路,并画出实验电路,从理论上先行验证。

(3) 复习 74LS20、74LS138 的逻辑功能表。

2. 思考题

(1) 当有影响电路正常工作的冒险现象出现时,应怎样加以消除?

(2) 通过具体的设计体验后,组合逻辑电路设计的关键点或关键步骤是什么?

(3) 74LS138 的使能端起什么作用,级联时如何正确使用?

8.5　中规模计数器的应用设计

一、实验目的

(1) 熟悉中规模集成计数器的应用,掌握任意进制计数器的设计方法;

(2) 掌握有特殊要求的任意进制计数器的设计方法;

(3) 实验验证所设计的计数器的功能。

二、实验原理

计数器分为同步计数器和异步计数器。本实验仅学习异步计数器设计,有关同步计数器设计方法可参考相关教材。

异步计数器的特点是各级触发器的时钟脉冲不完全相同,一般是用前级触发器的输出作为后级触发器的输入时钟脉冲。一个模为 M 的计数器可以通过一个模为 $N(N>M)$ 的计数器来获得。使 N 进制的计数器在顺序计数过程中跳过 $N-M$ 个状态。实现这种跳跃的方法有复位法和置位法。

1. 复位法

利用复位法获得任意模数 M 的方法是在 M 个时钟脉冲的作用下,把计数器到 M 时所有触发器输出状态为"1"的输出端连接到一个与非门的输入端,在用这个与非门的输出去控制计数器的直接清除(清"0")端,在第 M 个时钟脉冲作用时使计数器回到"0"状态,从而获得模数为 M 的计数器。其设计步骤如下:

(1) 求出所需计数器 $N(N>M)$ 内触发器的级数 n:

$$2^{n-1} \leqslant M \leqslant 2^n \tag{8-21}$$

(2) 列出模为 M 的计数器的二进制代码计数时序表。

(3) 把计数到 M 时的 $Q="1"$ 的触发器输出端连接到一个与非门的输入端(有些集成电路计数器已经在芯片内部设置了与非门及其输入端,如 74LS90 的 $R_{0(1)}$、$R_{0(2)}$)。

(4) 把与非门的输出连至计数器的复位端。

例如,用 74LS90 设计一个 $M=6(8421$ 码)的异步计数器。

解:$M=6$ 计数器的计数时序表如表 8-7 所列。

表 8-7　$M=6$ 计数器的计数时序表

CP	Q_D	Q_C	Q_B	Q_A
0	0	0	0	0
1	0	0	0	1
2	0	0	1	0
3	0	0	1	1
4	0	1	0	0
5	0	1	0	1
6	0	1	1	0

由 74LS90 的功能表(见附录 A)可知,功能端 $R_{9(1)} R_{9(2)}=00$,$R_{0(1)} R_{0(2)}=00$ 时,74LS90 为计数状态。因为当计数器计到 $M=6$ 时,$Q_B=Q_C=1$,所以将 Q_B、Q_C 接到由两个与非门组成的控制电路的输入端以满足 $R_{0(1)} R_{0(2)}=11$ 时,74LS90 复位,连接电路如图 8-17 所示。计数器的稳定状态只有 6 个,即 0、1、2、3、4、5,故称为模 $M=6$ 的计数器,状态 6 即 $Q_D Q_C Q_B Q_A=0110$ 存在的时间很短,因此该状态一旦出现后又立即使计数器复位而脱离此状态,所以状态 6 仅用来产生复位信号。

图 8-18(a)所示的连接电路也可获得 $M=6$ 的计数器。因为当 $Q_B Q_C=11$ 时,$R_{0(1)}$ $R_{0(2)}=11$,由 74LS90 的功能表可知,$R_{0(1)} R_{0(2)}=11$ 时计数器复位,返回到"0"状态,从而实现了 $M=6$ 的计数。但是,由于 Q_B 从"0"变成"1"状态后又立即从"1"返回"0"状态,因而产生了一个尖峰脉冲,如图 8-18(b)所示。此尖峰脉冲有可能使逻辑系统产生误动作,使用时需要注意。对于图 8-17 所示的 $M=6$ 的连接电路,由于增加了两级与非门,延

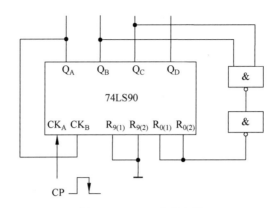

图 8-17　$M=6$ 连接电路

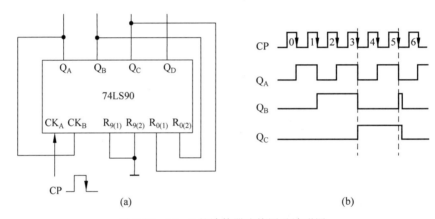

(a)　　　　　　　　　　　　(b)

图 8-18　$M=6$ 的计数器连接图及波形图

迟了复位脉冲传输时间,因此可以消除上述尖峰脉冲的干扰。

2. 置位法

利用置位法获得任意模数为 M 的方法是将在 $M-1$ 个时钟脉冲时触发器输出为"1"的输出端连接到与非门的输入端,时钟脉冲经反相后也连接到这个与非门的输入端,再由与非门的输出脉冲将触发器置于"1"状态,在下一个时钟脉冲到来后,各级触发器将置为全"0"状态。这样计数器的输出将不再是有规则二进制代码,因而译码比较困难。所以置位法大多用来设计模为 M 的分频器。其设计步骤与复位法基本相同。

例如,利用 74LS90 设计一个 $M=6$ 的分频器。

解:将 $M-1$ 状态(即 5)时,计数器输出为"1"的输出端 Q_A、Q_C 分别与 $R_{9(1)}$、$R_{9(2)}$ 相连,如图 8-19 所示。当计数器的状态为 $Q_D Q_C Q_B Q_A=0101$ 时,由于 $R_{9(1)} R_{9(2)}=11$,74LS90 为置位状态,则计数器立即被置成"9",$Q_D Q_C Q_B Q_A=1001$,下一个脉冲来到后计数器复位,返回到"0"状态。这样 Q_D 的输出位时钟脉冲的 6 分频,分频器的状态如表 8-8 所列。

表 8-8 $M=6$ 的分频器状态表

CP	Q_D	Q_C	Q_B	Q_A
0	0	0	0	0
1	0	0	0	1
2	0	0	1	0
3	0	0	1	1
4	0	1	0	0
5	0	1	0	1
⋮	⋮	⋮	⋮	⋮
9	1	0	0	1

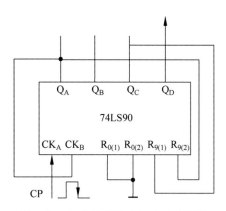

图 8-19   置位法获得 $M=6$ 的分频器

3. 异步计数器的级联

异步计数器的级联比较简单,将低位计数器的最大计数输出脉冲作为高位计数器的时钟脉冲即可。图 8-20 为采用 3 片 74LS90 构成的异步计数器电路,计数的模 $M=10\times 10\times 10=10^3$,其中 74LS90(1) 为个位,74LS90(2) 为十位,74LS90(3) 为百位。

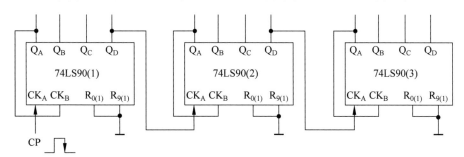

图 8-20 $M=10^3$ 的计数器/分频器

三、实验仪器

实验仪器见表8-9。

表 8-9   实验仪器

序　号	名　　称	型号规格	数　量	备　注
1	示波器		1	
2	万用表		1	
3	直流稳压电源		1	
4	实验箱或面包板		1	
5	器材(套)		1	

四、实验内容及步骤

(1) 用74LS90、74LS20设计一个10以内的"翻一"电路。

(2) 用两片74LS90实现60以内的计数器。

(3) 用74LS90、74LS76、74LS20设计一个10以上20以下的"翻一"电路。

要求：连线少，工作可靠。

实验步骤：先独立进行电路设计，电路设计完成后，可先行仿真，仿真成功后，在面包板上搭接实现。

五、实验注意事项

(1) 实验时要正确识别数字集成电路引脚顺序和功能。

(2) 74LS90、74LS76、74LS20均为TTL芯片，电源电压为$5(1\pm10\%)$V。

六、实验报告要求

(1) 画出所设计计数器电路的电路图。

(2) 记录整理实验数据和波形。

(3) 总结构组任意进制计数器的规律和方法。

(4) 讨论用中规模集成计数器构组任意进制计数器的方法，阐述设计任意进制"翻一"电路的思路。

(5) 收获、体会和建议。

(6) 回答下面的思考题。

七、预习要求及思考题

1. 预习要求

(1) 熟悉构组任意进制计数器的方法。

(2) 根据实验要求和所用器件构思实验思路，并画出实验电路，从理论上先行验证。

(3) 复习74LS20、74LS76、74LS90的逻辑功能表。

2. 思考题

(1) 不用示波器观测，如何画计数器的工作波形？

(2) 设计任意进制计数器的方法有哪些？各有什么特点？

(3) 若设计的计数器电路出现竞争、冒险现象，如何解决？

8.6 A/D 转换实验

一、实验目的

(1) 熟悉模/数(A/D)信号转换的基本原理；

(2) 掌握 ADC0809 芯片的使用方法。

二、实验原理

A/D 转换器用于实现模拟量与数字量的转换。按转换原理,模/数转换器可分为计数式 A/D 转换器、双积分式 A/D 转换器、逐次逼近式 A/D 转换器和并行式 A/D 转换器。

目前最常用的是双积分式 A/D 转换器和逐次逼近式 A/D 转换器。双积分式 A/D 转换器的主要优点是转换精度高、抗干扰性能好、价格便宜；缺点是转换速度较慢。因此,这种转换器主要用于速度要求不高的场合。逐次逼近式 A/D 转换器是一种速度较快(转换时间为几微秒到几百微秒)、精度较高的转换器。以下以逐次逼近式 ADC0809 为例进行模/数转换器实验,以便熟悉 A/D 转换器的应用。

1. ADC0809 功能简介

ADC0809 是采用 CMOS 工艺的 8 位逐次渐近型模/数转换器,引脚排列如图 8-21 所示。

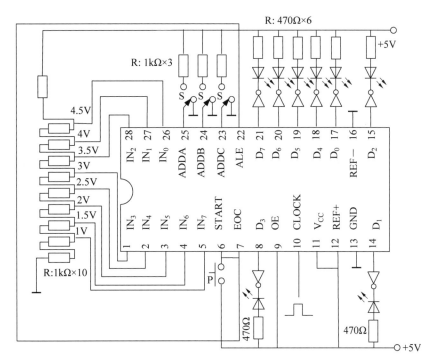

图 8-21　ADC0809 应用实验电路

各引脚的含义如下：

$IN_0 \sim IN_7$——8 路模拟量输入端。

ADDC、ADDB、ADDA——模拟量选通地址输入端（由高位至低位）。

ALE——地址锁存允许输入信号，为上升沿触发。当给此引脚加正脉冲时，锁存 ADDC、ADDB、ADDA 确定的模拟量选通地址，之后来自相应通道的模拟量就可以被转换成数字量。

START——启动信号输入端，为上升沿触发。当给此引脚加正脉冲时，芯片内部逐次逼近寄存器 START 复位，在下降沿到达后，开始 A/D 转换。

EOC——转换结束输出信号（转换结束标志），高电平有效，转换在进行中时，EOC 为低电平，转换结束 EOC 自动变为高电平，标志 A/D 转换已结束。

OE——输出允许信号，高电平有效，即 OE＝1 时，将输出寄存器中的数据输出到数据总线上。

CLOCK——时钟信号输入端，外接时钟脉冲（10～1280kHz），一般取 640kHz。

REF＋，REF－——基准电压的正极和负极，一般 REF＋接＋5V 电源，REF－接地。

$D_7 \sim D_0$——数字信号输出端，D_7 为 MSB（最高有效位），D_0 为 LSB（最低有效位）。

ADC0809 通过引脚 $IN_0 \sim IN_7$ 输入 8 路模拟直流电压，ALE 将 3 位地址线 ADDC、ADDB、ADDA 进行锁存，然后由译码电路选通 8 路中的某一路进行 A/D 转换。地址译码与模拟通道选通关系见表 8-10。

表 8-10　ADC0809 地址译码与模拟通道选通关系

被选通模拟通道	地址		
	ADDC	ADDB	ADDA
IN_0	0	0	0
IN_1	0	0	1
IN_2	0	1	0
IN_3	0	1	1
IN_4	1	0	0
IN_5	1	0	1
IN_6	1	1	0
IN_7	1	1	1

2. ADC0809 使用方法

（1）模拟通道选通地址端 ADDC、ADDB、ADDA 应接电平信号，如果接电源，需要加接限流电阻（1kΩ）。

（2）ADC0809 的数据输出端驱动能力有限，不能直接驱动显示设备（如发光二极管、数码管）等，可在数据输出端加反相器和 I/O 口驱动芯片，以提高输出驱动能力，具体电路接法可参考图 8-21。

（3）启动转换脉冲必须使用消除抖动以后的单脉冲信号，以保证模拟通道地址的稳定性和转换启动时机正确。

三、实验仪器

实验仪器见表 8-11。

表 8-11　实验仪器

序　号	名　　称	型号规格	数　量	备　注
1	信号发生器		1	
2	万用表		1	
3	A/D 转换电路实验器材		1	

四、实验内容及步骤

1. 实验准备工作

在面包板上搭接实验电路，先按图 8-21 所示电路的要求准备好所需元器件，再按图 8-20 进行搭接实验。如果在数字电路实验箱中做实验，数据输出端可直接接到电平显示设备（$L_0 \sim L_7$）。地址信号可用实验箱的电平输出信号，其状态用数码管监视。模拟量用实验箱上的电阻排自行连接，通过电阻分压获得。

2. 单次和连续 A/D 转换测试

时钟信号用 $f = 10\text{kHz}$ 的方波信号，将 6 引脚、7 引脚相连接于 P 点，接单脉冲信号，设定模拟量选通地址，按一下 P 点所接的单脉冲信号按钮，相应的模拟量被转换为数字量输出，并显示在电平显示器上，这样就完成了单次 A/D 转换。任选一个模拟通道进行转换测试，检查转换结果是否正确。

断开 P 点与单脉冲源间的连线，将 ALE、START 和 EOC 端连接在一起，则电路处于连续转换状态，观察 A/D 转换器的工作情况。

3. A/D 转换器的测试

使电路处于自动转换状态，按表 8-12 的要求，将 8 个通道的模拟量转换为数字量并记录转换结果。

表 8-12　ADC0809 转换器的测试条件与测试数据记录表

模拟通道		通道地址			理论值									实测值								
		ADDC	ADDB	ADDA	D_7	D_6	D_5	D_4	D_3	D_2	D_1	D_0	十六进制	D_7	D_6	D_5	D_4	D_3	D_2	D_1	D_0	十六进制
IN_0	4.5V	0	0	0	1	1	1	0	0	1	1	0	E6									
IN_1	4.0V	0	0	1	1	1	0	0	1	1	0	0	CC									
IN_2	3.5V	0	1	0	1	0	1	1	0	0	1	1	B3									
IN_3	3.0V	0	1	1	1	0	0	1	1	0	1	0	9A									
IN_4	2.5V	1	0	0	1	0	0	0	0	0	0	0	80									
IN_5	2.0V	1	0	1	0	1	1	0	0	1	1	0	66									
IN_6	1.5V	1	1	0	0	1	0	0	1	1	1	1	4F									
IN_7	1.0V	1	1	1	0	0	1	1	0	0	1	1	33									

五、实验注意事项

(1) ADC0809 芯片的引脚较多,要正确识别和使用。

(2) 分压电阻连接好后,先确定其分压关系正确,再接到相应引脚。

六、实验报告要求

(1) 整理实验测试数据。

(2) 对实验结果进行讨论。

(3) 画出 ADDC~ADDA、ALE/START、EOC、OE、$D_7 \sim D_0$ 之间的工作时序图。

七、预习要求及思考题

1. 预习要求

(1) 复习 A/D 转换相关的理论知识。

(2) 查阅 ADC0809 芯片的有关资料,了解其工作原理与应用方法。

2. 思考题

(1) A/D 转换误差的大小与哪些因素有关?

(2) ADC0809 芯片中的启动信号 START 和地址锁存允许信号 ALE 应接哪种脉冲源? 该芯片有哪些特点?

(3) ADC0809 芯片的时钟信号频率对其哪个性能指标有影响? 为什么?

(4) A/D 转换器的分辨率、量化误差、转换速率和转换时间等性能指标的含义是什么?

8.7 D/A 转换实验

一、实验目的

(1) 熟悉数/模(D/A)转换的基本原理;

(2) 掌握 DAC0832 芯片的使用方法。

二、实验原理

1. D/A 转换器的主要性能指标

D/A 转换器输入的是数字量,经转换后输出的是模拟量。有关 D/A 转换器的技术性能指标很多,如绝对精度、相对精度、线性度、输出电压范围、温度系数、输入数字编码种类(二进制或 BCD 码)等。下面介绍几个重要的技术性能指标。

1) 分辨率

分辨率是 D/A 转换器对输入数字量变化的敏感程度的描述,与输入数字量的位数有关,即输入的二进制数每 ± 1 个最低有效位(LSB)使输出变化的程度。

分辨率的表示方法有两种:

(1) 最小输出电压与最大输出电压之比。

(2) 用输入端待进行转换的二进制数的位数来表示,位数越多,分辨率越高。

分辨率的表达式为 $V_{ref}/2^{位数}$ 或 $(V_{+ref} + V_{-ref})/2^{位数}$。

例如,若 $V_{ref} = 5V$,8 位的 D/A 转换器,其分辨率为 $5/256 \approx 20(\text{mV})$。

2）转换时间

转换时间是描述 D/A 转换速度快慢的一个参数，指从输入数字量从开始转换到与满量程值相差±(1/2)LSB 时所需的时间。通常以转换时间来表示转换速度。转换器的输出形式为电流时，转换时间较短；转换器的输出形式为电压时，由于建立时间还要加上运算放大器的延迟时间，因此转换时间要长一点。

3）线性度

当数字量变化时，D/A 转换器输出的模拟量按比例变化的程度。线性误差是指模拟量输出值与理想输出值之间偏离的最大值。

4）转换精度（误差）

转换精度是实际输出值与理论值之间的最大偏差，可用最小量化阶 Δ 来度量，$\Delta = \pm 1/2$LSB；也可用满量程的百分比来度量，如 0.05%FSR。

5）接口形式

D/A 转换器与单片机接口方便与否，主要取决于转换器本身是否带数据锁存器。有两类 D/A 转换器，一类是不带锁存器的，另一类是带锁存器的。不带锁存器的 D/A 转换器，为了保存来自单片机的转换数据，接口时要另加锁存器。带锁存器的 D/A 转换器，可以看作是一个输出口，因此可直接在数据总线上，而不需另加锁存器。

2．典型的 D/A 转换器芯片 DAC0832

DAC0832 是采用 CMOS 工艺制成的电流输出型 8 位 D/A 转换器。

1）DAC0832 的应用特性

DAC0832 的逻辑结构如图 8-22 所示，由 8 位输入锁存器、8 位 DAC 寄存器和 8 位 D/A 转换器及转换控制电路构成。8 位输入锁存器和 8 位 DAC 寄存器形成两级缓冲，分别由 $\overline{LE_1}$ 和 $\overline{LE_2}$ 信号控制。当控制信号为低电平时，数据被锁存，输出不随输入变化；当控制信号高电平时，锁存器输出与输入相同并随输入而变化，即输入与输出直通。根据两个锁存器的锁存情况不同，DAC0832 有直通式（两级直通）、单级缓冲（一级锁存一

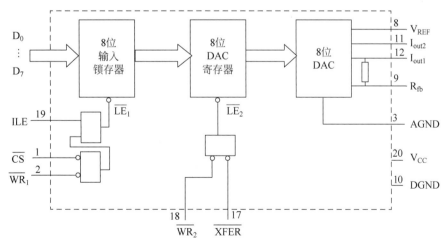

图 8-22　DAC0832 内部逻辑结构

级直通)和双级缓冲式(双锁存)三种工作。

DAC0832 的转换速度很快,电流建立时间为 $1\mu s$,与 MCS-51 单片机一起使用时,D/A 转换过程无须延时等待。DAC0832 内部无参考电压,需外接参考电压源,并且 DAC0832 属于电流输出型 D/A 转换器,要获得模拟电压输出时需外加转换电路,如图 8-23 所示。

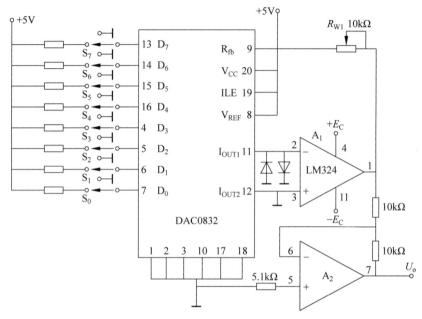

图 8-23　DAC0832 实验电路

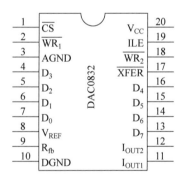

图 8-24　DAC0832 的引脚排列

2) DAC0832 的引脚功能

DAC0832 的引脚排列如图 8-24 所示。引脚功能如下:

$D_0 \sim D_7$——数据输入线。

ILE——数据锁存器允许信号,高电平有效。

$\overline{CS}$——片选信号,即输入寄存器选择信号,低电平有效,与 ILE 共同控制 $\overline{WR_1}$ 是否起作用,低电平有效。

$\overline{WR_1}$——写入控制信号 1,低电平有效,用于将数据总线的输入数据锁存于 8 位输入寄存器中。输入寄存器的锁存信号 $\overline{LE_1}$(图 8-22)由 ILE、$\overline{CS}$、$\overline{WR_1}$ 的逻辑组合产生。当 ILE 为高电平、$\overline{CS}$ 为低电平、$\overline{WR_1}$ 输入低电平时,在 $\overline{LE_1}$ 产生正脉冲;$\overline{LE_1}$ 为高电平时,输入锁存器的状态随数据输入总线的状态变化,$\overline{LE_1}$ 的负跳变将数据总线的数据锁入输入寄存器。

$\overline{XFER}$——数据传送控制信号,低电平有效,用于控制 $\overline{WR_2}$ 是否起作用。

$\overline{WR_2}$——写入控制信号 2,低电平有效,用于将锁存于 8 位输入锁存器中的数据传送到 8 位 D/A 寄存器锁存起来,此时 $\overline{\text{XFER}}$ 应有效。DAC 寄存器的锁存信号 $\overline{\text{LE}_2}$(图 8-22),由 $\overline{\text{XFER}}$、$\overline{\text{WR}_2}$ 的逻辑组合产生。当 $\overline{\text{XFER}}$ 为低电平,$\overline{\text{WR}_2}$ 输入负脉冲时,在 $\overline{\text{WR}_2}$ 产生正脉冲;当 $\overline{\text{LE}_2}$ 为高电平时,DAC 寄存器的输出和输入锁存器的状态一致,$\overline{\text{LE}_2}$ 负跳变,输入锁存器的数据存入 DAC 寄存器。

V_{REF}——基准电源输入端,通过它将外加高精度的电压源接到 T 型电压网络,电压范围为 $-10 \sim +10\text{V}$。

R_{fb}——反馈信号输入端,反馈电阻在芯片内部。DAC0832 为电流输出型芯片,可外接运算放大器,将电流输出转换成电压输出。电阻 R_{fb} 是集成在芯片内部的运算放大器的反馈电阻,将其一端引出片外,为在片外连接集成运算放大器提供方便。当 R_{fb} 的引出端(9 引脚)直接与运算放大器的输出端相连接,而不另外串联电阻时,输出电压为

$$U_{\text{o}} = \frac{V_{\text{REF}}}{2^n} = \sum_{i=0}^{n} D_i 2^i \qquad (D_i \in \{0,1\}) \tag{8-22}$$

I_{OUT1}、I_{OUT2}——电流输出端。电流 I_{OUT1} 与 I_{OUT2} 的和为常数,I_{OUT1}、I_{OUT2} 随 DAC 寄存器的内容线性变化。

V_{CC}——电源输入端,电压范围为 $5 \sim 15\text{V}$。

AGND——模拟信号地。

DGND——数字地。

3)DAC0832 与其他电路的接口方式

(1)直通方式。当 $\overline{\text{LE}_1} = \overline{\text{LE}_2} = 1$ 时,DAC0832 处于直通状态。这种方式不便于单片机控制,往往用于非单片机控制的系统中。

(2)单缓冲方式。当 $\overline{\text{LE}_1} = 1$,$\overline{\text{LE}_2} = 0$ 或 $\overline{\text{LE}_1} = 0$,$\overline{\text{LE}_2} = 1$ 时,输入锁存器和 DAC 寄存器之一始终处于直通状态,另一个处于受控状态(缓冲状态)。

(3)双缓冲方式。当 $\overline{\text{LE}_1} = \overline{\text{LE}_2} = 0$ 时,输入锁存器和 DAC 寄存器都处于受控(缓冲)状态,在对一个数据进行 D/A 转换的同时,输入另一个数据。

三、实验仪器

实验仪器见表 8-13。

表 8-13　实验仪器

序　号	名　　称	型号规格	数　量	备　注
1	万用表		1	
2	D/A 转换电路实验器材		1	

四、实验内容及步骤

1. 实验准备

按图 8-23 连接实验电路。$D_7 \sim D_0$ 接 0-1 电平信号,集成运放 A_1 将输出电流转换为电压输出,A_2 是倒相器。将 DAC0832 接成直通方式,即 $\overline{\text{CS}}$、$\overline{\text{WR}_1}$、$\overline{\text{WR}_2}$ 和 $\overline{\text{XFER}}$ 接地,ILE 接高电平,它们分别对应图 8-23 中的 1、2、18、17 和 19 引脚。

2．调零与满度调整

（1）调零。将 $D_7 \sim D_0$ 全接低电平，调整，使集成运放 A_2 的输出电压为 0。

（2）调满度。将 $D_7 \sim D_0$ 全接高电平，调整 R_{W1}，使集成运放 A_2 的输出电压接近于 $+5V$。

3．数/模转换测试

按表 8-14 的要求，输入数字信号，用数字电压表测试数/模转换电压，并做记录（运放工作电压选择 $\pm 5V$ 和 $\pm 12V$ 各测一次）。

表 8-14　D/A 转换器测试记录表

输入数字信号									$E_C = \pm 5V$	$E_C = \pm 12V$
D_7	D_6	D_5	D_4	D_3	D_2	D_1	D_0	十六进制	U_o	U_o
1	1	1	0	0	1	1	0	E6		
1	1	0	0	1	1	0	0	CC		
1	0	1	1	0	0	1	1	B3		
1	0	0	1	1	0	1	0	9A		
1	0	0	0	0	0	0	0	80		
0	1	1	0	0	1	1	0	66		
0	1	0	0	1	1	1	1	4F		
0	0	1	1	0	0	1	1	33		

五、实验注意事项

（1）DAC0832 芯片的引脚较多，要正确识别和使用；

（2）实验要用到多路直流电源，要正确选择电源电压，以免损坏芯片；

（3）数字地和模拟地要单点连接，减少相互的干扰。

六、实验报告要求

（1）列表记录测试结果，并进行分析；

（2）简述 D/A 转换器调试的过程和体会；

（3）简述 D/A 转换器的主要技术指标；

（4）分析数据产生误差的原因，并提出改进方法；

（5）回答下面的思考题。

七、预习要求及思考题

1．预习要求

（1）查阅有关 DAC0832 芯片的资料，熟悉该芯片的结构、特性、功能和使用方法，以及 D/A 转换实验线路的功能；

（2）DAC0832 芯片与单片机控制系统和模拟信号处理系统的接口。

2．思考题

（1）简述 D/A 转换器的主要用途。

（2）对 D/A 转换器进行测试时，其静态测试和动态测试的内容是什么？如何进行？

第 **9** 章

综合性实验

9.1 多级交流低频放大器的设计、装配与调试

一、实验目的

(1) 熟悉低频放大器工程设计、装配和调试全过程；

(2) 了解电子系统电路设计的一般方法和步骤；

(3) 培养综合运用所学知识解决实际问题的能力。

二、实验任务

设计并实现多级交流低频电压放大器，设计指标要求如下：

1. 基本要求

(1) 以集成运放(如 μA741)为核心部件，设计一个低频电压放大器，其指标要求：

中频($f=1$kHz)电压放大倍数：$A_{vo} \geqslant 1000$

输出最大不失真电压：$U_{omax} \geqslant 5$V

通频带：20Hz～15kHz

输入电阻：$R_i \geqslant 20$kΩ

负载电阻：$R_L = 2$ kΩ

(2) 先在计算机上进行仿真，成功后再设计印刷电路图，并进行装配、调试。

2. 提高部分

将双电源供电改为单电源供电。

三、实验指导

设计举例：以集成运放 μA741 为核心部件，设计两级低频电压放大器，选择集成运放的反向应用电路组态。

1. 设计方案的选择

(1) μA741 的主要性能参数：

电源电压范围：$-18 \sim 18$V

增益带宽积：$A_v \times B_W = 1$MHz

输入电阻：$r_{id} = 2$MΩ

输出电阻：$r_o = 200$Ω

大信号转换速率：$S_R = 0.5$V/μs

(2) 确定放大器级数 。根据 $A_v \geqslant 1000$ 和 $f_H \geqslant 15$KHz 的要求，且 μA741 的增益带宽积 $A_v \times B_W = 1$MHz，放大器的 $A_v \times B_W \approx A_v \times f_H = 15$MHz $\gg$ 1MHz，因此，一级不能完成任务，至少用两级。

理论上讲，采用两级，每级的增益定 40 倍，总增益 A_v 可达 1600 倍；每级的上限频率 f_H 可达 25kHz。因此，定为两级放大器级联形式。

(3) 级与级间采用阻容耦合。

(4) 集成运放采用反向比例应用电路形态。

2. 电路原理图

两级电压放大器电原理图如图 9-1 所示。

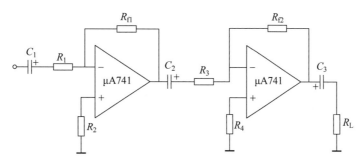

图 9-1 两级电压放大器电原理图

3. 元器件参数的计算与选定

1）电源电压的选择

选择双电源供电方式

$$V_{CC} = (1.2 \sim 1.5)V_{om} = (1.2 \sim 1.5) \times 5$$
$$= 6.0 \sim 7.5V$$

在计算出电源电压值后，应选用标准电源系列值，如 1.5V、3V、4.5V、6V、9V、12V、15V、24V、30V 等，因此电源电压定为 ±9V。

2）第一级电阻参数选择

（1）R_1 的确定。因为指标要求 $R_i \geqslant 20k\Omega$，所以 $R_1 \geqslant R_i$，因此 R_1 选择为 $22k\Omega$。

（2）两级电压增益的分配。分配原则：①第一级的 A_{v1} 小于第二级的 A_{v2}；②两级的增益带宽积均要保证总的增益和带宽的要求，因此先估算两级上限频率的限定。

根据经验公式

$$\frac{1}{f_H} = 1.1\sqrt{\frac{1}{f_{H1}^2} + \frac{1}{f_{H2}^2}} \tag{9-1}$$

假定 $f_{H1} = f_{H2}$，即

$$f_{H1} = f_{H2} = 1.1\sqrt{2}f_H = 23.33(kHz)$$

因此，估出单级的电压放大倍数为

$$A_{v1} = \frac{1MHz}{f_{H1}} = 42.86$$

可见单级的电压放大倍数不能高于 42.86。为此，选择 $A_{v1} = 30$，$A_{v2} = 34$。

（3）R_{f1} 的确定。$R_{f1} = A_{v1} \cdot R_1 = 660(k\Omega)$，$R_{f1}$ 选为 $680k\Omega$。

（4）R_2 的确定。$R_2 = R_1 // R_{f1} \approx R_1$，$R_2$ 选为 $22k\Omega$。

3）第二级电阻的选择

（1）R_{f2} 的确定。根据

$$R_f = \sqrt{[r_{id} \cdot r_o \cdot (1 - A_v)]/2} \tag{9-2}$$

计算出 $R_{f2} = 83.7k\Omega$，R_{f2} 选为 $91k\Omega$。

（2）R_3 的确定。$R_3 = R_{f2}/A_{v2} = 2.67(k\Omega)$，$R_3$ 选为 $2.7k\Omega$。

（3）R_4 的确定。$R_4 = R_3 // R_{f2} \approx R_3$，$R_4$ 选为 $2.7k\Omega$。

4）耦合电容的计算

先估算各级的下限频率。

估算下限频率：

$$f_{\mathrm{L}} = 1.1\sqrt{f_{\mathrm{L}1}^2 + f_{\mathrm{L}2}^2 + f_{\mathrm{L}3}^2} \tag{9-3}$$

假设 $f_{\mathrm{L}1} = f_{\mathrm{L}2} = f_{\mathrm{L}3}$，则有

$$f_{\mathrm{L}} = 1.1 \times \sqrt{3}\, f_{\mathrm{L}1} \approx 1.9 f_{\mathrm{L}1}$$

$$f_{\mathrm{L}1} = f_{\mathrm{L}}/1.9 = 10.5(\mathrm{Hz})$$

（1）确定 C_1：

$$f_{\mathrm{L}1} = 1/(2\pi R_{\mathrm{i}} C_1')$$

$$C_1' = 1/(2\pi R_{\mathrm{i}} f_{\mathrm{L}1}) = 0.69(\mu\mathrm{F})$$

C_1 应大于 $(3\sim10)C_1'$，C_1 选为 $10\mu\mathrm{F}$。

（2）确定 C_2：

$$f_{\mathrm{L}2} = 1/(2\pi(r_{\mathrm{o}1} + R_3)C_2')$$

$$C_2' = 1/(2\pi(r_{\mathrm{o}1} + R_3)f_{\mathrm{L}2}) = 5.23(\mu\mathrm{F})$$

C_2 应大于 $(3\sim10)C_2'$，C_2 选为 $47\mu\mathrm{F}$。

（3）确定 C_3：

$$f_{\mathrm{L}3} = 1/(2\pi R_{\mathrm{L}} C_3')$$

$$C_3' = 1/(2\pi R_{\mathrm{L}} f_{\mathrm{L}3}) = 7.6(\mu\mathrm{F})$$

C_3 应大于 $(3\sim10)C_3'$，C_3 选为 $47\mu\mathrm{F}$。

到此，电路中所有元件的参数计算完毕。但必须要验算电路性能参数，即用最终确定的元器件参数，反推电路的性能参数，验证是否达标。若不达标，需要微调相关元件的参数，保证验算参数均达标。

四、实验要求

（1）按照实验任务完成多级交流低频电压放大器的设计，设计的电路组态应区别于实验指导中所给出的设计举例。并整理设计和实验资料，撰写技术报告。技术报告内容包括：

① 任务与要求；

② 电路组成分析论证；

③ 主要单元电路的定量估算过程及结果、最后的电原理图、元器件明细表、印刷电路图；

④ 计算机仿真的实验数据、幅频特性曲线及计算结果；

⑤ 故障分析与排除过程说明；

⑥ 测试的方法、步骤、条件，测试数据的归纳分析；

⑦ 收获、体会和建议。

（2）在焊接练习板上实现设计的电路。

（3）测试实验任务中基本要求规定的性能指标是否达到设计要求。若没有达到要

求,需对电路进行调整,并重新测试。

五、实验注意事项

(1) 实验需要用电烙铁焊接电路,防止触电和烫伤;

(2) 集成运放的安全,加电源保护电路;

(3) 电阻值的选择既不能太大也不能太小,一般为 $1k\Omega \sim 1M\Omega$;

(4) 要防止电路自激,解决的方法是电路的布局和布线要合理,加电源退耦电路。

六、预习要求及思考题

1. 预习要求

(1) 课前认真学习关于电子电路设计的相关知识;

(2) 通过查阅资料,了解集成运放 $\mu A741$ 的性能参数。

2. 思考题

(1) 哪些因素影响放大器的上限频率?哪些因素影响放大器的下限频率?

(2) 电子系统设计的一般步骤是什么?

(3) 当计算出的元件的数值不是标称值时,有哪些办法来选择元件?

9.2 多功能数字钟电路的设计与调试

一、实验目的

(1) 掌握数字钟的设计、组装和调试方法;

(2) 实验验证设计的数字钟的功能。

二、实验任务

设计并实现多功能数字钟电路,设计要求如下:

1. 基本要求

设计并实现基本数字钟电路,功能要求如下:

(1) 准确计时,以数字形式显示时、分、秒的时间;

(2) 小时的计时要求为"12 翻 1",分和秒的计时要求为六十进制;

(3) 校正时间。

2. 提高部分

(1) 定时控制;

(2) 仿广播电台整点报时;

(3) 报整点时数。

三、实验指导

1. 总体方案

如图 9-2 所示,数字钟电路系统由主体电路和扩展电路两部分组成。其中,主体电路完成数字钟的基本功能,扩展电路完成数字钟的扩展功能。

该系统的工作原理:振荡器产生稳定的高频脉冲信号,作为数字钟的时间基准,再经分频器输出标准秒脉冲,秒计数器计满 60 后向分计数器进位,分计数器计满 60 后向时

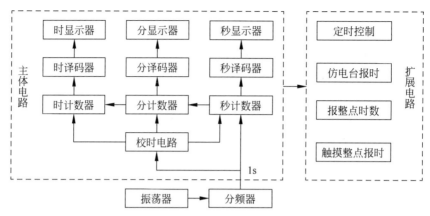

图 9-2　多功能数字钟组成原理图

计数器进位,时计数器按照"12 翻 1"(或"23 翻 0")规律计数。计数器的输出经译码器送显示器。计时出现误差时可以用校时电路进行校时、校分、校秒。扩展电路必须在主体电路正常运行的情况下才能进行功能扩展。

2. 单元电路设计

主体电路是由功能部件或单元电路组成的。在设计这些电路或选择部件时,尽量选用同类型的器件,如所有功能部件都采用 TTL 集成电路或都采用 CMOS 集成电路。整个系统所用的器件种类应尽可能少。下面介绍各功能部件与单元电路的设计。

1) 振荡器的设计

振荡器是数字钟的核心。振荡器的稳定度及频率的精确度决定了数字钟计时的准确程度,通常选用石英晶体构成振荡器电路。一般来说,振荡器的频率越高,计时精度越高。如果精度要求不高,则可以采用由集成电路定时器 555 组成的多谐振荡器,振荡频率 $f = 1\text{kHz}$,电路参数如图 9-3 所示。

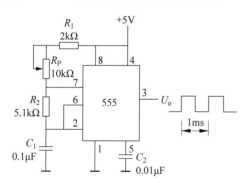

图 9-3　1kHz 的 555 振荡电路

2) 分频器的设计

分频器主要有两个功能:一是产生标准秒脉冲信号;二是提供功能扩展电路所需要的信号,如仿电台报时用的 1kHz 的高音频信号、500Hz 的低音频信号,10Hz 的"快校时"信号。选用 3 片中规模集成电路计数器 74LS90 可以完成上述功能。因每片为 10 分频,3 片级联则可获得所需要的频率信号,即第 1 片的 Q_0 端输出频率为 500Hz,第 2 片的 Q_3 端输出为 10Hz,第 3 片的 Q_3 端输出为 1Hz。

3) 时、分、秒计数器的设计

分和秒计数器都是模 $M = 60$ 的计数器,其计数规律为 00-01-……-58-59-00-……,用两片

74LS90 级联实现 $M=60$ 的计数器。

时计数器是一个"12 翻 1"的特殊进制计数器,即当数字钟运行到 12 时 59 分 59 秒时,秒的个位计数器再输入一个秒脉冲时,数字钟应自动显示为 01 时 00 分 00 秒,实现日常生活中习惯用的计时规律。

4)校时电路的设计

当数字钟接通电源或者计时出现误差时,需要校正时间(或称校时)。校时是数字钟应具备的基本功能,一般电子手表都具有时、分、秒等校时功能。为使电路简单,这里只进行分和时的校时。

对校时电路的要求是,在进行时校正时不影响分和秒的正常计数,在分校正时不影响秒和时的正常计数。校时方式有快校时和慢校时两种。快校时是通过开关控制,使计数器对 10Hz 的校时脉冲计数。慢校时是用手动产生单脉冲作校时脉冲。图 9-4 为校"时"、校"分"电路。其中 S_1 为校"分"用的控制开关,S_2 为校"时"用的控制开关,它们的控制功能如表 9-1 所列。快校时脉冲采用分频器输出的 10Hz 脉冲,当 S_1 或 S_2 分别为"0"时可进行快校时,如果校时脉冲由单次脉冲产生器提供,则可以进行慢校时。

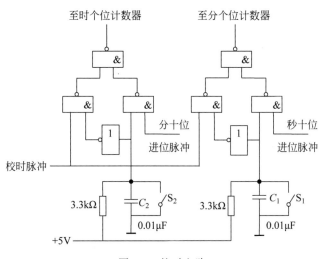

图 9-4 校时电路

表 9-1 校时开关的功能

S_2	S_1	功 能
1	1	计数
1	0	校分
0	1	校时

需要注意的是,校时电路是由与非门构成的组合逻辑电路,开关 S_1、S_2 为"0"或"1"时,可能会产生抖动,接电容 C_1、C_2 可以缓解抖动。必要时还应将其改为去抖动开关电路。

5）主体电路的装调

（1）根据图9-2所示的数字钟系统组成框图，按照信号的流向分级安装，逐级级联，这里的每一级是指组成数字钟的各功能电路。

（2）级联时如果出现时序配合不同步，或尖峰脉冲干扰，引起逻辑混乱，可以增加多级逻辑门来延时。如果显示字符变化很快，模糊不清，可能是电源电流的跳变引起的，可在集成电路器件的电源端 V_{CC} 加退耦滤波电容，通常用几十微法的大电容与 $0.01\mu F$ 的小电容相并联。

（3）画数字钟的主体逻辑电路图。经过联调并纠正设计方案中的错误和不足之处后，再测试电路的逻辑功能是否满足设计要求，最后画出满足设计要求的总体逻辑电路图。

3. 提高部分单元电路设计

1）定时控制电路的设计

数字钟在指定的时刻发出信号，或驱动音响电路"闹时"，或对某装置的电源进行接通或断开"控制"，不管是闹时还是控制都要求时间准确，即信号的开始时刻与持续时间必须满足规定的要求。

例如，要求上午7时59分发出闹时信号，持续时间为1min。7时59分对应数字钟的小时个位计数器的状态为 $(Q_3Q_2Q_1Q_0)_{H1} = 0111$，分钟十位计数器的状态为 $(Q_3Q_2Q_1Q_0)_{M2}=0101$，分钟个位计数器的状态为 $(Q_3Q_2Q_1Q_0)_{M1}=1001$。若将上述计数器输出为"1"的所有输出端经过与门电路去控制音响电路，可以使音响电路正好在7时59分响，持续1min后（8时时）停响。所以闹时控制信号的表达式为

$$Z = (Q_2Q_1Q_0)_{H1} \cdot (Q_2Q_0)_{M2} \cdot (Q_3Q_0)_{M1} \cdot M \tag{9-4}$$

如果用与非门实现上式所表示的逻辑功能，则可以将 Z 进行布尔代数变换，即

$$Z = \overline{\overline{(Q_2Q_1Q_0)_{H1} \cdot M} \cdot \overline{(Q_2Q_0)_{M2} \cdot (Q_3Q_0)_{M1}}} \tag{9-5}$$

实现上式的逻辑电路如图9-5所示，其中74LS20为4输入二与非门，74LS03为集电极开路（OC门）的2输入四与非门，因OC门的输出端可以进行"线与"，使用时在它们的输出端与电源+5V端之间应接电阻 R_L。

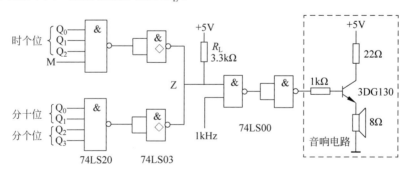

图 9-5　闹时电路

由图9-5可见，上午7时59分时，音响电路的晶体管导通，则扬声器发出 1kHz 的声

音,持续 1min 到 8 时整晶体管因输入端为"0"而截止,电路停闹。

2) 仿广播电台整点报时电路的设计

仿广播电台整点报时电路的功能要求是,每当数字钟计时快要到整点时发出声响,通常按照 4 低音 1 高音的顺序发出间断声响,以最后一声高音结束的时刻为整点时刻。

设 4 声低音(500Hz)分别发生在 59 分 51 秒、53 秒、55 秒及 57 秒,最后一声高音(1kHz)发生在 59 分 59 秒,它们的持续时间均为 1s,如表 9-2 所列。由表可知,$Q_{3S1}=0$ 时 500Hz 信号输入音响,$Q_{3S1}=1$ 时 1kHz 信号输入音响。只有当分十位的 $Q_{2M2}Q_{0M2}=11$,分个位的 $Q_{3M1}Q_{0M1}=11$,秒十位的 $Q_{2S2}Q_{0S2}=11$ 及秒个位的 $Q_{0S1}=1$ 时,音响电路才能工作。仿电台整点报时的电路如图 9-6 所示。这里采用的都是 TTL 与非门,如果用其他器件,则报时电路还会简单一些。秒个位计数器的状态见表 9-2。

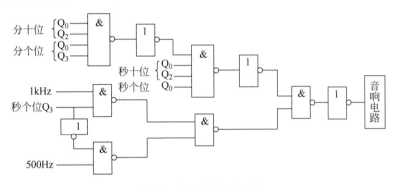

图 9-6 仿电台报时电路

表 9-2 秒个位计数器的状态

CP/s	Q_{3S1}	Q_{2S1}	Q_{1S1}	Q_{0S1}	功 能
50	0	0	0	0	
51	0	0	0	1	鸣低音
52	0	0	1	0	停
53	0	0	1	1	鸣低音
54	0	1	0	0	停
55	0	1	0	1	鸣低音
56	0	1	1	0	停
57	0	1	1	1	鸣低音
58	1	0	0	0	停
59	1	0	0	1	鸣高音
00	0	0	0	0	停

3) 报整点时数电路的设计

报整点时数电路的功能是,每当数字钟计时到整点时发出音响,且几点响几声。实现这一功能的电路主要由以下几部分组成。

(1) 减法计数器:完成几点响几声的功能,即从小时计数器的整点开始进行减法计数,直到零为止。

（2）编码器：将小时计数器的 5 个输出端 Q_4、Q_3、Q_2、Q_1、Q_0 按照"12 翻 1"的编码要求转换为减法计数器的 4 个输入端 D_3、D_2、D_1、D_0 所需的 BCD 码。编码器的真值表见表 9-3。

表 9-3　编码器真值表

分进位脉冲	小时计数器输出					减法计数器输入			
CP/s	Q_4	Q_3	Q_2	Q_1	Q_0	D_3	D_2	D_1	D_0
1	0	0	0	0	1	0	0	0	1
2	0	0	0	1	0	0	0	1	0
3	0	0	0	1	1	0	0	1	1
4	0	0	1	0	0	0	1	0	0
5	0	0	1	0	1	0	1	0	1
6	0	0	1	1	0	0	1	1	0
7	0	0	1	1	1	0	1	1	1
8	0	1	0	0	0	1	0	0	0
9	0	1	0	0	1	1	0	0	1
10	1	0	0	0	0	1	0	0	0
11	1	0	0	0	1	1	0	1	1
12	1	0	0	1	0	1	1	0	0

（3）逻辑控制电路：控制减法计数器的清"0"与置数,控制音响电路的输入信号。

根据以上要求,采用了如图 9-7 所示的报整点时数的电路。其中编码器是由与非门实现的组合逻辑电路,其输出端的逻辑表达式由 5 变量的卡诺图可得。

D_1 的逻辑表达式

$$D_1 = \overline{Q_4}Q_1 + Q_4\overline{Q_1} = Q_4 \oplus Q_1 \tag{9-6}$$

如果用与非门实现上式,则

$$D_1 = \overline{\overline{\overline{Q_4}Q_1} \cdot \overline{Q_4\overline{Q_1}}} \tag{9-7}$$

D_2 的逻辑表达式

$$D_2 = Q_2 + Q_4Q_1 = \overline{\overline{Q_2} \cdot \overline{Q_4Q_1}} \tag{9-8}$$

D_0、D_3 的逻辑表达式分别为

$$D_0 = Q_0 \tag{9-9}$$

$$D_3 = Q_3 + Q_4 = \overline{\overline{Q_3} \cdot \overline{Q_4}} \tag{9-10}$$

减法计数器选用 74LS191,各控制端的作用如下。

$\overline{LD}$ 为置数端,当 $\overline{LD} = 0$ 时将时计数器的输出经编码器编码后,通过输入端 $D_0D_1D_2D_3$ 置入。$\overline{RC}$ 为溢出负脉冲输出端,当减计数到"0"时,$\overline{RC}$ 输出一个负脉冲。$\overline{U}/D$ 为加/减控制器,$\overline{U}/D = 1$ 时减法计数。CPA 为减法计数脉冲,兼作音响电路的控制

脉冲。

  逻辑控制电路由 D 触发器 74LS74 与多级与非门组成,如图 9-7 所示。电路的工作原理:接通电源后按触发开关 S,使 D 触发器清"0",即 1Q=0。该清"0"脉冲有两个作用:一是使 74LS191 的置数端 $\overline{LD}$=0,即将此时对应的小时计数器输出的整点时数置入 74LS191;二是封锁 1kHz 的音频信号,使音响电路无输入脉冲。当分十位计数器的进位脉冲 Q_{2M2} 的下降沿来到时,经 G_1 反相,小时计数器加 1。新的小时数置入 74LS191。Q_{2M2} 的下降沿同时又使 74LS74 的状态翻转,1Q 经 G_3、G_4 延时后使 $\overline{LD}$=1,此时 74LS191 进行减法计数,计数脉冲由 CP_0 提供。CP_0=1 时音响电路发出 1kHz 声音, CP_0=0 时停响。当减法计数到 0 时,使 D 触发器的 1CP=0,但触发器状态不变。当 $\overline{RC}$=1 时,因 Q_{2M2} 仍为 0,CP=1,使 D 触发器翻转复"0",74LS191 又回到置数状态,直到下一个 Q_{2M2} 的下降沿来到,实现自动报整点时数的功能。如果出现某些整点数不准确,其主要原因是逻辑控制电路中的与非门延时时间不够,产生了竞争冒险现象,可以适当增加与非门的级数或接入小电容进行滤波。

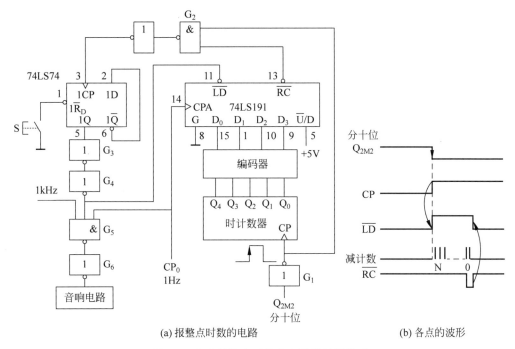

(a) 报整点时数的电路   (b) 各点的波形

图 9-7   自动报整点时数的电路及波形关系

四、实验要求

  (1) 按照实验任务,完成多功能数字钟的电路设计(基本要求必做,提高部分选做)。并整理设计和实验资料,撰写技术报告。技术报告内容包括:

  ① 任务与要求;

  ② 电路组成分析论证;

  ③ 电原理图、元器件明细表;

④ 故障分析与排除过程说明；

⑤ 收获、体会和建议。

（2）在焊接练习板（或面包板）上实现设计的电路。

五、实验注意事项

（1）数字集成电路芯片种类较多，必须掌握它们的引脚功能和使用方法；

（2）数字钟系统电路复杂、规模大，在实现时要小心认真，避免出错；

（3）在数字集成电路芯片的选择上，最好都用 TTL 或都用 CMOS，若混合使用，则要注意它们之间的配合。

六、预习要求及思考题

1．预习要求

（1）课前应学习数字钟相关电路的知识，熟悉各电路的工作原理和设计方法；

（2）通过查阅资料，了解所用数字电路芯片的引脚图、功能表，保证正确使用。

2．思考题

（1）用一片 74LS90 能连成哪几种模数的计数器？用一片 74LS20、一片 74LS90 能设计什么计数器？用一片 74LS20、一片 74LS76、一片 74LS90 能设计什么实用计数器？

（2）什么是动态显示方式？什么是静态显示方式？图 9-2 采用的是什么显示方式？

（3）若振荡器电路采用石英晶体振荡器，则可以选用哪些电路？

（4）按键消抖有哪些方法？使用门电路设计一种消抖电路。

9.3　超外差式晶体管收音机的装配与调试

一、实验目的

（1）实践整机装配的全过程，掌握整机调试的方法；

（2）熟悉常见故障的排除方法；

（3）掌握电子电路识图的基本要领。

二、实验任务

按实验时配发的超外差式收音机套件中的电路完成装配和调试。

三、实验指导

1．超外差式收音机的基本组成

超外差式收音机中的超外差是指输入信号和本机振荡信号产生一个固定中频信号的过程。如果把收音机收到的广播电台的高频信号都变换为一个固定的中频载波频率（仅是载波频率发生改变，而其信号包络仍然和原高频信号包络一样），然后再对此固定的中频进行放大、检波，再加上低放级，就成了超外差式收音机。这种接收机中，在高频放大器和中频放大器之间需增加一级变换器，通常称为变频器，它的根本任务是把高频信号变换成固定中频。而由于中频频率（我国采用 465kHz）较变换前的高频信号（广播电台的频率）低，而且频率是固定的，所以任何电台的信号都能得到相同的放大量。另外，中频的增益容易做得比较高，而且不易产生自激，所以超外差式收音机可以做得灵敏度很高。由于外来电台必须经过"变频"变成中频频率才能通过中频放大回路,所以可以提高收音机的选择性。超外差式收音机组成框图和波形如图 9-8 所示。

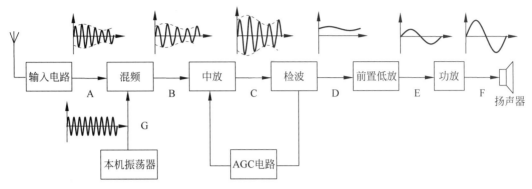

图 9-8 超外差式收音机组成框图和波形

超外差式收音机具有以下特点:

(1) 在接收波段范围内信号放大量均匀一致。由于变频级将外来的高频已调波信号变为 465kHz 的固定中频,然后由中频放大器对固定中频信号进行放大,因此在整个接收波段范围内放大量均匀一致。

(2) 灵敏度高。输入回路选择出的高频已调波信号经变频级变频后变为固定中频,能够使晶体管工作在放大量较大的最佳工作状态。因此,收音机的灵敏度可以做得很高。

(3) 选择性好。由于"差频"的作用,只有外来信号与本机振荡信号的频率相差465kHz 时才能进入中频放大电路。又由于中频放大器的负载为谐振回路,因此选频特性好,这样就大大提高了整机的选择性。

超外差式收音机克服了直接放大式收音机的缺点,但是也产生了一些新的问题:它的电路比较复杂,组装和调试比较困难;由于提高了整机灵敏度,使各种杂波的干扰也随之增大,此外,还增加了超外差式收音机所特有的"镜频干扰"。

2. 超外差式收音机的基本原理

以七管超外差式收音机电路原理图(图 9-9)为实例,介绍超外差式收音机工作原理。

1) 输入回路

(1) 输入回路的作用和要求。

输入回路的作用:收音机的天线接收到许多广播电台发射出的高频信号波,输入回路的作用就是从这些信号波中选择出所要收听的电台的高频信号,并将它输送到收音机的第一级,把那些不需要收听的信号有效地加以抑制。

对输入回路的要求:

① 良好的选择性:从天线接收到的各种信号中,选择有用信号的能力要强,同时能有效地抑制无用信号的干扰,通常采用串联谐振回路来选择电台。

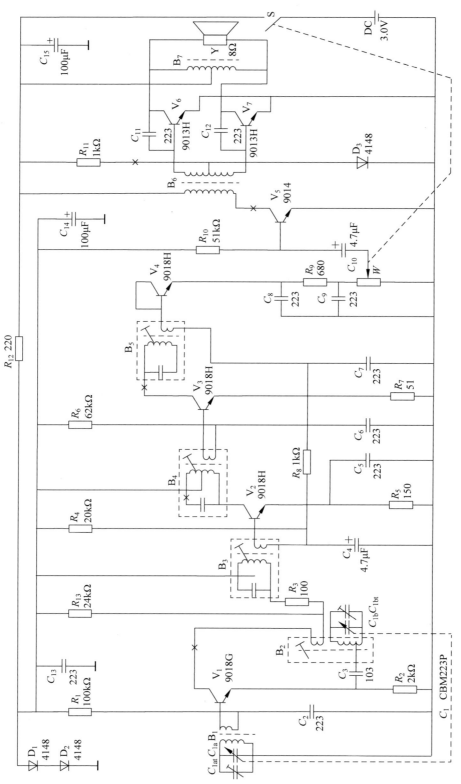

图 9-9 七管超外差式收音机电路原理图

② 电压传输系数大：对接收的高频信号衰减小，在整个波段范围内，对各个电台的电压传输系数不仅大，而且均匀一致。

③ 频率覆盖要正确：输入回路能够选择出指定频率范围内的所有电台。

④ 工作稳定性好：抗外界各种干扰的能力强。例如，人手触天线或机壳，收音机位置发生变化，天线电感或分布电容改变时，对收听效果产生的影响要尽可能小。

（2）输入回路工作原理。

超外差式收音机的输入电路是利用串联谐振特性来选择所需要信号的。它是由初级调谐线圈 L_1 和可变电容器 C 串联构成的，如图 9-10（a）所示。调谐线圈 L_1 一般绕在铁氧体磁棒上，这就是通常所说的磁性天线。当空间各个不同频率的无线电波通过调谐线圈时，都会在线圈上产生感应电动势，并产生一定的电流。调节可变电容器 C 使电路与某一频率为 f_S 的信号 e_S 发生谐振。根据串联谐振特性，电路对信号 e_S 所呈现的阻抗为最小，则回路电流也就最大，因而能在调谐线圈两端得到一个频率为 f_S 的较高信号电压。此电压通过绕在同一磁棒上的次级线圈 L_2 耦合，传送到下一级输入端。而其他频率信号，因未发生谐振，电路对它们呈现的阻抗就大，相应的电流也小，故只有频率为 f_S 的信号被选出来，其他频率的信号都被有效地抑制，如图 9-10（b）所示。调节 LC 组成的输入回路，使它对欲接收的信号发生谐振的过程叫调谐，也就是通常说的选台。这种输入回路一般称为调谐输入回路或调谐回路，L_1 则为收音机的天线。

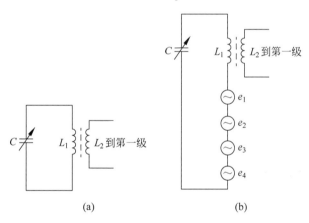

(a) (b)

图 9-10 输入回路

（3）天线的种类及耦合方式。

天线有磁性天线和外接天线。外接天线又分拉杆天线、外架天线、拖尾天线等。

① 磁性天线。常用的磁性天线输入回路如图 9-11 所示。"磁性天线"由一根长圆或扁长形磁棒和线圈 L_1、L_2 组成。中波磁棒用锰锌铁氧体材料制成，长度应大于 50mm。一般来说，磁棒越长，接收的灵敏度也就越高。线圈由漆包线绕制而成，一般都把线圈放在磁棒的两端，这样可以提高输入调谐回路的 Q 值。

空间各种频率的电磁波穿过磁棒时，使谐振线圈 L_1 上感生出强弱和频率各不相同的信号电压；然后利用串联谐振回路的选频作用，把选出来的信号电压，通过 L_2 的耦合

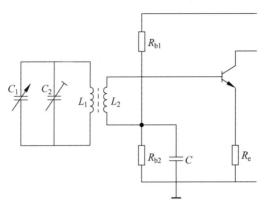

图 9-11 磁性天线输入回路

作用传送到收音机变频级的基极。

为了把调谐回路所选出的信号电压尽量无损耗地传送到变频级的基极,输入回路是通过耦合线圈 L_2 来完成的。L_1、L_2 构成高频变压器。高频变压器除了能将信号电压耦合到基极以外,还有阻抗变换的作用。调谐回路的阻抗约为 $100\mathrm{k}\Omega$,变频级的输入阻抗为 $1\sim3\mathrm{k}\Omega$,如果两者直接耦合,损耗必然很大,甚至使变频级无法工作。利用变压器变换阻抗原理,可达到初次级阻抗匹配的要求。设初级线圈 L_1 的阻抗为 Z_1、匝数为 N_1,次级线圈 L_2 的负载阻抗为 Z_2、匝数为 N_2,则

$$\sqrt{\frac{Z_1}{Z_2}} = \frac{N_1}{N_2} \tag{9-11}$$

在超外差式收音机中初次级匝数比一般取 10:1。

磁棒的磁导率很高,当广播电台发射的高频已调波通过磁棒时,就有非常密集的磁力线穿过磁棒,使磁棒上的线圈感应出足够高的信号电压并送入回路。

磁性天线线圈在超外差式收音机中多采用图 9-12(b)所示的接线法。L_1 和 L_2 是同向绕制的,L_1 和 L_2 相邻的 2 端和 3 端交流接地,有隔离作用,1 端和 4 端之间的分布电容较小。这种接法与图 9-12(c)所示电路相比,整个波段灵敏度的均匀性较好,且工作稳定,Q 值也高,尤其对抑制邻频干扰和防止中放自激有好处。

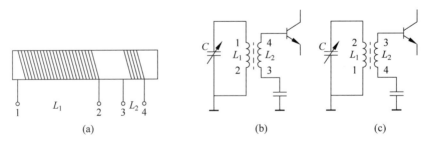

图 9-12 磁棒天线调谐线圈的接法

② 拉杆天线。拉杆天线由于耦合形式不同,电压传输系数随频率变化的结构不同,收听效果也不同,一般分为直接耦合式天线、电容耦合式天线、电感耦合式天线与电感、

电容耦合式天线。

拉杆天线直接与输入回路连接,即直接耦合式天线,如图 9-13(a)所示。天线与地之间形成一个大电容,它直接与输入回路连接,相当于在输入调谐回路两端并联了一个大电容,将使输入调谐回路处于失谐状态,选择性显著变坏,许多高频端电台的信号无法收到。直接耦合式天线还将大大增加回路的损耗,影响输入回路正常工作。所以,通常不采用直接耦合式天线。

天线串上一个容量很小的电容 C_3,然后再与输入调谐回路连接,即电容耦合式天线,如图 9-13(b)所示,天线串上一个容量足够小的电容(几至几十皮法),使总的等效电容大大减小,这样使高频端收听效果有所改善,但是低频端的收听效果较差。从图 9-14 所示的电压传输特性曲线上可以看出,收听效果改善不明显。

拉杆天线串联一个 5 匝左右的线圈 L_3,L_3 和 L_1 绕在同一根磁棒上,天线接收到的高频信号,通过磁棒耦合到调谐回路,即电感耦合式天线,如图 9-13(c)所示。改变 L_1 和 L_3 之间的距离,可以改变电压传输系数。电感耦合式天线输入回路的特点是电压传输系数随频率升高而逐渐下降,即低频端收听效果较好,高频端收听效果改善不明显。从图 9-14 所示的电压传输特性曲线可以看出这一点。

拉杆天线通过电容 C_3 和电感 L_3 同时耦合到输入调谐回路,即电感电容式天线,如图 9-13(d)所示。由于这两种耦合共同作用,使得信号电压传输系数在整个波段范围内比较均匀,收听效果显著改善,如图 9-14 所示。

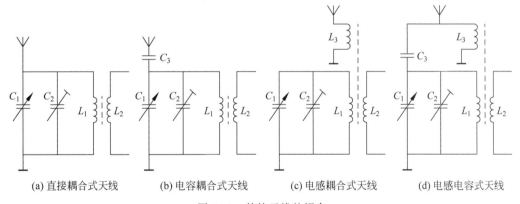

(a) 直接耦合式天线   (b) 电容耦合式天线   (c) 电感耦合式天线   (d) 电感电容式天线

图 9-13　外接天线的耦合

(4) 输入回路主要参数:

① 电压传输系数(图 9-15),即 $K = \dfrac{U_o}{E_i}$。

电压传输系数要尽可能大,以提高收音机的灵敏度,而且在所接收波段内变化小,即要求 K 在所接收波段内平稳度要好,以便使收音机的灵敏度均匀。

② 选择性。选择性是指从天线接收到的很多复杂信号中分辨出有用信号的能力。选择性好,在超外差式收音机中对抑制镜频干扰、中频干扰及其他干扰和提高信噪比是有利的。

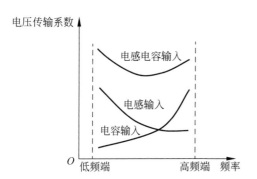

图 9-14　电压传输特性曲线

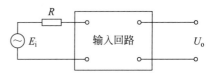

图 9-15　输入回路的电压传输

根据谐振回路的特点可知,Q 值越高,选择性越好,但是电台发射的调幅波信号占有一定的频带宽度。Q 值越大,谐振曲线越尖锐,回路中的电流强度随信号的频率变化越剧烈,频率失真越严重。为了不产生显著的频率失真,要求谐振回路的通频带有足够的宽度。

输入回路的通频带是指谐振回路电流大于 $0.707I_0$(I_0 为谐振电流)的部分所对应的频带宽度。在调谐回路中认为大于 $0.707I_0$ 的电流都能很好地通过。图 9-16 为串联谐振曲线上确定的通频带。通过理论推导其通频带为

$$B_{0.707} = \frac{f_0}{Q} \tag{9-12}$$

式中:f_0 为谐振频率;Q 为品质因数。

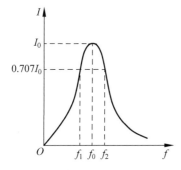

图 9-16　串联谐振回路通频带

从选择性方面考虑,要求回路的 Q 值高一些,谐振曲线尖锐些;而从通频带考虑,希望 Q 值适当低一些,谐振曲线不要太尖锐。对于这一点在超外差式收音机输入回路中必须两者兼顾。一般情况 $Q=50\sim80$ 即可。

③ 波段覆盖。波段覆盖即收音机在某一波段内所能调谐到的频率范围,并要求所调谐到的每一频率都能达到传输系数和选择性等主要指标要求。波段覆盖常以覆盖系数 M 表示,定义为波段中最高频率与最低频率之比,即

$$M = \frac{f_{\max}}{f_{\min}} \tag{9-13}$$

例如,中波段的最高频率为 1605kHz,最低频率为 535kHz,其波段覆盖系数为

$$M = \frac{1605}{535} = 3$$

因此,收音机的波段覆盖系数 $M=3$,才能将高频端与低频端的电台包括在调谐范围内。收音机的每个波段的覆盖系数一般也不大于 3。国家三级收音机标准规定,短波段的频率范围为 3.9~18MHz,则其波段覆盖系数为

$$M = \frac{18}{3.9} \approx 4.6$$

M 值太大,设计制造都有困难,使用也不方便。为此把收音机的短波段分成两个波段,短波 I 为 $3.9 \sim 8.5\text{MHz}$,短波 II 为 $8.5 \sim 18\text{MHz}$,波段覆盖系数都不大于 3。只有一个短波段的收音机,一般设计为 $3.9 \sim 12\text{MHz}$ 或 $6 \sim 18\text{MHz}$,波段覆盖系数约为 3。当然,在该频率范围以外的其他短波电台就收不到了。

2)变频回路

(1)变频回路的作用和要求。

变频级的作用:变频电路是超外差式收音机的关键部分,变频电路的质量对收音机的灵敏度和信噪比都有很大的影响,它把输入回路送来的广播电台的高频载波信号变成 465kHz 的中频载波信号。并且,集电极负载是中频变压器(调谐回路),由它选出中频信号,再送到中频放大级去。

对变频级的基本要求:

① 在变频过程中,原有的低频信号成分(信号的包络)不能有任何畸变,并且要有一定的变频增益。

② 噪声系数要非常小;否则,由于变频电路处在整机的最前级,微弱的噪声经逐级放大后,会变得很大。还要求电路之间的相互干扰和影响要小。

③ 工作要稳定,不能产生啸叫、停振、频率偏移等不稳定现象。

④ 本机振荡频率要始终保持比输入回路选择出的广播电台的高频信号频率高 465kHz(一个中频)。

(2)变频电路组成和变频原理。

① 变频电路的基本组成。变频电路由本机振荡器、混频和选频回路(中频变压器)三部分组成。其方框图与各部分波形图如图 9-17 所示。用一只晶体管完成本机振荡和混频的电路称为变频器,变频器也可以用两只晶体管分别完成本机振荡和混频,两者的工作原理是相同的。

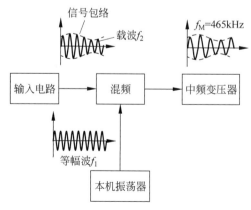

图 9-17 变频回路框图和工作波形图

② 变频原理。把本机振荡产生的高频等幅振荡信号 f_1 与输入回路选择出来的广播电台的高频已调波信号 f_2，同时加到非线性元件的输入端。由于元件的非线性作用（晶体管的非线性作用），在输入端除了输出原来输入的频率 f_1、f_2 的信号外，还将按照一定的规律，输出频率为 f_1+f_2、f_1-f_2 等多种信号。在设计电路时，使本机振荡的频率比外来高频信号频率始终高出 465kHz。在输出端（集电极所接负载）采用调谐回路，并使回路的谐振频率为 465kHz，就可选出 f_M 送至下一级。

（3）本机振荡电路。本机振荡电路一般可分为共基调发式振荡电路、共发调集式振荡电路和共发调基式振荡电路。

共基调发式振荡电路如图 9-18 所示，它属于变压器耦合式振荡器，R_1、R_2、R_3 组成分压式电流负反馈偏置电路。C_1 和 C_2 提供高频通路，并起隔直作用。R_3 为发射极电阻。L、C_3 和 C 组成谐振回路，L_1 是晶体管集电极交流负载。从线圈 L 上取得反馈电压，满足振荡条件。

共发调基式振荡电路如图 9-19 所示，由 L_1 和 C_3 组成的振荡调谐回路串在基极电路中，发射极接地。反馈电压从线圈 L_1 的 1、2 两点之间取得，以减小晶体管输入电阻对谐振回路的影响，提高回路的品质因数。

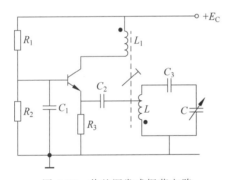

图 9-18　共基调发式振荡电路

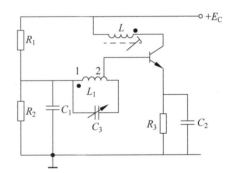

图 9-19　共发调基式振荡电路

共发调集式振荡电路不常用，这里不再赘述。

（4）混频。根据本机振荡注入的方式，将混频器分为发射极注入式、基极注入式和集电极注入式，如图 9-20 所示。

利用晶体管的非线性作用可以达到混频的目的。如果本机振荡信号由发射极注入，则振荡电路与所要接收信号电路牵连少，互不干扰，工作稳定。因此，超外差式收音机广泛采用发射极注入式混频电路。

由于非线性器件能产生新的频率，实现频率变换主要依靠非线性器件的作用。在收音机变频电路中采用三极管作为非线性器件完成频率变换。

（5）收音机输入和变频级电路设计举例。

收音机的灵敏度和选择性有一定的矛盾，这主要与输入级有关，为了同时满足尽可能高的灵敏度和足够的选择性，必须合理选取输入电路中的 L_1 和 L_2 的匝数比。例如，若满足灵敏度高的要求，则调谐回路阻抗必须和晶体管输入阻抗匹配，即满足

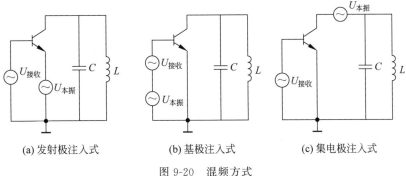

(a) 发射极注入式　　　　　　(b) 基极注入式　　　　　　(c) 集电极注入式

图 9-20　混频方式

$$\frac{N_2}{N_1} = \sqrt{\frac{R_i}{R_0}} \tag{9-14}$$

式中：N_1 为 L_1 线圈匝数；N_2 为 L_2 线圈匝数；R_i 为晶体管输入阻抗；R_0 为谐振阻抗。

回路匹配时 N_2 匝数较多，使谐振回路损耗增加，Q 值下降，选择性变坏；为了保证过高的选择性，L_2 匝数 N_2 必须越少越好，但这时调谐回路阻抗与晶体管输入阻抗失配太大，灵敏度显著下降。为了兼顾灵敏度和选择性的要求，$N_2/N_1 = 1/10$ 左右为宜，一般 L_1 为 60～80 匝，则 L_2 为 6～8 匝（中波段）。

从混频原理可知，要求晶体管工作在非线性区，因此为满足混频的工作要求，工作电流 I_c 不宜太大；否则，非线性作用消失，变频增益大为降低。单独混频一般取 $I_c = 0.3$～0.5mA。

从振荡电路的工作来讲，希望工作电流 I_c 大一些，增益高容易起振，而当电压下降时也不易停振，无疑这是有益的；但工作点过高，使振荡过强，将使波形失真，引起"咯咯"的杂声，还会影响变频增益下降。因此，应适当选取工作点。一般取 $I_c = 0.5$～0.8mA，起振后电流将下降。

变频器中变频和振荡的工作均要兼顾，所以工作电流 $I_c = 0.4$～0.6mA 为宜。图 9-21 是收音机的输入电路和变频电路，图中发射极电压为 0.6～0.8V，且有 $R_2 = \dfrac{0.8\text{V}}{0.4\text{mA}} = 2\text{k}\Omega$。

图 9-21 中：L_1、L_2 和磁棒组成磁性天线 B_1，它与 C_{1at}、C_{1a} 构成输入电路，L_1、C_{1at}、C_{1a} 是输入谐振电路。C_{1a} 用来调节谐振频率，使它对准要接收的电台信号频率；C_{1a} 是双联可变电容与本机振荡电路中的 C_{1b} 是同轴的，便于同步调谐；C_{1at} 是半可变结构，以备统调时调整补偿用；L_2 是耦合线圈，将磁性天线 L_1 中感应的信号电压送到变频级的基极回路。图 9-21 以晶体管 V 为中心所组成的是变频器电路，可同时完成本机振荡与混频，若假设信号源电压 U_s 为零（设 L_2 短路），则是一个典型的共基调发正弦波振荡器。R_1 是基极直流偏置电阻，L_4 是耦合线圈，C_3 是耦合电容。L_5 和 C_4 是谐振滤波器，滤波后的中频信号（465kHz）经 L_6 耦合送至中放级。B_3 为中周，B_2 为振荡线圈，或称振荡变压器，它与 C_{1b} 组成本机振荡电路，通过 C_3 耦合至三极管的发射极。

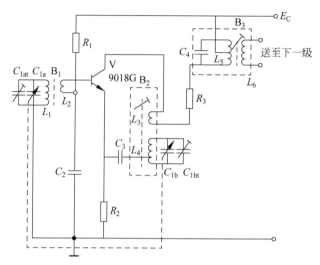

图 9-21　收音机的输入电路和变频电路

3）中频放大器

载波经过变频以后，由原来的频率变换成一个较低的频率，称它为"中频"。这个中频信号是比较弱的，所以必须先进行放大，再进行解调（检波）。中频放大级就是担负着放大中频信号的任务。

目前，我国使用的中频为 465kHz。中频放大电路的耦合一般用中频变压器，也有的使用陶瓷滤波器和阻容耦合。

（1）单调谐中频放大电路。

典型的中频放大电路中采用具有一个调谐回路的中频变压器，称单调谐中频放大电路。单调谐回路的特点是电路简单、调整方便，广泛应用于普及型收音机。

① 工作过程与原理。图 9-22 是超外差式收音机第一中频放大电路。B_3、B_4 为中频变压器，采用单调谐回路，是一般收音机的常用电路。

图 9-22 中 R_4 为直流偏置电阻，C_4、C_5 为旁路电容，C_6 的作用是旁路交流。C_a、C_b 为 B_3、B_4 的谐振电容，两个并联谐振回路都调谐在中频 465kHz 上，两个谐振回路构成前级与本级三极管集电极负载。

变频级的输出信号经过 B_3 调谐回路的选择后，中频信号通过中频变压器耦合到中放管 V 的 b、e 极之间。经中放管 V 放大的中频信号电压在 c、e 间输出，所以输出信号加到 B_4 的初级电路 5、4 两端。于是，在 B_3 回路选择中频信号电压的基础上又进一步加以选择。然后中频信号被耦合至下一级电路，从而完成中频放大和选频作用。

② 选择性和通频带。进入中频放大电路的信号是调幅信号，在中频频率两侧各占一定频带的宽度。为了使放大后中频信号不失真，理想的情况是中频放大电路对输入的中频频谱成分有同样的放大作用，而对于中频频谱以外的干扰信号不予放大，这就要求谐振回路具有理想的选频曲线，如图 9-23 中矩形实线所示。这样既能有良好的选择性，又具有满意的通频带。图 9-24 为单调谐中频放大电路谐振曲线。从图中可见，电路的 Q

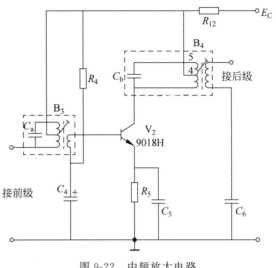

图 9-22　中频放大电路

值越高,谐振阻抗越大,曲线越尖锐,中频输出电压也越大,选择性也就越好。但过于提高 Q 值,虽然增益高,选择性好,但是通频带变窄,输出电压随频率的变化衰减很大,造成频率失真严重,如图 9-24 中 Q_{L_2} 所示。

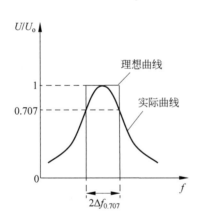

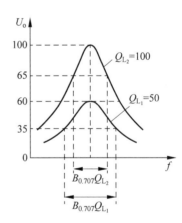

图 9-23　中频放大电路的理想曲线和实际谐振曲线　　图 9-24　单调谐中频放大电路谐振曲线

　　在使用单调谐中频放大电路时一定要兼顾选择性和通频带,尽可能地改善谐振曲线的波形,使之趋于理想曲线的形状。

　　③ 增益。中频放大电路的增益在很大程度上决定整机灵敏度。

　　为了便于说明问题,对图 9-22 所示电路加以简化,得其交流等效电路,如图 9-25 所示。图 9-22 中直流电源 E_C 和 C_a、C_5、C_6 对中频信号的交流阻抗很小,可视为短路,于是 R_4、R_5、R_{12} 可以忽略。三极管 V 的 C_{be} 很小,忽略不计。

　　利用三极管混合 π 型等效电路,将图 9-25 进一步简化为图 9-26。图 9-26 中 R_o 为三极管的输出电阻,R_L 为谐振回路在 4、5 端呈现的阻抗(此阻抗应计及后级输入阻抗 R_i 的

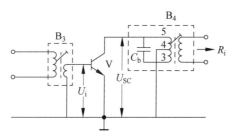

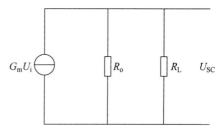

图 9-25　单调谐中频放大电路的交流等效电路　　　　图 9-26　中频放大输出部分的等效电路

影响）。于是可求出当谐振时的集电极对基极的电压放大倍数为

$$A_v = \frac{U_{SC}}{U_i} \approx \frac{U_{SC}}{U_{be}} = G_m \frac{R_o R_L}{R_o + R_L} \tag{9-15}$$

式中：G_m 为电流源内电导。

一般情况下，中频放大电路的输出电阻 R_o 为数十千欧，而 $R_L \approx 10k\Omega$；当三极管电流 $I_c = 1mA$，G_m 为 $0.03 \sim 0.04S$ 时，电压放大倍数 $A_v \approx 45dB$。考虑 B_4 变压器损耗，从基极到 B_4 的次级，总的电压放大倍数约为 40dB。

（2）多级中频放大电路。

通常超外差式收音机的一级中频放大电路能得到 $30 \sim 40dB$ 的增益，而普及型收音机要求中频放大电路至少要有 60dB 的稳定增益，才能满足整机灵敏度的要求，故收音机常常采用多级中频放大电路。收音机一般设有两级中频放大电路，简易超外差式收音机也有采用一级中放的。

下面介绍两级中频放大电路的增益分配和工作状态的选择。

① 增益的分配。一般收音机采用两级中放电路，其功率增益控制在 60dB 左右。第一级中放电路常常是自动增益控制的受控级，同时为防止第二级中放电路输入信号过强而引起失真，所以第一级中放电路增益取得小一些，约为 25dB。第二级中放电路一般不加自动增益控制，为了满足检波电路对输入信号电平的要求，第二级中放电路的增益要尽可能大些，约为 35dB。

② 工作状态的选择。两级中放电路，其工作状态的确定考虑到不同的需要。图 9-27 为中频放大电路功率增益 A_P 与集电极电流 I_{CO} 的关系曲线。由图可见，随着 I_{CO} 的增大，中放增益大幅度增加，但 I_{CO} 大于 1mA 以后，曲线就变得较为平坦，增益随 I_{CO} 增大的趋势就越来越不明显。为了便于自动增益控制，应使增益随 I_{CO} 的变化越明显越好。即 I_{CO} 稍有变化，A_P 就有很大变化。因而应取曲线最陡峭的一段，即要选第一中频放大管的集电极电流 I_{c1} 在 $0.3 \sim 0.6mA$。第二中频放大电路的输入信号较大，故必须使第二中放管工作在线性区，以得到最大增益而又不发生饱和现象。一般选 I_{c2} 在 1mA 左右。

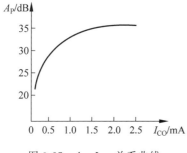

图 9-27　A_P-I_{CO} 关系曲线

③ 调谐回路的选择。普及型收音机两级中放所用的三只中频变压器一般是单调谐回路。

在高级收音机中通常采用两级双调谐中频变压器和一级单调谐中频变压器。中频放大电路的选择性主要由一、二级中频变压器决定,所以采用双调谐回路;为了减小损耗,提高电压传输系数,第三级采用单调谐回路。

(3) 中频变压器。中频变压器通常称中周,它是超外差式收音机的重要元件,在电路中起选频和阻抗变换的作用。

① 中频变压器选频作用原理。图 9-28 为中频变压器电路。中频变压器的初级与电容组成 LC 并联谐振回路。利用并联谐振的特点完成选频作用,回路对谐振频率信号,即中频呈现的阻抗很大,对非谐振频率的信号呈现的阻抗较小,所以中频信号通过中频变压器时产生很大的中频信号压降,并由中频变压器的次级耦合到下一级,而其他非谐振频率信号则被短路入地,无法耦合到下一级,这样就完成了选频任务。变频电路中的集电极负载就是中频变压器,用它选出有用的 465kHz 中频信号。

② 中频变压器的阻抗变换。变频电路与第一中放之间、第一中放与第二中放之间是靠中频变压器来耦合的,它利用变压器阻抗变换的原理实现前后级之间的阻抗匹配,从而使中频放大电路获得较大的功率增益。

4) 检波与自动增益控制电路

(1) 检波器及其性能指标:

① 检波器。在调幅广播中,幅度调制是使载波信号电压的振幅随音频调制信号而变化。从振幅受到调制的载波信号中取出原来的音频调制信号的过程称为检波,也称为解调。完成检波作用的电路称为检波电路,通常称为检波器,是收音机不可缺少的一部分。

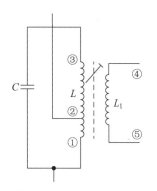

图 9-28 中频变压器电路

可以看出,检波正好与调制过程相反,是一个解调过程。超外差式收音机中频放大电路的输出信号的波形关系如图 9-29 所示。若输入信号是中频等幅波,则输出是直流电压,如图 9-29(a)所示。若输入信号是中频调幅波,则输出就是原调制信号,如图 9-29(b)所示。

检波过程的实质是应用非线性器件进行频率变换,即产生许多新频率。就产生新频率而言,检波器与混频器(或变频器)的实质是相同的。检波后通过滤波器滤除无用的频率信号分量,最后还原出音频信号。

检波器一般由非线性器件和低通滤波器两部分组成,如图 9-30 所示。非线性器件通常采用晶体二极管或三极管,它们工作于非线性状态,利用非线性畸变产生包括音频调制信号在内的许多新频率信号。低通滤波器通常用 RC 电路,它可取出原音频调制信号,滤除中频分量。

根据所用器件的不同,检波器可分为二极管检波器和三极管检波器;根据非线性器件的连接方式的不同,可分为串联式检波器和并联式检波器;根据检波器输入信号大小

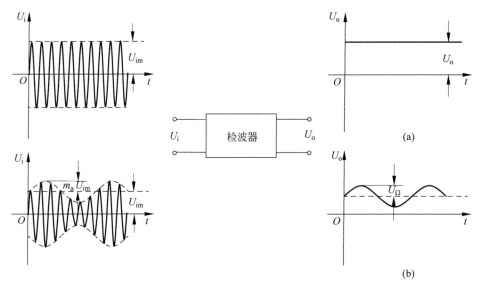

图 9-29　检波器的工作过程

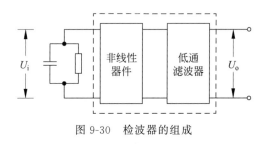

图 9-30　检波器的组成

的不同,可分为小信号检波器和大信号检波器。

② 检波器的性能指标。

a. 电压传输系数 K_d:又称检波效率,是指检波器输出音频电压和输入中频电压振幅之比。

对于图 9-29(a),有

$$K_d = \frac{U_o}{U_{im}} \tag{9-16}$$

式中,U_o 为检波器输出的直流电压;U_{im} 为检波器输入的中频电压的振幅。

对于图 9-29(b),有

$$K_d = \frac{U_o}{U_{im}} = \frac{U_\Omega}{m_a U_{im}} \tag{9-17}$$

式中,U_Ω 为检波器输出的音频电压的振幅;$m_a U_{im}$ 为输入端中频电压包络变化的振幅;m_a 为调幅系数。

检波器的电压传输系数 K_d,表明检波器在输入同样的中频调幅信号时,获得音频电压的能力。K_d 值大,可得到的音频电压高,即检波效率高。

b. 失真：由于检波过程是一个非线性频率变换过程，所以必然会产生失真。检波失真分非线性失真和频率失真。

非线性失真的大小一般用非线性失真系数来表示，即

$$K_f = \sqrt{\frac{U_{2\Omega}^2 + U_{3\Omega}^2 + \cdots}{U_\Omega}} \qquad (9\text{-}18)$$

式中，U_Ω、$U_{2\Omega}$、$U_{3\Omega}$ 分别为输出音频的基波、二次谐波、三次谐波的有效值。

引起检波器非线性失真的原因：非线性器件伏安特性的非线性，低通滤波器的时间常数 RC 过大，检波器交直流负载相差过大等因素。

由于检波器存在电抗元件，如负载电容和下级低频放大电路的耦合电容等，会造成频率失真。检波器的频率失真用它的输出频率特性来表示，输出频率特性曲线给出了输出音频电压与其频带的关系，如图 9-31 所示。图中，$\omega_{\min}$、$\omega_{\max}$ 分别代表输出下降 3dB 时的最低和最高音频角频率。

c. 低通滤波器的滤波系数：检波器输出电压中除需要的音频信号以外，还有许多其他频率分量，最主要的是中频分量。为避免产生寄生反馈，应尽量滤掉中频分量。要把中频分量完全滤掉是有困难的，所以通常用滤波系数来衡量滤波质量。滤波系数的定义为

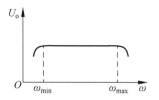

图 9-31　检波器输出的频率
特性曲线

$$F = \frac{U_{im}}{U'_{im}} \qquad (9\text{-}19)$$

式中，U_{im} 为输入中频电压的振幅；U'_{im} 为输出残余中频电压的振幅。

在输入中频电压一定的情况下，滤波系数越大，表明检波器输出端的残余中频电压越小，检波器输入的中频电压频率和输出的音频电压频率相差很远，通常 F 为 50～100。

（2）自动增益控制电路。

自动增益控制（AGC）电路的作用是，当输入信号电压变化很大时，保持收音机输出功率几乎不变。

收音机的各级增益都是为接收一定的微弱信号而设计的。但实际接收的各种信号电压差异很大。外来信号的范围在几微伏至数百毫伏之间。在接收弱信号时，希望收音机有较大的增益；而接收强信号时，希望收音机增益小一些。为了使两种情况下收音机输出功率的变化范围尽量小一些，为此可以设计自动增益控制电路。

① 自动增益控制的原理。

对自动增益控制的要求：在输入信号很弱时，自动增益控制不起作用，收音机的增益最大；而当输入信号很强时，自动增益进行控制，使收音机的增益减小。这样，当信号强度变化，而引起输入信号强弱变化时，收音机的输出功率基本不变。

为了实现自动增益控制，必须有一个随输入信号强弱而变化的电压（或电流），利用这个电压（或电流）来控制收音机的增益。通常从检波器得到这个控制电压。检波器的输出电压除有音频信号外，还含有直流分量。其直流分量的幅值与检波器的输入信号载

波振幅成正比,也就是与所接收的外来信号强度成正比。在检波器的输出端接 RC 低通滤波器,就可获得其直流分量,即所需的控制电压。图 9-32 中 R_f 和 C_f 组成低通滤波器。通常称 $R_f C_f$ 为低通滤波器的时间常数,用 τ 来表示。在超外差式收音机中,中频放大电路承担了整机的大部分增益,把中频放大电路作为自动增益控制电压的受控级,通过控制中放增益达到控制整机输出功率的目的。

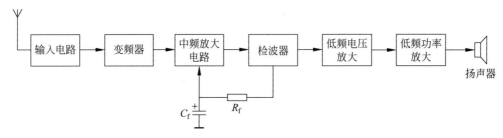

图 9-32 具有 AGC 的收音机方框图

检波器输出的音频电压一路经低频放大后送到扬声器,另一路经 R_f、C_f 组成的低通滤波器后获得直流电压,即 AGC 电压。把 AGC 电压送至中放电路,以控制中放电路的增益。

② 自动增益控制的控制方式。

实现自动增益控制有多种方法,例如,通过改变受控级三极管的工作点,达到增益控制;有的改变受控级的负载电阻,达到增益控制;也有的改变受控级与其他级之间的耦合度,实现增益控制。

超外差式收音机通常采用的自动增益控制电路是反向 AGC 电路,该电路又称为基极电流控制电路。这种电路通过改变中放电路三极管的工作点,达到自动增益控制,如图 9-33 所示。

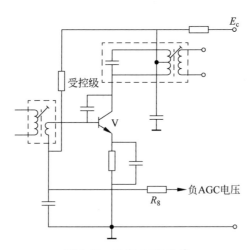

图 9-33 反向 AGC 电路

由图 9-33 可见,从检波器得到的 AGC 电压为负极性,此电压经 R_8 加到中放管 V 的基极。当输入信号高时,AGC 电压低,通过改变基极-发射极电压使正向偏置减小,发射极电流减小,则增益下降。反之 AGC 电压高,发射极电流加大,则增益上升,达到增益控制的目的。通过检波器输出 AGC 电压增大(或减小),而使受控级增益降低(或提高),这就是反向 AGC 名称的由来。

为了获得较好的自动增益控制效果,必须合理地选择被控三极管的工作点。在有AGC 的电路中,工作点是随输入信号大小而移动的,为了提高控制效果,应把工作点选在输入特性曲线弯曲、输出特性曲线间隔变化较大的部分。被控管的静态集电极电流一般选为 0.3~0.6mA。工作点过低,增益太小;工作点太高,控制效果又不明显。确定工作点要兼顾增益和控制效果两方面的要求。

此外,受控管通常是以 NPN 型来选择 AGC 电压的极性。检波管的接法决定检波后直流分量的方向。注意避免电路接成正反馈而引起啸叫。

③ AGC 电路的时间常数的选择。在 AGC 电路中,正确选择低通滤波器的时间常数 τ 是很重要的。τ 值过大,AGC 电路的反应速度慢,跟不上外来信号的强弱变化,产生选择电台时易漏掉强信号电台旁的弱信号电台,甚至会使 AGC 失控;若 τ 值太小,滤波不干净,会引起接收信号的反调制作用。反调制作用就是在已调制电压的峰点,收音机的增益却相应地降低;在已调制电压的谷点,收音机的增益却相应地增加。

通常收音机的时间常数取 0.02~0.2s。

5) 低频放大电路

超外差式收音机低频放大电路是指从检波以后到扬声器输出这一部分电路。它通常包括低频小信号放大电路和低频功率放大电路两部分。在高档收音机中,还包括音调控制电路。低频放大电路的任务是把检波器输出的音频信号放大,输出足够的音频功率去推动扬声器。故低频在这里专指音频之意。

在收音机中,低频放大电路的质量直接关系到放声的音质,因此要求低频放大电路失真要小,尽量达到高保真。要有足够的输出功率,以推动扬声器放声。

(1) 低频小信号放大电路。

低频小信号放大电路将检波器输出的微弱信号进行放大,用来推动低频功率放大电路工作。其输入信号和输出信号的幅度较小,属于小信号放大,所以常称前置放大器或电压放大电路。

小信号放大电路的工作点可选择在特性曲线的线性部分,因此它的非线性失真小,关键问题是如何获得较高的放大倍数,并使其工作点稳定。

随着对收音机的音质和功率要求的提高,低频电压放大电路常采用多级放大电路,各级间的耦合也有多种形式,如阻容耦合、直接耦合等,这里只介绍多级放大电路的电源退耦。

在电压放大电路中,三极管基极电流与发射极电流包含有直流和交流两种成分,当交流成分通过电源 E_c 时,E_c 总有一定的内阻,造成电源电压随交流信号而变化。对于多级放大电路,交流信号通过电源 E_c,不仅会引起电源电压的不断变化,并有可能将后级的交流信号反馈给前级,导致各级放大电路之间的相互干扰,严重时会产生啸叫,不能正常工作。为了消除这种有害的耦合,通常在各级放大电路之间加"退耦电路"。对于低频放大电路,退耦电容常采用 $100\sim220\mu F$ 的电解电容器,退耦电阻一般取 100Ω 左右。退耦电阻过小,退耦作用差,退耦电阻过大,电压降相应增加,应根据需要适当选择。另外,在共发射极放大电路中相邻两级的集电极电流相位相反,可以相互抵消,故每两级放大电路加一组退耦电路,就可得到良好的退耦效果。

(2) 音频功率放大器。

超外差式收音机中的功率放大器是用来推动扬声器放音的,是一种大信号放大电路,与低频电压放大电路相比较,在功率输出、失真、耗电等方面都具有自己的特点。

收音机对功率放大器的具体要求如下:

① 输出功率尽可能大。为了获得大的功率输出,就要求功放管的电压和电流都有足够大的输出幅度,因此管子往往在接近极限运用状态下工作。

② 效率高。管子输出功率大,因此直流电源消耗的功率也大,这就存在一个效率问题,就是把直流电能转换为信号电能的效率要高。这对于便携式收音机而言更为重要。

③ 非线性失真小。功率放大器是在大信号下工作,所以不可避免地会产生非线性失真,而且同一功放管输出功率越大,非线性失真往往越严重,这就使输出功率与非线性失真成为一对主要矛盾。但是,在收音机中对非线性失真的要求不如家庭影院等系统中要求高。

图 9-9 所示电路中采用的是 OTL 功率放大器。

3. 焊接工艺

(1) 在焊接元器件之前,必须先检查元器件引脚是否有氧化现象,如果有,就必须把氧化层去掉,然后上锡;对三极管、中周必须测量其是否完好;对印刷电路板也要检查,有无断裂,或铜箔没腐蚀干净造成两条线路连接,必须把有问题的印刷电路板处理后才能插件、焊接,避免装配焊接后造成不必要的故障。

(2) 在焊接时按先焊小元件再焊大元件的原则进行操作。元件应尽量贴着底板,按照元件清单和电原理图进行插件、焊接,特别要注意电解电容器的极性和三极管引脚以及三极管型号不可混淆;中周插件一定要按磁帽颜色(B_2 是本机振荡线圈(红色),B_3 是第一中周(黄色),B_4 是第二中周(白色),B_5 是第三中周(黑色))顺序安装,不可插错,中周外壳接地起屏蔽作用,同时外壳还是地线的跨接线,外壳一定要焊接好,否则就不能起到屏蔽作用,还会造成部分电路地线不通;所有元件高度都不能超出中周的高度;B_6 是音频输入变压器(蓝、绿),B_7 是音频输出变压器(黄、红),插件有方向性,线圈骨架上有凸点标记的为初级,插件时要与印刷电路板上的圆点标记对应,不可插反;焊接时各元件要插到位后再焊接,以免合拢时顶住机壳。应选用尖烙铁头进行焊接,如果一次焊接不成功,应等冷却后再进行下一次焊接,以免烫坏印刷电路板造成铜箔脱落。焊完后应反复检查有无虚、假、漏、错焊,有无拖锡短路造成的故障。

(3) 插件、焊接工艺如图 9-34 所示。

应注意以下三方面:

① 焊音量电位器时,必须把电位器焊脚紧贴铜箔面,并且把整个电位器往里靠,避免

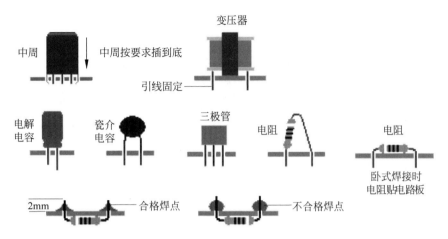

图 9-34　插件、焊接工艺示意图

装配时音量钮碰壳。

② 焊可调双联时,要把双联先用螺丝固定后再焊接,焊接的时间不要太长,以免把双联烫坏。焊点不可太大,以免卡住调谐钮。

③ C_{1at}、C_{1bt} 为双联可变电容器顶端的微调;天线线圈焊接时,按线头示意图对应焊接;三极管的引脚顺序要正确,见图 9-35。

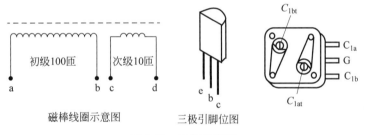

图 9-35　元件引脚图

4．收音机检测指南

1）检测目的、前提、要领及方法

（1）目的。在整机调试前,保证收音机工作在无故障状态,这样才能保证调试顺利进行。

（2）前提。安装正确。元器件无漏焊、错焊,连接无误,印制板焊点无虚焊、连焊等。

（3）要领。耐心细致、冷静有序。检测按步骤进行,一般由后级向前级检查,先判断故障位置（信号注入法）,再查找故障点（电位法）,循序渐进,排除故障。忌讳乱调乱拆,盲目烫焊,导致越修越坏。

（4）方法。

① 信号注入法:收音机是一个信号捕捉、处理、放大系统,通过注入信号可以判定故障的位置。

用万用表 R×10 挡,红表笔接电池负极(地),黑表笔碰触放大器输入端(一般为三极管基极),此时扬声器可听到"咯咯"声。

用手握改锥金属部分去碰放大器输入端,听扬声器有无声音,此法简单易行,但相对信号弱,不经三极管放大听不到。

② 电位法:用万用表测各级放大器或元器件工作电压可具体判断造成故障的元器件。

2) 判断故障位置

(1) 判断故障是在低放之前还是低放之中(包括功放)的方法:接通电源开关将音量电位器开至最大,扬声器中没有任何响声,可以判定低放部分肯定有故障。

(2) 判断低放之前的电路工作是否正常的方法:将音量关小,万用表拨至直流 1V 挡,两表笔接在音量电位器非中心端的另两端上,一边从低端到高端拨动音量调节盘,一边观看电表指针,若发现指针摆动,且在正常播出一句话时指针摆动数十次,即可判断低放之前电路工作是正常的。若无摆动,则说明低放之前的电路中也有故障,这时仍应先解决低放电路的问题,再解决低放之前电路中的问题。

3) 完全无声故障检修(低放故障)

将音量开大,用万用表直流电压 10V 挡,黑表笔接地,红表笔分别触碰电位器的中心端和非接地端(相当于输入干扰信号),可能出现三种情况:

(1) 碰非接地端,喇叭中无"咯咯"声,碰中心端时喇叭有声。这是电位器内部接触不良造成的。可更换或修理排除故障。

(2) 碰非接地端和中心端,均无声,这时用万用表 R×10 挡,两表笔碰触喇叭引线,触碰时喇叭若有"咯咯"声,说明喇叭完好。然后用万用表电阻挡逐个点触输出变压器 B_7 的引脚,喇叭中如无"咯咯"声,说明输出变压器有断线,或者喇叭的导线已断;若有"咯咯"声,则应检查推挽功放电路:

① 检查 V_6、V_7 工作是否正常,B_6 次级有无断线。

② 测量 V_5 的直流工作状态,若无集电极电压,则 B_6 初级断线,若无基极电压,则 R_{10} 开路。若红表笔触碰电位器中心端无声,触碰 V_5 基极有声,说明 C_{10} 开路或失效。

(3) 用干扰法触碰电位器的中心端和非接地端,喇叭中均有声,则低放工作正常。

4) 无台故障检修(低放前故障)

无台指将音量开大,喇叭中有轻微的"沙沙"声,但调谐时收不到电台。

(1) 测量 V_3 的集电极电压:若无,则 B_5 初级开路;测量 V_3 的基极电压,若无,则可能 R_6 开路,或 B_4 次级断线,或 C_6 短路。

(2) 测量 V_2 的集电极电压。无电压,是 B_4 初级线圈有开路。电压正常时喇叭发声。

(3) 测量 V_2 的基极电压:无电压,是 B_3 次级开路或 R_4 开路或 C_4 短路。电压正常,但注入干扰信号,在喇叭中没有响声,是 V_2 损坏。电压正常喇叭有声。

(4) 测量 V_1 的集电极电压:无电压,是 B_2 次级线圈断。电压正常,喇叭中无"咯咯"

声,为 B_3 初级或次级线圈有短路,或旁路电容 C_4 短路。如果中周内部线圈有短路故障时,由于匝数较少,所以较难测出,可采用替代法加以证实。

（5）测量 V_1 的基极电压:无电压,可能是 R_1 或 B_1 次级开路;或 C_2 短路。电压高于正常值,系 V_1 发射结开路。电压正常,但无声,是 V_1 损坏。

（6）到此如果还是收不到电台,则应将万用表笔拨至直流电压挡,两表笔并接于 R_2 两端,用镊子将 B_2 的初级短路,看表针指示是否减小(一般减少 $0.2\sim0.3\mathrm{V}$)。电压不减小,说明本振没有起振,振荡耦合电容 C_3 失效或开路; C_2 短路(V_1 基极无电压); B_2 初级线圈内部断路或短路,双联质量不好。电压减小很少,说明本机振荡太弱,或 B_2 受潮,印制板受潮,或双联漏电,或微调电容不好,或 V_1 质量不好,此法同时可检测 V_1 偏流是否合适。电压减小正常,断定故障在输入回路。查双联有无短路,电容质量如何,磁棒线圈 B_1 初级有无断线。

5）杂音较大

这往往与变频管 V_1 的质量有关,可以更换一只变频管试一试。另外,变频管集电极电流太大也会引起杂音大,一般变频管的集电极电流不要超过 $0.6\mathrm{mA}$。本机振荡过强会产生啸叫声。产生的原因可能是电源电压过高,变频级电流过大等。消除方法是适当把振荡耦合电容 C_3 的容量减小, C_3 回路里串联一只 10Ω 左右的电阻。此外,还可以对调磁棒次级线圈的接头,微调中频变压器(中周)等。

中频放大器自激也会产生强烈的啸叫声,这种啸叫声布满全部刻度盘,除了强电台的广播能接收到外,稍微偏调就产生啸叫。判断是不是中放自激的方法:断开变频管的集电极,如果仍然啸叫,就是中放自激;如果啸叫停止,说明啸叫来自变频级。造成中放自激的原因和处理方法:中周外壳接地不良,失去屏蔽作用,可以重新焊好;中放管质量不好,内部反馈太大,应该更换管子;中放管 β 值过高,引起自激,应更换 β 值稍微低的管子;两个中周的次序焊错,造成自激,应调换焊好。到此,收音机应能收听到电台播音,可以进入调试。

5. 整机调试

1）收音机调试流程图

收音机调试流程图如图 9-36 所示。

2）调试步骤

在调试之前,应保证收音机工作在无故障状态,若工作不正常,则根据前面介绍的检测方法找出原因,排除故障后才能进一步调试。通电调试工作大体上包括以下四项:

（1）调整三极管的工作点。调整工作点也就是调整集电极电流。本机各级集电极电流分别是 $I_{CQ1}=0.18\sim0.22\mathrm{mA}$, $I_{CQ2}=0.4\sim0.8\mathrm{mA}$, $I_{CQ3}=1\sim2\mathrm{mA}$, $I_{CQ5}=3\sim5\mathrm{mA}$, $I_{CQ6/7}=4\sim10\mathrm{mA}$。整机电流在 $15\mathrm{mA}$ 左右。

调整集电极电流时,电流表串入电路中的位置,见电原理图中标示"×"的地方。调整的元件是各级的偏流电阻。值得注意的是,只要晶体管和其他元件符合要求,而且焊接正确,集电极电流,一般不用调整也能满足要求。调整工作点时,一般要从功放开始,由后级往前级调试。各级工作点调整完毕后,调节双联电容器一般都能收到广播。

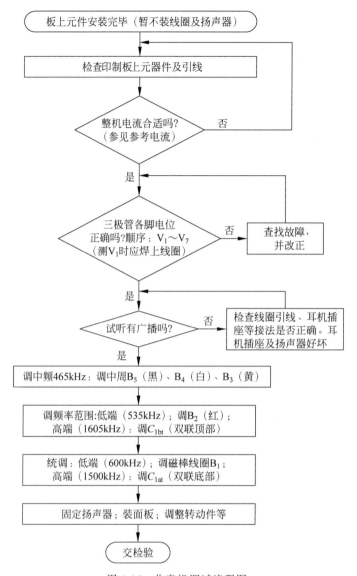

图 9-36 收音机调试流程图

（2）调整中频频率。调整中频频率一般称为调中周，调中周的目的是把几个中周的谐振频率都调整到固定的中频频率 465kHz 上。调中周的工具应该使用塑料螺丝刀或其他无感调整工具。使用金属螺丝刀调整，会引起电磁感应，不容易调整准确。

调中周时，先接收一个低端电台的广播，然后先调 B_5，再调 B_4，再调 B_3，逐个调节中周的磁帽，使扬声器发出的声音达到最大为止。磁帽调节到某一个位置的时候，声音最大，这个位置就称为调谐点，再往里旋或者往外旋，声音都会减小。如果磁帽完全旋入或者旋出都没有找到调谐点，一般是谐振电容的容量不合适，可以换一个电容再重新调整。有的时候线圈短路、谐振电容击穿等也会造成没有调谐点。用本地电台调中周以后，最好选择一个外地电台再仔细调整。这是因为人的耳朵对声音大小的变化在声音微弱的时候,比声音很大的时候敏感得多。中周调整完毕后,要用石蜡把各个中周的磁帽封牢,使磁帽的位置不会由于振动而发生变化。

(3) 调整频率范围。调整频率范围也称为调覆盖或者对刻度,它的目的是使双联电容全部旋入到全部旋出,所接收的频率范围恰好是整个中波(535~1605kHz)。它是通过调整本机振荡线圈 B_2 的磁帽和振荡回路的补偿电容 C_{1bt} 达到的。

调整的时候,首先接收一个低端电台的广播,例如中央人民广播电台 640kHz(或在当地能接收到当地低端的广播电台即可)的节目。如果指针的位置比 640kHz 低,说明振荡线圈 B_2 的电感量小,则可以把振荡线圈的磁帽旋进一些,直到指针在 640kHz 的位置接收到 640kHz 的电台广播为止;如果指针的位置比 640kHz 高,说明振荡线圈 B_2 的电感量大,则可以把振荡线圈的磁帽旋出一些,直到在 640kHz 的位置接收到 640kHz 的电台为止。

然后,再接收一个高端电台的广播(只要能收到当地的高端的广播电台都可以作为调试信号用)。如果指针的位置不在 1332kHz 处,就要调整补偿电容 C_{1bt},直到指针正好在 1332kHz 的位置收到 1332kHz 的电台节目为止。这样高低端反复调整两三次就可以。

(4) 统调。统调的目的是使本机振荡频率始终比输入回路的谐振频率高出一个固定的中频 465kHz。因为只有 465kHz 的中频信号才能进入中放级放大,如果能做到统调,整机灵敏度就会大大提高,所以统调也称为调整灵敏度。理想的统调是很困难的,实际上实行的是低、中、高三点统调。统调的具体方法:先在低端接收一个电台广播,移动磁性天线线圈 B_1 在磁棒上的位置,使声音最大为止。这样就初步完成了低端统调。再在高端接收一个电台的广播,调节输入回路中的微调电容器 C_{1at},使声音最大为止,这样就初步完成了高端统调。高、低端也要反复调几次。

四、实验要求

1. 收音机装配的要求

(1) 熟悉所装收音机电路的工作原理,搞清电路中每一级、每个元件的作用及选择原则;

(2) 选择、检查元件,记录主要元器件的实测参数;

(3) 按照整机装配程序、电原理图、布线图等装配超外差晶体管收音机,装配时要做到整齐、美观、焊接质量好。

2. 收音机调试要求

(1) 对整机进行全面调试,主要调试内容如下:

① 测试静态工作点;

② 调试中频频率;

③ 调试频率覆盖;

④ 跟踪统调。

(2) 调试过程做好记录,如有故障,应记录故障现象、故障分析及排除经过。

五、实验注意事项

(1) 实验需要用电烙铁焊接电路,防止触电和烫伤;

(2) 注意装配顺序,保证焊接和装配的正确性;

(3) 收音机调试时要小心、细心,防止损坏元器件;

(4) 养成标记调试位置的习惯,一旦调试无作用,能及时恢复原位;

(5) 注意实验作风的养成,物品、工具、元器件的摆放要有序、整齐,方便使用和查找。

六、预习要求及思考题

1. 预习要求

(1) 熟悉整机装配的基本程序,做好必要的准备工作;

(2) 搞清所装配电路中各单元电路的工作原理及调试方法;

(3) 熟悉常见电路故障排除的方法;

(4) 熟悉收音机各性能指标的定义及测试方法。

2. 思考题

(1) 什么是超外差式收音机?

(2) 能否用简单的办法确定晶体管收音机的本振级是否振荡?

(3) 晶体管超外差式收音机由哪几部分组成?用方框图表示,并标明各部分的名称及输入、输出波形。

(4) 晶体管超外差式收音机的本机振荡频率为什么要求高出接收信号频率 465kHz?

(5) 晶体管超外差式收音机的调整(试)内容主要包括哪些项目?各个调试内容的调试目的、调试对象(调整的元器件)、调整的数值范围(静态工作点、频率点等)、调整的顺序及调整的方法各是什么?

(6) 如何迅速地测试收音机的整机电流?袖珍式收音机的整机电流一般在什么范围为好?

(7) 简述晶体管超外差式收音机三点统调的原理。

(8) 如何区分收音机中的故障是在高频部分还是在低频部分?

(9) 调整中频频率、频率覆盖、灵敏度时的基本要求各是什么?

附录 A

常用数字集成电路引脚及功能

四 2 输入与非门   品种代号：00

外引线功能

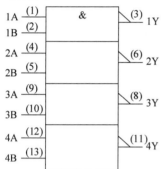

1A	1		14	V_{CC}
1B	2		13	4B
1Y	3		12	4A
2A	4		11	4Y
2B	5		10	3B
2Y	6		9	3A
GND	7		8	3Y

J、P、D 型及 SOIC 型

LCC、PPC 型

逻辑符号

逻辑表达式

正逻辑表达式：$Y = \overline{AB}$

典型参数

型号	$(P_D/G)^*$/mW	t_{pd}/ns
00	10	10
H00	22	6
L00	1	33
S00	19	3
LS00	2	9.5
AS00	8	3
ALS00	1.25	3.5
F00	5.5	3.4
HC(T)00	0.003	8

产品型号

国际通用型号	国内型号	
54/7400	CT1000	CT54/7400
54/74H00	CT2000	CT54/74H00
54L00		
54/74S00	CT3000	CT54/74S00
54/74LS00	CT4000	CT54/74LS00
54/74AS00		
54/74ALS00	CT54/74ALS00	
54/74F00	CT54/74F00	
54/74HC(T)00	CCT54/74HC(T)00	
54/74AC(T)00		

注：* 每个门的功耗。

双四输入与非门   品种代号：20

逻辑符号	外引线功能

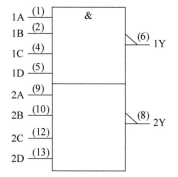

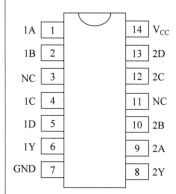

J、P、D型及SOIC型

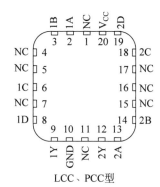

LCC、PCC型

逻辑表达式

正逻辑表达式：$Y = \overline{ABCD}$

典型参数

型号	$(P_D/G)/mW$	t_{pd}/ns
20	10	10
L20	1	33
H20	22	6
S20	19	3
LS20	2	9.5
AS20	8	3.3
ALS20	1.29	4
F20	5.5	3.5
HC(T)20	0.006	11
ACT20		4.5

产品型号

国际通用型号	国内型号	
54/7420	CT1020	CT54/7420
54/74H20	CT2020	CT54/74H20
54L20		
54/74S20	CT3020	CT54/74S20
54/74LS20	CT4020	CT54/74LS20
54/74AS20		
54/74ALS20	CT54/74ALS20	
54/74F20	CT54/74F20	
54/74HC(T)20	CCT54/74HC(T)20	
54/74AC(T)20	CCT54/74AC(T)20	

4 路 2-3-3-2 输入与或扩展器   品种代号：62

逻辑符号	逻辑表达式	外引线功能
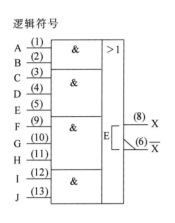	正逻辑表达式： $X=A \cdot B+C \cdot D \cdot E+F \cdot G \cdot$ $H+I \cdot J$ 连接 54/74H52 或 H53 输入端	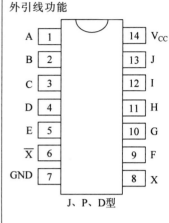 J、P、D型

典型参数		产品型号		
型号	$(P_D/G)/mW$	国际通用型号	国内型号	
20	10	54/74H62	CT2062	CT54/74H62

六电流读出接口门   品种代号：63

逻辑符号	外引线功能
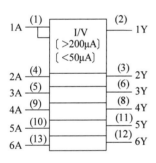	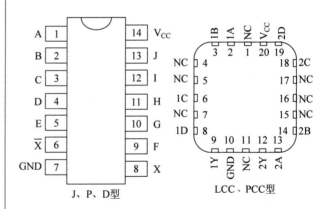 J、P、D型 LCC、PCC型

功能	典型参数			产品型号
将低电平输入电流转为低电平电压； 将高电平输入电流转为高电平电压	型号	$(P_D/G)/mW$	t_{pd}/ns	国际通用型号
	LS63	3.3	21	54/74LS63

双 J-K 触发器(有清除) 品种代号：73

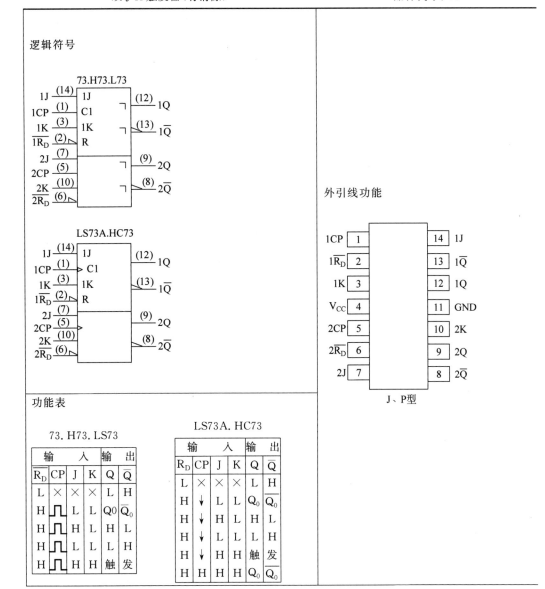

逻辑符号

73.H73.L73

LS73A.HC73

外引线功能

J、P型

功能表

73. H73. LS73

输		入		输	出
$\overline{R_D}$	CP	J	K	Q	$\overline{Q}$
L	×	×	×	L	H
H	⊓⊔	L	L	Q0	$\overline{Q}_0$
H	⊓⊔	H	L	H	L
H	⊓⊔	L	L	L	H
H	⊓⊔	H	H	触	发

LS73A. HC73

输		入		输	出
R_D	CP	J	K	Q	$\overline{Q}$
L	×	×	×	L	H
H	↓	L	L	Q_0	$\overline{Q}_0$
H	↓	H	L	H	L
H	↓	L	L	L	H
H	↓	H	H	触	发
H	H	H	H	Q_0	$\overline{Q}_0$

典型参数

型号	f_{max}/MHz	$(P_D$/FF$)^{①}$/mW	t_{set}/ns	t_H/ns
20	20	5	0 ↓	0 ↓
LS20	30	80	0 ↑	0 ↓
ALS20	3	3. 3	0 ↑	0 ↓
HC(T)20	45	10	20 ↓	0 ↓
ACT20	35	12	17	3

产品型号

国际通用型号	国内型号
54/74 73	
CT54/74 H73	
54L73	
54/74 LS73A	
54/74 HC(T)73	

注：① 每个触发器的功耗,下同。

双上升沿 D 触发器（有预置、清除）　　　　　　　品种代号：74

逻辑符号

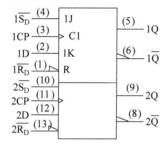

外引线功能

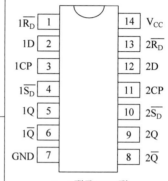

J、P型及SOIC型

功能表

输　　　入				输　　出	
$\overline{S_D}$	$\overline{R_D}$	CP	D	Q	$\overline{Q}$
L	H	×	×	H	L
H	L	×	×	L	H
L	L	×	×	φ	φ
H	H	↑	H	H	L
H	H	↑	L	L	H
H	H	L	×	Q_0	$\overline{Q_0}$

典型参数

型号	f_{max} /MHz	(P_D/FF) /mW	t_{set} /ns	t_H /ns
74	25	43	20 ↑	5 ↑
H74	43	75	15 ↑	5 ↑
L74	3	4	50 ↑	15 ↓
S74	110	75	3 ↑	2 ↑
LS74A	33	10	20 ↑	5 ↑
AS74	125	26	4.5 ↑	0 ↑
ALS74	50	6	15 ↑	0 ↑
F74	125	28.75	3.0 (2.0)	1.0
AC(T)74	60	0.012	4	0
AC74	160		3	1
ACT74	210		3.5	1.0

产品型号

国际通用型号	国内型号	
54/74 74	CT1074	CT54/7474
54/74 H74	CT2074	CT54/74H74
54L74		
54/74S74	CT3074	CT54/74S74
54/74LS74A6	CT4074	CT54/ 74LS74
54/74AS74		
54/74ALS74	CT54/74ALS74	
54/74F74	CT54/74F74	
54/74HC (T)74	CCT54/74HC(T)74	
54/74AC (T)74	CCT54/74AC(T)74	

双 J-K 触发器（有预置和清除）　　　　　　　　　　品种代号：76

逻辑符号

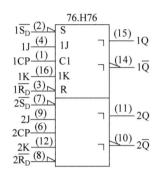

76.H76

LS 76A.HC76

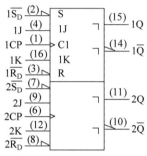

外引线功能

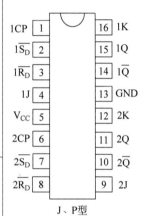

J、P 型

功能表

76. H76

输　　　入					输　出	
$\overline{S_D}$	$\overline{R_D}$	CP	J	K	Q	$\overline{Q}$
L	H	×	×	×	H	L
H	L	×	×	×	L	H
L	L	×	×	×	H*	H*
H	H	⊓⊔	L	L	Q_0	$\overline{Q_0}$
H	H	⊓⊔	H	L	H	L
H	H	⊓⊔	L	H	L	H
H	H	⊓⊔	H	H	触　发	

* 不稳定状态

LS76A. HC76

输　　　入					输　出	
S_D	R_D	CP	J	K	Q	$\overline{Q}$
$\overline{L}$	$\overline{H}$	×	×	×	H	$\overline{L}$
H	L	×	×	×	L	H
L	L	×	×	×	H*	H*
H	H	↓	L	L	Q_0	$\overline{Q_0}$
H	H	↓	H	L	H	L
H	H	↓	L	H	L	H
H	H	↓	H	H	触	$\overline{发}$
H	H	H	×	×	Q_0	$\overline{Q_0}$

典型参数

型号	f_{max}/MHz	(P_D/FF)/mW	t_{set}/ns	t_H/ns
76	20	50	0 ↑	0 ↓
H76	30	80	0 ↑	0 ↓
LS76A	45	10	20 ↑	0 ↓
HC(T)76	50	0.012	25	0

产品型号

国际通用型号	国内型号
54/7476	
CT54/74H76	
54/74LS76A	
54/74HC(T)76	

十进制计数器 品种代号：90

逻辑符号

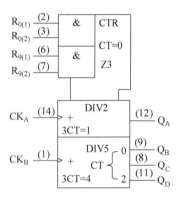

外引线功能

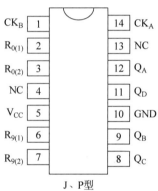

J、P型
片状载体封装同290

功能表（复位/计数）

复位输入				输 出			
$R_{0(1)}$	$R_{0(2)}$	$R_{9(1)}$	$R_{9(2)}$	Q_D	Q_C	Q_B	Q_A
H	H	L	×	L	L	L	L
H	H	×	L	L	L	L	L
×	×	H	H	H	L	L	H
×	L	×	L	计数			
L	×	L	×	计数			
L	×	×	L	计数			
×	L	L	×	计数			

典型参数

型号	f_{max}/MHz	P_D/mW	R_D
90A	32	160	H
L90	3	20	H
LS90	32	40	H

产品型号

国际通用型号	国内型号
54/7490A	
54L90	
54/74LS90	

7490 计数器芯片真值表

8421 码计数器①					5421 码计数器②					5 进制计数器③			
计数	输出				计数	输出				计数	输出		
	Q_D	Q_C	Q_B	Q_A		Q_A	Q_D	Q_C	Q_B		Q_D	Q_C	Q_B
0	0	0	0	0	0	0	0	0	0	0	0	0	0
1	0	0	0	1	1	0	0	0	1	1	0	0	1
2	0	0	1	0	2	0	0	1	0	2	0	1	0
3	0	0	1	1	3	0	0	1	1	3	0	1	1
4	0	1	0	0	4	0	1	0	0	4	1	0	0
5	0	1	0	1	5	1	0	0	0				
6	0	1	1	0	6	1	0	0	1				
7	0	1	1	1	7	1	0	1	0				
8	1	0	0	0	8	1	0	1	1				
9	1	0	0	1	9	1	1	0	0				

注：① 在外部,将 Q_A 和 CK_B 连接;

② 在外部,将 Q_D 和 CK_A 连接;

③ 在外部,Q_A 和 CK_A 空置不用。

3 线-8 线译码器/多路分配器 品种代号:138

逻辑符号

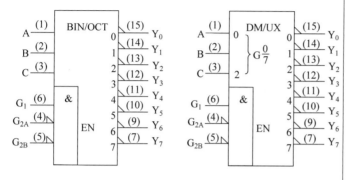

外引线功能

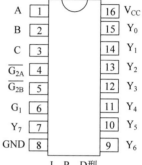

J、P、D型

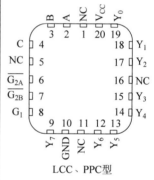

LCC、PPC型

功能表

输　　入						输　　出							
G_1	$\overline{G_{2A}}$	$\overline{G_{2B}}$	C	B	A	Y_0	Y_1	Y_2	Y_3	Y_4	Y_5	Y_6	Y_7
×	H	×	×	×	×	H	H	H	H	H	H	H	H
×	×	H	×	×	×	H	H	H	H	H	H	H	H
L	×	×	×	×	×	H	H	H	H	H	H	H	H
H	L	L	L	L	L	L	H	H	H	H	H	H	H
H	L	L	L	L	H	H	L	H	H	H	H	H	H
H	L	L	L	H	L	H	H	L	H	H	H	H	H
H	L	L	L	H	H	H	H	H	L	H	H	H	H
H	L	L	H	L	L	H	H	H	H	L	H	H	H
H	L	L	H	L	H	H	H	H	H	H	L	H	H
H	L	L	H	H	L	H	H	H	H	H	H	L	H
H	L	L	H	H	H	H	H	H	H	H	H	H	L

典型参数

型号	选择时间/ns	允许时间/ns	P_D/mW
S138	8	7	245
LS138	22	21	H31
AS138			
ALS138	3.5	9	25
F138	5.8	5.8	65
HC(T)138	15	15	0.048
AC(T)138	6.5(7.0)	6.0(6.5)	

产品型号

国际通用型号	国内型号	
54/74S138	CT3138	CT54/74S138
54/74LS138	CT4138	CT54/74LS138
54/74AS138		
54/74ALS138	CT54/74ALS138	
54/74F138	CT54/74F138	
54/74HC(T)138	CC54/74HC(T)138	
54/74AC(T)138		

四 2 输入与门 品种代号：4081

逻辑符号

逻辑表达式

外引线功能

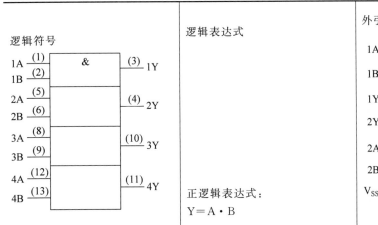

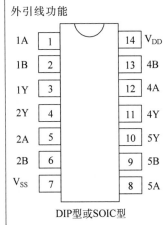

DIP型或SOIC型

正逻辑表达式：

$$Y = A \cdot B$$

典型参数

型号	电源电压/V	$(P_D/G)/\mathrm{mW}$	t_{pd}/ns
CD4081	3～15	700	100

产品型号

国际通用型号
CD4081

14 位二进制计数器 品种代号：4060

逻辑符号

晶体振荡电路

外引线功能

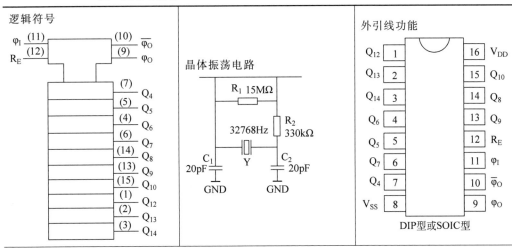

DIP型或SOIC型

典型参数

型号	电源电压/V	$(P_D/G)/\mathrm{mW}$	t_{pd}/ns
CD4060	3～15	700	150

产品型号

国际通用型号
CD4060

| BCD 码锁存/7 段译码/驱动器 | 品种代号：4511 |

逻辑符号

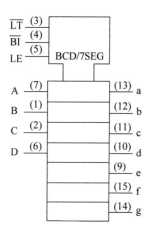

外引线功能

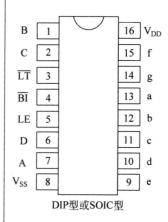

DIP型或SOIC型

功能说明：

　　CD4511 是将锁存、译码、驱动三种功能集于一身的"三合一"电路。锁存器的作用是避免在计数过程中出现跳数现象，便于观察和记录；译码器是将 BCD 码转换成七段码，再经过大电流反相器，驱动共阴极 LED 数码管。译码器属于非时序电路，其输出状态与时钟无关，仅取决于输入的 BCD 码。CD4511 的引脚功能：D～A 为 BCD 码输入端。a～g 是 7 段码输出端。$\overline{LT}$ 是灯测试端，当 $\overline{LT}=0$时，LED 数码管各段全亮，可检查数码管的质量好坏（有无笔段残缺现象）。$\overline{BI}$ 为强迫消隐控制端，当$\overline{BI}=0$ 时强迫显示器消隐。LE 为锁存控制端，当 LE＝0 时选通，LE＝1 时锁存。且该译码器还有拒伪码功能，当输入码超过 1001 时，输出全为"0"，数码管熄灭。

典型参数				产品型号
型号	电源电压/V	(P_D/G)/mW	t_{pd}/ns	国际通用型号
CD4511	0～20	500	280	CD4511

CD4511 功能表

输 入							输 出							
LE	$\overline{BI}$	$\overline{LT}$	D	C	B	A	a	b	c	d	e	f	g	显示
0	1	1	0	0	0	0	1	1	1	1	1	1	0	0
0	1	1	0	0	0	1	0	1	1	0	0	0	0	1
0	1	1	0	0	1	0	1	1	0	1	1	0	1	2
0	1	1	0	0	1	1	1	1	1	1	0	0	1	3
0	1	1	0	1	0	0	0	1	1	0	0	1	1	4
0	1	1	0	1	0	1	1	0	1	1	0	1	1	5
0	1	1	0	1	1	0	0	0	1	1	1	1	1	6
0	1	1	0	1	1	1	1	1	1	0	0	0	0	7
0	1	1	1	0	0	0	1	1	1	1	1	1	1	8
0	1	1	1	0	0	1	1	1	1	0	0	1	1	9
0	1	1	1	0	1	0	0	0	0	0	0	0	0	灭
0	1	1	1	0	1	1	0	0	0	0	0	0	0	灭
0	1	1	1	1	0	0	0	0	0	0	0	0	0	灭
0	1	1	1	1	0	1	0	0	0	0	0	0	0	灭
0	1	1	1	1	1	0	0	0	0	0	0	0	0	灭
0	1	1	1	1	1	1	0	0	0	0	0	0	0	灭
X	X	0	X	X	X	X	1	1	1	1	1	1	1	8
X	0	1	X	X	X	X	0	0	0	0	0	0	0	消隐
1	1	1	X	X	X	X	锁存							锁存

双 BCD 同步加计数器 品种代号：4518

逻辑符号

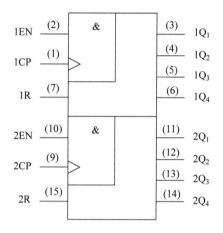

外引线功能

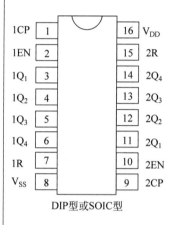

DIP型或SOIC型

功能表（复位/计数）

输入			输出功能
CP	EN	R	
↑	H	L	加计数器
L	↓	L	加计数器
↓	X	L	保持
X	↑	L	
↑	L	L	
H	↓	L	
X	X	H	全部为 L

典型参数

型号	电源电压/V	(P_D/G)/mW	t_{pd}/ns
CD4518	0～20	500	280

产品型号

国际通用型号
CD4518

附录 B

实验室常用电子仪器

视频

仪器一　TDS1012型数字存储示波器

一、技术指标

1. 垂直系统

（1）频带宽度：DC耦合0Hz～100MHz；AC耦合10Hz～100MHz。

（2）垂直灵敏度：2～5V/div，直流增益误差为±3%。

（3）输入阻抗：电阻1MΩ，电容2pF。

（4）上升时间：小于5.8ns。

2. 水平系统

（1）取样速率（次/秒，即Sample/Second，S/s）：50S/s～1GS/s。

（2）记录长度：每个通道获取2500个取样点。

（3）扫描时间：5ns/div～5s/div。

3. 标准信号输出

$f=1\mathrm{kHz}, V_{\mathrm{p-p}}=5\mathrm{V}$ 方波。

二、面板介绍

TDS1012型数字存储示波器面板结构如图B-1所示。面板结构按功能可分为显示区、功能区、运行控制区、触发控制区、水平控制区、垂直控制区六个部分。另有5个功能选择按键和3个输入连接端口。

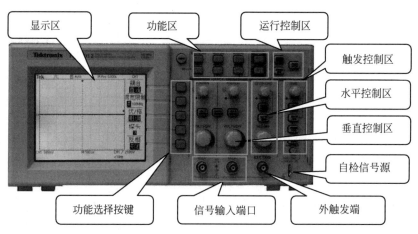

图 B-1　TDS1012型数字存储示波器面板结构

1. 显示区

显示区不仅能显示波形及波形参数，还可以显示"功能选择按键"所设置的细节。显示区界面如图B-2所示。

2. 垂直控制区

（1）POSITION：CH1或CH2通道的上下位移旋钮。

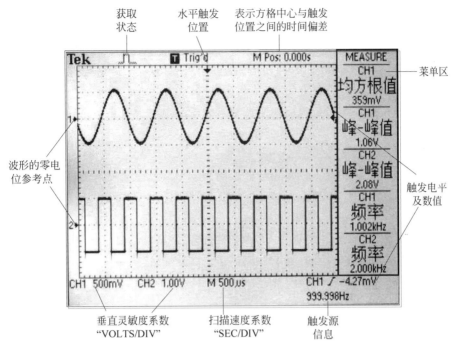

获取
状态

水平触发
位置

表示方格中心与触发
位置之间的时间偏差

菜单区

波形的零电
位参考点

触发电平
及数值

垂直灵敏度系数
"VOLTS/DIV"

扫描速度系数
"SEC/DIV"

触发源
信息

图 B-2 示波器显示界面

(2) VOLTS/DIV：垂直灵敏度调节旋钮。

(3) CH1(或 CH2)MENU：CH1 或 CH2 功能表,用来设置两通道波形的输入耦合方式、带宽及衰减系数等,并控制波形的接通与关闭。

耦合即被测信号的输入耦合方式,分为三种：交流耦合,将隔断输入信号中的直流分量,使显示的信号波形位置不受直流电平的影响；直流耦合,将通过输入信号中的交直流分量,适用于观察各种变化缓慢的信号；接地耦合,表明输入信号与内部电路断开,用于显示 0V 基准电平。

(4) MATH MENU 数学值功能表。用来选择波形的数学值操作,并控制波形显示的通断。

3. 水平控制区

(1) POSITION：CH1 或 CH2 通道的上下位移旋钮。

(2) SEC/DIV：水平扫描速度调节旋钮。

(3) HORIZONTAL MENU：水平功能表。用来改变时基和水平位置并在水平方向放大波形。视窗区域由两个光标确定,通过水平控制旋钮调节。视窗用来放大一段波形,但视窗时基不能慢于主时基。当波形稳定后,可用"SEC/DIV"旋钮来扩展或压缩波形,使波形显示清晰。

4. 触发控制区

(1) TRIGGER MENU：触发功能表。触发方式分边沿触发和视频触发两种。触发状态分自动、正常、单次三种。当"SEC/DIV"置"100ms/div"或更慢,并且触发方式为自动时,仪器进入扫描获取状态,这时波形自左向右显示最新平均值。在扫描状态下,没有波形水平位置和触发电平控制。触发信号耦合方式分交流、直流、噪声抑制、高频抑制和低频抑制五种。高频抑制时衰减 80kHz 以上的信号,低频抑制时阻挡直流并衰减 30kHz 以下的信号。视频触发是在视频行或场同步脉冲的负沿触发,若出现正向脉冲,则选择反向奇偶位。

(2) LEVEL:电平调节旋钮。用来调节触发信号电平的大小。

(3) POSITION:水平方向的位移旋钮。

5. 功能区

(1) DISPLAY:显示键。用来选择波形的显示方式和改变显示屏的对比度。

(2) YT 格式显示垂直电压和时间的关系,XY 格式在水平轴上显示 CH1,在垂直轴上显示 CH2。

(3) ACQUIRE:获取方式键。分取样、峰值检测、平均值检测三种。取样为预设状态,它提供最快获取。峰值检测能捕捉快速变化的毛刺信号,并将其显示在屏幕上。平均值检测用来减少显示信号中的杂音,提高测量分辨率和准确度。平均值的次数可根据需要在 4、16、64 和 128 中选择。

(4) CURSOR:光标键。用来显示光标和光标功能表,光标位置由垂直位移旋钮调节,增量为两光标间的距离。光标位置的电压以接地点为基准,时间以触发位置为基准。

(5) MEASURE:测量键。具有 5 项自动测量功能。选"信源"以后再确定要测量的通道,选"类型"可测量一个完整波形的周期均方根值、算术平均值、峰-峰值、周期和频率。但在 XY 状态或扫描状态时,不能进行自动测量。

(6) SAVE/RECALL:存储/调出键。用来存储或调出仪器当前控制钮的设定值或波形,设置区有 1~5 个内存位置。存储的两个基准波形分别用 Ref A 和 Ref B 表示。调出的波形不能调整。

(7) UTILITY:功能键。用来显示辅助功能表。通过功能选择键可选择各系统所处的状态,如水平、波形、触发等状态。可进行自校正和选择操作语言。

6. 运行区

(1) AUTO SET:自动设定键。用于自动调节各种控制值,以显示可使用的输入信号。

(2) RUN/STOP:运行/停止按键,按下该键示波器运行或停止波形采样。

三、基本使用方法

1. 利用数字示波器观察波形

首先利用数字示波器提供的自动设置功能自动评估输入信号波形。自动选择合适的触发状态,并选择合适的垂直灵敏度和水平扫描速度。这样在屏幕上可以看到信号,然后根据需要进行手动调节,例如改变触发源、触发耦合方式或调整触发电平等,最终在屏幕上显示清晰、完整、稳定的波形。

2. 利用数字示波器进行参数测量

可以利用数字示波器测量功能和光标进行多种参数的测量。这里给出两个示例。

1）应用测量功能测量电压峰-峰值

应用测量功能测量被测电压峰-峰值的步骤（图 B-3）如下：

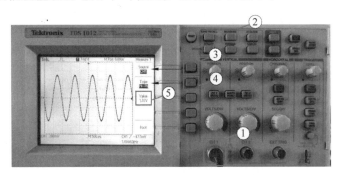

图 B-3　测量功能测量电压峰-峰值

（1）显示测试信号。将通道 CH1 的探头和接地线连接到电路被测点,按前述方法在示波器上显示清晰、完整、稳定的波形。

（2）启动测量功能。按下"MEASURE"按键启动测量功能,显示屏上显示测量功能菜单。

（3）选择信源。按下第一个功能选择菜单键,将信源选择为"CH1"。

（4）选择测量参数。循环按下第二个功能选择菜单键,可以选择测量"峰-峰值""有效值""频率""周期"等 11 种参数,这里选择"Pk-Pk"测量信号的电压峰-峰值。

（5）读数。读取示波器屏幕中"Value"下方的数值就是被测信号的电压峰-峰值。

2）应用光标测量信号周期

应用光标测量功能测量被测信号周期的步骤（图 B-4）如下：

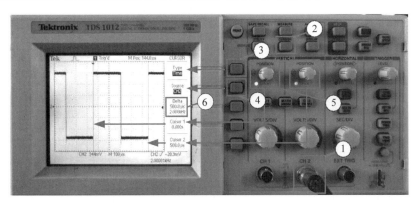

图 B-4　应用光标测量信号周期

（1）显示测试信号,将通道 CH2 的探头和接地线连接到电路被测点,按前述方法在示波器上显示清晰、完整、稳定的波形。

（2）启动光标测量。按下"CURSOR"按键启动光标测量,显示屏上显示测量功能菜单。

（3）选择测量类型。循环按下第一个功能选择菜单键可以选择"电压"和"时间"两种测量类型,这里将测量类型选择为"时间",此时显示屏上出现两条竖向光标线,同时两个"POSITION"对应的指示灯点亮,此时这两个旋钮可以用来调节两条光标的位置。

(4)选择信源。按下第二个功能选择菜单键,将信源选择为"CH2"。

(5)调节光标位置。分别转动两个"POSITION"旋钮使得光标1和光标2正好卡在被测信号一个周期的位置上。

(6)读数。读取示波器屏幕中"Delta"下方的数值就是被测信号的周期值和频率值,示波器上还可以读取"CURSOR1"和"CURSOR2"的当前值。

视频

仪器二　SM1030型数字交流毫伏表

一、技术指标

1. 测量频率范围:5Hz~2MHz。

2. 测量电压性质及范围:正弦信号有效值,范围为 $70\mu V \sim 300V$。

3. 输入电阻:10MΩ。

4. 输入电容:30pF。

5. 供电电源:

频率:50(1±5%)Hz。

电压:220(1±10%)V。

容量:10V·A。

二、面板介绍

SM1030型数字交流毫伏表前面板如图B-5所示。

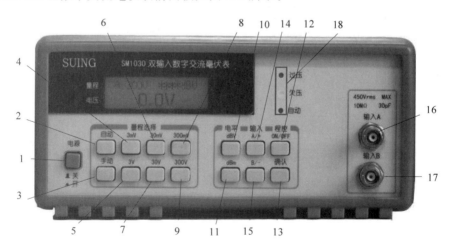

图 B-5　SM1030型数字交流毫伏表前面板

1. 电源开关:开机时显示厂标和型号后,进入初始状态:输入A,手动改变量程,量程300V,显示电压和dBV值。

2. 自动键：切换到自动选择量程。在自动位置,输入信号小于当前量程的 1/10,自动减小量程;输入信号大于当前量程的 4/3 倍,自动加大量程。

3. 手动键：无论当前状态如何,按下 手动 键都切换到手动选择量程,并恢复到初始状态。在手动位置,应根据"过压"和"欠压"指示灯的提示,改变量程:过压灯亮,增大量程;欠压灯亮,减小量程。

4~9. 3mV键~ 300V 键：量程切换键,用于手动选择量程。

10. dBV键：切换到显示 dBV 值。

11. dBm键：切换到显示 dBm 值。

12. ON/OFF键：进入程控,退出程控。

13. 确认键：确认地址。

14. A/＋键：切换到输入 A,显示屏和指示灯都显示输入 A 的信息。量程选择键和电平选择键对输入 A 起作用。设定程控地址时,起地址加作用。

15. B/－键：切换到输入 B,显示屏和指示灯都显示输入 B 的信息。量程选择键和电平选择键对输入 B 起作用。设定程控地址时,起地址减作用。

16. 【输入 A】：A 输入端。

17. 【输入 B】：B 输入端。

18. 指示灯：

【自动】指示灯：用 自动 键切换到自动选择量程时,该指示灯亮。

【过压】指示灯：输入电压超过当前量程的 4/3 倍,过压指示灯亮。

【欠压】指示灯：输入电压小于当前量程的 1/10,欠压指示灯亮。

三、基本使用方法

按下面板上的 电源 按钮,电源接通。仪器进入初始状态。

(1) 预热 30min。

(2) 输入信号。SM1030 有两个输入端,由输入 A 或输入 B 输入被测信号,也可由输入端 A 和输入端 B 同时输入两个被测信号。两输入端的量程选择方法、量程大小和电平单位,都可以分别设置,互不影响;但两输入端的工作状态和测量结果不能同时显示。可用输入选择键切换到需要设置和显示的输入端。

(3) 手动测量。可从初始状态(手动,量程 300V)输入被测信号,然后一定要根据"过压"和"欠压"指示灯的提示手动改变量程。过压灯亮,说明信号电压太大,应加大量程;欠压指示灯亮,说明输入电压太小,应减小量程。

(4) 自动量程的使用。在自动位置,仪器可根据信号的大小自动选择合适的量程。若过压指示灯亮,显示屏显示 **** V,说明信号已到 400V,超出了本仪器的测量范围。若欠压指示灯亮,显示屏显示 0,说明信号太小,也超出了本仪器的测量范围。

（5）电平单位的选择。根据需要选择显示 dBV 或 dBm。dBV 和 dBm 不能同时显示。

视频

仪器三　SA3912A 型函数信号发生器

一、技术指标

1. 输出波形

标准波形：正弦波、方波、锯齿波、脉冲波、噪声波。

内建波形：指数函数、对数函数、正切函数、高斯函数、心电图波等 135 种波形。

2. 频率范围：1μHz～120MHz。

3. 幅度范围（峰-峰值）：1mV～2.5V（50Ω 负载），2mV～5V（开路）。

4. 输出通道：具有 A、B 两个独立的输出通道，两通道特性相同。

二、面板介绍

SA3912A 型函数信号发生器面板结构如图 B-6 所示。

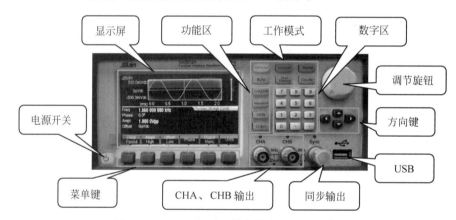

图 B-6　SA3912A 型函数信号发生器面板结构

（1）电源开关。按下开关，信号发生器仅接通供电电源，并没有信号输出。

（2）显示屏。显示屏分为上、中、下三个部分，上部为输出波形示意图，中部显示频率、幅度、偏移等工作参数及输出模式、波形和负载设置，下部为操作菜单和数据单位显示。

（3）菜单键。用于菜单和单位选择。

（4）工作模式：

按【Continuous】键，选择连续输出模式。

按【Modulate】键，选择调制输出模式。

按【Sweep】键，选择扫描输出模式。

按【Burst】键，选择猝发输出模式。

按【Dual Channel】键，选择双通道操作模式。

按【Counter】键,选择计数器模式。

(5) 功能区:

按【CHA/CHB】键可以循环选择两个通道,被选中的通道,其通道名称、工作模式、输出波形和负载设置的字符变色(A 通道为黄色,B 通道为蓝色)。使用菜单可以设置该通道的波形和参数,按【Output】键可以循环开通或关闭该通道的输出信号。

按【Waveform】键,显示出波形菜单,其中可以选择的有正弦波、方波、锯齿波、脉冲波、任意波和噪声,其中任意波键按下后,会出现相应的任意波操作界面。按菜单键选中一种波形,波形名称会随之改变,在"连续"模式下,可以显示出波形示意图。再次按【Waveform】键或者其他功能软键,恢复到当前菜单。

按【Utility】键,显示出通用操作菜单,通过菜单键可以选择多种通用操作特性,如语言类型、同步输出、接口设置、关机状态、显示/声音、系统恢复、存储、调出、校准、系统升级。

(6) 数字区。【0】~【9】为 10 个数字输入键。【.】键:小数点输入键。【一】键:负号输入键,在输入数据允许负值时输入负号,其他时候无效。

(7) 调节旋钮。面板上的旋钮为数字调节旋钮,向右转动旋钮,可使光标位置的数字连续加 1,并能向高位进位。向左转动旋钮,可使光标指示位的数字连续减一,并能向高位借位。使用旋钮输入数据时,数字改变后即刻生效,不用再按单位键。光标的位置向左移动,可以对数据进行粗调,向右移动则可以进行细调。

(8) 方向键:

【◀】键:白色光标位置左移键,数字输入过程中的退格删除键。

【▶】键:白色光标位置右移键。

【▲】键:参数选择键。

【▼】键:参数选择键。

三、基本使用方法

1. 基本操作

(1) 打开电源。按下面板上的电源开关,接通电源,仪器进入初始状态。

(2) 选择输出通道。按【CHA/CHB】键,选择 CHA 或 CHB 通道,如图 B-7 所示。系统默认 CHA 通道波形为黄色,CHB 通道波形为蓝色。

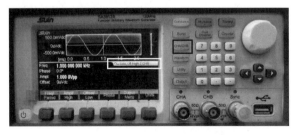

图 B-7　选择输出通道

(3) 选择输出波形。按【Waveform】键,通过菜单键选择正弦波,如图 B-8 所示。

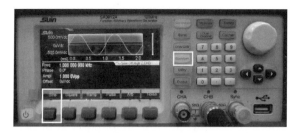

图 B-8   设置波形

（4）设置波形参数。

① 设置频率。按下频率所对应的菜单键，使屏幕上显示为频率状态。输入数字及单位，例如，依次输入"5"."""8"并选择单位为"kHz"，就设定当前信号频率为 5.8kHz，具体操作如图 B-9 所示。

图 B-9   设置频率

② 设置幅度。按下幅度所对应的菜单键，使屏幕上显示为幅度状态。输入数字及幅度单位，例如，依次输入"2""5""0"并选择单位为"mVrms"，就设定当前信号幅度的有效值为 250mV。具体操作如图 B-10 所示。

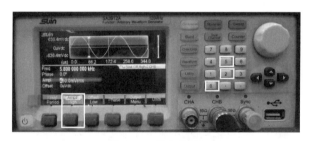

图 B-10   设置幅度

（5）打开 OUTPUT 开关，输出指示灯点亮，所选通道输出信号，具体操作如 B-11 所示。

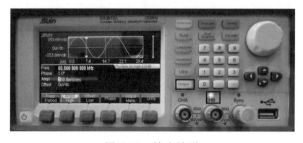

图 B-11   输出波形

2. 幅度调制操作

按【Modulate】键,进入调制设置界面如图 B-12 所示,按【调制类型】软键,可选择调制类型,初始状态是调幅。

图 B-12　设置幅度调制

(1) 载波设置:按【载波参数】软键,可以设置载波的波形、频率、幅度。在幅度调制中,载波的幅度是随着调制波形的瞬时电压而变化的,载波波形可以使用波形表中的大多数波形,但是有些波形可能是不合适的。

(2) 调制深度:按【调制深度】软键,可以设置调制深度值。调制深度表示在幅度调制过程中,调制波形达到满幅度时载波幅度变化量相对于幅度设置值的百分比。调制载波包络的最大幅度 $A_{\max}$、最小幅度 $A_{\min}$、幅度设置值 A、调制深度 M,四者之间的关系由下式表示:

$$A_{\max} = (1+M) \times A/2.2 \qquad\qquad A_{\min} = (1-M) \times A/2.2$$

由以上两式可以导出调制深度:

$$M = (A_{\max} - A_{\min}) \times 1.1/A$$

如果调制深度为 120%,则 $A_{\max} = A$,$A_{\min} = -0.09A$。如果调制深度为 100%,则 $A_{\max} = 0.909A$,$A_{\min} = 0$。如果调制深度为 50%,则 $A_{\max} = 0.682A$,$A_{\min} = 0.227A$。如果调制深度为 0,则 $A_{\max} = 0.455A$,$A_{\min} = 0.455A$。也就是说,当调制深度为 0 时,载波幅度大约是幅度设置值的一半。

(3) 调制频率:按【调制频率】软键,可以设置调制频率值,调制频率一般远低于载波频率。

(4) 调制波形:按【调制波形】软键,可以设置调制波形,初始设置为正弦波,按波形菜单软键可以选择调制波形。调制波形可以使用波形表中的大多数波形,但是有些波形可能是不合适的。波形选择后返回调制菜单。

注意事项:

(1) 严禁输出端短路或过载。

(2) 严禁信号源的输出端直接连接到有直流分量或电压的测试点上。

(3) 输出信号时,确认当前的工作状态是否正常,通道是否与实际所用通道一致,观察输出指示灯是否点亮。

仪器四　TH2812C 型 LCR 数字电桥

一、技术指标

1. 测量参数

电感量 L、电容量 C、电阻值 R、品质因数 Q、损耗角正切值 D。

2. 测量频率

TH2812C：100Hz、120Hz、$(1\pm0.02\%)$kHz。

TH2811C：100Hz、1kHz、$10(1\pm0.02\%)$kHz。

3. 测量范围

测量范围如表 B-1 所列。

表 B-1　测量范围

参数	频率	测量范围
L	100Hz、120Hz	1μH～9999H
	1kHz	0.1μH～999.9H
	10kHz	0.01μH～99.99H
C	100Hz、120Hz	1pF～19999μF
	1kHz	0.1pF～1999.9μF
	10kHz	0.01pF～19.99μF
R		0.1mΩ～99.99MΩ
Q		0.0001～9999
D		0.0001～9.999

4. 测量精度

测量精度如表 B-2 所列。

表 B-2　测量精度

参数	频率	精度
L	100Hz、120Hz	$\pm[1\mu$H$+0.25\%(1+L/2000$H$+2$mH$/L)](1+1/Q)$
	1kHz	$\pm[0.1\mu$H$+0.25\%(1+L/200$H$+0.2$mH$/L)](1+1/Q)$
	10kHz	$\pm[0.01\mu$H$+0.25\%(1+L/10$H$+0.04$mH$/L)](1+1/Q)$
C	100Hz、120Hz	$\pm[1$pF$+0.25\%(1+1000$pF$/C_x+C_x/1000\mu$F$)](1+D_x)$
	1kHz	$\pm[0.1$pF$+0.25\%(1+100$pF$/C_x+C_x/100\mu$F$)](1+D_x)$
	10kHz	$\pm[0.01$pF$+0.25\%(1+20$pF$/C_x+C_x/4\mu$F$)](1+D_x)$
R		$\pm[1$m$\Omega+0.25\%(1+R/2$m$\Omega+2\Omega/R)](1+Q)$
Q	100Hz、120Hz、1kHz	$\pm[0.020+0.25(Q_x+1/Q_x)]\%$
	10kHz	$\pm[0.020+0.3(Q_x+1/Q_x)]\%$
D	100Hz、120Hz、1kHz	$\pm0.0010(1+D_x^2)$
	10kHz	$\pm0.0015(1+D_x^2)$

5. 测试信号电平

0.3(1±10％)V(均方差,空载)。

6. 电源电压

电压 220(1±10％)V,频率 50(1±5％)Hz,功耗＜40W。

二、面板介绍

前面板说明如表 B-3 所列,后面板说明如表 B-4 所列。

表 B-3　前面板说明

序　号	名　称	说　明	功　能
1	商标、型号		
2	主参数显示	五位数字显示	显示 L、C、R
3	主参数选择	三只 LED 指示	指示当前测量的主参数
4	主参数单位	三只 LED 指示	指示当前测量主参数单位
5	副参数显示	五位数字显示	显示损耗 D 或品质因数 Q
6	副参数选择	两只 LED 指示	指示当前测量副参数
7	清零键	清"0"键	该状态首先短路校准,然后开路校准
8	锁定键	量程保持键	该状态仪器量程处于锁定状态时仪器测试速度最高
9	LCR 键	主、副参数选择	将仪器选择至所需参数测量状态
10	频率键	选择 100Hz、120Hz 或 1kHz、10kHz	设定加于被测元件上之测试信号频率
11	测试端 HD、HS、LS、LD	测试信号端	HD:电压激励高端 HS:电压取样高端 LS:电压取样低端 LD:电压激励低端
12	电源开关		按至 ON,电源打开
13	接地端	接地线端	用于外接被测电容器的屏蔽地线
14	公司名称		
15	方式键		选择被测件为串联或并联方式

表 B-4　后面板说明

序　号	名　称	说　明	功　能
1	铭牌		记录生产日期及生产序号
2	电源插座		220V,50Hz,三芯标准插座
3	保险丝座	1A 保险丝座	

三、基本使用方法

1. 注意事项

(1)仪器开箱后,按照仪器装箱单检查备件是否相符。

(2)在对仪器进行操作前,首先应详细阅读说明书,或在对本仪器熟悉的人员指导下进行操作,以免产生不必要的问题。

（3）电源输入相线 L ，零线 N 应与本仪器电源插头上标志的相线、零线相同。

（4）将测试用夹具或测试电缆连接于本仪器前面板标志为 HD、HS、LS、LD 四个测试端上。使用测试电缆时，应将 HD 与 HS 短接，LD 与 LS 短接。对具有屏蔽外壳的被测件，应把屏蔽层与仪器地"⊥"相连。

（5）仪器应在技术指标规定的环境中工作，仪器特别是连接试件的测试导线应远离强电磁场，以免对测量产生干扰。

（6）仪器测试完毕或排除故障时需打开仪器时，应将电源开关置于 OFF 状态并拔下电源插头。仪器测试夹具或测试电缆应保持清洁，备测试件引脚应保持清洁，以保证试件接触良好，夹具簧片调整至适当的松紧程度。

2. 操作步骤

1）电源

插上电源插头，将面板电源开关按至 ON 状态，显示窗口应有不断翻动的数字显示，否则重新启动电源。开机后，仪器初始状态如表 B-5 所列。

表 B-5　仪器初始状态

频率	1kHz
方式	串联
锁定	OFF
LCR	C-D

预热 10min，待机内达到热平衡后，进行正常测试。

2）连接被测电容

根据实测试件，选用合适的测试夹具或测试电缆。选用测试电缆应保证 HD、HS、LD、LS 在末端短接。被测试件引线应清洁，与测试端保持良好接触。

3）测量条件

仪器开机后应根据被测件要求选择相应测量条件。

（1）频率。使用者应根据被测件的测试标准或使用要求按频率键，选择相应的测量频率，可选择 TH2812C：100Hz、120Hz、1kHz。在本仪器中，采用串联或并联两种等效方式输出测试结果。等效方由方式键转换得到。

在上述两种方式中，品质因数 Q 和损耗 D 是相同的。

（2）显示、量程和量程保持。仪器以五位数值显示主参数，使用 LCR 键选择 L、C 和 R，单位如下：

L：μH、mH、H。

C：pF、nF、μF。

R：Ω、kΩ、MΩ。

本仪器共分三个量程，三个高精密电阻依次对应于各个量程，不同量程决定了不同的测试范围，所有量程构成了仪器完整的测试范围。仪器使用锁定键处于 ON 状态可使量程固定。量程保持推荐在同规格元件批量测试时使用。锁定处于 OFF 状态，使用者将试件插入后所获得的测量值并不直接送显示,而是首先判断该次测量是否选择了最佳量程,当在最佳量程时才将数据送至显示器显示。在此状态最多可能需两次才能完成一次测量。当锁定处于 ON 状态时,仪器量程锁定于当前量程,当量程保持时,仪器测试速度为 5 次/s,仪器不进行量程选择,可提高机内继电器使用寿命,降低仪器故障率。使用锁定功能时应首先将测试元件中的一个插入测试夹具,待数据稳定后按锁定键,此时设定便完成了量程的锁定。

(3) 等效方式。实际电感、电容、电阻并非理想的纯电抗或电阻元件,而是以串联或并联形式呈现为一个复阻抗元件,本仪器根据串联或并联等效电路来计算其所需值,不同等效电路将得到不同的结果。其不同性取决于不同的元件。一般地,对于低值阻抗元件(基本是高值电容和低值电感)使用串联等效电路,对于高值阻抗元件(基本是低值电容和高值电感)使用并联等效电路。同时,也须根据元件的实际使用情况决定其等效电路,如电容器用于电源滤波时使用串联等效电路,用于 LC 振荡电路时使用并联等效电路。两种等效电路可通过一定的公式进行转换,而对于 Q 和 D 则无论何种方式均是相同的。

等效方式转换如表 B-6 所列。表中,s 为串联,p 为并联,$Q = X_s/R_s$,$D = R_s/X_s$,$X_s = 1/(2\pi f C_s)$。

表 **B-6** 等效方式转换

电路形式		损耗 D	等效方式转换
L	L_p / R_p	$D = 2\pi f L_p/R_p = 1/Q$	$L_s = L_p/(1+D^2)$ $R_s = R_p D^2/(1+D^2)$
	L_s R_s	$D = R_s/(2\pi f L_s) = 1/Q$	$L_p = (1+D^2)L_s$ $R_p = (1+D^2)R_s/D^2$
C	C_p / R_p	$D = 1/(2\pi f C_p R_p) = 1/Q$	$C_s = (1+D^2)C_p$ $R_s = R_p D^2/(1+D^2)$
	C_s R_s	$D = 2\pi f C_s R_s = 1/Q$	$C_p = C_s/(1+D^2)$ $R_p = R_s(1+D^2)/D^2$

4) 清"0"功能(校准)

本仪器通过对存在于测试电缆或测试夹具上的杂散电抗和引线电阻清除以提高仪器测试精度,这些阻抗以串联或并联形式叠加在被测器件上,清"0"功能便是将这些参数测量出来,并将其存储于仪器中,在元件测量时自动将其减掉,从而保证仪器测试的准确性。仪器清"0"包括短路清"0"和开路清"0"。本仪器可同时存放两组不同的清"0"参数,即两种频率各一种,相互并不干扰,仪器在不同频率下其分布参数是不同的,因此,在一种频率下清"0"后转换至另一频率时无需重新清"0"。若使用环境(如温度、湿度、电磁场等)变化较大时应重新清"0"。为使仪器进行可靠的清"0",应遵循以下规定:

(1) 按清零键,仪器显示器 A 显示"CLEAR",显示器 B 显示"SH"。

(2) 使用 TH26010 短路片或低阻导线将测试端可靠短路。

(3) 按清零键,仪器短路清"0",然后 A 显示"CLEAR",B 显示"OP"。

(4) 将仪器测试端开路。

(5) 按清零键,仪器开路清"0"后退出清"0"状态。

注:若测试端短路或开路不可靠,按清零键后,仪器不进行清"0"操作直接退回测试状态。

仪器五　XJ4810 型半导体管特性图示仪

一、技术指标

1. 垂直偏转系统

(1) 集电极电流范围:$10\mu A/div \sim 0.5A/div$。

(2) 二极管反向漏电流:$0.2 \sim 5\mu A/div$。

(3) 基极电流或基极源电压:$0.1V/div$。

2. 水平偏转系统

(1) 集电极电压范围:$0.05 \sim 50V/div$。

(2) 基极电压范围:$0.05 \sim 1V/div$。

(3) 基极电流或基极源电压:$0.05V/div$。

3. 阶梯信号

(1) 阶梯电流范围:$0.2\mu A/级 \sim 50mA/级$。

(2) 阶梯声压范围:$0.05 \sim 1V/级$。

(3) 串联电阻:0、$10k\Omega$、$1M\Omega$。

二、面板介绍

1. 显示控制单元

显示控制单元如图 B-13 所示。

(1) 显示屏:阴极射线管,有效显示面 $10div$(Y 轴)$\times 10div$(X 轴)($1div=0.8cm$)。

(2) 辉度:用于调节扫描光迹的亮度。

(3) 聚焦:用于调节显示光迹的清晰度至最佳。

(4) 辅助聚焦:与聚焦控制旋钮相互配合调节,提高波形的清晰度。

2. Y、X 轴放大器单元

Y、X 轴放大器单元如图 B-14 所示。

(1) Y 轴移位:通过调节移位旋钮,以达到被测信号或集电极扫描线在 Y 轴方向的位置。

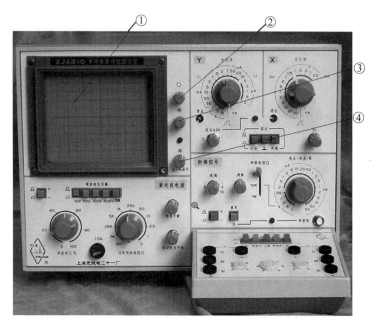

图 B-13　显示控制单元

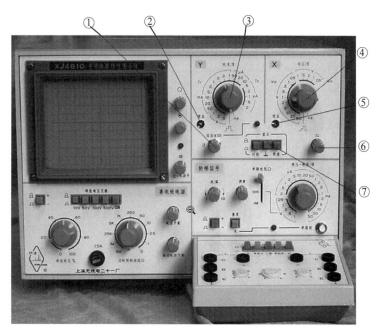

图 B-14　Y、X 轴放大器单元

(2) Y 轴增益：Y 放大器灵敏度校准电位器。

(3) Y 轴电流/度选择开关：它是一种具有 22 挡四种偏转作用的开关。

① 集电极电流 I_c：$10\mu\text{A/div}\sim0.5\text{A/div}$，1-2-5 进制共分 15 挡。

② 二极管漏电流 I_R：$0.2\sim5\mu\text{A/div}$，1-2-5 进制共分 5 挡。

③ 阶梯信号：Y 放大器接通机内阶梯信号，在显示屏 Y 方向每度显示一个光点。

④ 外接：Y 放大器外接输入，输入阻抗 $1\text{M}\Omega$，灵敏度为 0.1V/div。

（4）X 轴电压/度选择开关：它是一种具有 17 挡四种偏转作用的开关。

① 集电极电压 V_{ce}：$0.05\sim50\text{V/div}$，1-2-5 进制共分 10 挡。

② 基极电压 V_{be}：$0.05\sim1\text{V/div}$，1-2-5 进制共分 5 挡。

③ 阶梯信号：X 放大器接通机内阶梯信号，在显示屏 X 方向每度显示一个光点。

④ 外接：X 放大器外接输入，输入阻抗 $1\text{M}\Omega$，灵敏度为 0.05V/div。

（5）X 轴增益：X 放大器灵敏度校准电位器。

（6）X 轴移位：通过调节移位旋钮，以达到被测信号或集电极扫描线在 X 轴方向的位置。

（7）显示方式选择开关：

① 转换：便于 NPN 管转测 PNP 管时简化测试操作。

弹出：X 和 Y 放大器正常，图像在第一象限显示。

按入：X 和 Y 放大器倒相，图像在第三象限显示。

② 接地：即放大器输入接地，表示输入为零的基准点。

弹出：X 和 Y 放大器处于工作状态。

按入：X 和 Y 放大器输入端接地。

③ 校准：以达到 X、Y 放大器 10 度校准目的。

弹出：X 和 Y 放大器处于正常状态。

按入：X 和 Y 放大器分别接通机内校准直流电压。

3．阶梯信号单元

阶梯信号单元如图 B-15 所示。

（1）阶梯极性选择开关：极性选用取决于被测半导体器件的需要。

弹出：正极性阶梯，用于测试 NPN 型、N 沟道型半导体管。

按入：负极性阶梯，用于测试 PNP 型、P 沟道型半导体管。

（2）级/簇调节旋钮：用来调节阶梯信号的级数，级数在 $0\sim10$ 范围内连续可调。

（3）阶梯调零调节旋钮：用来调节阶梯信号的起始级（零级）的电位，以确保零级阶梯处于零电平。

（4）阶梯信号选择开关：阶梯信号选择开关共有 22 挡，起两种作用。

① 基极电流 $0.2\mu\text{A/级}\sim50\text{mA/级}$，1-2-5 进制共分 17 挡，其作用是通过改变开关的不同挡级的电阻值得到不同的基极电流送入被测半导体管的基极。

② 基极电压源 $0.05\sim1\text{V/级}$，1-2-5 进制共分 5 挡，其作用是通过改变开关的不同挡级的电阻值，获取所需要的阶梯电压送入被测半导体管的基极或栅极。

（5）重复-单次选择按钮：

① 重复〔弹出〕：使阶梯信号重复出现，作正常测试。

② 关〔按入〕：使阶梯信号处于待触发状态，配合单簇按开关使用。

（6）单簇按开关：单簇按钮的作用是使预先调整好的电压（电流）/级，短时间出现一

图 B-15　阶梯信号单元

簇阶梯信号后回到等待触发位置,因此可利用它的瞬间作用的特性来观察被测管的各种极限参数特性(特别是大电流状态),防止被测管因过热而损坏。

(7)串联电阻:当阶梯选择开关置于电压/级的位置时,串联电阻将串联在被测管的输入电路中,确定被测管的输入阻抗的高低,以判断被测管的优劣。

4. 集电极电源单元

集电极电源单元如图 B-16 所示。

(1)峰值电压选择开关:通过选择开关选择不同的输出电压,分为 0～10V(5A)、0～50V(1A),0～100V(0.5A),0～500V(0.1A)四挡。当由低挡改换高挡观察半导体管的特性时,必须先将峰值电压调节开关调到 0 值,换挡后按需要的电压逐渐增加,否则易击穿被测半导体管。

AC 挡的设置是专为二极管或其他测试提供双向扫描,它能方便地同时显示器件正反向的特性曲线。

(2)集电极电源极性选择按钮:极性选择开关可以转换正、负集电极电压极性,在半导体管的测试时,极性按被测管特性进行选择。

弹出:正极性,用于测试 NPN 型半导体管。

按入:负极性,用于测试 PNP 型半导体管。

(3)峰值电压调节旋钮:峰值电压控制旋钮,可以配合峰值电压选择开关在 0～10V、0～50V、0～100V 或 0～500V 之间连续可变,面板上的标称值是作近似值使用,精确的读数应由 X 轴偏转灵敏度读测。

(4)保险丝:当集电极电源短路或过载时,保险丝将起保护电路作用。

(5)功耗限制电阻选择开关:0～0.5MΩ 共分为 11 挡供选择,它是串联在被测管的

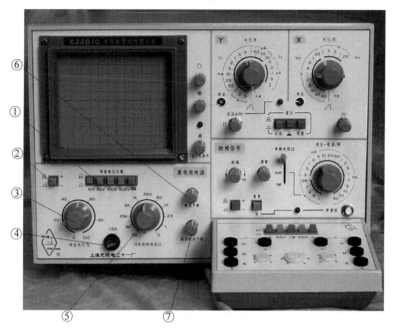

图 B-16　集电极电源单元

集电极电路上限止超过功耗,也可作为被测半导体管集电极负载电阻。

通过图示仪的特性曲线簇的斜率,可选择合适的负载电阻阻值。

(6)电容平衡调节旋钮:由于集电极电流输出端对地的各种杂散电容的存在,将形成容性电流,因而在电流取样电阻上产生电压降,造成测量上的误差,为了尽量减小容性电流,测试前应调节电容平衡,使容性电流减至最小状态。

(7)辅助电容平衡调节旋钮:辅助电容平衡是针对集电极变压器次级绕组对地电容的不对称,然后再次进行电容平衡调节,使容性电流的显示处于最小状态。

5．测试台

测试台如图 B-17 所示。

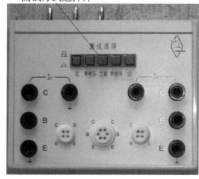

测试方式选择开

图 B-17　测试台

测试方式选择开关:

(1)按入"左":显示左测试端的半导体管特性曲线。

(2)按入"右":显示右测试端的半导体管特性曲线。

(3)按入"二簇":交替显示左、右二测试端半导体管的特性曲线。

(4)按入"零电流":被测半导体管的基极开路,显示被测半导体管的 I_{ceo} 特性。

(5)按入"零电压":被测半导体管的栅极开

路,显示被测半导体管的 I_{DSS} 特性。

三、基本使用方法

1. 使用前自校

为了保证仪器的测试精度,使用前必须对 Y 轴和 X 轴放大器的放大量(灵敏度)和阶梯信号的"零电位"进行校准,否则被测器件所测试得到的数据会有偏离。

校准方法:

先开机后预热 5～10min。

(1)Y、X 轴放大器灵敏度:

① 将光点位置移至屏幕左下角刻度线顶端。

② 集电极峰值电压选择开关按键全部退出。

③ 将显示方法选择开关中的"校准"按钮按入。

此时,光点应跳至屏幕右上角刻度线顶端,即 X 轴方向和 Y 轴方向都跳动 10 度。

若光点跳动距离不对,可以调节 Y 轴增益旋钮和 X 轴增益旋钮。

往复多次调节上面①、③项和 Y、X 轴增益旋钮,使光点跳动正好为 10 度。

(2)阶梯零电位:

① 将 Y 轴电流/度选择开关和 X 轴电压/度选择开关置阶梯信号挡。

② 调节 Y 轴移位和 X 轴移位旋钮,使 10 级阶梯信号与屏幕刻度对齐。

③ 将测试选择开关置于"零电压",观察阶梯信号的起始级光迹停留在显示屏上的位置。

④ 复位后调节"阶梯调零"旋钮,阶梯信号的起始级光迹仍在该处。

⑤ 往复多次③、④项,使阶梯信号的"零电位"被正确校准为止。

2. 二极管的测试

以 1N4007 为例。先将光点的零点位置移位至坐标的左下角。

二极管的接法如图 B-18(a)所示。

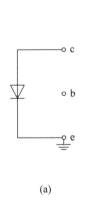
(a)

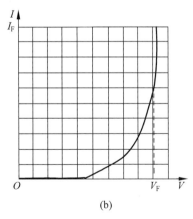
(b)

图 B-18　二极管的接法及正向特性

1）正向特性的测试

峰值电压范围：0～10V。

集电极极性：正。

功耗电阻：250Ω。

X 轴电压/度选择开关：V_{ce} 置 0.1V/度。

Y 轴电流/度选择开关：I_c 置 10mA/度。

逐渐调节"峰值电压调节旋钮"增加峰值电压，即得图 B-18(b)所示的曲线。

从图中可以看出：

二极管 0.5V 处开始导通。

$V_F = 0.93V$（正向电流 $I_F = 100mA$ 时）

2）反向特性的测试

二极管的接法不变，将光点的零点位置移至屏幕坐标的右上角。

峰值电压范围：0～500V。

集电极极性：负。

功耗电阻：25kΩ。

X 轴电压/度选择开关：V_{ce} 置 50V/度。

Y 轴电流/度选择开关：I_c 置 100μA/度。

逐渐调节"峰值电压调节旋钮"增加峰值电压，即得到图 B-19(b)所示的曲线。

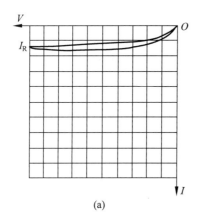
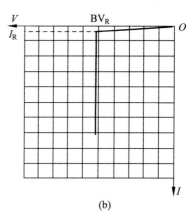

(a)　　　　　　　　　　　　　　　(b)

图 B-19　二极管的反向漏电流和反向特性曲线

从图 B-19 中读得：

反向击穿电压 $BV_R \approx 270V$。

反向工作电压 V_R 一般为 BV_R 的一半。

反向漏电流 $I_R \approx 20μA$。

如果要较精确读测反向漏电流 I_R，可按以下方法：

峰值电压范围：0～10V。

集电极极性：负。

功耗电阻：25kΩ。

X 轴电压/度选择开关：V_{ce} 置 1V/度。

Y 轴电流/度选择开关：I_c 置 10μA/度。

Y 轴倍率开关：扩展×0.1。

逐渐调节"峰值电压调节旋钮"增加峰值电压至 10V（满度），并且要适当调节"电容平衡"和"辅助电容平衡"旋钮，使容性电流处于最小状态，得到图 B-19(a)所示的曲线。

从图 B-19 中读得

$I_R = 1.8\mu$A（反向电压 10V 时）

3．三极管的测试

1）NPN 型三极管输出特性曲线和 β 值的测量

以 9013 为例。先将光点的零点位置移位至坐标的左下角。

接法如图 B-20(a)所示。

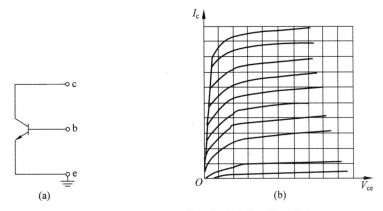

图 B-20　NPN 型三极管的接法和输出特性曲线

峰值电压范围：0～10V。

集电极极性：正。

功耗电阻：250Ω。

X 轴电压/度选择开关：V_{ce} 置 1V/度。

Y 轴电流/度选择开关：I_c 置 1mA/度。

阶梯信号选择开关：10μA/级。

阶梯极性：正。

逐渐调节"峰值电压调节旋钮"增加峰值电压值，即得到图 B-20(b)所示的曲线。

从图中读得：

β 值：$\beta = \Delta I_c / \Delta I_b$

$\Delta I_b = 10\mu$A/级×10 级 = 100μA

$\Delta I_c = 1$mA/度×10 度 = 10mA

$\beta = 10$mA/100μA = 100

2）PNP 型三极管输出特性曲线和 β 值的测量

以 9012 为例。先将光点的零点位置移位至坐标的左下角。

接法如图 B-21(a)所示。

峰值电压范围：0～10V。

集电极极性：负。

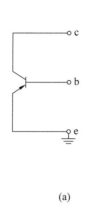
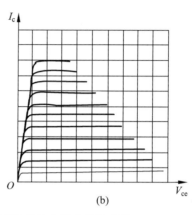

图 B-21　PNP 型三极管的接法和输出特性曲线

功耗电阻：250Ω。

X 轴电压/度选择开关：V_{ce} 置 1V/度。

Y 轴电流/度选择开关：I_c 置 1mA/度。

阶梯信号选择开关：5μA/级。

阶梯极性：负。

逐渐调节"峰值电压调节旋钮"增加峰值电压值，即得到图 B-21(b)所示的曲线。从图 B-21 中读得：

β 值：$\beta = \Delta I_c / \Delta I_b$

$\Delta I_b = 5μA/级 \times 10 级 = 50μA$

$\Delta I_c = 1mA/度 \times 7.8 度 = 7.8mA$

$\beta = 1mA/度 \times 7.8 度 / 50μA = 156$

3）I_{ceo} 的测试

以 9013 为例。先将光点的零点位置移位至坐标的左下角。

接法如图 B-22(a)所示。

峰值电压范围：0～10V。

集电极极性：正。

功耗电阻：1kΩ。

X 轴电压/度选择开关：V_{ce} 置 1V/度。

Y 轴电流/度选择开关：I_R 置 0.2μA/度。

Y 轴倍率开关：扩展×0.1。

逐渐调节"峰值电压调节旋钮"增加峰值电压值，光点向左上方向移动，如图 B-22(b)

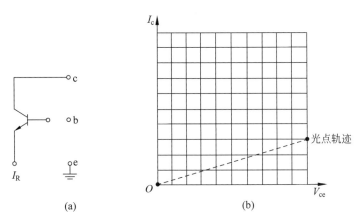

图 B-22　三极管的接法和 I_{ceo} 测试曲线

所示。

从图 B-22 中读得：

$I_{ceo}=3$ 度 $\times 0.2\mu A/$度 $\times 0.1 = 60nA$

（注：$V_{ce}=10V-3$ 度 $\times 0.01V/$度 $=9.97V$）

PNP 型器件测试方法只要：

集电极极性：负。

其他开关位置不变。

器件接法和测试方法同上。

4）V_{ces} 的测量

以 9013 为例。先将光点的零点位置移位至坐标的左下角。

接法可参照图 B-20（a）。

9013 的饱和压降 V_{ces} 的测试条件为 $I_c=10mA$，$I_b=1mA$。

峰值电压范围：$0\sim10V$。

集电极极性：正。

功耗电阻：2.5Ω 左右。

X 轴电压/度选择开关：V_{ce} 置 $0.05V/$度。

Y 轴电流/度选择开关：I_c 置 $1mA/$度。

阶梯重复-单次选择按钮：重复。

阶梯信号选择开关：$0.1mA/$级。

阶梯极性：正。

逐渐调节"峰值电压调节旋钮"增加峰值电压值，即得图 B-23 所示的曲线。

在 $I_c=10mA$（Y 轴第 10 度处）和 $I_b=1mA$（第 10 级阶梯信号线）的交合处 A 点，A 点的 X 方向读数即为 V_{ces}。

$V_{ces}=4.5$ 度 $\times 0.05V/$度 $=0.225V$

PNP 型器件测试方法只要：

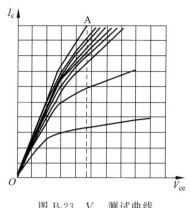

图 B-23 V_{ces} 测试曲线

集电极极性：负。

阶梯极性：负。

其他开关位置不变。

光点的零点位置移位至坐标的右上角（或光点位置不变），采用 Y、X 轴"显示方法选择开关"中的"转换"按钮置"按入"，测试的结果一样。器件接法和测试方法同上。

5）BV_{ceo} 的测量

以 9013 为例。先将光点的零点位置移位至坐标的左下角。

接法如图 B-20（a）所示。

峰值电压范围：0～50V

集电极极性：正

功耗电阻：1kΩ 左右

X 轴电压/度选择开关：V_{ce} 置 5V/度

Y 轴电流/度选择开关：I_c 置 0.1mA/度

测试方式选择开关："零电流"按入

逐渐调节"峰值电压调节旋钮"增加峰值电压值，即得到图 B-24 所示的曲线。

从图 B-24 中读得：

$BV_{ceo} = 7.5$ 度 $\times 5V/$度 $= 37.5V$

PNP 型器件测试方法只要：

集电极极性：负。

其他开关位置不变。

光点的零点位置移位至坐标的右上角（或光点位置不变），采用 Y、X 轴"显示方法选择开关"中的"转换"按钮置"按入"，测试的结果一样。器件接法和测试方法同上。

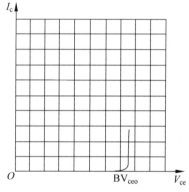

图 B-24 NPN 型三极管的接法和 BV_{ceo} 测试曲线

仪器六 SS2323 型可跟踪直流稳压电源

视频

一、技术指标

1. SS2323 型可跟踪直流稳压电源有两路直流电源输出。当两路独立使用时，各路最大输出电压 32V，最大输出电流 2A。当两路串联使用时，最大输出电压 64V，最大输出电流 3A。当两路并联使用时，最大输出电压 32V，最大输出电流 4A。

2. 电源电压：220（1±10%）V。

3. 频率：50（1±5%）Hz。

4. 环境温度：0～40℃。

5. 相对湿度：20％～90％（40℃时）。

6. 工作时间：连续工作。

二、面板介绍

图 B-25 为 SS2323 型直流稳压电源的面板结构。

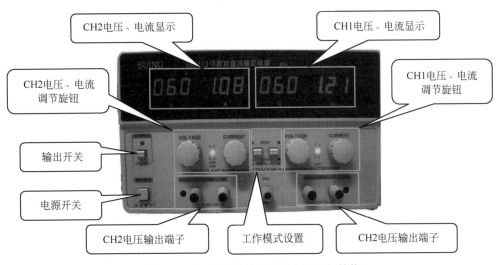

图 B-25　SS2323 型直流稳压电源面板结构

（1）电源开关：按下开关，稳压电源仅接通供电电源，并没有电压输出，显示屏上显示两个通道设定的电压值和稳流值。

（2）输出开关：按下该键，稳压电源输出端子上才有电压输出。显示屏上显示的电流值变为流过稳压电源的实际电流值。

（3）输出端子："＋"为高电位输出端子，"－"为低电位输出端子。

（4）工作模式设置。如图 B-26 所示，直流稳压电源可以通过"TRACKING"选择按键设置三种工作模式：

① 独立操作模式：同时将两个选择按键按出，将电源工作模式设定为独立操作模式。此时 CH1 和 CH2 为完全独立的两组电源，可单独或两组同时使用。

② 串联模式：按下左边的选择按键，松开右边按键，将电源设定在串联跟踪模式。此时，CH2 输出端子正极自动与 CH1 输出端子的负极相连接。而其最大输出电压（串联电压）即由两组（CH1 和 CH2）输出电压串联成一组连续可调的直流电压。CH2 电压受 CH1 控制。

图 B-26　工作模式设置

③ 并联模式：将两个按钮都按下，设定为并联模式。此时，CH1 输出端子正极和负极会自动与 CH2 输出端子正极和负极两两相互连接在一起。CH2 的电压和电流完全受 CH1 控制。

（5）显示屏：分别显示两路输出的电压和电流值。

（6）调节旋钮：用来设定 CH1、CH2 的输出电压值和稳流值。

三、基本使用方法

1. 独立输出操作模式

CH1 和 CH2 电源供应器在额定电流时，分别可供给 0 至额定值的电压输出。当设定在独立模式时，CH1 和 CH2 为完全独立的两组电源，可单独或两组同时使用：

（1）打开电源，确认 OUTPUT 开关置于关断状态。

（2）同时将两个 TRACKING 选择按键按出，将电源供应器设定在独立操作模式。

（3）调整电压和电流旋钮至所需电压和电流值。

（4）将红色测试导线插入输出端的正极。

（5）将黑色测试导线插入输出端的负极。

（6）连接负载后，打开 OUTPUT 开关。

（7）连接程序参照图 B-27。

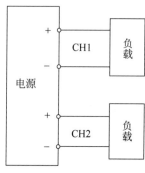

图 B-27　独立输出模式

2. 串联跟踪输出模式

当选择串联跟踪模式时，CH2 输出端正极将自动与 CH1 输出端子的负极相连接。而其最大输出电压（串联电压）即由两组（CH1 和 CH2）输出电压串联成一组连续可调的直流电压。调整 CH1 电压控制旋钮即可实现 CH2 输出电压与 CH1 输出电压同时变化。其操作程序如下：

（1）打开电源，确认 OUTPUT 开关置于关断状态。

（2）按下 TRACKING 左边的选择按键，松开右边按键，将电源设定在串联跟踪模式。

（3）将 CH2 电流控制旋钮顺时针旋转到最大，CH2 的最大电流的输出随 CH1 电流设定值而改变。根据所需工作电流调整 CH1 调流旋钮，合理设定 CH1 的限流点（过载保护）。（实际输出电流值则为 CH1 或 CH2 电流表头读数。）

（4）使用 CH1 电压控制旋钮调整所需的输出电压（实际的输出电压值为 CH1 表头与 CH2 表头显示的电压之和）。

（5）假如只需单电源供应，则将测试导线一条接到 CH2 的负端，另一条接 CH1 的正端，而此两端可提供 2 倍主控输出电压显示值，如图 B-28 的结构。

（6）假如想得到一组共地的正、负对称直流电源，则如图 B-29 的接法，将 CH2 输出负端（黑色端子）当作共地点，则 CH1 输出端正极对共地点，可得到正电压（CH1 表头显示值）及正电流（CH1 表头显示值），而 CH2 输出负极对共地点，则可得到与 CH1 输出电压值相同的负电压，即所谓追踪式串联电压。

（7）连接负载后，打开 OUTPUT 开关，即可正常

图 B-28　单电源串联输出操作图

工作。

3．并联跟踪输出模式

在并联跟踪模式时，CH1 输出端正极和负极会自动的和 CH2 输出端正极和负极两两相互连接在一起。

（1）打开电源，确认 OUTPUT 开关置于关断状态。

（2）将 TRACKING 的两个按钮都按下，设定为并联模式。

（3）在并联模式时，CH2 的输出电压完全由 CH1 的电压和电流旋钮控制，并且跟踪于 CH1 输出电压，因此从 CH1 电压表或 CH2 电压表可读出输出电压值。

（4）因为在并联模式时，CH2 的输出电流完全由 CH1 的电流旋钮控制，并且跟踪于 CH1 输出电流，用 CH1 电流旋钮来设定并联输出的限流点（过载保护）。电源的实际输出电流为 CH1 和 CH2 两个电流表头指示值之和。

（5）使用 CH1 电压控制旋钮调整所需的输出电压。

（6）将装置的正极连接到电源的 CH1 输出端子的正极（红色端子）。

（7）将装置的负极连接到电源的 CH1 输出端子的负极（黑色端子），参照图 B-30。

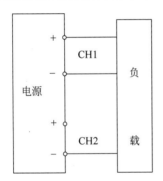
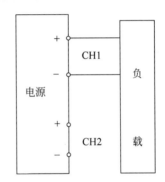

图 B-29　正/负对称电源　　　　　图 B-30　并联跟踪输出

（8）连接负载后，打开 OUTPUT 开关。

附录 C

面包板

面包板是专为电子电路的无焊接实验设计制造的。由于各种电子元器件可根据需要随意插入或拔出，免去了焊接，节省了电路的组装时间，而且元件可以重复使用，所以非常适合电子电路的组装、调试训练。

一、常用面包板的结构

SYB-130 型面包板如图 C-1 所示。插座板中央有一凹槽，凹槽两边各有 65 列小孔，每一列的 5 个小孔在电气上相互连通。集成电路的引脚就分别插在凹槽两边的小孔上。插座上、下各一排（X 排和 Y 排）在电气上是分段相连的 55 个小孔，分别作为电源与地线插孔用。对于 SYB-130 插座板，X 和 Y 排的 1～20 孔、21～35 孔、36～55 孔在电气上是连通的（其他型号的面包板使用时应参看使用说明或用万用表电阻挡测试判别其连通情况）。

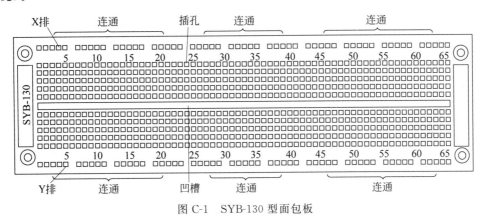

图 C-1　SYB-130 型面包板

二、布线用的工具

布线用的工具主要有剥线钳、斜口钳、扁嘴钳、镊子。斜口钳与扁嘴钳配合用来整形、剪断导线和元器件的多余引脚。钳子刃面要锋利，将钳口合上对着光检查时，应能良好咬合，不漏光。剥线钳用来剥离导线绝缘皮。扁嘴钳用来弯折和理直导线，钳口要略带弧形，以免在勾绕时划伤导线。镊子用来夹住导线或元器件的引脚送入面包板指定位置。

三、面包板的使用方法及注意事项

（1）安装分立元件时，应便于看到其极性和标志，将元件引脚理直后，在需要的地方折弯。为了防止裸露的引线短路，必须使用带套管的导线，一般不剪断元件引脚，以利于重复使用。不要插入引脚直径大于 0.8mm 的元器件，以免破坏插座内部接触片的弹性。

（2）对多次使用过的集成电路的引脚，必须修理整齐，引脚不能弯曲，所有的引脚应稍向外偏，这样能使引脚与插孔良好接触。要根据电路图确定元器件在面包板上的排列方式，目的是走线方便。为了能够正确布线并便于查线，所有集成电路的插入方向要保持一致，不能为了临时走线方便或缩短导线长度而把集成电路倒插。

（3）根据信号流程的顺序，采用边安装边调试的方法。元器件安装以后，先连接电源线和地线。为了查线方便，连线尽量采用不同颜色。例如：正电源一般选用红色绝缘皮导线,负电源用蓝色,地线用黑色,信号线用黄色,也可根据条件选用其他颜色。

（4）面包板宜使用直径约为 0.6mm 的单股导线。根据连线的距离以及插入插孔的长度剪断导线,要求线头剪成 45°斜口,线头剥离长度约为 6mm,要求全部插入底板以保证接触良好。裸线不宜露在外面,防止与其他导线短路。

（5）连线要求紧贴在面包板上,避免在搭接电路时线与线互相牵引,造成接触不良。连线必须整齐地分布在集成电路周围,不允许跨接在集成电路上,也不要把导线互相重叠在一起,尽量做到横平竖直,这样有利于查线、更换元器件及连线。

（6）最好在各电源的输入端和地之间并联一个容量为几十微法的电容,这样可以减少瞬变过程中电流的影响。为了更有效地抑制电源中的高频分量,应该在该电容两端再并联一个高频去耦电容,一般取 $0.01 \sim 0.047 \mu F$ 的独石电容。

（7）在布线过程中,要求把各元器件在面包板上的相应位置以及所用的引脚号标在电路图上,以保证调试和查找故障的顺利进行。

（8）所有地线必须连接在一起,形成一个公共参考点。

参 考 文 献

[1]　康华光. 电子技术基础[M]. 4 版. 北京：高等教育出版社，2006.

[2]　童诗白. 模拟电子技术基础[M]. 4 版. 北京：高等教育出版社，2006.

[3]　阎石. 数字电子技术基础[M]. 5 版. 北京：高等教育出版社，2006.

[4]　罗杰. 电子线路设计·实验·测试[M]. 5 版. 北京：电子工业出版社，2015.

[5]　陈尚松. 电子测量与仪器[M]. 北京：电子工业出版社，2004.

[6]　张肃文. 高频电子线路[M]. 5 版. 北京：高等教育出版社，2009.

[7]　毕满清. 电子技术实验与课程设计[M]. 4 版. 北京：机械工业出版社，2019.

[8]　叶水春. 电工电子实训教程[M]. 北京：清华大学出版社，2004.

[9]　贾丹平. 电子测量技术[M]. 北京：清华大学出版社，2018.

[10]　孙惠康. 电子工艺实训教程[M]. 北京：机械工业出版社，2001.

[11]　李怀甫. 电工电子技术基础(实验与实训)[M]. 北京：机械工业出版社，2005.

[12]　秦曾煌. 电工学：上册[M]. 7 版. 北京：高等教育出版社，2009.

[13]　邱关源. 电路[M]. 4 版. 北京：高等教育出版社，2006.

[14]　陈长兴. 电路分析基础[M]. 北京. 高等教育出版社，2014.

[15]　林占江. 电子测量技术[M]. 4 版. 北京：电子工业出版社，2019.

[16]　刘宝玲. 电子电路基础[M]. 北京：高等教育出版社，2006.

[17]　马建国. 电子系统设计[M]. 北京：高等教育出版社，2004.

[18]　何小艇. 电子系统设计[M]. 杭州：浙江大学出版社，2004.

[19]　贾立新. 电子系统设计与实践[M]. 北京：清华大学出版社，2007.

[20]　陆应华. 电子系统设计教程[M]. 北京：国防工业出版社，2005.

[21]　李希文. 电子测量技术及应用[M]. 西安：西安电子科技大学出版社，2018.

图书资源支持

感谢您一直以来对清华大学出版社图书的支持和爱护。为了配合本书的使用，本书提供配套的资源，有需求的读者请扫描下方的"书圈"微信公众号二维码，在图书专区下载，也可以拨打电话或发送电子邮件咨询。

如果您在使用本书的过程中遇到了什么问题，或者有相关图书出版计划，也请您发邮件告诉我们，以便我们更好地为您服务。

我们的联系方式：

教学资源·教学样书·新书信息

地　　址：北京市海淀区双清路学研大厦 A 座 714

邮　　编：100084

电　　话：010-83470236　010-83470237

资源下载：http://www.tup.com.cn

客服邮箱：tupjsj@vip.163.com

QQ：2301891038（请写明您的单位和姓名）

用微信扫一扫右边的二维码，即可关注清华大学出版社公众号。

人工智能科学与技术
人工智能|电子通信|自动控制

资料下载·样书申请

书圈